그린 에너지의

LED 기술 및 응용

남상엽 · 박문수 · 강정규 공저

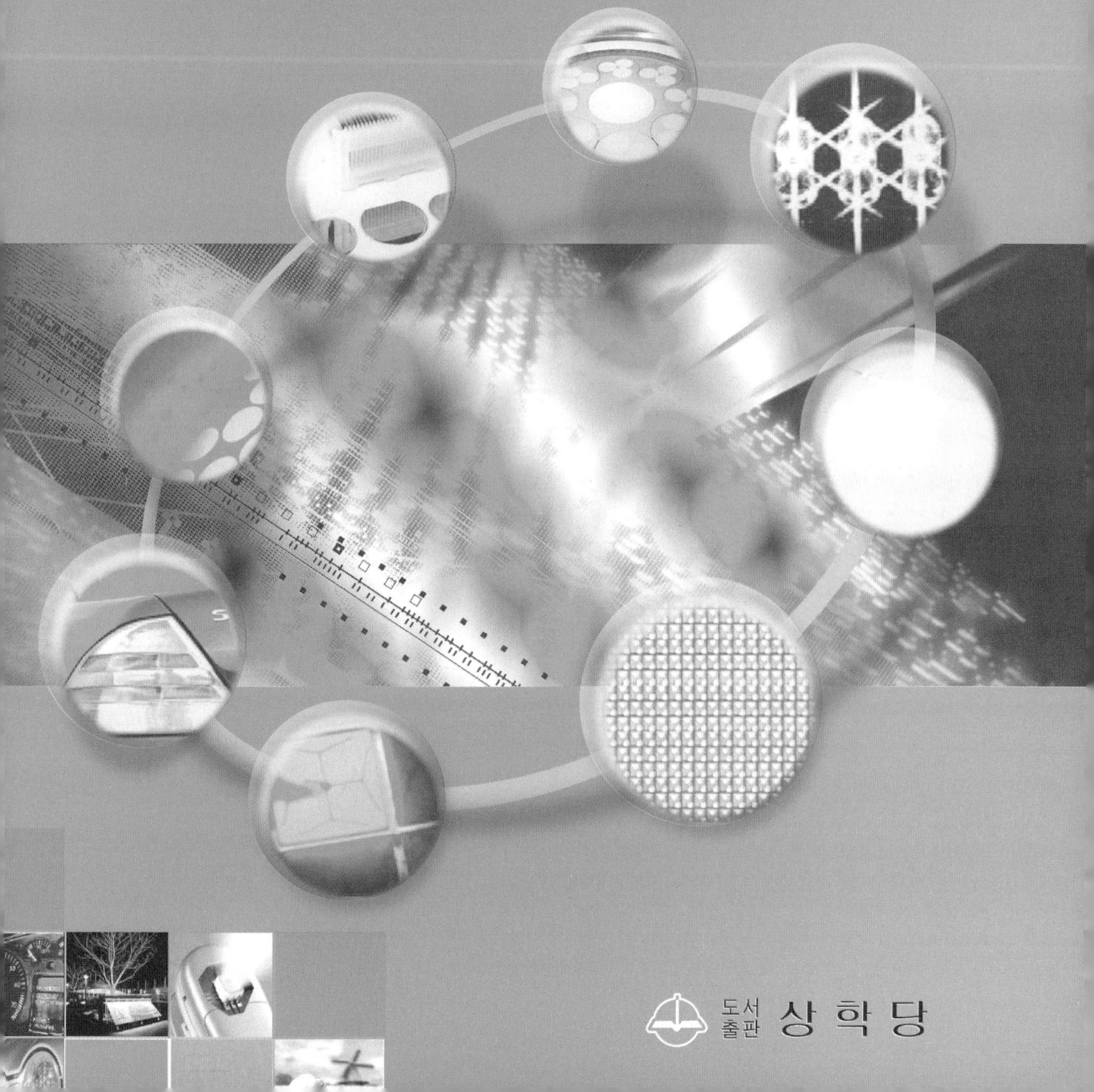

도서출판 상학당

LED는 에너지 변환효율이 높아 전기 에너지 절감에 유리하여 조명을 필요로 하는 가전기기, 자동차, 건축, 의료기기 등 산업 전반에 걸쳐 응용되는 산업으로서, 잠재 시장인 가정용 및 사무실 조명까지 감안하면 LED는 메모리 반도체를 능가하는 거대한 부품소재 시장을 형성할 것으로 기대되는 유망 산업이다.

LED(Lighting Emitting Diode)는 반도체 PN 접합소자로 전기 에너지를 빛 에너지로 바꾸어 주는 발광 반도체이다. LED는 전류를 흘려주면 발광하는 반도체 소자의 일종으로써 애노드(Anode)와 캐소드(Cathode)의 2개의 단자가 있으며, 애노드에 +, 캐소드에 −의 전압을 가하면 수 볼트의 전압으로 전류가 흘러 발광한다.

LED는 화합물 반도체로 각각의 화합물마다 에너지 갭과 격자상수가 다르고 에너지 천이에 의한 빛 에너지 방출과 방출된 파장에 따라 색상이 모두 다르기 때문에 광범위하게 다양하게 응용되고 있다. 특히, 에너지 효율이 높아 조명을 필요로 하는 가전기기, 자동차, 건축, 의료기기 등 산업 전반에 걸쳐 응용되고 있다.

LED에서 방출하는 빛의 색은 반도체 칩 구성원소의 배합에 따라 파장을 만들며 이러한 파장이 빛의 색을 결정짓는다. LED는 색에 따라 빨강, 녹색, 오렌지 등의 종류가 있고, 최근에는 난관으로 여겨진 청색 다이오드가 실용화되어 적 · 청 · 녹의 삼원색이 모였다. 이것들의 조합으로 백색을 포함한 여러 색깔의 빛을 만들 수 있으며, 풀 컬러 표시장치나 조명, 광디스크 장치의 헤드 등 용도가 확대되고 있다.

LED의 성능을 나타내는 중요한 파라미터는 발광효율(lm/W), 내부 양자효율(%), 외부 양자효율(%), 추출효율(%) 등이다. LED 백라이트 부문의 3단계 제조공정은 반도체 광원 공정, 패키지 / 모듈 공정, 시스템 및 응용공정이며 좀 더 넓게 나누면 LED 제조부문과 백라이트 부문(BLU) 제조공정의 2단계 공정으로 구분된다. LED 백라이트 모듈의 발광 방식에 따라 측면 발광식, 양측면 발광식, 직하방식 등으로 나눌 수 있다.

LED BLU는 CCFL(냉음극형광램프) BLU에 비해 전력소모량이 낮아 에너지 절감(15~20%) 효과가 있고, 수은을 쓰지 않아 이산화탄소가 발생되지 않는 친환경 소재로 RoHS, WEEE 등의 환경규제 정책 기조에 부응하고 있다. 또한 LED 산업 응용분야 중 성장 속도가 가장 높은 분야로써 연평균 52.6%로 가장 높은 성장이 예상된다.

LED BLU는 색 재현성, 응답속도, 명암비도 개선되어 보다 나은 화질을 제공하면 수명도 길며, 동일 휘도에서 LCD의 두께도 줄일 수 있는 장점을 지니고 있어 최근 세계적으로 생산량이 늘어나면서 LED 가격이 지속적으로 하락하고, 원가절감을 위해 BLU에 들어가는 LED양을 줄이는 방법으로 가격의 한계를 넘어서려는 노력이 시도되어 점차 LED

BLU로 대체되는 추세이다. LED의 구조는 SMD 형태, 7 color LED, Sideview LED 등 구조를 가지고 있다.

무선 가시광통신은 조명기구 등 가시광선 방출장치를 변조하여 통신을 가능하게 하는 차세대 고속 전송기능이다. 가시광 LED를 이용하면 고속 변조가 가능하고 고가 인프라 구축이나 인체유해성 없이 보안성이 강화된 유비쿼터스 통신망 구축이 가능하다.

LED는 가전기기, 자동차, 건축, 의료기기 등 조명을 필요로 하는 거의 모든 산업에 응용되는 부품으로 주로 에피, 칩 그리고 다이오드 형태의 패키지 제품 시장에 대한 조사가 이루어지고 있다. 전광판, 신호등, 자동차용 램프, LCD BLU(Back Light Units) 등 응용 제품 시장은 통상 다이오드 시장의 3~6배 정도로 평가되고 있다.

모바일용 LED 시장은 LED 전체 시장 중 모바일용 LED가 58% 정도를 차지하고 있는데 소형 LCD 백라이트와 키패드에 주로 사용되고 있으며, 최근 휴대폰 카메라 플래시 모듈에 사용되는 백색 LED의 수요가 크게 증가하고 있다.

자동차와 Sign / Display 분야는 각각 13%의 점유율을 기록하고 있으며 조명 시장은 간접 조명 등의 특수 분야에서 일부 사용되고 있으나, 일반조명용 LED 시장은 아직 형성되어 있지 않다. 효율 향상, 방열 특성 개선 등 기술적으로 해결해야 할 문제들이 있으며, 가격면에서도 일반조명 등에 비해 매우 불리한 실정이다. 또한, 표준화, 규제, 건축법 등 시장 진입에 필요한 인프라가 갖추어지지 않았다. LED 산업은 고가의 장비와 전문 인력을 필요로 하고, 초기 시설투자비가 높고 장기간의 기술 축적이 필요한 기술집약 산업이다.

광반도체 기술의 발달에 따라 LED 산업이 급속히 성장하고 있으며 반도체, 디스플레이, 자동차, 가전, 통신, 인터넷 산업 등의 유관산업에서 강점을 보유하고 있는 우리나라의 측면에서는 놓칠 수 없는 매우 중요한 시장이다. 선진국에서도 이러한 반도체 광원 시장의 중요성을 일찍부터 깨닫고 국책사업의 차원에서 LED / LD 응용제품 기술개발을 지원하고 있으며, 국내에서도 차세대 성장동력으로 지정하여 연구개발에 많은 투자를 하고 있다. 이러한 그린 에너지 시대에 맞추어 적용될 요소의 기초 LED 기술이 필요해짐에 따라 《그린 에너지의 LED 기술 및 응용》을 구성하여 발간하게 되었다.

이 교재는 LED의 개요, 가시광선 LED, 질화물 LED, LED의 조명기술, LED 제조 및 LED 백라이트 구조 및 LED 응용실습으로 구성되어 있다. 특히 질화물 반도체 발광 다이오드(GaN-LED)는 21세기 빛의 패러다임의 중심에 설 차세대 조명기술로 많은 관심을 불러일으키고 있다. 최근 IT 산업의 급성장에 힘입어 GaN-LED 수요는 폭발적인 증가 추세에 있으며 최근에 LED가 본격적으로 일반조명을 대체할 것으로 예상된다.

그러나 LED가 일반조명으로 응용되기 위해서는 휘도, 광출력, 신뢰성, 형광체, 패키지, 가격 등 해결해야 할 문제점들이 많이 남아 있다. 이 교재는 LED 기술 및 응용과 병행하여 전기, 컴퓨터, 전자, 제어, 통신분야의 관련 학생 및 초보개발자를 대상으로 한 기초 LED 제어에 대한 기본학습 및 실습을 위한 교재로, 처음 기초 LED / LED 백라이트 기술 및 LED 조명 시스템 구조의 응용을 접하는 학생에게 쉽고 빠르게 접근할 수 있도록 초점을 맞추었으므로 기초 LED 제어 및 조명 시스템 및 LED의 작동 및 제조공정 원리에 대하여 이해하는데 부족함이 없을 것이라 생각된다.

이 교재의 주요 구성은 다음과 같다.

I부는 LED 개념 및 응용의 개념으로써 1장은 LED의 개요, 2장은 무선 가시광통신 시스템의 기술, 3장은 질화물 LED 기술, 제4장은 LED 조명기술, 5장은 LED 및 조명 시스템 동향으로 구성되어 있다.

II부는 LED 제조 및 LED BLU 구조로써 6장은 LED 제조, 7장은 LED BLU 구조로 구성되어 있다.

III부는 LED 응용실습으로써 8장은 소자의 특성측정 실습, 9장은 소자의 구동회로 실습, 10장은 LED 구동 드라이브 회로 실습, 11장은 LED 응용회로 실습으로 구성되어 있다.

끝으로 이 책을 집필하는 데 많은 도움을 주신 도서출판 상학당의 관계자 여러분에게 감사의 마음을 전한다.

어떤 일이든 첫발을 내딛고 개척하는 것이 가장 힘든 일일 것이나 그 어려움을 극복하고 얻는 것이 무엇보다 값진 결실이 될 것이다. 아직은 열악하고 힘든 개발환경이지만 이 책이 보다 많은 LED 및 조명 시스템 제어 관련 인력 양성에 힘이 되어주길 바란다.

저 자 씀

Contents

PART I LED의 개념 및 응용

PART Ⅱ LED 제조와 LED BLU 구조

PART Ⅲ LED 응용실습

Contents

PART I

LED의 개념 및 응용

CHAPTER 01

LED의 개요

01 LED의 개념 및 특징

1. LED의 개념과 구조

LCD는 별도의 자발광 소자가 아니기 때문에 별도의 광원 모듈이 필요하다. 백라이트 모듈(BLU)은 LCD의 광원 역할을 하는 부품으로 LCD가 용도별로 다양해짐에 따라 새로운 기술로 사용되고 있다. 그러나 LED BLU는 광원 특성상 많은 장점이 많아서 중소형에서 대형까지 폭넓게 제품에 채용되고 있다. 반도체의 분류는 단원소 반도체, 화합물 반도체, 혹은 유기물 반도체로 [그림 1-1]처럼 분류하며 LED는 화합물 반도체로 분류된다.

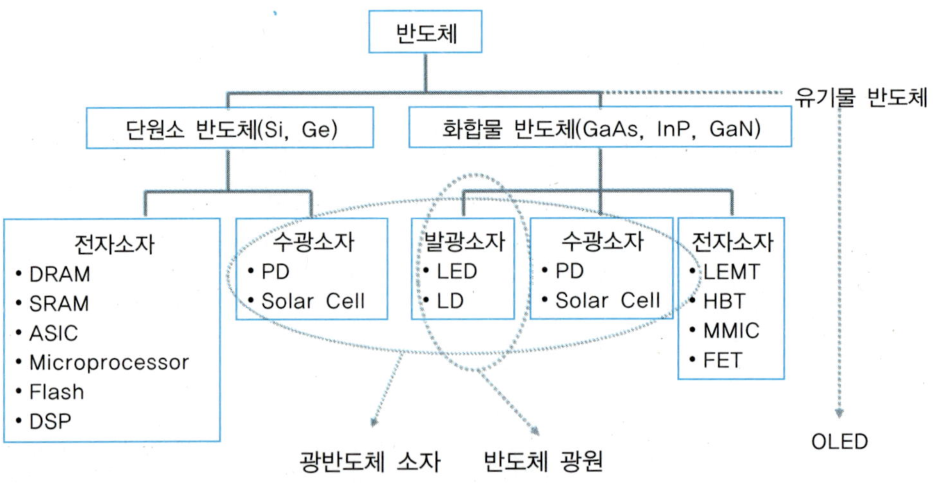

[그림 1-1] 반도체의 분류

LED는 화합물 반도체로 각각의 화합물마다 에너지 갭과 격자상수가 다르고 에너지 천이에 의한 빛 에너지 방출과 방출된 파장에 따라 색상이 모두 다르기 때문에 광범위하게 다양하게 응용되고 있다. LED 백라이트 부문의 3단계 제조공정은 반도체 광원 공정, 패키지/모듈 공정, 시스템 및 응용공정이며 좀 더 넓게 나누면 LED 제조부문과 백라이트 부문(BLU) 제조공정의 2단계 공정으로 구분된다.

① 반도체 광원 공정 : 기판 단결정 제조공정, 에피 웨이퍼 제작공정, 칩 제조공정, 패키지 공정, 모듈 조립공정이다.

② 패키지/모듈 공정 : 웨이퍼에서 생산된 LED 칩을 이용하여 고출력 LED 광원을 만들게 되며 이를 응용하여 원하는 모듈을 생산하게 된다.

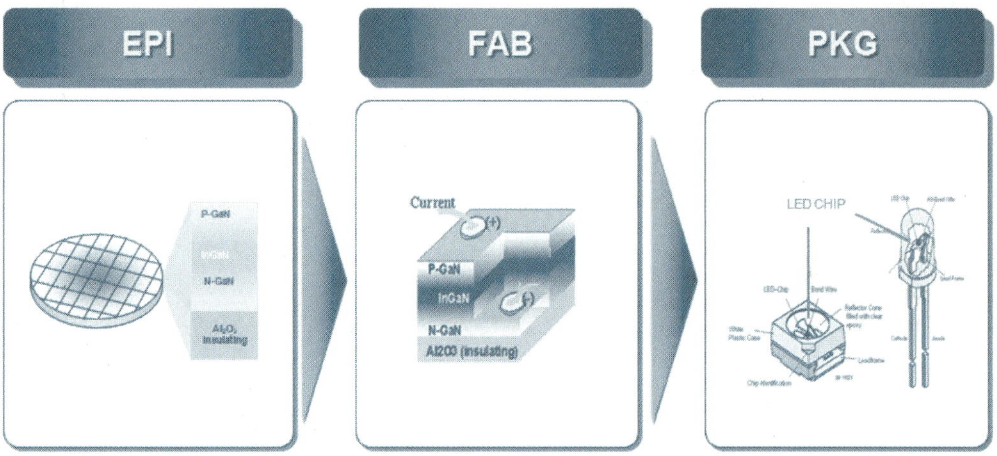

[그림 1-2] LED의 생산과정 및 구조

LED 백라이트 모듈의 발광방식에 따라 측면 발광식, 양측면 발광식, 직하방식 등으로 나눌 수 있다.

- 측면 발광식 LED BLU : 한 측면에서 발광하는 LED 광원이 비스듬하게 처리된 도광판을 통과하면서 광원의 빛을 고르게 뿌려주는 역할을 하는 구조이다.
- 양측면 발광식 LED BLU : 양측면에서 발광하는 LED 광원이 평행하게 처리된 도광판을 통과하여 광원의 빛을 고르게 뿌려주는 역할을 하는 구조이다.
- 직하방식 LED BLU : 패널 뒤에서 발광하는 광원이 패널 앞으로 직접 광을 내보내는 역할을 하는 구조이다.

LED의 구조는 SMD 형태, 7 color LED, Sideview LED 등 구조를 가지고 있다.

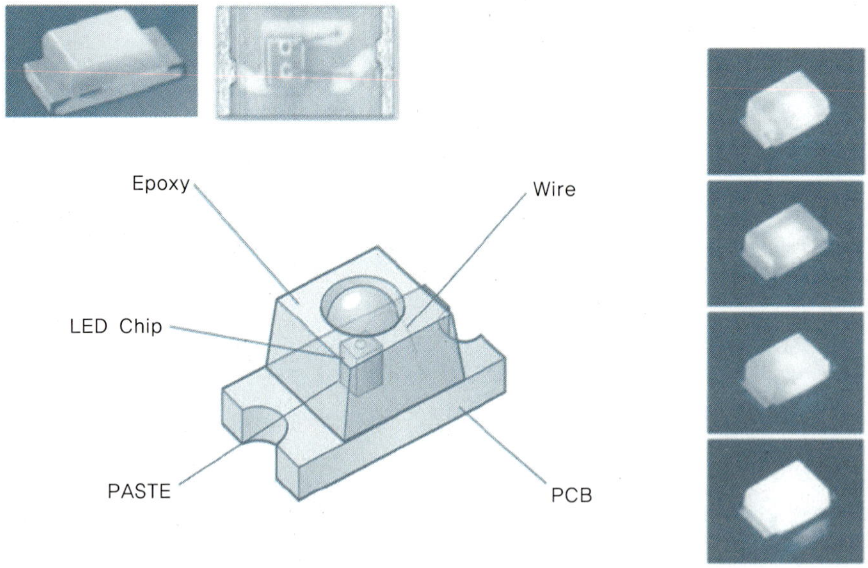

[그림 1-3] SMD 형태 LED 구조

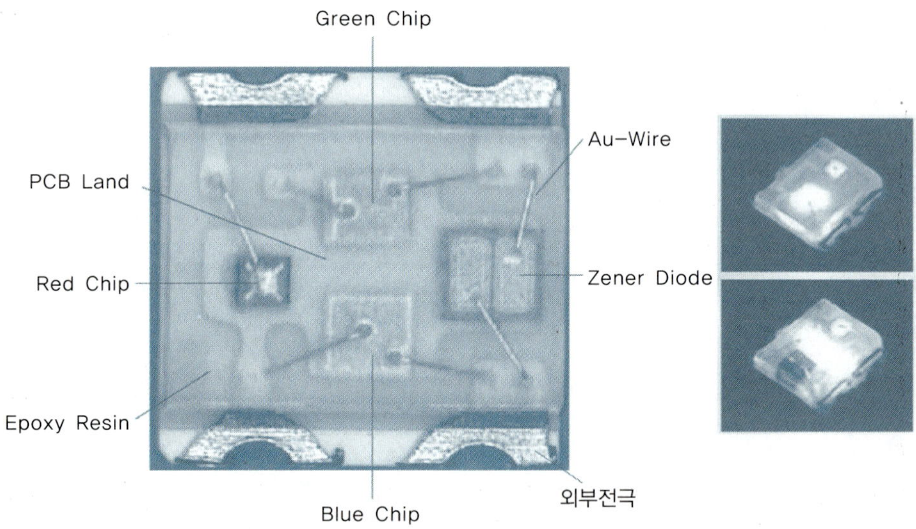

[그림 1-4] 7 컬러 형태 LED 구조

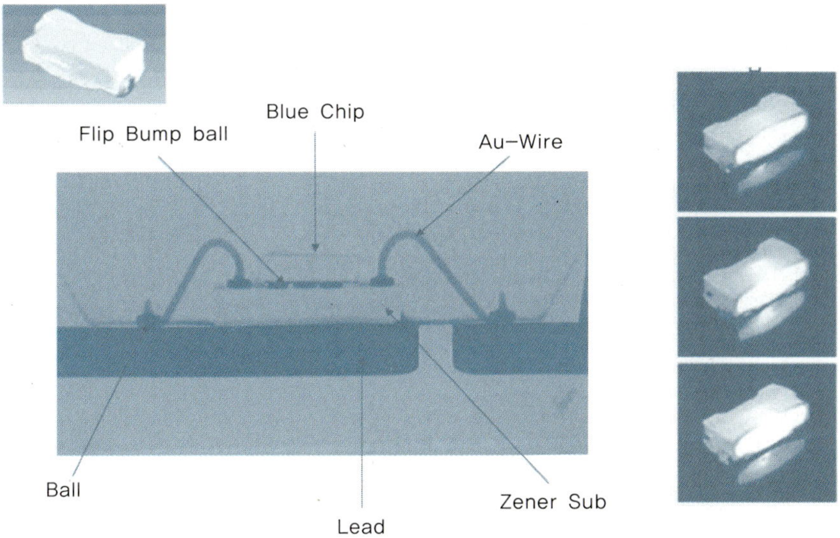

[그림 1-5] Sideview LED 구조

2. LED의 동작원리

LED(Lighting Emitting Diode)는 [그림 1-6]처럼 반도체 PN 접합소자로 전기 에너지를 빛 에너지로 바꾸어 주는 발광 반도체이다. 전류를 흘려주면 발광하는 반도체 소자의 일종. 애노드(anode)와 캐소드(cathode)의 2개의 단자가 있으며, 애노드에 +, 캐소드에 －의 전압을 가하면, 수 볼트의 전압으로 전류가 흘러 발광한다. 즉, LED는 [그림 1-7]처럼 화합물 반도체 단자에 전류를 흘려서 PN 접합 부근 혹은 활성층에서 전자와 홀의 결합에 의해 빛을 방출하는 소자를 말한다.

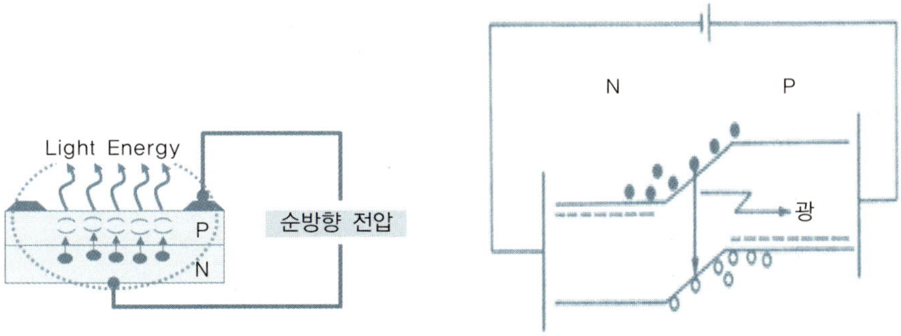

[그림 1-6] LED의 구조 및 기호

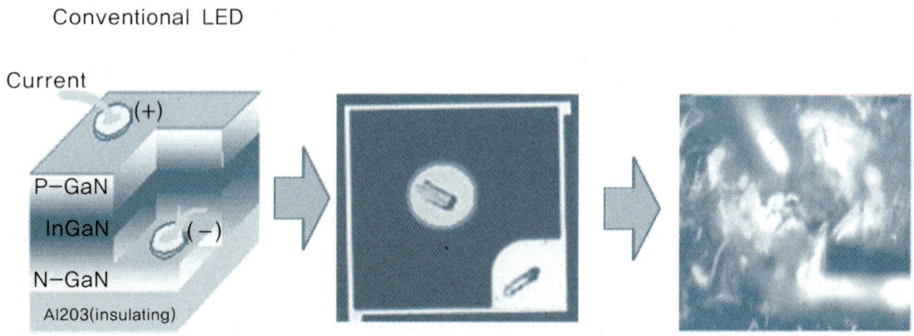

[그림 1-7] LED의 구조

일반적인 LED의 동작원리를 살펴보면 단자간에 전압을 가하면 전류가 흘러 PN접합 부근 혹은 활성층에서 전자와 홀의 결합에 의해 빛을 방출하는 것이 원리인데, 반도체의 고유특성인 에너지 밴드갭의 변화에 따라 다양한 색(파장)의 구현이 가능하다.

[그림 1-8]은 램프형 LED 패키지와 기호를 나타낸다. LED에서 방출하는 빛의 색은 반도체 칩 구성원소의 배합에 따라 파장을 만들며 이러한 파장이 빛의 색을 결정짓는다. 현재 고휘도 LED에 주로 사용하는 AlGaInP(Aluminium Gallium Indium Phosphide) 칩에서는 적색(Red)부터 황갈색(Amber)까지, InGaN(Indium Gallium Nitride) 칩에서는 블루(Blue)와 그린(Green) 그리고 블루(Blue)칩에 형광체(Phosphor) 기술을 접목하여 백색(White) LED를 가능하게 하였다.

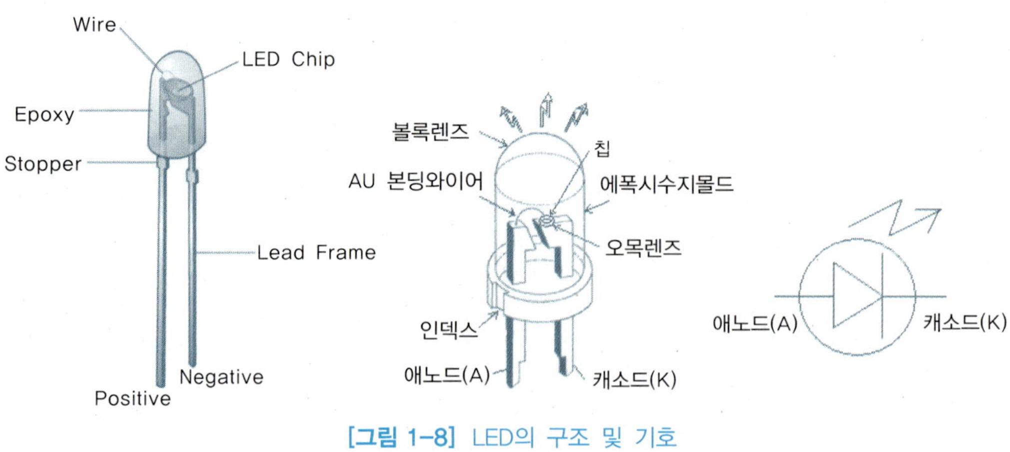

[그림 1-8] LED의 구조 및 기호

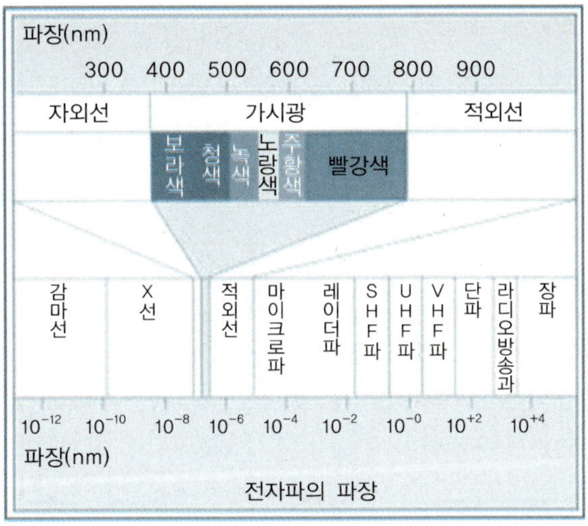

[그림 1-9] 가시광선의 스펙트럼

[그림 1-9]는 가시광선 스펙트럼은 각각의 색깔에 해당하는 파장을 보여주고 있는데 적색(Red)에 가까울수록 긴 파장을 보라색(Violet)에 가까울수록 짧은 파장을 나타내며 파장이 짧을수록 좀 더 많은 에너지가 필요하다.

[그림 1-10]은 LED의 파장대별 발광색을 나타내었다.

Color	파장[nm]	Color	파장[nm]
보라색(Violet)	400~430	황갈색(Amber)	590~595
청색(Blue)	430~480	오렌지색(Orange)	600~615
녹색(Green)	490~530	오렌지적색(Orange-Red)	620~640
황색(Yellow)	550~580	적색(Red)	645~700

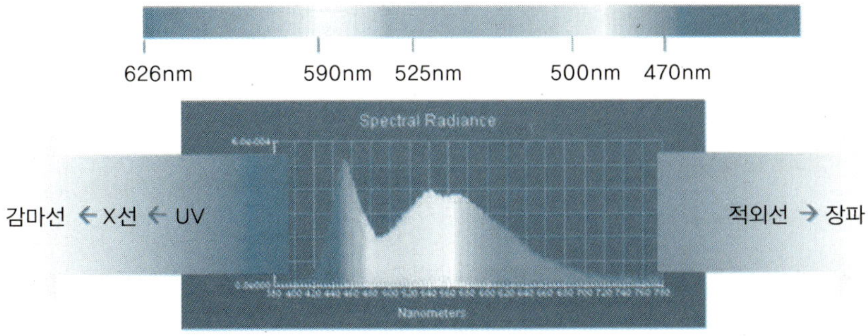

[그림 1-10] LED의 파장대별 발광색

3. LED의 발전과정

① LED는 1907년 H.J Round에 의한 금강사의 LED의 주입형 발광현상으로 최초로 발광현상을 관측되었다.

② 1923년 O.W. Lossew에 의해 탄화규소(SiC)에서 최초의 발광물질로 발견되었다.

③ 1952년 실리콘(Si)과 게르마늄(Ge) 반도체 PN접합에서 발광을 발견하고 화합물 반도체가 개발되었다.

④ 1955년 G.A.Wolff의 GaP 단결정 성장으로 오렌지 발광이 관측되었다.

⑤ 한동안 탄화규소(SiC)가 다루기 어려운 문제로 진전이 없었지만 1962년 미국의 GE에서 반도체 LED가 개발되면서 급속한 연구발전이 있게 되었다.

⑥ 실리콘 반도체와 달리 빛을 낼 수 있는 화합물 반도체로 1962년 Holonyak이 GaAsP 적색 LED를 처음 개발하였다.

⑦ 1968년 GaAsP의 적색 LED가 양산되어 미국에서 상용화되었다.

⑧ 1969년 R.H.SAUL 등이 GaP 적색 LED의 외부발광효율을 7.2%까지 끌어올렸다.

⑨ 1970년대는 화합물 반도체 기술이 크게 발전하게 되었다.

⑩ 1980년대는 AlGaAs 기술을 이용한 고휘도 적색 LED가 출현하였고 관련 기술의 연구가 본격화되었다.

⑪ 1992년에는 InGaAIP에 의한 초고휘도 적색 LED가 개발되었고 최근 가장 주목받는 기술 중의 하나인 RGB LED가 등장하게 되었다. 그 후, 주로 단순 표시기로 사용되었던 저휘도 LED는 반도체 공정기술의 발달로 휘도가 매 18~24개월마다 2배씩 증가되어 마침내 반도체 조명으로 거듭나고 있다.

⑫ 1993년 말 가시광선 LED 중 가장 구현하기 힘든 고휘도 청색 GaN LED가 일본 니치아 화학의 나카무라에 의해 구현되었다.

⑬ 1996년 일본 니치아의 연구원인 나카무라는 청색 LED에 YAG 형광체(Phosphor)를 결합하여 만든 백색 LED가 개발되어 향후 엄청난 시장 창출이 기대되고 있다.

⑭ 빨강, 녹색, 오렌지 등의 종류가 있고, 최근에는 난관으로 여겨진 청색 다이오드가 실용화되어 적·청·녹의 삼원색이 모였다. 이것들의 조합으로 백색을 포함한 여러 색깔의 빛을 만들 수 있으며, 풀 컬러 표시장치나 조명, 광디스크 장치의 헤드 등 용도가 확대되고 있다. 이후 휴대폰 등 중소형 제품을 중심으로 여러 BLU 광원으로 채용되기 시작했다.

⑮ 1997년에는 조명과 BLU, 자동차용 광원 등에 LED가 응용되었다.

⑯ 2004년에는 SONY에서 RGB LED BLU 이용하여 최초로 TV의 양산화에 성공하면서 대형 BLU에 LED의 채용에 대한 본격적인 계기가 되었다.

⑰ 2009년에서부터 가장 주목받는 차세대 광원인 그린 에너지로 거듭나고 있다. 특히, 에너지 효율이 높아 조명을 필요로 하는 가전기기, 자동차, 건축, 의료기기 등 산업 전반에 걸쳐 응용되고 있다.

4. LED 응용사례

1) 휴대폰 LED 응용사례

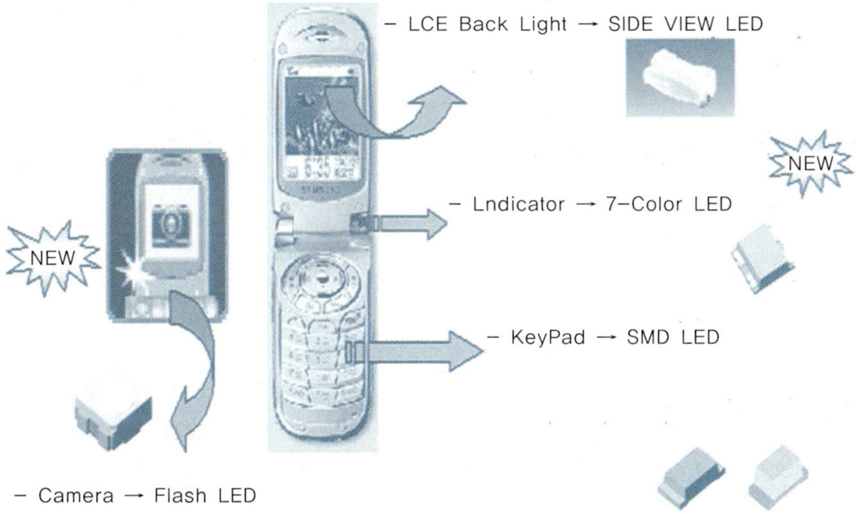

[그림 1-11] 휴대폰 LED 응용사례

2) 램프 LED 응용사례

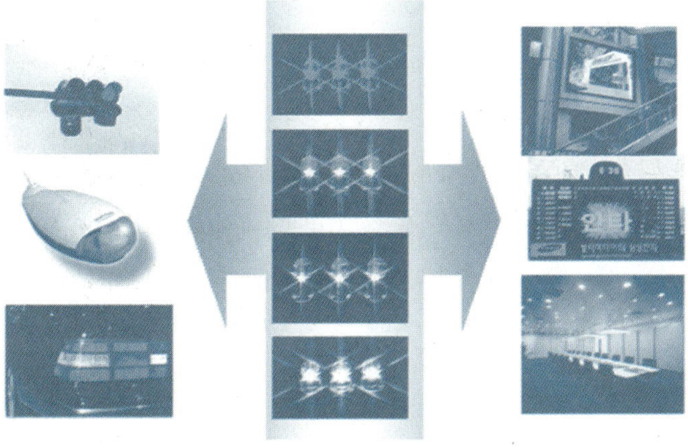

[그림 1-12] 램프 LED 응용사례

3) 가전제품 LED 응용사례

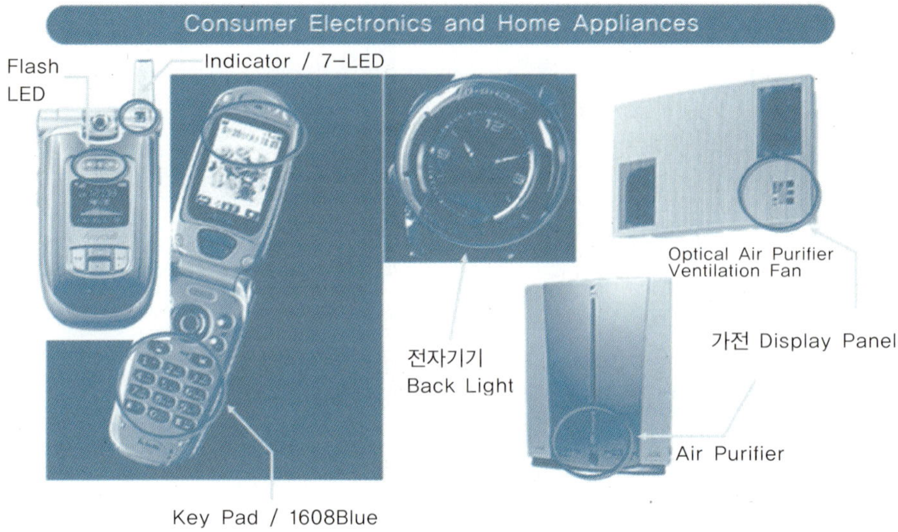

[그림 1-13] 가전제품 LED 응용사례

4) 교통신호등 LED 응용사례

[그림 1-14] 교통신호등 LED 응용사례

5) 자동차 LED 응용사례

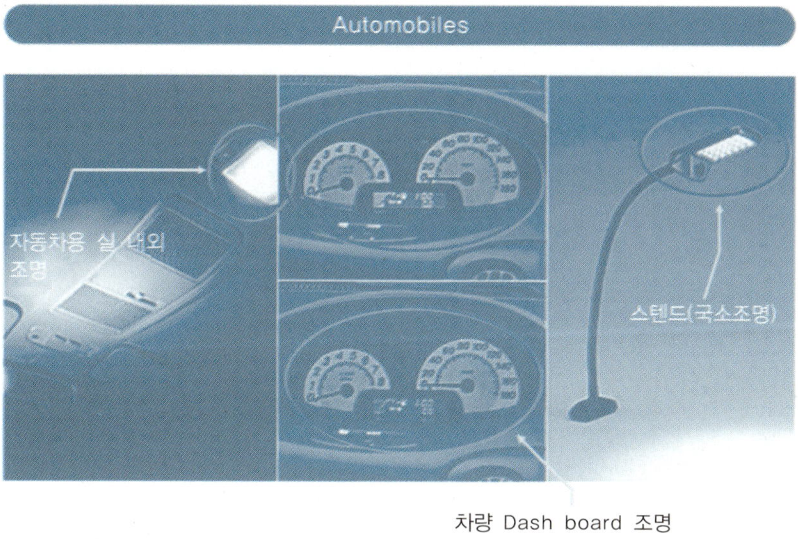

[그림 1-15] 자동차 LED 응용사례

6) 실내외 제품 LED 응용사례

[그림 1-16] 실내외 제품 LED 응용사례

7) 광원 및 조명제품 LED 응용사례

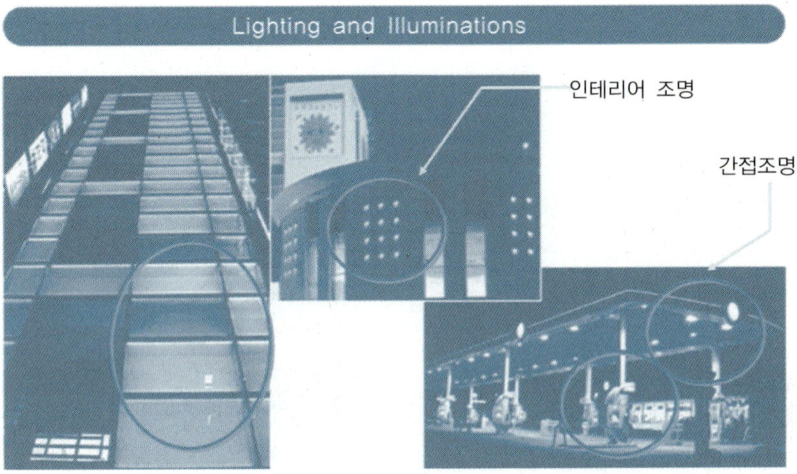

[그림 1-17] 광원 및 조명제품 LED 응용사례

02 LED의 종류

LED는 색에 따라 빨강, 녹색, 오렌지 등의 종류가 있고, 최근에는 난관으로 여겨진 청색 다이오드가 실용화되어 적 · 청 · 녹의 삼원색이 모였다. 이것들의 조합으로 백색을 포함한 여러 색깔의 빛을 만들 수 있으며, 풀 컬러 표시장치나 조명, 광디스크 장치의 헤드 등 용도가 확대되고 있다.

일반적인 LED의 재료는 간접천이형(indirect transition) 반도체와 집적천이형(direct transition) 반도체로 구별된다.

간접천이형은 열과 진동으로 수평천이가 포함되어 있어 효율좋은 발광 천이를 이루기에는 부적당하고, 직접천이형은 모두 발광으로 이루어지기 때문에 LED 재료로써 좋은 재료라 할 수 있다. 수직천이가 일어나는 에너지 폭은 반도체 결정 구조의 고유한 특성인 에너지 갭(Eg)에 따라 결정된다. 일반적으로 다음과 같은 관계식을 사용하여 에너지 갭과 발광파장과의 관계를 표현한다.

$$\lambda = hc/Eg \approx 1240/Eg(\mathrm{nm})$$

단, λ는 발광파장(nm), h는 Plank 상수, c는 광속도, Eg는 반도체의 에너지 갭(eV)이다.

발광시키고자 하는 영역에서 직접천이형 반도체 결정이 존재하지 않았던 LED 발전 초창기에는 간접천이형 반도체에 특별한 불순물을 첨가하여 발광파장을 어느 정도 변화시켜 발광영역을 맞추어 왔다.

그러나, 고휘도 LED를 구현하기 위해서는 직접천이형 반도체의 사용이 필수적이며 III-V족, II-VI족 화합물 반도체가 이에 해당된다. 예를 들면 고휘도 LED의 제조에 쓰이는 InN+GaN LED의 경우 파장이 긴 것이 특징이며, 인듐의 함유량에 따라 보라색(Violet)~적색(Red)까지 모두 만들 수 있고 발광효율 향상을 위하여 전자와 홀이 로스(Loss)되지 않기 위한 역할을 하는 Al을 첨가해 AlN + GaN LED를 만드는 등 각각 화합물 저마다의 특징이 있다([그림 1-18] 참조).

주기율표 (반도체 부분)

주기 \ 족	II	III	IV	V	VI
2		B	C	N	
3	Mg	Al	Si	P	S
4	Zn	Ga	Ge	As	Se
5	Cd	In	Sn	Sb	Te
6	Hg		Pb		

반도체 분류

단원소 반도체	화합물 반도체			
	IV-IV	III-V	II-VI	IV-VI
Si Ge	SiC SiGe	GaN GaP GaAs GaSb InP AlGaAs InGaAsP	ZnS ZnSe ZnTe HgCdTe	PbS PbTe

[그림 1-18] 화합물 반도체

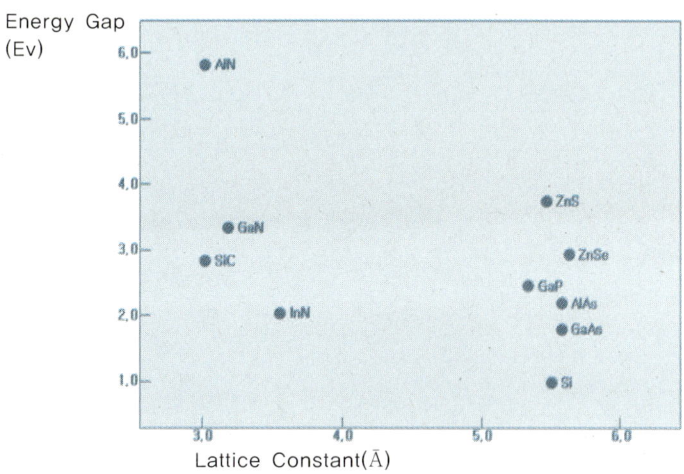

[그림 1-19] 에너지 갭과 격자상수

[그림 1-19]처럼 에너지 갭, 격자상수, 방출되는 파장을 고려하면서 각각의 응용분야에 알맞은 LED가 개발되고 있고 특히 조성비와 발광파장은 LED가 어떤 응용분야에 LED가 응용되고 있다.

빛의 삼원색인 R(적색), G(녹색), B(청색)를 발광시킬 경우 적색 LED에서는 GaAlAs와 같은 3원계, 혹은 InGaAlP와 같은 4원계 조성의 화합물 반도체 박막성장이 필요하다. 녹색 LED의 경우 처음에는 GaP에 불순물을 주입하여 구현하였으나, 이는 간접천이형 재료로써 실용적인 순녹색 발광이 얻어지지 않았다. 그러나 이후 InGaN의 박막성장이 성공하게 됨에 따라 고휘도 청색 및 녹색 LED의 구현이 가능하게 되었다. GaN은 에너지 밴드 갭이 3.4eV로 AlN은 6.2eV, InN은 현재 약 0.7eV 사이로 알려졌다. 이러한 물질을 3원계 혹은 4원계 물질을 성장시켜 활성층으로 사용한다면 deep UV에서 가시광선은 물론 적외선까지도 구현이 가능하다.

그러나, 현재 고휘도 적색 및 등황색 LED의 경우 InGaAlP 양자 우물 구조의 활성층을 사용하고, 청색 및 녹색 LED의 경우 InGaN 양자 우물 구조의 활성층을 사용하게 된다. II-IV족에서는 ZnSe기판을 이용하여 ZnTe, CdS 등과의 다원계 박막성장을 통해 청색 및 녹색 LED를 구현하고 있으나 모재의 신뢰성이 떨어져 고출력 LED 실용화에는 다소 문제점이 있다.

[표 1-1] 일반급 반도체

GaP	GaN	GaAs	GaAlAs
Green, Red	Blue	Red, Infrared	Red, Infrared

[표 1-2] 슈퍼급 반도체

GaAlAs	GaAsP	GaN	InGaN	GaP
Red	Red, Yellow	Blue	Green	Green

[표 1-3] 울트라급 반도체

GaAlAs	InGaAlP	GaN	InGaN
Red	Yellow, Orange, Red	Blue	Green

주요 LED의 종류와 특징은 다음과 같다.

① GaP : ZnO Red LED

1970년 경부터 생산되어 LED의 주측이 되었고 현재의 LED 램프에서 GaP가 차지하는 비율은 매우 높은 편이다. 응용분야는 포터블 형태, 옥내용 각종 기기 등에 사용되고 있다.

② GaP : N Green LED

GaP 기판 결정 위에 LPE법을 이용해 PN접합을 형성하여 제작하는 LED이며 주로 옥외용 디스플레이용에 응용된다.

③ GaAsP계 Red LED

GaAs1-XPX의 성분비 x를 바꿈으로써 적외선(x=0)부터 녹색(x=1)까지 발광하는 특징이 있다.

④ GaAsP계 Yellow LED

기판 결정에 GaP를 이용하여 VPE법에 의해 발광용 PN접합을 형성한다. GaAs1-XPX의 조성비 x를 적색 LED보다 크게 취함으로써 단파장화하는 것이 특징이다.

⑤ GaAlAs계 LED

x<0.35의 범위에서 Al과 As의 조성비를 바꿈으로써 발광파장을 변화시킬 수 있다. 응용분야는 차재용, 도로표지판 등 각종 옥외용 소자로 확대되고 있다.

⑥ InGaAlP계 Yellow LED

직접천이형 밴드 구조를 가지며, Yellow LED의 휘도 향상이 가능하여 고휘도 LED에 응용되고 있다.

⑦ GaN계 Blue LED

GaN계 고휘도 Blue LED의 출현으로 옥외용 LED 디스플레이의 풀 컬러화가 발전될 것이다.

⑧ SiC Blue LED

다른 재료와 달리 P형 결정을 비교적 쉽게 얻을 수 있는 것이 특징이며 최근 신뢰성의 향상과 함께 발광효율을 개선하여 고휘도를 달성중이다.

⑨ II-VI족 Blue LED

2족- 6족 화합물 반도체인 ZnSe, ZnS는 고발광효율의 Blue LED 재료로 사용되고 있다.

⑩ Full Color LED

SiC 혹은 GaN 청색 LED와 다른 재료에 의한 Red / Green LED를 조합시킨 LED 램프가 제작되고 있으며 또한 다수 발광이 가능한 풀 컬러 LED가 시작되었다.

⑪ UV LED

UV LED의 재료는 주로 GaAs로 Si를 이용하여 LPE 결정 성장 조건으로 Ga 또는 As 원자를 제어함으로써 PN접합을 형성하게 되는 것이 특징이다. UV LED는 포토 커플러, 위폐감지기, 포토 아이솔레이터 등 복합 광소자에 적용이 가능한 제품으로 세계적으로 관련 기술개발이 매우 활성화되고 있다.

LED는 방출하는 빛의 종류에 따라 가시광선 LED, 적외선 LED, 자외선 LED로 구분된다.

① 가시광선 LED

가시광선 LED는 전체 LED 시장의 90~95%를 차지하고 있으며 적색, 녹색, 청색, 백색 LED 등이 있다.

② 적외선 LED

적외선 LED는 리모콘, 적외선 통신(IrDA) 등에 사용되고 있으며 시장규모는 전체 LED 시장의 5% 수준이다.

③ 자외선 LED

자외선 LED는 살균, 피부치료 등 생물, 보건분야에 사용되고 있으며, 시장규모는 2% 미만이다.

LED 발광색상은 현재 빨강·녹색·노랑·오렌지·청·백색 등이 개발되어 있다. 첨가하는 불순물의 함량에 따라 재질의 파장이 달라 파장은 인간의 가시광선 영역인 400nm에서 700nm 사이이며 적색은 700nm대, 녹색은 565nm, 노랑은 585nm, 오렌지색은 635nm의 파장을 형성하고 있다.

청색 LED는 질화갈륨비소와 사파이어 등을 이용해 기존의 세계 최고 휘도제품의 7배 휘도제품을 개발하였다. 백색 LED는 백색에 해당되는 단일 파장은 존재하지 않기 때문에 2가지 색 이상의 조합으로 백색을 구현할 수 있다. 즉 빛의 3원색은 적색, 녹색, 청색으로 이들 3원색을 혼합하여 백색을 만든다.

[그림 1-20]에 3원색 혼합법을 보였다. 또한, 보색을 혼합함으로써 백색을 구현할 수 있으며, 황색과 청색, 청록색(Cyan)과 황갈색(Amber), 녹색과 자홍색(Magenta)을 각기 혼합하여 백색을 구현할 수 있다.

[표 1-4]는 백색 LED 구현방법과 특성을 나타내었다. LED는 반도체라는 특성으로 인해 처리속도, 전력소모, 수명 등의 제반사항에서 큰 장점을 보여 각종 전자제품의 전자표시 부품으로 각광받고 있다. 기존 전구램프처럼 눈이 부시거나 엘레멘트가 단락되는 경

우가 없는 LED는 소형으로 제작돼 각종 표시소자로 폭넓게 사용되고 있으며 반영구적인 수명(약 1백만시간)으로 그 활용도가 높다.

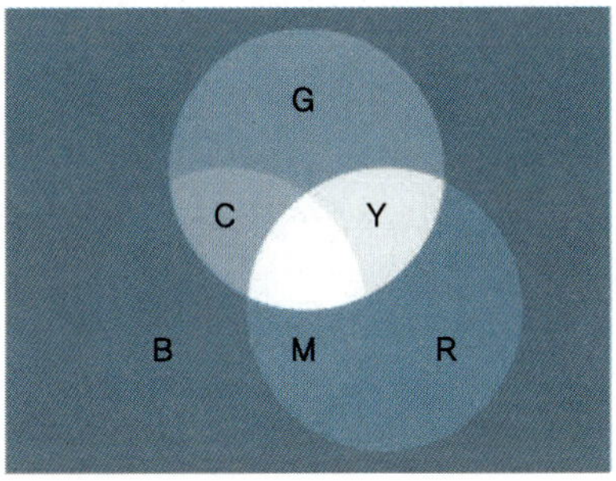

[그림 1-20] 3원색 혼합

[표 1-4] 백색 LED 구현방법 및 특성

구분	1칩 구현		2칩 구현	3칩 구현
구현방법	청색 LED + 황색 형광체	UV LED + RGB 형광체	binary complementary	RGB 멀티칩
연색성	△	◎	△	○
색안정성	○	◎	△	△
수명	△		○	○
효율	△	◎	○	○
형광체	양산중	양산중	필요없음	필요없음
특징	제조용이, 색상균일성 떨어짐	좋은 연색성, 패키지 재료의 내자외선 요구	좋은 출력, 연색성 떨어짐	좋은 색 연출성, 좋은 출력신뢰성 떨어짐
응용	백라이트	조명	Task light	전광판

03 LED 성능지표

발광효율(lw/W), 내부 양자효율(%), 외부 양자효율(%), 추출효율(%) 등은 LED의 성능을 나타내는 중요한 파라미터이다. [표 1-5]에 밝기 측정기준의 용어 및 단위를 정의했다.

[표 1-5] 밝기 측정기준

용어	단 위	정 의
광속	lm(루멘)	광량(광원으로부터 나오는 가시광의 총량)
광도	cd(칸델라)	빛의 강도(광원으로부터 어떤 방향으로 있는가를 나타내는 것)
조도	lx(룩스)	빛이 비춰지는 단위면적의 밝기(1lx란 1m^{2}의 면적위에 1루멘의 광속때의 조도)
휘도	nt(니트)[cd/m^2]	어느 방향으로부터 본 물체의 밝기 1m^{2}당 1cd의 cd/m^{2}휘도를 1nt라고 한다. 조도가 단위면적당 얼마만큼의 빛이 도달하고 있는가를 표시하는 데 비해 휘도는 그 결과 어느 방향으로부터 보았을 때 얼마만큼 밝게 보이는가를 나타냄
정격소비전력	W(와트)	램프의 소비전력(Catalog와 램프에 표시되어 있는 수치)
램프 효율	lm/W	램프의 전광속을 그 소비전력으로 나눈 값

1. 발광효율(lm/W(루멘/와트))

내부 양자효율, 외부 양자효율 광원의 전기에너지를 빛에너지로 변환하는 에너지 효율을 발광효율이라고 하며, 광변환효율이라고 한다. 광원으로부터 방출되는 빛의 양인 루멘(Lumen)을 소비전력(Watt)으로 나눈 값으로, 이 값이 높을수록 에너지 효율이 높다. 빛이나 전자선으로 여기하여 얻어진 빛 에너지의 일부는 외부로 나오기 전에 다시 물질에 흡수되거나 표면에서 산란된다. 그래서 빛 에너지로 변환되는 비율을 내부 효율이라 하고, 물질의 외부로 나오는 빛 에너지의 비율을 외부 효율이라고 한다. 또 이들의 비율을 광(양)자수로 환산하여 나타냈을 때는 각각 내부 양자효율, 외부 양자효율이라고 한다.

[표 1-6] 밝기 측정단위 용어

구분	lm/W	cd/m²=(nit)
용어설명	White LED, 형광등의 발광효율을 나타냄	디스플레이의 밝기를 나타냄
용어와 같이 표현하는 이유	• 조명의 경우 광원에서 방출되는 총 빛의 양을 lm이라고 함 • 발광효율은 사용전력에 대해 얼마만큼 빛이 나오는가를 나타내며 lm/W라고 표현	• 디스플레이에서는 화면에 투영되는 면의 빛의 세기로 휘도를 판단함 • 광원의 밝기 보다는 사람이 보는 화면의 밝기를 나타내는 개념으로 얼마나 밝게 보이는가의 척도임
적용제품	White LED의 발광효율 1940년 8월 Nichla에서 최대 50lm/W의 효율 발표/형광등 비대 60%수준	• LCD TV, PDP TV의 경우 500cd/m²~100cd/m² 정도임 • 유기 EL의 경우 SDI에서 80cd/m²발표 (휴대폰 내부창 용)

참고; 형광등 : 85lm/W, 백색 LED : 25~50lm/W

[그림 1-21] 루멘, 칸델라 및 니트의 정의

2. 추출효율

LED에 주입된 전자와 LED 밖으로 방출되는 광자의 비에 의하여 결정되며 추출효율이 높을수록 밝은 LED를 의미한다. LED의 추출효율은 칩의 모양이나 표면 형태, 칩의 구조, 패키징 형태에 의하여 많은 영향을 받기 때문에 LED를 설계할 때 세심한 주의가 필요하다. LED의 활성층에서 생성된 빛은 칩의 6개의 면으로부터 방출되고, 광추출효율은 일반적으로 광의 임계각에 의하여 결정되며 LED 내부에서 생성된 빛은 대부분 내부 반사에 의하여 밖으로 방출되지 못한채 LED 내부에서 소멸된다. 미국의 Cree사는 SiC 기판 위에 성장된 GaN-LED를 생산하고 있으며, SiC 기판에 각을 형성하여(Inversed truncate pyramid) 임계각을 변화시켜 줌으로써 25%에서 60%로 광추출효율을 개선시켰다.

1) 루멘(Lumen, 광속)

기호는 lm으로 나타내며, 국제단위계에 속한다. 1cd의 균일한 광도의 광원으로부터 단위입체각의 부분에 방출되는 광속을 1lm으로 한다. 전구면(全球面)의 중심에 대한 입체각은 4π이므로, 1cd의 점광원(點光源)에서 방출되는 전광속(全光束)은 4πlm이 된다.

2) 하이츠의 법칙(Haitz's law)

10년마다 LED 가격은 10배씩 하락하고 성능은 20배씩 개선된다는 법칙이 하이츠의 법칙이다. 이 법칙이 적용될 경우 2010년이면 이마트나 롯데마트 같은 할인점에서 5천 ~ 1만 원짜리 LED 램프를 손쉽게 구입할 수 있을 전망이다.

3) 50 IT SoC Magazine

시장조사업체 글로벌 인포메이션이 최근 발표한 '조명기구 전망'에 따르면 2012년 LED 조명 시장은 400억 달러(약 37조 원)에 이르고 2025년에는 미국 내 조명기구의 절반이 LED 조명으로 교체될 것으로 내다봤다. 산자부도 2015년까지 국내 조명 시장의 30% 이상을 LED 조명으로 대체한다는 'LED 조명 15/30 보급 프로젝트'를 발표했다.

4) 형광물질(Fluorescent material)

형광을 내는 물질로서 석유 · 납유리 · 시안화백금 등이 있는데, 실용적인 것으로는 ZnS : Cu라고 기재하는 것으로 주로 브라운관이나 전자현미경 등에 쓰인다. 원료물질과 첨가해주는 부활제의 조합에 따라 다양하여 목적에 맞게 제조하여 색을 낼 수 있다. 백색 LED 구현을 위해 청색 LED에 노란색 형광물질(Yttrium Aluminum Garnet : YAG)을 첨가하는 방법이 있다.

5) MOCVD(Metal Organic Chemical Vapor Deposition, 유기 금속 화학 증착법)

화학 반응을 이용하여 기판상에 금속 산화막을 형성하는 박막 형성법. 진공으로 된 통 안에서 가열된 기판에 증기압이 높은 금속의 유기 화합물 증기를 보내어 그 금속의 막을 기판에 성장시킨다. 어떤 조건에서는 화합물 반도체의 결정을 에피택시얼 성장(Epitaxial growth)시킬 수도 있다.

6) 플립칩(Flip Chip)

LED 발광효율을 개선시키기 위한 특징적인 기술로 플립칩 기술을 들 수 있다. 이 기술은 반도체 칩을 회로 기판에 부착시킬 때 금속 리드(와이어)와 같은 추가적인 연결 구조나 볼 그리드 어레이(BGA)와 같은 중간 매체를 사용하지 않고 칩 아랫면의 전극 패턴을 이용해 그대로 융착시키는 방식으로 선 없는(Leadless) 반도체라고도 한다. 패키지가 칩 크기와 같아 소형, 경량화에 유리하고, 전극 간 거리(피치)를 훨씬 미세하게 할 수 있다. 일반적으로 질화물 반도체는 절연체인 사파이어 기판 위에 성장하기 때문에 질화물 반도체 표면으로부터 광을 추출하게 된다. 그러나 사파이어 기판은 열전도도가 좋지 않아 GaN-LED 열방출에 큰 문제점으로 지적되어 왔다. 이러한 문제를 해결하기 위하여 전극을 PCB(Printed Circuit Board) 기판에 패키징하고 사파이어로부터 광을 추출하는 플립칩 기술이 제안되었다. 즉, Ni/Au의 광투과성 전극은 로듐(Rh)과 같은 높은 광반사 특성을 갖는 오믹금속으로 대체하여 빛의 리사이클(재활용)이 되도록 하여 광추출효율을 개선시키게 되고 전극패드 및 질화물 반도체층을 열방출이 용이한 PCB 보드에 부착함으로써 열방출 효율을 개선시킬 수 있다.

7) 백색 LED BLU

액정표시장치(LCD)의 광원으로 사용되는 부품을 BLU(Back Light Unit)라고 하는데, 이는 광원이 LCD 패널의 뒤에 장착됨으로써 유래되었다. BLU는 크게 도광판형(Edge light type)과 직하형(Direct type)으로 나눌 수 있다. 전형적인 도광판 방식의 BLU 구성에서 BLU 광원은 백색 LED가 사용되는 BLU를 '백색 LED BLU'라 부른다. 현재 핸드폰 등 소형 모바일기기의 대부분에 적용되고 있고, 노트북 등 중형 LCD의 BLU에도 적용되기 시작하고 있어 BLU의 새로운 대안으로 떠오르고 있다.

8) 도광판(LGP, Light Guide Plate)

BLU의 휘도와 균일한 조명 기능을 수행하는 부품으로 LCD 내에서 빛을 액정에 인도하는 BLU 안에 조립되어 있는 아크릴 사출물을 말하며, 백색 LED 또는 냉음극형광램프(CCFL) 등의 BLU 광원에서 발산되는 빛을 LCD 전체 면에 균일하게 전달하는 역할을 하는 플라스틱 성형 렌즈의 하나이다.

9) LED Driver

입력전압 변동이 심하고, 낮은 전압으로부터 안정된 밝기 및 높은 효율로 LED를 켜주는 IC를 말한다. LED가 현재 휴대폰의 적용에서 조명용, 네온사인 등으로 활용범위가 넓어져 LED Driver IC의 수요는 고성장할 것으로 전망된다.

10) 휘도(Brightness)

일정한 넓이를 가진 광원 또는 빛의 반사체 표면의 밝기를 나타내는 양을 말하며 스틸브(stilb. 기호는 sb) 또는 니트(nit. 기호는 nt)라는 단위를 쓴다. $1m^2$당 104cd(칸델라)를 1sb로 계산한다.

예를 들면, 태양면의 휘도는 1만 5,000sb, 월면의 휘도는 0.25sb, 전구 필라멘트의 휘도는 150~200sb 정도이다. 단, 같은 광원에서도 촛불과 같이 부분적으로 휘도의 차가 있는 것도 있으며, 때로는 관찰 각도에 따라 그 값이 달라지는 것도 있다.

① 실내지수(Kr) : 실내형상, 크기, 광원, 위치에 따라 결정되는 계수

$$실내지수(Kr) = X \times Y / H(X + Y)$$

② 조명율(U) : 광원의 전광축과 작업면에 오는 유효광촉의 비율 실내지수 및 실내 반사율, 기구배광, 효율로부터 구해진다. 따라서 조명율이라는 것은 조명설 전체로서의 종합적인 조명효율이라고 할 수 있다.

③ 보수율 : 설치 후 실내기구 등의 오물로 인해 램프의 광촉이 저하되어 평균조도는 떨어지지만 소요 평균조도를 유지하기 위해 계산해서 이 조도저하에 맞는 계수에 맞게 정해두면 설계 조도를 하회할 일이 없다. 이 계수는 보수율로서 기구 구조와 실내 먼지 상태에 따라 값이 달라지며 조명율표와 함께 기입되어 있다.

보수율은 광원의 보수, 청소상태가 좋은 실내에서는 양호하고 또 공장 등 먼지가 많고 청소가 곤란한 곳은 좋지 않다.

보수율 : 수은램프 0.55~0.7, 백열램프 0.7~0.75, 형광램프 0.5~0.75

보수율은 김광보상률의 역수 감광보상율이란 조명 설계할 때 점등 중에 광속의 감속을 미리 예상하여 소요광속의 여유를 두는 정도를 말하며, 항상 1보다 큰 값을 지니는데 이러한 감광보상율의 역수를 보수율 또는 유지율이라 한다.

CHAPTER

02 무선 가시광통신 시스템의 기술

01 무선 가시광통신의 개요

무선 가시광통신은 조명기구 등 가시광선 방출장치를 변조하여 통신을 가능하게 하는 차세대 고속 전송기능이다. 가시광 LED를 이용하면 고속 변조가 가능하고 고가 인프라 구축이나 인체유해성 없이 보안성이 강화된 유비쿼터스 통신망구축이 가능하다. 따라서 무선 가시광통신의 다양한 방식과 활용에 따른 구조와 기술을 고찰하고 개발현황 및 시장성을 분석해 역할과 파급효과 등을 살펴본다.

최근 통신의 주요 이슈는 유비쿼터스 네트워크와 초고속 광대역 통신으로 집약될 수 있다. 이 중 무선통신은 유비쿼터스 네트워크의 근간이 되는 기술이다. 그러나 한정된 RF 자원의 규제로 인해 유사대역의 여러 RF 무선기술이 등장함에 따라 무선통신간 혼선과 보안성 취약의 가능성이 매우 높아지면서 비밀보장이 중요한 환경에서의 보편적 사용이 제한받고 있다. 따라서 보편적 환경을 구축하기 위해서는 보안성이 강화된 저전력 고속 전송에서 RF 무선기술의 개발이 필수적이다.

한편 우리의 대부분 시각에 의존하는 정보의 습득을 가능하게 하기 위한 기구인 조명, 교통신호기나 광고용 전광표시판, 디스플레이, 전자기기의 표시 부품등을 많이 이용한다. 무선 가시광통신(Visible Light Communication : VLC)은 그와 같은 가시광장치에서 발생되는 빛을 통해 데이터를 전송하는 차세대 통신기술이다.

가시광 파장(400~700nm)을 방출하는 LED(Light Emitting Diode) 조명기구 등의 점멸 또한 명암으로 디지털 데이터를 손상하는데 이러한 명암 변화가 1초동안 50회이상이 될 경우 인간의 눈으로는 점멸을 감지하지 못하고 어른거리지 않고 계속 점등된 것처럼 인식되므로 고유의 기능을 수행하는 동시에 변화의 주기를 짧게 해 고속으로 데이터를 전송할 수 있다.

이렇게 무선 가시광통신은 사용자 환경에서 보편화될 수 있는 가시광조명을 간단한 제어회로로 변조하여 조명과 통신을 동시에 가능하게 하고, 전력선 통신과 결합하여 통신 네트워크를 구현 가능하게 하므로 통신 인프라 구축비용이 절감되고, 조명이 있는 곳에서 언제 어디서든 유비쿼터스 통신이 구현될 수 있어 RF 무선기술과 상호 보완하여 차세대 연결 기술로 활용이 기대된다. 여기서는 차세대 통신기술이라 할 수 있는 무선 가시광 기술의 기능 및 소자 등의 기술적인 면을 고찰하고 이를 토대로 한 개발동향 및 시장성과 기능적 기술적 파급효과 등을 분석하고자 한다.

02 무선 가시광통신의 기술 및 활용

1. 무선 가시광통신의 기능

무선 가시광통신의 강점으로 유비쿼터스와 보안성을 들 수 있다. 무선통신이 광범위하게 이용되면서 최근 RF 대역 주파수 고갈, 여러 무선통신 기술 간의 혼선가능성, 보안성 취약, 초고속 유비쿼터스 통신환경 요구 부각 등의 문제가 대두되고 있다.

가시광통신은 보편화된 인프라인 가시광 조명기기나 표시기기 등을 이용하므로 별도의 통신 인프라 구축이 필요하지 않다. 또한 빛의 직진성에 의해 물리적으로 보안성을 강화할 수 있으며, 혼선이 없고 고속의 정보 전송과 저전력 구동이 가능하다. 따라서 보안성과 혼성에 취약한 기존의 RF 무선기술을 보완함으로써 더불어 고속 저전력의 유비쿼터스 통신 환경을 구현할 수 있다.

또한 광은 정밀하게 위치를 인지하는 측면에서 전파보다 훨씬 정밀하다. 현재 휴대전화 등으로 가능한 위치추적 방법으로는 GPS와 기지국 기반 위치인지기법이 있다. 기지국 기반 위치인지기법의 경우는 발신원으로부터 부정확한 오차범위가 1km 정도에서 교외의 경우 수 km이고, 전자의 경우는 실외에서 정밀도는 좋으나 실내에서는 위성의 전파가 매우 낮아 사용성에 문제가 있다. 무선 LAN 등의 전파, 초음파 적외선 방법이 제안되고 있으나, 전파는 구조에 따라 정확한 위치를 파악하기가 어렵고 초음파나 적외선은 다른 조명기기가 많이 설치되어 있으면 충분한 정밀도를 확보할 수 없는 단점을 가지고 있다.

가시광통신을 통한 위치인식은 LED 등 조명기기로부터 나온 빛을 변조하여 휴대전화의 카메라 렌즈를 통해 위치정보를 받아 휴대전화 디스플레이장치에 위치를 표시하게 된다. 이때 조명기기의 광이 도달하는 범위가 한정되어 있기 때문에 위치의 정밀도는 높아 유도 전등을 이용한 경우 위치인식 오차가 수m정도이다. 또한 LED 칩을 복수 개로 묶어 그룹화하고, 그룹화되어 있는 칩을 개별적으로 제어함으로써 정밀도가 높은 특성을 얻을 수 있다. 실제로 복수의 칩을 제어하는 경우가 LED 칩에 위치정보를 입력하고, 개개의 LED가 내는 빛을 변조해서 송출한다. 그와 같이 변조한 빛은 렌즈를 경유한 2차원 센서로 수광되어 광발신 장소를 패턴 인식함으로써 위치를 정밀하게 알아낼 수 있다. 2차원 수광소자의 화소수가 200×200을 넘으면 위치검출 오차가 약 2mm정도이다.

가시광은 정보의 발신원과 방향을 볼 수 있으므로 정확한 위치인식이 가능할 뿐 아니라 안정성에서도 가시광은 눈에 보이기 때문에 사용자들이 판단해서 대책수립이 가능하다. 이러한 가시성을 제품에 적용할 경우 감성적 기능 제공과 흥미유발이 가능하여 게임이나 화상통신의 융합 등 다양한 기능 제공과 제품의 구매력을 강화할 수 있다.

위와 같이 가시광통신은 전파만으로는 달성하기 어려운 기능을 제공함으로써 RF 무선 기술을 보완하여 보안성이 강화된 저전력 고속 전송의 4G 및 USN connectvity 기술로 활용될 수 있다.

2. 가시광통신 소자 및 특성

가시광통신은 380nm에서 780nm의 파장(385THz에서 89THz의 주파수)을 갖는다. 오디오를 위한 가청 주파수대역은 20Hz에서 20,000Hz이고, 적외선 파장을 사용하는 것에는 IrDA(Infrared Data Association), 2.4Hz의 IEEE 802.11n, UWB, 802.15.4 Zigbee, Bluetooth, 600GHz의 IEEE802.15-3c 등이 있다. 가시광통신은 800~900nm를 사용하는 IrDA와 가장 유사한 파장을 사용하지만 조명과 동시에 통신을 할 수 있다는 강점이 있다.

가시 발광소자에는 LED, SLD(Super Luminescent Diode), LD(Laser Diode) 등이 있다. 발광조명소자로서 중요한 것은 효율이다. LED는 발광효율이 급격히 개선되고 가격이 떨어짐에 따라 휴대기기, 전자장치의 동작상태 표시나 디스플레이, 자동차, 신호등, 광고판 등의 액정 디스플레이의 백라이트 등의 특수 조명 시장에서 보편화되고 있다.

백색 LED의 발광효율은 이미 백열등을 추월하였으며 형광등보다도 우수한 제품들이 출현하고 있다. 2010년부터는 형광등 백열등과 같은 실내 일반조명 시장에서도 가시광 LED 조명이 기존 조명을 본격적으로 대체할 것으로 예상된다. 친환경조명으로서 2015년까지 조명의 30%를 LED로 보급하는 계획에 의해 LED 관련한 각종 사업이 추진되고 있는 실정이다.

백색 LED는 적, 녹, 청의 LED를 섞어서 백색화하는 RGB 타입과 형광체를 빛나게 해 백색화하는 타입으로 분류할 수 있는 RGB 타입은 그 혼합방법으로 색의 합이 조정 가능하다. 무선 가시광통신 파장 대역과 RGB 타입의 발광파장 대역이다. 아날로그 TV의 기저대역전송은 형광 LED에 의하여 충분히 전송이 가능하고 RGB 타입이라면 더해서 그것보다도 높은 주파수의 변조가 가능하다. 또한 광은 시간손실이 없고 파형의 변형이 없을 뿐만 아니라 고속으로 점등시킬 수 있다. 광학 필터의 경우 형광 타입은 카메라에 보급하고 있는 적외선 제거 필터를 사용해서 잡음이 되는 태양광이나 다른 조명으로부터 나오는 광을 제어할 수 있으며 RGB 타입은 각각의 RGB 칩에 필터를 부착하면 좋다.

SLD는 LED와 LD의 중간 특성을 갖는다. LD보다 코히어런스가 다소 소실되나 스펙트럼 잡음이 없고 고속 변조를 할 수 있어 1Gb/s 정도의 변조가 가능하다. LD는 조명소자로서 그다지 사용되고 있지 않지만 레이저 포인트로 사용되고 CD, DVD, blue ray disk 등의 광디스크용 레이저 광원으로 780nm, 650nm 등이 사용되고 있다. LD의 장점으로 고속 변조를 들 수 있는데 조명소자로서의 가능성도 관심을 끌고 있다. LED가 발신하는 데이터를 전송하는 가시광통신용 네트워크 중 한 가지는 전력선을 이용하는 것이다.

전력선은 조명, 유도전등, 비상전등에 직접 연결되어 있기 때문에 back up network에도 최적이다. 조명기기가 인터넷 등에 접속되면 휴대전화의 전파를 이용해서 조명측의 정보를 불러내는 것도 가능하다. 전력선 통신신호를 이더넷으로 변환하여 광수신기에서 검출하게 되므로 광수신기 연결 단말기는 별도의 전력선 통신을 위한 장치를 필요로 하지 않고 데이터 통신이 가능하다. 더욱이 가시광통신 장치에서 통신기능을 일시적으로 정지시킨다면 단순 조명용으로도 사용할 수 있다는 효과도 누릴 수 있다.

가시광통신은 속도, 전파이용 가능성에 의해 여러 가지로 분류될 수 있는데 유비쿼터스 가시광통신, ITS(Internet Transport System) 가시광통신, Visible LAN의 조명 광통신 등을 들 수 있다. 즉 활용 분야에 있어 유비쿼터스는 휴대 단말기 및 멀티미디어 기기간 초고속 주변기기 인터페이스(Peripheral Interface) 분야뿐 아니라 LED를 비상등 광원으로 이용하여 수광부는 휴대전화 단말을 이용하는 것을 고려할 수 있다. LED는 전력효율이 형광등과 거의 동등하게 된다면 그 수명은 충분히 비상등의 광원에 유력하고 고속 변조에도 견디어 낼 수 있기 때문에 필요한 정보를 반복해서 보낼 수도 있다. 수광부는 휴대전화기 카메라를 이용해도 되고 별도의 전용 가시광수광부를 접합시켜도 좋다. 주위의 지도정보를 보내면 보행자의 네비게이션(navigation)이나 비상시에 피난로를 이미 알 수 있게 하는 등 유비쿼터스 가시광통신의 이용범위는 넓을 것이다.

교통신호기나 자동차 전구의 광을 변조해서 정보를 송신하면 ITS에 사용할 수 있다. 교통신호등을 이용하여 위치기반 서비스를 제공하는 지능형 교통 시스템 등 정보방송(Infomation Broadcasting)분야가 대표적이나 다양한 활용이 가능하다. 현재 교통의 안전성을 높이는 ITS의 중심은 무선 RF 기술이지만, 독일 자동차회사에서는 LED를 사용한 자동차 뒷 램프(Tail Lamp)로 뒤차로 경고를 보내는 등 ITS에 이용하는 연구를 진행하고 있다.

또한 ITS 가시광통신은 차에 장착하여 네비게이션, 음악 화상정보 등 테라바이트의 대용량 정보를 광을 이용해 급유시간 중에 1Gb/s이나 10Gb/s의 고속으로 다운로드 가능하게 하는 것이다. 가시광의 우위성은 예민한 지향성을 가진 광을 소정의 장소에 맞추기 용이하고 도청되지 않는다는 점을 이용한다.

조명 광통신에 비해 실내에서 무선랜을 통한 통신은 전송용량을 높일 수 없고 사용자가 많을 경우 효율이 떨어지는 등의 단시간의 다운로드가 어렵다. 발광소자로서는 고속 변조가능한 LD가 유망하지만 스펙트럼 잡음이 걱정되므로 SLD 등이 적당하다. 조명 광통신은 열차나 비행기내 또한 병원뿐만 아니라 우주선 내에서도 가능하다. 선내는 전파의 이용은 금지되어 있기 때문에 안전한 가시광선을 이용해야 하는데 파손위험이 있는 기존 우주 형광등 조명대신 LED, LD, SLD 등은 파손위험이 적고 조명과 통신이 일체화해 있기 때문에 장소나 중량의 증가가 적다.

3. 표준화 및 개발 현황과 시장 분석

1) 표준화 현황

유무선 음성통신 및 인터넷 서비스가 일반화되면서 근거리 무선통신(Wireless Personal Area Network : WPAN) 기술이 다양하게 개발되고 있어 IrDA, UWB, IEEE 802.11x, IEEE 802.15x, 60GHz 등에 대하여 국제 표준이 진행되고 있다.

가시광통신기술은 PAN의 한 기술로 부각되고 있으며 아직 국제 표준은 시작 단계이다.

국내에서는 한국정보통신기술협회(TTA) 산하 VLC service WG(Working Group)이 구성되어 본격적인 표준화를 위한 활동을 시작하였다. 가시광통신의 국제 표준화 활동으로 2007년 11월 IEEE 802.15회의에서 LED를 이용한 VLC IG(Visible Light Communication Interest Group)을 결성하였으며, 국내 전문가가 초대의장으로 선출됨으로써 우리나라가 이 분야의 국제 표준화를 주도해 나갈 수 있는 입지를 마련하였다. 이 IG는 2008년 3월 VLC SG(Study Group)으로 승격되었다. 2008년 11월 PAR 5C가 승인됨으로써 2009년

1월 Task Group으로 재격상되어 VLC PHY와 MAC 규격을 개발하여 2011년 말 표준화 규격 완성을 목표로 하고 있다.

TTA는 2009년 36대 정보통신 중점기술 표준화 로드맵 중 하나로 가시광통신(VLC) 서비스를 선정하고 멀티미디어 응용 프로젝트 그룹(PG) 산하에 가시광통신 실무반을 통해 본격적인 표준작업을 추진할 계획이다. 이 실무반에서 가시광통신 서비스 모델을 국내 표준으로 제정함과 동시에 PHY, MAC 프로토콜(Protocol), 응용 프로토콜(Application protocol), 산업화 응용 표준, 차세대 이동통신환경/안전 표준 등과 같이 폭넓게 표준을 추진할 예정이다.

가시광통신의 실효성 및 목표 설정을 명확하게 하기 위하여 응용 서비스 모델을 우선적으로 표준으로 제정하고 서비스 모델 표준에 따른 송수신 기술 MAC 프로토콜 및 응용 프로토콜 표준 등을 제정할 예정이다. 가시광통신의 실효성 및 목표 설정을 명확하게 하기 위하여 응용 서비스 모델을 우선적으로 표준으로 제정하고, 서비스 모델 표준에 따른 송수신 기술, MAC 프로토콜 응용 프로토콜 표준 등을 제정할 예정이다. 응용 서비스 모델로는 가시광통신의 3 무(무허가, 무간섭, 무해)주파수 서비스 모델 자동차안전 서비스 모델 측위 서비스 모델, M-to-M 서비스 모델, 초고속 센서 서비스 모델, WLAN 서비스 모델로 정해 표준 규격으로 개발할 예정이다.

표준 기술의 ToR(Terms of Reference)는 PHY 기술, MAX 기술, 응용 프로토콜 기술 등으로 크게 구분될 수 있는데 무선 가시광통신 PHY 기술은 물리계층의 송수신 PHY와 LED 조명과 통신과의 인터페이스를 표준화하며, MAC 기술은 데이터 계층의 데이터 무결성 보장을 하는 것으로써 단대단 통신에 사용한 Peer-to-Peer MAC과 LAN 통신에 사용할 infrastructure MAC으로 구분하여 표준화한다. 응용 프로토콜 기술은 자동차 안전, 측위, M-to-M, 초고속 센서 등에 따라 정보흐름을 표준화한다. 표준규격 개발과 더불어 연구개발을 수행하여 국제 표준 프로토콜로 정의할 수 있도록 전략적으로 접근할 필요가 있다. 무선 가시광통신기술과 시장이 아직은 미미하지만, 메모리 반도체 시장 이상의 큰 시장이 있다는 예측보고서가 연이어 나오고 있는 현재, 전세계 큰 시장을 석권할 무선 가시광통신에 대한 원천 기술을 개발하고 이를 지적 재산권(IPR)이 따르는 국제 표준으로 제정할 수 있는 중요한 시점이다.

국외 표준 동향을 보면 WWRF(World Research Forum)는 2001년에 설립되어 현재 140멤버로 구성되어 있다. 무선과 이동통신의 연구, 학문, 기술, 산업 등에 대한 미래 방향 및 전략을 수립하는 것을 목적으로 한다. 6개의 WG과 4개의 Special Interest Group

으로 구성되어 있는데, WG5는 Ultra Wideband, MIMO-OFDM, S, Range Optical Wireless Communication 이슈를 다루고 있으면서 특히, 가시광통신을 미래 기술로 인식하고 그에 대한 Wireless Paper를 작성중에 있다.

ITU-T SG16 H.323, H.324, H.248 등 멀티미디어 프로토콜을 개발한 연구 그룹으로 차세대 멀티미디어 프로토콜인 H.323 표준을 개발하고 있다. 차세대 멀티미디어 프로토콜은 기존의 음성전화와 화상전화는 기본으로 제공하고, 차세대 멀티미디어 서비스를 제공하는 것을 목적으로 한다. 2007년 정기회의에서 차세대 멀티미디어 프로토콜에서 가시광 무선통신 측위 기능을 제공하기로 결정하였다.

일본에서는 2003년 11월에 총무성의 지원 하에 VLCC(Visible Ligth Communication Consortium)이 일본 20개 기업과 대학을 중심으로 결성되어 유비쿼터스와 ITS에 응용하는 것을 목표로 설정하고서 조명용 LED의 가시광통신 적용과 가시광통선의 실생활 응용 방안을 개발하고 있다. 이는 공식 표준 단체가 아니고 컨소시엄으로 형태로 진행되고 있었으나 국내 표준안 제정을 위한 단계를 추진하고 있다. 2008년 VLCC는 적외선 데이터 협회(IrDA) 및 광라디오 통신 시스템 추진협의회(ICSA)와 공동으로 가시광통신의 표준화 작업을 개시하였다.

가시광 무선통신을 활용함으로써 허가 주파수와 비허가 ISM(Industrial Science Medical) 주파수 외에 가용한 주파수 대역을 개발하는 기대 효과를 얻을 수 있는데, 이 개발 주파수 대역 통신을 하려면 송신과 수신 간에 상호 규약이 있어야 하므로 이를 위한 표준 프로토콜을 필요로 하게 된다. 조명과 통신을 융합해 언제 어디서나 통신 가능하려면 센서 정보, 물체 식별정보, 측위에 의한 LBS(Location Based Service) 위치정보, 머신 투 머신(Machine to Machine) 정보이동 등에 대한 표준 기술 제정이 필요하다.

2) 국외 연구개발 현황

일본에서는 2003년 VLCC을 건립해서 본격적으로 실용화를 위한 활동과 규격화를 시작하였다. 그 주요 구성 멤버로 게이오대학 나차가와 교수, 하루야마 교수팀이 주도하고 통신사업자, 기기메이커, LED 메이커 등 20여 개 회사로 구성되어 있다. 이어 영국의 옥스포드 대학, 홍콩 대학 등에서 연구가 시작되었다.

2004년 일본 CEATAC 무역 전시회에서 VLCC의 NEC사와 마쓰시타 전기등에서 LED를 이용 10m 정도까지 도달 가능한 가시광 고속 데이터 전송방식을 통한 정보전달을 선보인 이래, 백색 LED는 초당 80Mbps 전송 적색 및 초록색 LED는 200Mbps 전송도 가능하게 한다.

무선 가시광통신의 단점은 송수신기 사이에 가시거리가 명확히 존재해야 한다는 것이나, 게이오대학 연구에 의하면 수선하기 전에 되반사되는 환경에서도 작동할 수 있다. 도시바는 RGB 성분 중 어느 하나를 특수 필터로 필터링하여 여러 채널을 디멀티플렉싱하기도 하였다. 통신방법의 다양화, 복잡화에 의한 혼란을 피하기 위해 일본 전자정보기술산업협회는 2007년 3월에 저속 통신 시스템 규격, 2007년 6월에 가시광선 LED 시스템을 제정한 바 있다.

제품 개발로는 도시바가 2007년 송신 모듈을 탑재한 스포트라이트형 LED 조명기구를 제품화하였으며, 일본전기는 차세대 로지스틱 솔류, 차시오 계산기는 휴대전화와 디지털 카메라를 사용한 애플리케이션 등을 개발하여 상품화하기 시작하였다. 또한 가시광통신은 조명으로 헤드폰에 음악이나 안내, 뉴스 등을 서비스할 수 있으며, PDA에 미술관이나 박물관 전시물에 관한 상세 설명, 휴대전화와 디지털 카메라를 사용한 애플리케이션의 텍스트 정보 등 다양한 응용이 거론되고 있다. VLCC 멤버인 NEC는 최근 조명 빛에 비추면 역홈에서는 전차의 시각표 등을 알 수 있게 한 휴대전화를 개발하였고, 청수건설은 미술관 등에서 전시품의 안내에 이용하는 것을 검토중이다. 현재 가시광통신 시장에서 유력한 애플리케이션이 없고 송수신 장비의 사양부족 등이 큰 장벽이 되고 있다. 또 개발기업에 있어서는 LED 휘도의 향상이나 수광 센서의 고성능화 외에 상품의 저가격화가 필요하다.

미국 펜실베니아 주립대에서는 전력선 통신과 결합된 가시광통신 시스템을 제안하고 시뮬레이션을 통해 1Gbps에 이르는 광대역폭 전송시험에 성공하였으며 유럽연합에서는 백색 LED 조명을 이용한 가시광통신의 전송대역폭 향상을 위해 다양한 기술들에 대한 연구개발을 추진하고 있다.

3) 국내 연구개발 현황

가시광 무선통신에 대한 공식 표준단체로는 2007년 국내의 'A'가 가시광통신 서비스실 무반을 통해 가장 추진한 것이 최초이다. 국내 연구로는 2005년 상반기 지식경제부 산하기관인 한국광기술원(KOPI)에 의해 백잭 LED 조명을 이용한 100Mps급 전송 가시광통신기술에 대한 연구가 추진되어 2008년 10Mps 가시광통신을 구현하였다. 또한 현재 가시광통신 기반 유비쿼터스 가로등을 개발하였고, 이는 도시 필수 시설인 가로등의 형태로 도시 지능의 필요한 장비를 수용하고 서비스에 따라 도심 정보를 제공하는 시스템으로 유무선 네트워크 환경을 제공하고, 온습도 센서뿐만 아니라 현장상황 실시간 모니터링을 위한 CCV, 비상벨, 보행자용 영상·음성 통화장치 및 스피커 등을 내장하여 유비쿼터스 환경을 제공한다.

최근에 경희대, 삼성 등에서도 기초 기술에 대한 연구가 시작되었다. 한국고덴시는 최근에 10Mps급 이상의 점대점(Poit-to-poit) 가시광통신 모듈을 제작하고 성공적으로 시험을 마쳤다. 삼성전자 또한 휴대단말기 및 멀티미디어 기기 간의 근거리 통신분야와 옥내외 LED 전광판 및 상업용 LED 조명을 이용한 정보 방송분야 실내외 LED 조명을 이용한 근거리 LED 분야에서 가시광통신기술의 연구개발을 추진중이다.

광주 레드원테크놀러지 로봇 연구소는 최근에 모듈 컴포넌트 기반 로봇플랫폼 기술과 LED 조명 가시광통신기술을 결합한 광로봇을 국내 최초 개발, 출시하였다. 이 로봇은 로봇과 주변 환경, 로봇과 로봇 간은 가시광통신으로 제어되고 로봇 내부의 모듈은 광통신 네트워크로 움직여 전기적인 노이즈에 안전하고 기존 로봇에서 발생하는 전자파 유해와 오작동 문제를 대폭 개선하였다. 국내외 가시광통신의 기술개발 수준은 이론적인 분석과 요소기술을 개발 및 검증하는 단계에 있으며, 동시에 다양한 응용분야의 개발과 적용 가능한 고성능 기술개발이 진행되고 있다.

4) 시장성 및 전망

IT 통신 전문가들은 유선 전화가입자, 이동통신가입자, 인터넷 사용자수가 포화상태로 증가를 멈춘 상황에서 산업간 융합을 통한 신기술을 찾고 있다. 이러한 상황에서 2007년 LED 기술의 급격한 발전으로 새로운 조명 산업이 열리고 근거리 무선통신(WPAN) 기술이 다양하게 개발되고 있다.

가시광을 이용한 무선통신의 경우 기존 조명 인프라를 통신에 사용할 수 있다는 장점이 있고, 차후 고속변조 가능한 가시광 송신회로의 개선과 최적화된 수신기의 개발 등을 통해서 차세대 단거리 통신 수단으로 가시광 무선통신이 활용될 것으로 기대할 수 있다. 가시광통신 기술개발로 인한 기대 효과는 가시광 LED 인프라를 활용한 다양한 응용 개발로 신규 시장 창출할 뿐 아니라 기존 조명용 가시광 LED 와의 차별성을 부여로 가시광 LED의 시장에서나 휴대 단말기 및 멀티미디어 기기의 제품에서 경쟁력을 우위 확보할 수 있다는 것이다.

또한 4G 및 USN 환경 하에서 RF 무선기술과 상호 보완하여 Connectivity 기술로써 활용성이 증대되고 유비쿼터스 환경구축을 위한 위치인식 기술로 활용 가능하다.

특히 가시광통신은 D램 반도체 시장규모인 2012년 300억 달러의 조명 시장 인프라를 포용할 수 있어 유리하다. 이를 통해 연 1조 6,000억 원의 전력을 절감할 수 있다. 시장 측면에서 1조 9,000억원의 가시광 무선통신 시장을 열 수 있도록 표준 기술 정립이 필요하다.

가시광을 유비쿼터스 무선통신의 주요 기술로 육성하기 위해서는 인프라 구축이 큰 과제이다. 예를 들면 위치정보에 사용하는 경우는 위치정보의 포맷을 통일할 필요가 있고, 각각의 LED의 설치위치를 조사해서 LED를 탑재한 장치에 입력해야 한다. 무선통신의 경우는 서비스 제공사업자가 있어서 정보제공의 인프라를 정비하는 주체가 뚜렷하지만 조명기기 등은 사용자가 개별적으로 설치한 것으로 그와 같은 기기에 위치정보를 누가 등록할 것인가가 현실적 과제이다.

먼저 조명기업에 관심을 모을 수 있는 비즈니스 모델을 제시해서 가시광통신의 인프라 구축에 적극적 참여를 유도하는 것이 중요할 것이다. 가시광통신 시장은 자동차의 정보전달 및 IS의 실현, 조명을 사용한 고속통신, 음악이나 영화 등 콘텐츠 전달, PC나 텔레비전 등 유비쿼터스 실현을 위한 4대 분야로 구성될 수 있다.

가시광 LED의 확산은 이를 이용한 가시광통신의 인프라가 급속하게 구축되는 것이며 생활 전반에 활용되는 가시광 LED를 이용하여 통신함으로써 별도의 통신 인프라 구축이 필요 없다. 가시광 LED 인프라가 구축된 휴대 단말기 및 멀티미디어 기기간의 고속 통신, 상점에서의 제품 표시등을 이용한 음악 / 영화 / 동영상 정보의 제공 및 판매, 디스플레이의 백라이트 유닛을 이용한 정보전송, 실내에 설치된 LED 안내판과 표시등을 통한 안내 및 생활 정보제공, LED 신호등을 통한 교통 관련 정보제공, 실내조명을 이용한 LA 서비스 및 위치 기반 서비스 제공 등 셀 수 없이 다양한 분야에서 가시광통신이 응용될 수 있다.

최근에는 LED 모니터가 출시되면서 TV와 함께 화면 속의 영상별 특별 정보를 받아 볼 수 있는 영상 객체 통신이 가능해지는 등 가시광통신의 적용범위가 확대되고 있다. 가시광 무선통신의 조명은 지역별로 상호 다른 정보를 가질 수 있으므로 네트워크 이동성이 중요한 이슈이며, 멀티미디어 이동단말, 멀티미디어 플랫폼 개발도 병행되어야 한다.

최근 R 대역 주파수 고갈, 여러 무선통신 기술 간의 혼선 가능성, 보안성 요구증대, 초고속 유비쿼터스 통신 환경 도래 등으로 인하여 R 기술과 상호 보완적인 광무선기술에 대한 연구개발이 필요하다. 가시광통신은 고속 변조가 가능한 보편적 가시광 LED를 이용하므로 가시광 LED의 확산이 가시광통신의 급속한 구축에 있어 중요한 역할을 한다.

가시광통신에서는 애플리케이션의 개발이 과제이다. 최근에는 신호등, 휴대단말기 및 멀티미디어 기기, 상업용 조명이나 표시등, 실내조명 등을 이용해 정보의 브로드캐스트, 위치 기반 서비스 제공 등 가시광통신의 적용범위가 확대되고 있다. 가시광통신은 이론적으로는 lk 이상의 통신도 가능하며 테라급의 통신 속도도 가능한 것으로 알려졌으며 또 무선 주파수가 아니기 때문에 주파수 사용 허가를 받을 필요가 없고 전기적 간섭이 없다.

현재의 가시광통신에 대한 기술개발 수준은 가시광통신의 활용 가능성을 보여주기 위하여 기존의 가시광 LED 조명을 이용하여 수 미터 수준의 거리 이내에서 수 Mbps의 데이터 전송을 검증하는 기초적인 수준에 불과하므로 고속 가시광통신을 위한 핵심기술에 대하여 집중적인 연구개발을 수행함으로써 기술주도력을 확보할 수 있다.

전 세계적으로 일본과 영국 등 일부 지역에서 진행하고 있으며 가시광통신 표준화는 이제 논의를 시작하는 초기 단계이므로 신규 시장의 창출과 확보를 위한 핵심 기술개발로 기술 경쟁력을 획득하고 지적 재산권 확보를 통해 표준화 주도와 선점이 가능할 것이다.

CHAPTER 03

질화물 LED 기술

01 질화물 LED의 개요

질화물 반도체 발광 다이오드(GaN-LED)는 21세기 빛의 패러다임의 중심에 설 차세대 조명 기술로 많은 관심을 불러일으키고 있다. 최근 IT 산업의 급성장에 힘입어 GaN-LED 수요는 폭발적인 증가 추세에 있으며 최근에 LED가 본격적으로 일반조명을 대체할 것으로 예상된다.

그러나 LED가 일반조명으로 응용되기 위해서는 휘도, 광출력, 신뢰성, 형광체, 패키지, 가격 등 해결해야 할 문제점들이 많이 남아 있다. 특히, 한국이 21세기의 빛의 패러다임의 주역을 맡기 위해서는 적극적인 연구개발과 투자로 선진국과의 기술격차를 줄여 LED 시장과 기술을 선도하는 것이 중요하다.

니치아(Nichia)가 질화물 반도체 발광 다이오드(GaN-LED)를 상용화한 이래 반도체 박막기술, 공정기술, 디바이스 기술의 지속적인 발전에 힘입어 GaN-LED는 성능 및 신뢰성에 비약적인 향상을 가져왔고 휴대폰 산업의 급성장과 지속적인 고휘도, 고출력 응용제품 출시로 LED 수요는 폭발적으로 증가하고 있다.

최근에는 대형 LCD-TV 백라이트에 LED가 채용되고, 자동차 헤드라이트 및 일반조명으로 응용범위가 확대될 것으로 예상되어 각국 업체들은 고성능 LED 개발에 박차를 가하고 있다. 2003년 고휘도 LED 시장의 17억 달러 중 66%는 GaN-LED가 점하고 있고, 2009년에는 70억 달러 이상이고, 세계시장의 56%는 니치아, 토요타 고세이를 비롯한 일본기업이 점유하고 있어 무역 불균형을 해소하기 위해서는 국내 LED업계 도약이 절실히 필요한 상황이다.

한편, GaN-LED가 고부가가치 산업이라는 것을 입증이라도 하듯이 GaN-LED업계는 이미 특허전쟁시대에 돌입했으며, 경쟁력 있는 특허권 확보 및 기술제휴가 사업의 성패를 좌우하는 중요한 요소로 작용하고 있다. 이러한 상황에 대처하기 위하여 후발업체들은 특허분쟁에 대비한 산업재산권 확보 및 기술개발에 전력을 기울이고 있지만 기본 특허 회피가 용이하지 않은 실정이다.

21세기의 빛의 패러다임과 IT산업의 중심에 GaN-LED가 있을 것이라는 것은 어느 누구도 부정할 수 없고, 시장확보 및 시장진입을 위한 업체간 특허분쟁과 전략적 특허권 협약은 더욱 심화될 것으로 예상되기 때문에 생존을 위한 보다 적극적인 연구개발과 투자가 이루어질 것이다.

대형 LCD-TV 백라이트, 자동차 헤드라이트, 일반조명에 응용하기 위한 LED의 고휘도화, 고출력화 뿐만 아니라 형광체의 고효율화 및 패키징 개발에도 박차를 가하고 있다. 특히, 기본 특허 회피는 물론 GaN-LED의 고출력화, 고성능화, 저가격화를 실현할 수 있을 것으로 기대되는 수직 전극형 발광 다이오드(VE-LED)에 많은 관심이 모아지고 있다.

02 고효율 / 고출력 GaN-LED

GaN-LED는 대형 LCD-TV 백라이트, 자동차 헤드라이트, 일반조명으로 응용이 확대될 것으로 예상되지만, 현재 GaN-LED의 발광효율, 광출력, 가격은 만족할만한 수준이 아니며 더 많은 성능 개선이 필요한 실정이다.

특히, GaN-LED가 일반조명으로 응용을 확대하기 위해서는 발광효율 개선은 물론, 칩의 신뢰성, 열방출 문제를 해결하기 위한 칩의 구조와 패키징 구조를 개발할 필요가 있고, 형광체의 고효율화를 달성하여야 한다.

1. 발광 다이오드의 성능 개선방법

질화물 반도체(GaN)는 3.4eV의 넓은 밴드 갭을 갖고 있고 화학적으로 매우 안정하여 단단한 반도체 물질 중에 하나이며 비소(As), 수은(Hg) 같은 환경 유해물질을 포함하지 않기 때문에 환경 친화적인 물질이다. 특히, 질화물 반도체는 전자 친화력이 강하여 광학적 특성은 물론, 전자 이동도, 전자포화 속도 및 전계파괴 전압 특성이 우수하여 광·전자 소자응용에 많은 관심을 불러일으키고 있는 반도체 물질이다.

질화물 반도체를 성장하기 위하여 사파이어, SiC, Si, GaAs 기판 등이 주로 사용되고 있으며, 최근에는 결자결함을 줄이기 위하여 GaN 기판 위에 GaN을 성장하는 호모 에피택시(Homo epitaxy) 성장법이 주목을 받고 있지만 상용화하기 위해서는 원가를 절감하는 노력이 필요하다.

[그림 3-1]에서와 같이 파장과 사용목적에 따라 다양한 LED 종류가 있으며 적색 영역은 AlGaInP, AlGaAs 반도체가 주로 사용되며 녹색, 청색, 자외선 영역은 질화물 반도체가 주로 사용된다.

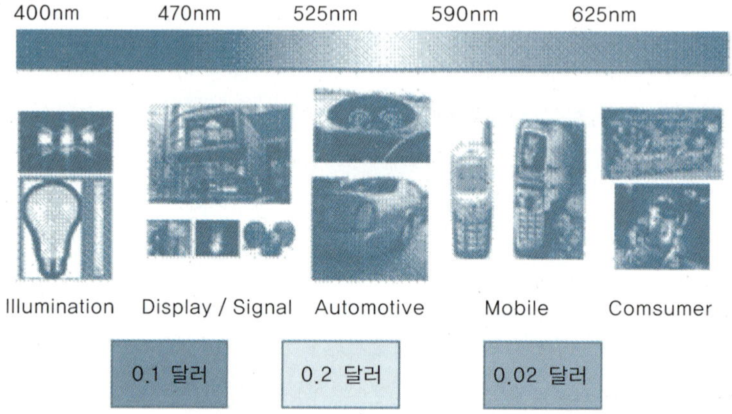

[그림 3-1] LED의 시장과 응용범위

LED는 조명, 대형간판, 신호등, 자동차의 계기판, 정지등, 인테리어, 휴대폰의 LCD 백라이트 및 키패드, 그리고 장난감이나 전자제품의 표시 등에 많이 응용되고 있다. 특히, 2004년 하반기에 일본 소니사가 LED를 백라이트로 채용한 대형 LCD-TV를 출시하였고, 향후 수년 내에 대형 LCD-TV의 백라이트, 일반조명, 자동차 헤드라이트에 본격적인 응용이 예상되어 LED 수요는 폭발적으로 증가할 것으로 예상된다.

LED 성능을 나타내는 지표는 여러 가지가 있지만 발광효율(lm/W), 내부 양자효율(%), 외부 양자효율(%), 추출효율(%) 등은 LED의 성능을 나타내는 중요한 파라미터이다. 추출효율은 LED에 주입된 전자와 LED 밖으로 방출되는 광자의 비에 의하여 결정되며 추출효율이 높을수록 밝은 LED를 의미한다. LED의 추출효율은 칩의 모양이나 표면 형태, 칩의 구조, 패키징 형태에 의하여 많은 영향을 받기 때문에 LED를 설계할 때 세심한 주의가 필요하다.

LED의 활성층에서 생성된 빛은 칩의 6개의 면으로부터 방출되고, 광추출효율은 일반적으로 광의 임계각에 의하여 결정되며 LED 내부에서 생성된 빛은 대부분 내부 반사에 의하여 밖으로 방출되지 못한채 LED 내부에서 소멸된다.

미국의 Cree사는 SiC 기판 위에 성장된 GaN-LED 생산하고 있으며, SiC 기판에 각을 형성하여(inversed truncate pyramid) 임계각을 변화시켜 줌으로써 25%에서 60%로 광추출효율을 개선시켰다.

[그림 3-2]는 GaN-LED 성장 중에 표면에 요철을 형성하여 광추출효율을 개선시킨 경우이다.

[그림 3-2 (a)]의 AFM 사진에서 보는 바와 같이 에피표면 위에 수백 nm 크기로 요철표면(roughness surafce)을 형성한 것을 알 수 있다. [그림 3-2 (b)]의 TEM 사진에서 표면요철 구조는 V-shape의 형태를 갖고 있음을 알 수 있다. [그림 3-2 (c)]는 요철표면이 광추출에 미치는 효과를 설명하고 있으며 표면의 요철이 광의 임계각을 변화시켜 보다 용이하게 광을 추출할 수 있도록 도와줌을 알 수 있다.

이와 같이 표면에 요철을 형성한 GaN-LED는 평탄한 표면을 갖는 GaN-LED보다 2배 정도 개선된 발광효율 특성을 나타낸다.

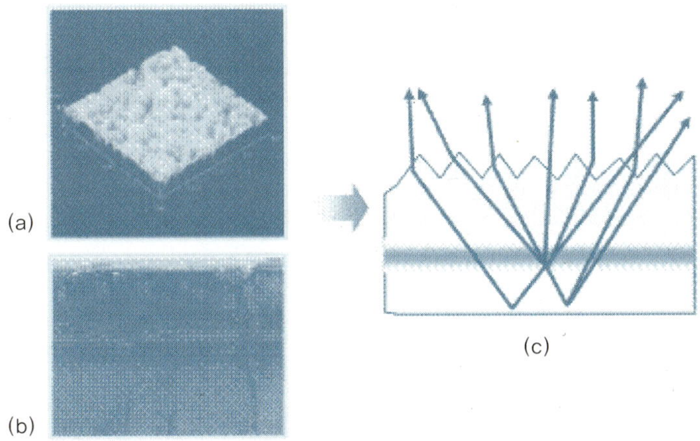

[그림 3-2] 요철표면을 갖는 GaN-LED

최근, 마쓰시타 전기는 광결정(photonic crystal)을 이용하여 50%의 광추출효율을 개선시켰다고 발표하고 있다. 광결정은 인공격자를 LED표면에 형성시켜주는 기술로, 광반사 특성을 개선시켜 레이저 다이오드(photonic crystal laser diode)의 임계전류를 낮추거나, VCSEL 다이오드(Vertical Cavity Surface Emitting Laser Diode)에 이용되었던 기술이다.

광결정의 주기는 파장의 1/4ln 이상을 갖는 것이 바람직하다(여기서 l는 발광파장, n은 매질의 유효굴절률). 광결정을 갖는 LED에서 광결정은 광의 내부 반사경로를 변화시켜 광추출효율을 개선시킨다.

LED 발광효율을 개선시키기 위한 또 다른 특징적인 기술로는 플립칩 기술을 들 수 있다. 일반적으로 질화물 반도체는 절연체인 사파이어 기판 위에 성장하기 때문에 질화물 반도체 표면으로부터 광을 추출하게 된다.

그러나 사파이어 기판은 열전도도가 좋지 않아 GaN-LED 열방출에 큰 문제점으로 지적되어 왔다. 이러한 문제를 해결하기 위하여 전극을 PCB(Printed Circuit Board) 기판에 패키징하고 사파이어로부터 광을 추출하는 플립칩 기술이 제안되었다.

즉, NiAu의 광투과성 전극은 로듐(Rh)과 같은 높은 광반사 특성을 갖는 오믹금속으로 대체하여 빛의 리사이클(재활용)이 되도록 하여 광추출효율을 개선시키게 되고 전극패드 및 질화물 반도체층을 열방출이 용이한 PCB 보드에 부착함으로써 열방출 효율을 개선시킬 수 있다. 이렇게 제작된 칩은 열방출이 용이하기 때문에 대전류 인가가 가능하게 되어 발광소자의 고출력화가 가능하게 되지만, 제작이 용이하지 않고 단가가 상승하는 것이 문제점으로 지적된다.

한편, LED의 고성능화를 위하여 패키징 기술의 중요성을 강조하지 않을 수 없다.

[그림 3-3]에서 보는 바와 같이 패키지는 사용하고자 하는 목적과 용도에 따라 크기와 모양이 다양하다.

패키지의 형태에 따라 표면실장형(SMD), 에폭시 램프, TO 패키지 등으로 구분되며, 휴대폰에는 시스템 조립을 자동화하기 위하여 SMD 패키징 형태가 많이 사용되고 있고, 간판이나 전광판에는 에폭시 램프, 고출력 LED에는 열방출이 용이한 대형 SMD, Phiranha, Ceramic 패키지, 자외선 LED에는 에폭시 경화문제를 해결하기 위하여 유리판을 갭으로 하는 새 패키지가 주로 사용되고 있다.

특히, 고출력 LED의 정격전력은 1~5W가 되기 때문에 칩의 열방출 문제를 해결하기 위한 패키징 형태나 크기가 다양화되고 있다.

특히, Lumileds는 자동차 헤드라이트, 대형 LCD 백라이트 용도로 고출력 LED를 개발에 전력을 기울이고 있으며, [표 3-1]과 같이 LED 한 개당 광속은 105(Red), 108(Amber), 110(Green), 150(White) lm(Lumen)의 높은 광출력을 보고하고 있어 이미 상용화 수준에 이르렀다고 할 수 있다. 이러한 LED 성능을 보면 조만간 LED가 대형 LCD 백라이트에 쓰일 것으로 예상되지만, LED가 대형 LCD-TV 백라이트, 일반조명에 본격적으로 적용하기 위해서는 광출력, 효율 개선뿐만 아니라 저가격화에 대한 노력이 필요하다.

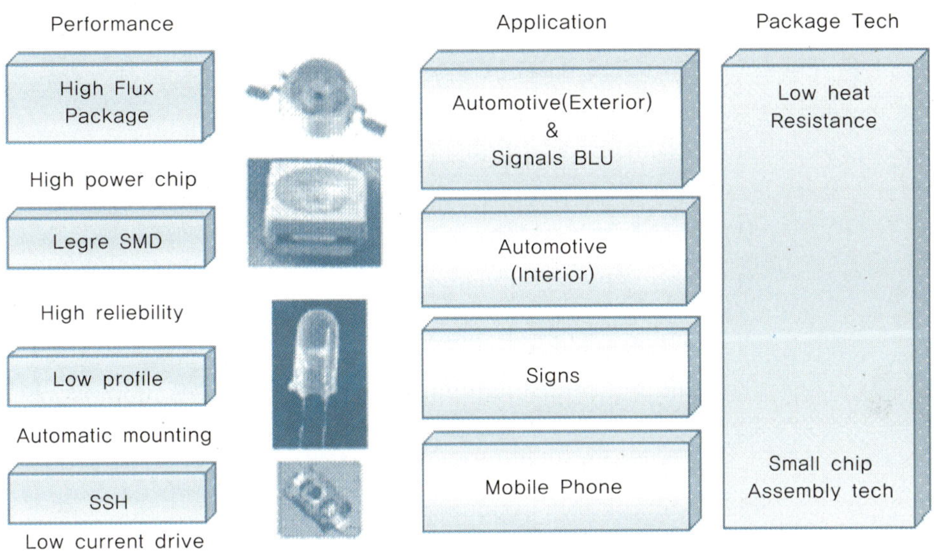

[그림 3-3] LED 응용과 목적에 따른 패키지 크기 및 모양

[표 3-1] 고출력 LED의 광출력 성능

Color	Power Dissipation(W/LED)	Lumious Flux(lm/LED)
Red	2.5	105
Amber	1.0	110
Green	2.5	108
White	5.0	150

2. 고효율 / 고출력 발광 다이오드

최근 많은 관심을 불러 일으키는 기술 중 하나는 GaN-LED의 고출력화를 위한 ITO (Indium Tin Oxide) 투명전극 기술이다. 일반적으로 사파이어 기판에 성장한 GaN-LED는 Ni/Au를 광투과성 전극(Transparent Metal Electrode : TME)으로 사용해 왔다. 그러나 Ni/Au TME는 광투과성을 좋게 하기 위하여 얇게 할 수 밖에 없기 때문에 면저항이 높아 전류 집중화 문제가 발생하고, 광투과율이 좋지 않기 때문에 LED의 고성능화에 많은 제약을 초래한다.

[그림 3-3]은 ITO GaN-LED 구조를 p-GaN층 위에 Ni/Au 대신 ITO막을 증착하여 광투과율 향상과 전류 확산을 용이하게 했다. ITO의 굴절률은 1.8~1.9이고 400~600nm의 파장

대역에서 광투과율은 80~90% 정도이기 때문에 Ni/Au TME의 60~70%보다 우수하다.

[그림 3-4]는 blue GaN-LED의 L-I curve를 보여주는 것으로서 Ni/Au TME LED와 비교하며 [그림 3-4]와 같이 20mA의 정격전류에서 ITO LED의 광출력은 11.4mW로 98%의 출력 개선을 보여주고 있다. 이러한 GaN-LED가 휴대폰 키패드로 사용될 경우 24%의 소비전력 감소를 유도하여 배터리 수명을 크게 연장시킬 수 있다.

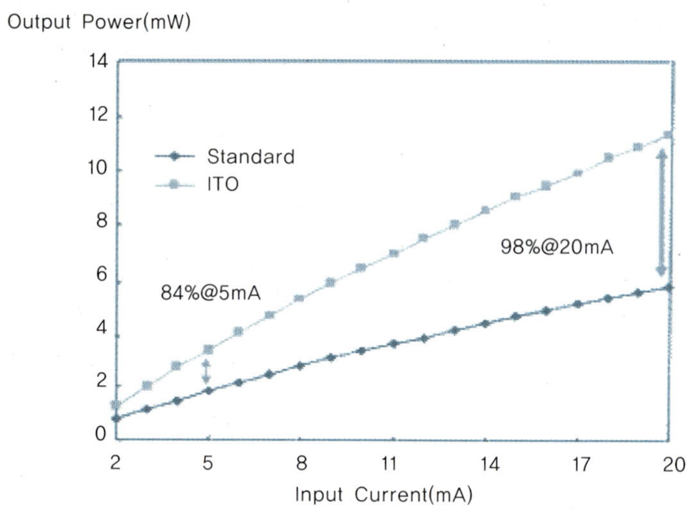

[그림 3-4] ITO GaN-LED의 L-I curve

03 고효율 / 고출력 UV 발광 다이오드

UV GaN-LED는 백색형광 LED의 여기 광원, 공기정화기, 에폭시 경화, 위폐감지기, 생물병원 검출 센서, 광통신 등에 사용할 목적으로 세계 여러 업체에서 개발하고 있다.

특히, 니치아는 지폐감지기 및 공기정화기 용도로 365nm 대역의 100mW급 UV GaN-LED가 양산 단계 수준까지 이르렀다. 또한, 일본의 "21세기 빛의 프로젝트"에서 야마구찌 대학과 몇 개의 기업체가 컨소시엄을 이루어 382~410nm 대역의 형광체 LED의 여기광원을 개발하고 있으며 382nm에서 15.6mW의 광출력을 보고하고 있다. 또한 토요타 고세이는 374~400nm대역의 형광체 LED 여기광원을 개발하고 있으며 최고 5.2mW급의 광출력을 보고하고 있다.

미국의 SUVOS 프로젝트에서는 생물병원체 검출 센서 및 광통신 광원 응용을 목적으로 280~340nm 대역의 UV GaN-LED를 개발하고 있으며, Cree사는 SiC 기판을 이용하여 405nm에서 250mW 정도의 높은 광출력을 보고하고 있다.

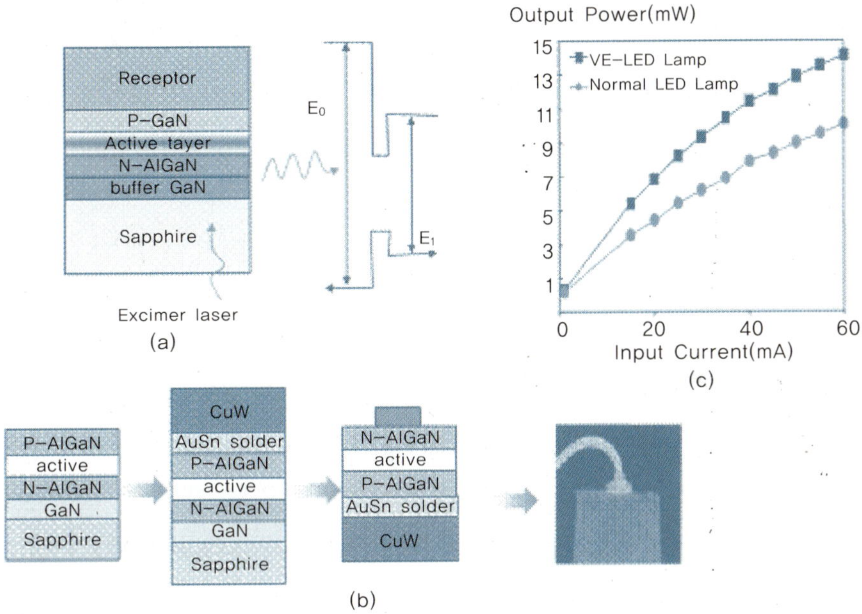

[그림 3-5] 수직전극형 GaN-LED

[그림 3-5]는 UV GaN-LED 파장에 따른 광출력을 나타낸 것으로서 파장과 패키지, 칩의 종류에 따라 다소 광출력의 차이는 있지만 TO-CAN 패키지는 1~2.5mW, 열방출을 용이하도록 한 고출력 패키징 소자는 1~4mW, 사파이어를 분리하여 GaN의 버퍼층을 제거한 LED는 6~9mW, GaN 기판위에 성장한 LED는 8~12mW, 요철표면을 형성한 LED는 7~16mW의 광출력 특성을 보고하고 있다.

그러나 UV가 백색형광 LED의 형광체 여기광원으로 응용되기 위해서는 현재 수준의 1.5~2배 정도의 휘도 개선이 필요하며 10~17mW의 광출력이 요구된다.

패턴된 사파이어 기판(Lateral Epitaxy on Patterned Substrate : LEPS)위에 성장한 405nm의 UV GaN-LED는 정격전류 20mA에서 11mW의 광출력 특성을 보여주고 있다. 평탄한 사파이어 기판위에 형성된 LED보다 92% 개선된 특성을 보여주고 있다. 이러한 결과는 패턴된 기판에 질화물 반도체를 성장하면 질화물 반도체 박막의 결정성 향상으로 인한 결정결함이 줄어들어 내부 양자효율 개선과 사파이어 기판 위에 형성된 패턴이 광의 내부반사 경로를 변화시켜 광추출효율이 개선되었기 때문이다.

[표 3-2]는 기판의 종류와 패키지 종류에 따른 LED 광출력 의존성을 보여준다. 평탄한

사파이어 기판에서 광출력은 5.7mW 반면, LEPS 기판에서는 11mW, 플립칩에서는 15.6mW이고, LEPS 기판과 플립칩 패키지를 함으로써 광출력에 상당한 개선이 있음을 알 수 있다.

LEPS 기판 위에 성장한 405nm의 1mm×1mm 대면적 UV GaN-LED를 사용한 고출력 패키지 소자는 350mA의 정격전류에서 112mW의 우수한 광출력 특성을 보여주었다. 405nm 대면적 UV GaN-LED와 청색, 녹색, 황색 향광체를 사용한 형광 백색 LED(색변환 발광 다이오드)는 350mA의 정격전류에서 15.6lm의 광속, 85의 연색성, 5596K의 색온도 특성을 보여 405nm의 형광체 여기광원을 이용한 백색 형광 LED가 LCD 백라이트 및 일반조명에 응용 가능성을 제시하였다.

그러나 이러한 UV 광원을 이용한 백색 형광 LED 기술이 LCD 백라이트. 일반조명에 보다 광범위하게 응용되기 위해서는 LED의 고출력화, 형광체의 고효율화, 패키지 열방출 문제해결은 물론, 형광체의 신뢰성 확보와 UV에 경화되지 않은 에폭시 개발 및 저가격화 실현이 뒷받침되어야 한다.

특히, 백색형광 LED를 제조하기 위해서는 복수의 형광체를 배합하여 패키징하게 되는데 시간이 경과하면 배합된 형광체가 침전되어 형광체 비율이 변화되어 발광 색상이 변하게 된다. 이러한 문제를 해결하기 위하여 일본의 세와전기는 복수개의 형광체를 하나의 입자로 만들어 형광 백색 LED를 제조하는 신기술을 개발하여 신뢰성을 향상시켰다.

[표 3-2] 파장과 패키지에 따른 UVGaN-LED의 광출력 의존성

	UV-LED Without LEPS	UV-LED With LEPS	UV-LED With LEPS
Defect Density	$4\times108cm^{-2}$	$1.5\times108cm^{-2}$	$1.5\times108cm^{-2}$
Package	Standard	Standard	Flip chip
Pc(@ 20mA)	5.6mW	11mW	15.6mW
EQE(Q 20mA)	8%	18%	24%
Reverse Ereekdown(Q 100mA)	11.5V	17.8V	17.8V

1. 수직 전극형 발광 다이오드

일반적으로 GaN-LED는 사파이어 기판위에 성장하지만 사파이어 기판은 단단하고 전기적으로 부도체이며 열전도 특성이 좋지 않아 GaN-LED의 크기를 줄여 제조원가를 절감하거나, 광출력, ESD(Electrostatic Discharge) 같은 칩의 특성을 개선시키는데 한계가 있다. 특히, LED의 고출력화를 위해서는 대전류 인가가 필수이기 때문에 LED의 열방출 문제를 해결하는 것이 중요하다. 이러한 문제를 해결하기 위한 수단으로 수년전 사파이

어 기판 분리 기술(Laser Lift-Off : LLO)을 이용한 수직전극형 발광 다이오드가 제안되었다.

[그림 3-5]는 LLO 기술의 개략도와 수직전극형 GaN-LED 제조과정 및 LED 구조를 보여준다. 그림 (a)와 같이 265nm대역의 엑시머 레이저를 사파이어 기판에 조사하면 대부분의 광은 GaN 버퍼층에서 흡수되어 기판온도가 상승하게 되고 사파이어와 질화물 반도체 계면의 화학적 결합이 손상받게 되어 반도체 박막으로부터 사파이어가 분리된다.

[그림 3-5 (b)]에서도 니치아는 이런 LLO 기술을 이용해 사파이어 기판을 CuW 금속기판으로 대체한 수직전극형 GaN-LED에서 61lm/W의 고휘도 특성을 보고하고 있다.

[그림 3-5 (c)]의 수직전극형 GaN-LED의 L-I curve에서는 20mA의 정격전류 이상의 대전류에서도 광출력 포화특성을 관측할 수 없으며 일반 칩보다 55% 이상 개선된 광출력 특성을 보여주고 있다. 이러한 결과는 사파이어 기판을 열전도가 양호한 금속기판으로 대체되어 열방출 효율이 개선되었기 때문이다. 이러한 수직전극형 GaN-LED는 LED의 성능 개선은 물론, 칩의 제조원가를 크게 절감할 수 있다.

사파이어를 기판으로 사용하면 2인치 기판에서 생산되는 LED 칩수는 1만 5천 개 정도 되지만, 사파이어 기판이 분리되어 금속기판 또는 반도체 기판으로 대체되면 질화물 표면 위에 존재했던 하나의 선극이 사라지게 되므로 2인치 기판에서 3만 개 이상 칩을 생산할 수 있게 된다. 따라서 수직전극형 GaN-LED 기술은 LED 시장을 확대시킬 수 있는 하나의 대안이며, 차세대 핵심 기술로 각광받을 것으로 예상된다.

04 GaN-LED 시장 전망

[그림 3-6]과 같이 미래 LED 시장은 향후 LED 시장규모는 휴대폰의 백라이트 및 키패드에 관련한 시장이 약 1조 5,000억원, 개인 컴퓨터 / LCD에 관련된 백라이트 시장이 1조 5,000억 원, 자동차 인테리어에 관련한 시장이 약 6조원, 조명과 관련한 시장이 약 10조 원 이상이 될 것이며, 2005~2007년의 차세대 시장에 이동기를 거쳐 최근에서는 본격적으로 LED 조명시대가 되었다.

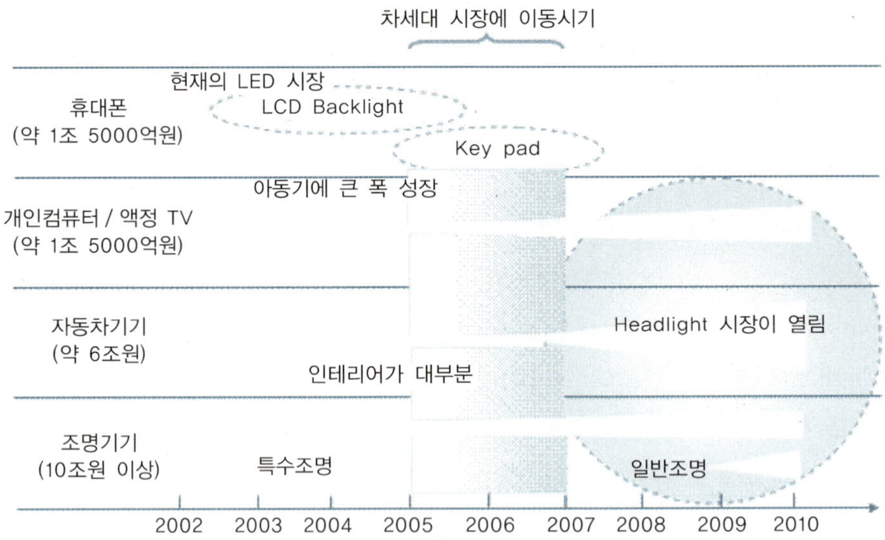

[그림 3-6] GaN-LED 시장 전망

특히, 최근에는 LED 발광효율이 형광등 수준인 100lm/W를 초과하여 자동차의 헤드라이트가 LED로 대체될 것으로 예상되어 이에 관련된 기술개발도 보다 활발하게 진행될 것이다. 거대한 LED 조명 시장 및 백라이트 시장이 열리게 되면 가격경쟁 및 기술경쟁이 더욱 치열할 것이며, 니치아를 중심으로 한 대기업의 특허권 행사로 인한 특허분쟁 및 특허제소 심화와 더불어 특허 실시권 협약도 활발하게 진행될 것이다.

미래 LED 시장을 확보하기 위한 니치아 전략 [그림 3-7]을 보면 니치아는 이러한 세계 시장의 흐름에 신속하게 대응하고 있으며, 대만의 저가형 칩과 중국시장을 공략하기 위한 전략으로 잠재력을 인정받고 있는 대만업체를 파트너로 선정하여 이미 특허 실시권을 체결하였고, 2010년 상해 엑스포를 겨냥한 발빠른 행보를 보이고 있다.

현재 니치아가 세계 GaN-LED 시장의 20% 이상을 확보하고 있지만, 대만의 저가형 GaN-LED 공략으로 입장이 난처한 상황이다. 대만 특유의 기술력과 노동집약을 바탕으로 저가형 GaN-LED를 제조하여 중국시장에 공급하고 있으며, 중국은 LED 모듈과 시스템을 제조하여 전세계로 공급하고 있다. 중국은 자국민 보호를 위하여 특허권 행사가 성립되지 않거나 특허 실시권을 확보하기 힘든 국가로 알려져 있다.

다시 말하면, 대만 업체가 니치아의 특허권을 침해하여 특허소송을 하면 대만의 업체는 LED 생산거점을 대만에서 중국으로 이동시켜, LED 및 모듈 생산하여 시스템에 장착한 후 중국 내수용으로 공급한다 하여도 니치아는 특허권 행사가 불가능하게 되어 큰 타격을 받을 수밖에 없다. 이러한 문제를 극복하기 위한 방안으로 니치아는 대만업체에 특

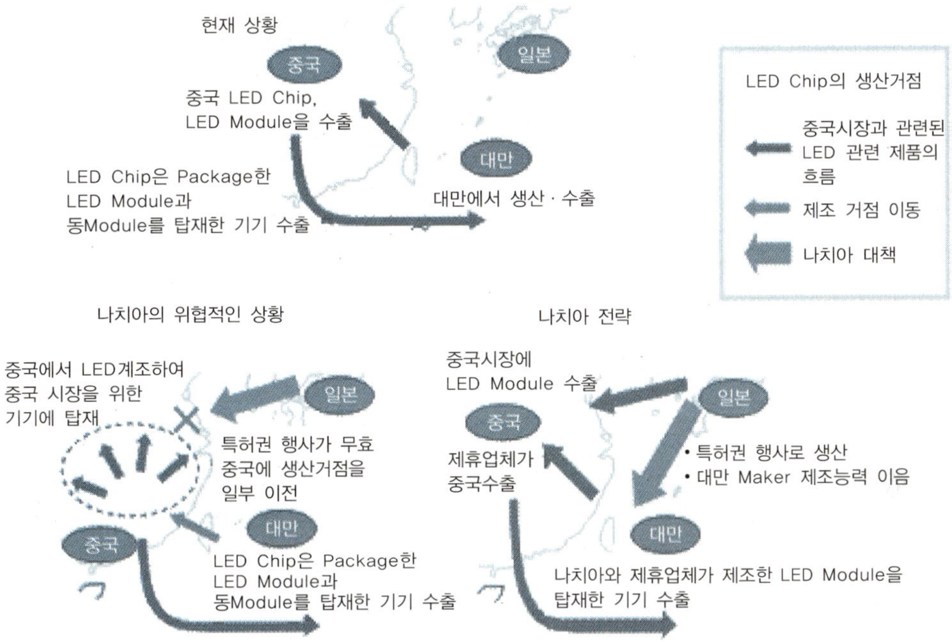

[그림 3-7] LED 미래시장을 확보하기 위한 니치아 전략

허 실시권을 부여하여 대만에서 GaN-LED를 생산한 후 중국시장에 공급하게 되면 대만 뿐만 아니라 중국에서 사용되는 GaN-LED에 대하여 특허권 행사가 가능하게 된다. 향후 LED 관련 업체의 기술개발 방향은 대형 LCD-TV 백라이트와 일반조명 시장을 목표로 한 휘도, 광출력, 패키지의 열방출 특성의 개선과 저가형 LED를 제조하기 위한 기술개발에 심려를 기울일 것으로 생각된다.

수직전극형 GaN-LED가 미래시장과 기술을 선도할 가능성이 크기 때문에 각 업체는 이 분야의 기술을 선점하기 위하여 전력을 기울일 것이며, 니치아 또한 차세대 전략기술로 꼽고 있어 이 분야의 특허권 확보 경쟁이 심화될 것으로 예상된다. 그러나 수직전극형 GaN-LED 기술은 개발단계에 있고, 이렇다 할 제품을 출시한 업체가 없으므로 누가 기술 선점을 확보할 것인지 장담할 수 없으며 보다 용이하게 고성능 수직전극형 GaN-LED 제조기술을 확보한 업체가 미래시장과 가격을 리드할 가능성이 크다.

한편, LED가 일반조명으로 응용을 확대하기 위한 필수기술로 형광체 기술을 빼놓을 수 없다. 형광 LED의 핵심특허는 니치아가 보유하고 있으므로 조명 시장에 진입하기 위해서는 새로운 형광체 개발과 신개념의 형광 LED 개발이 필요하다. 니치아의 YAG 형광체를 대응하기 위하여 많은 업체들이 non-YAG 형광체를 개발하고 있으며 Alph-Sialon,

SiN 계열도 그 중에 하나이다.

그러나 YAG 형광체처럼 변환 효율이 95% 이상인 형광체를 개발하는 것은 쉬운 일이 아니기 때문에 지속적인 연구개발이 필요한 상황이다. 조만간 GaN-LED가 LCD-TV 백라이트, 자동차 헤드라이트, 일반조명에 응용되어 21세기의 빛의 패러더임의 중심에 있을 것이다. 최근 GaN-LED 성능을 향상시키기 위하여 많은 노력을 기울여 왔다.

최근 몇 년간 비약적인 발전이 있었지만 GaN-LED가 일반 산업 분야에 보다 광범위하게 응용되기 위해서는 발광효율, 광출력, 신뢰성, 가격 등에서 많은 개선이 있어야 하고 패키징 기술개발은 물론, 고효율 형광체 개발이 절실히 필요하다. 특히, 수직전극형 GaN-LED는 미래시장과 미래 기술을 선도할 차세대 핵심기술로 많은 관심이 모아지고 있고, 그 가능성이 매우 크기 때문에 이 분야의 기술선점 및 산업재산권을 확보하는 것이 매우 중요하다.

한편, 최근 LED 시장의 폭발적인 증가와 더불어 특허분쟁에 가능성이 커져 산업재산권의 중요성은 그 어느 때보다 강조될 것으로 예상된다. 니치아는 미래시장 확보하기 위하여 대만업체와 특허 실시권을 협약하는 등 발빠른 행보를 보이고 있고, 업체간 전략적 기술제휴 증가로 업체간 경쟁은 더욱 심화될 것으로 예상되기 때문에 국내업체들의 대안 마련이 절실히 필요한 상황이다.

특히, 대부분의 국내업체들은 GaN-LED와 관련한 핵심특허를 확보하지 못한 상태이므로 지속적인 연구개발로 기술격차를 줄이고, 산·학·연 공동연구, 전략적 기술제휴 등을 통하여 기술경쟁력을 강화하는 노력이 필요할 것이다.

CHAPTER 04

LED 조명기술

01 LED 조명 시스템의 개요

1. LED 조명 시스템의 정의

LED 조명산업은 [그림 4-1]처럼 LED 반도체 광원을 이용하여 조명제품을 만드는 산업으로 정의할 수 있다.

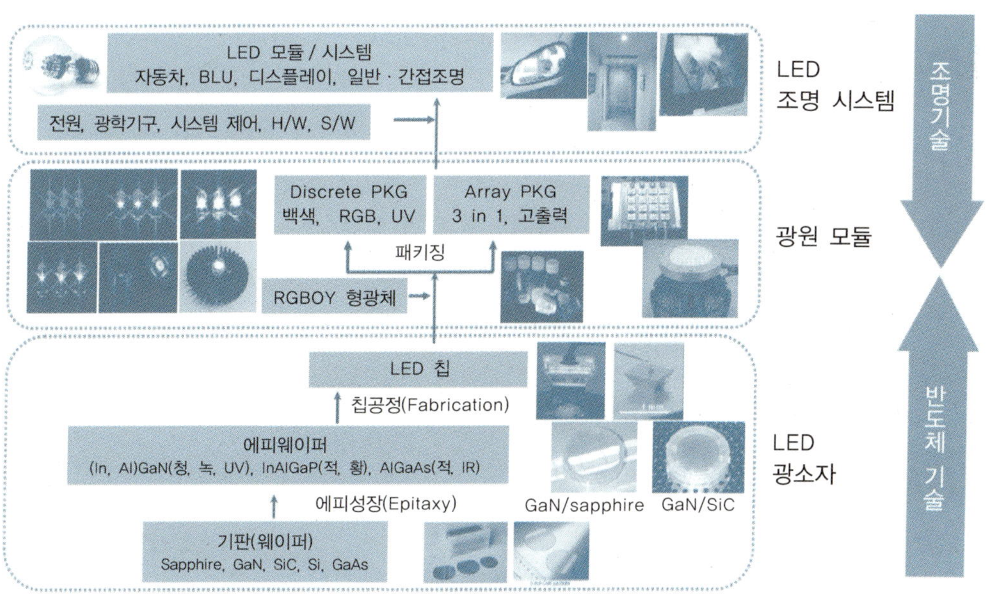

[그림 4-1] LED와 반도체 광원을 이용한 조명산업

2. LED 조명의 기술개발 필요성

1) 고효율 / 친환경 조명의 필요성

LED를 이용한 반도체 조명이 새롭게 부각되고 있는 이유는 고휘도 백색 LED 성능지수가 실험실 수준이긴 하나 100lm/W로 이미 백열전구, 할로겐 램프 수준을 완전히 넘었고, 일반 형광등 수준에 비해 높은 성능을 보이고 있기 때문이다.

이밖에 기존의 조명기기보다 저전력소비, 10만 시간의 장수명, 그리고 뛰어난 내구성과 견고성, 나아가서는 다양한 집적화 및 정교한 디자인이 가능하다는 점이다. 그리고 2020년까지 반도체 LED 조명이 대체 광원으로 50% 정도가 대체된다면 세계 총소비전력의 25% 정도가 절약될 것으로 예상된다.

2) 미래 조명 트랜드 LED 조명

(1) 조명제어의 유용성

① 감성 및 웰빙 조명 구현

광색 / 색온도 / 광출력 인공지능 제어가 가능하다.

② 신개념 조명기구 및 조명설계

단순조명에서 기능조명으로 변화를 가져오고 있다. 한 세기 이상 조명 시장을 지배했던 '에디슨의 등불' 백열등이 그 빛을 잃고 있다. 지구 온난화의 주범 중 하나로 지목되어 2012년부터 순차적으로 세계 각 국에서 강제 퇴출될 예정이기 때문이다. 그리고 이 백열등의 빈자리를 차지할 차세대 광원으로 LED가 주목받고 있다.

LED는 1990년대 말 백색 LED가 개발되면서 조명 시장에서 주목을 받기 시작했고, 소위 '하이츠의 법칙'에 따라 매년 약 35%씩 제품 성능이 향상되었으며, 매년 21%씩 가격이 감소하기 시작했다. 여기에 2008년부터 시작된 불황을 극복하고자 하는 세계 각 국의 녹색성장 노력이 LED 조명 시장의 성장을 힘차게 떠받들고 있다. LED 조명 시스템 분야는 최근 LED의 기술개발 수준이 이미 150lm/W의 효율을 나타내고 있으며 2010년 이후에 120lm/W 이상의 LED가 상용화될 것으로 예상되어 LED 조명 시장이 급속히 확대될 것으로 예상된다.

(2) 첨단기술과의 융합

첨단기술인 유비쿼터스 및 반도체기술과 컨버전스를 통하여 미래의 조명(smart Lighting)으로 재탄생하고 있다.

디지털 컨버전스와의 융합으로 조명통신(VLC) 및 미래 에너지원과의 결합(Photo Voltaic: PV) 조명 시스템(Light System) 등으로 새로운 조명 시스템으로 변신을 거듭하고 있다.

(3) 에너지 절감 효과

LED 조명을 사용함으로써 15년간 국내조명 30%교체하는 정도로 연간 1.4조원/년 즉 16억 kWh 절감 효과가 있고 대형 원자력발전소(274kWh)2기 발전량에 해당되는 에너지 절감효과가 있다. 특히 태양광발전 시스템 및 배터리 기술과의 결합에 의한 에너지절감에 극대화가 가능하다.

그러나 LED 소자의 국산화율이 낮고 중국 업체에 비해 가격 경쟁력이 취약함으로써 주로 내수 시장에만 의존하고 있는 형편이다. 이에 따라 미래 거대 조명 시장을 선도할 LED 조명에 대한 고효율 가능성 신제품 개발과 새로운 시장개척의 필요성이 매우 높다.

(4) 친환경 효과

수은을 사용하지 않는 친환경적 특성으로 인한 차세대 조명 광원으로 급부상하고 있는데, 2006년 7월 1일부터 EU의 RoHS에 의해 수은 등 6개의 중금속을 포함한 물질의 수입이 규제되며, 2011년 7월 1일부터는 형광등과 같이 수은이 들어가는 광원의 사용을 규제하기로 잠정 협의되었다. 그런데 수은을 사용하지 않는 여러 대체 광원 중 LED가 가장 현실적으로 접근 가능한 광원이다.

특히 LED 조명을 사용함으로써 CO_2발생량이 절감되어 680만톤/년 저감효과가 있다. 그러므로 교토 기후협약의 규제회피 조건에 해당된다.

3. 조명산업의 특징

조명 에너지는 총 전기에너지의 약 20% 내외를 소비하고 있어서 현재의 고유가 시대를 맞이하여 고효율 및 저전력화, 장수명 등을 이룰 수 있는 LED 조명 시스템이 서서히 부각되고 있다.

약 100조가 넘는 거대 세계 조명 시장과 21세기 반도체 조명 및 감성조명 사회 구현을 지향하는 시장성 및 기술성이 매우 높은 산업으로 IT 기술 및 에너지 절전 시스템 등과 결합하여 다양한 분야에 조명 컨셉을 융합할 수 있는 장점을 가지고 있다. 친환경적 산업(무수은 CO_2 2억 톤/년 절감 및 폐기물 절감)으로 공공이익을 추구하는 산업의 한 분야이다.

LED 조명 시스템은 기존 광원에 비해 고효율 및 저전력화를 이룰 수 있을 뿐만 아니라 다양한 구조 및 배광표현, 감성조명, 광색가변, 높은 색재현성 등의 장점을 가지고 있다.

4. 조명산업의 경제효과

일반조명, 디스플레이, 자동차, 의료, 농업 등 다양한 분야에 광학, 열, 회로, 시스템 및 디자인 설계 등 LED 조명의 기술요소를 융합함으로써 신개념의 응용제품을 창출할 수 있는 기술로써 현재는 개발 초기단계로 해외 선진기술과의 차이가 비교적 적고 넓은 분야에 파급효과가 크기 때문에 빠른 기술 선점이 중요해지고 있다.

특히 백열등, 방전등 등의 기존 광원 시스템보다 긴 수명과 높은 효율을 가지고 있는 LED 조명 시스템이 구현되면 국가적으로는 에너지 절감(2010년 1.4조 원) 및 친환경효과(836억 원)를 나타내는 큰 효과가 가능하다. 동시에 문화생활의 발달에 따른 야간활동의 증가와 색상과 휘도를 자유롭게 디지털 원격제어할 수 있는 인간의 심리 및 생리적인 상태의 능동조명에 대한 관심 증가로 조명분야가 주목받고 있는 시점에서 LED가 이를 충족시킬 수 있다.

02 LED 조명 시스템의 장·단점

1. LED 조명의 장점

LED 조명의 장점은 다음과 같고 차세대 조명으로서 조명 시장에서 어필하고 있다.

1) 고효율, 저전력

LED 업계는 무엇보다 LED가 광변환효율이 높아 소비전력이 낮다는 점을 강조한다. 현재 LED 광원은 백열등 전력소비량의 20% 수준에 불과하다. 그리고 아직 형광등보다는 광원 효율이 낮지만 향후 2~3년 내 형광등 효율을 추월할 것이라는 주장도 제시된다. 최근 불과 몇 년 사이에 LED 광원의 효율 개선이 급속하게 이루어졌고, 향후에도 이 추세가 지속될 것이라 생각하기 때문이다.

특히 미국, 일본 등 선진국 정부가 150lm/W~120lm/W LED 광원 개발을 정책적으로 주도하고 있어 이 주장은 어느 정도 타당한 것으로 보인다.

LED가 차세대 광원으로 주목받는 이유는 무엇일까?

조명 관계자들은 LED 조명이 고효율, 환경 친화, 긴 수명, 공간 효율성, 그리고 기존 조명이 할 수 없었던 다양한 연출 효과를 모두 가능하게 하기 때문이라고 말한다([표 4-1] 참조).

[표 4-1] LED 광원과 기존 광원 비교

	LED	백열등	형광등	비고
특징	점광원 	점광원 	선광원 	
광원 효율	100lm/W	20lm/W	100lm/W	높을수록 좋음
연색성(Color Rendering, Ra)	80+	90+	80+	100에 가까울수록 자연광에 가까움
수명(시간)	80,000Hr	1,000Hr	20,000Hr	길수록 좋음
소비전력(W)	5.4	60	20	낮을수록 좋음
스위칭 속도	빠름			
디밍(Dimming)	가능, 에너지 효율 증가	가능, 그러나 에너지 효율 매우 감소	가능, 그러나 에너지 효율 감소	
안전성	매우 뜨거움	매우 뜨거움	수은(Hg) 포함	
노이즈(Noise)	없음	없음	있음	
단가($/Klm)	150	0.6	0.73	
다색성	가능	불가능	부분적 가능	

주: LED 조명은 제품 출시가 본격화될 것으로 예상되는 2~3년 이후 LED 업계가 제시한 예상치를 반영. 반면 단가는 현재단가. 따라서 업계의 예측과 의지에 따라 기존 자료와 다소 차이를 보일 수 있음.

2) 환경친화

LED가 주목받는 또 다른 이유는 LED 조명을 사용하면 환경을 보호할 수 있다는 장점이 있기 때문이다. 백열등이 강제로 퇴출될 경우 이 자리를 대신할 광원 중 가장 먼저 손꼽히는 광원이 형광등이다. 왜냐하면 형광등은 효율도 좋고, 수명도 길고, 가격도 싸기 때문이다. 하지만 형광등은 수은(Hg)을 함유하고 있어 환경을 오염시킨다는 단점이 있다.

형광등은 저압의 수은을 유리관 내 봉입한 후 양쪽 전극에서 전자를 방출하고 전자와 수은과 충돌시켜 자외선을 방출시키고, 이 자외선을 유리관의 형광물질과 다시 충돌시키면서 빛을 발생시키는 원리를 가진다. 그래서 수은 없는 형광등은 상상할 수 없다.

반면 LED는 수은을 비롯한 다른 환경오염 물질을 포함하고 있지 않다. 따라서 조명 관계자들은 백열등의 대체재로 형광등보다 LED의 손을 들어주는 추세이다.

3) 긴 수명

LED 업계에 따르면 LED 조명은 백열등보다 약 80~100배, 형광등보다 약 10배의 긴 수명을 가진다고 한다. LED 조명의 수명이 8만 시간이고, 하루에 12시간 동안 조명을 켠다고 가정하면, 소비자는 한번 구입한 LED 조명을 18년 동안 사용할 수 있는 것이다. 그래서 이 긴 수명이 비싼 LED 가격의 약점을 보완할 수 있다고 주장한다.

총 비용(Total cost) 관점에서 LED 조명의 경제성을 예상한 몇몇 자료를 보면 LED 조명이 기존 조명의 경제성을 넘어서는 시점이 형광등 대체용은 7년, 광원 효율이 다소 낮은 할로겐 대체용은 3년으로 예상되고 있다. 다시 말해 형광등 대신 LED 조명을 7년 이상, 할로겐 대체로 3년 이상만 사용하면 소비자 입장에서 더 경제적인 것이다.

4) 공간 효율성

LED 칩의 크기는 대략 0.25mm^{2}로 쌀알 크기보다 작다. 그리고 이 칩을 포함한 패키지도 넓이가 21mm^2, 높이가 보통 5mm 미만이다.

LED BLU의 두께는 이미 1cm 벽을 넘어선지 오래이다. 반면 백열등은 주먹만한 크기이고, 형광등도 LED 광원 두께의 4배가 넘는다. 여기에 픽스쳐까지 붙으면 기존 조명의 두께는 한 뼘이 넘는다. 그래서 기존 조명기구를 천장에 달면 높아보이던 천장이 의외로 낮아지고, 실내면적은 그만큼 줄어들게 된다.

만약 기존 조명 대신 LED 조명을 달면 어떻게 될까? 에어컨 공조기구의 제한을 받지 않는 천장이라면 그 높이가 10cm 이상 높아지고 그만큼 실내공간이 넓어지게 된다. 20층 이상의 고층 빌딩의 경우 천장 두께를 줄이면 같은 높이에 한 층을 더 올릴 수 있다는 주장도 나오고 있다. 이 외에도 LED가 소형이라 천장 모서리를 따라 광원을 붙이면 공간을 절약하면서도 보조 조명을 설치할 수도 있고, 굽은 공간을 따라서도 조명을 설치할 수도 있다. 그래서 에어컨, 냉장고, 프린터, 자동차의 굽은 외면을 따라 조명을 설치할 수 있는 새로운 가능성이 제기되고 있다.

5) 다양한 연출 효과

디지털 조명인 LED가 기존 아날로그 조명과 차이를 보이는 또 하나의 포인트로 지능형 제어가 가능하다는 점이 지적된다. 기존 조명은 한정된 컬러로 고정된 조명을 연출할 수밖에 없다. 기존 조명 중에서도 비교적 컬러나 밝기에서 자유도를 가지는 형광등의 경우 색온도가 다른 형광등을 디밍(Dimming)하거나, 켜는 형광등 개수를 변화시키거나, 다른 컬러의 형광등을 조합해서 변화를 추구할 수는 있다. 그러나 이를 위한 전용 안정기의 가격이 워낙 높고 이를 위한 공간이 많이 필요하며, 실제 표현할 수 있는 범위도 한정되어 있어 사실상 유명무실했었다.

반면 LED 조명은 다양한 컬러와 밝기와 디밍 등으로 역동적인 조명을 연출할 수 있다. 그래서 인간의 생체 주기나 시간, 기분에 따라 빛의 세기, 컬러, 밝기, 색온도 등을 변화시킬 수 있다. 논란의 여지는 있지만 일반적으로 조명에서 컬러, 색온도, 조도가 인간의 시각 피로 및 정신 피로에 다소 영향을 미치는 것으로 알려져 있다. 따라서 작업의 유형이나 사람의 생체리듬에 따라 조명을 변화시킬 수 있는 LED 조명은 기존 조명이 줄 수 없는 $+\alpha$를 제공할 수 있는 것이다.

2. LED 조명의 단점

LED 조명의 경우 현재 주로 지적되는 에너지 효율과 가격 문제가 해결되더라도 다음과 같은 요인들이 LED 조명 시장 성장의 발목을 잡을 수 있기 때문이다.

1) 소비자의 감성 만족

생산자 관점에서 보면 조명 소비자들은 다소 비합리적인 것처럼 보인다. 열심히 노력해서 고효율 제품을 값싸게 제공했는데, 소비자들은 비싼 돈을 주고 효율이 낮은 조명을 사는 것이다. 형광등이나 메탈할라이드 등은 백열등보다 4~5배 에너지 효율이 높다. 그리고 가격과 수명을 고려했을 때 백열등보다 훨씬 경제적이나 소비자는 여전히 백열등을 선호한다.

형광등이 출시된지는 70년, 메탈할라이드 등이 출시된지는 40년이 지난 지금까지도 백열등 시장의 규모는 전체 조명의 반 이상을 차지한다.

만약 2012년 백열등의 강제 퇴출이 없다면 소비자들은 여전히 백열등을 살지 모른다. 그렇다면 소비자들은 왜 비합리적인 것처럼 보일까? 조명은 성능과 가격 이외에 느낌이라는 요소를 포함하고 있기 때문이다. 경험적으로 한국 사람들은 파란색에 가까운 높은 색온도(K)를 좋아하는 반면, 서양 사람들은 붉은 색에 가까운 낮은 색온도(K)를 좋아한다고 알려져 있다. 그래서 TV나 모니터를 보면 색온도를 바꾸는 기능이 필수적으로 추가되어 있을 정도다. 그리고 높은 조도를 좋아하는 사람이 있는 반면 낮은 조도를 좋아하는 사람도 있다.

예를 들어 집에서 가벼운 독서나 휴식을 취하고자 하는 사람들은 낮은 조도의 연색성이 높은 광원을 선호하는 경향이 있다. 이런 사람들은 조명의 느낌을 가격이나 광원 효율보다 더 중요하게 생각한다. 또한 같은 컬러에 대해서도 개인마다 반응이 다르다. 불그스름한 할로겐 램프를 보면서 멋있다라고 생각하는 사람이 있는 반면 우중충하다고 생각하는 사람도 있다. 그래서 소비자들은 취향에 따라서 조명을 구입하는 경향이 있다. 그리고 이런 소비자들이 시장의 상당 부분을 차지하고 있다.

글로벌 조명 시장 중에서 주택이 전체 시장의 약 30% 정도 비중을 가지는데, 이는 상업용 빌딩(13%)과 공공기관 건물(12%), 산업용 및 기타 건물(7%)을 합친 비중에 맞먹을 정도이다. 그래서 백열등이 빠진 자리는 이 백열등과 유사한 느낌의 조명이 치고 들어갈 가능성이 높다. 만약 LED 조명이 백열등의 느낌을 살리지 못한다면 아무리 효율이 좋고 경제적이더라도 시장에서 선택받기는 쉽지 않을 것이다.

2) 소비자의 히든 코스트 극복

소비자는 램프와 픽스쳐 가격뿐만 아니라 인프라스트럭쳐 비용과 배광(配光, Light distribution) 효율에 따른 조명 비용을 동시에 포함하여 조명의 경제성을 계산한다. 그래서 LED 조명 업체가 이러한 히든 코스트까지 극복할 수 있는 매력적인 가격을 제시하지 못한다면, 소비자는 새로운 조명기기로 변경하는데 따르는 수고와 비용을 감당하기를 주저할 것이다.

예를 들어 형광등이 백열등보다 효율이 좋고 경제적이지만, 형광등이 나온지 70년이 지난 지금에도 브라질과 같은 개발도상국에서 형광등을 찾아보기는 쉽지 않다.

왜냐하면 형광등은 새롭게 픽스쳐와 안정기를 설치해야 하는 추가 작업이 들어가야 하는데, 소비자 입장에서는 몇 백원에 불과한 백열 전구를 갈아끼는 것이 형광등 설치에 따른 추가 비용과 수고를 감당하는 것보다 더 경제적이기 때문이다. 또한 LED 조명의 이전 설치 문제도 고객에게 부담이 될 수 있다.

조명 시장의 가장 큰 비중을 차지하는 시장은 주택 시장이다. 그런데 LED 조명의 이상적인 수명은 10만 시간이다. 하루 12시간동안 조명을 밝힌다고 하더라도 20년이 넘는 시간이다. 그런데 LED 조명을 구입하는 소비자들이 과연 그 집에서 20년 이상 거주할까?

비싸게 조명을 설치했으니 이사할 때 에어컨을 떼어가는 것처럼 방마다 설치된 LED 조명을 떼서 새로 이사갈 집에 설치할까? 수명이 20년 이상인 상업용 빌딩이나 공공 빌딩은 긴 수명을 가진 LED 조명을 선호할 수 있겠지만, 일반 주택에 사는 소비자는 LED 조명의 긴 수명을 예상만큼 가치있게 여기지 않을 가능성이 충분히 존재한다.

따라서 LED 조명은 단기적으로는 공공 조명 위주로 빠르게 성장할 수 있겠지만, 이후 조명 시장의 중심까지 파고들기까지 상당히 고전할 가능성이 있다. 따라서 LED 조명은 광원 효율 향상과 가격 하락의 산을 넘는 동시에, 소비자의 히든 코스트를 극복할 만큼 매력적인 가격을 제시해야 향후 백열등의 빈자리를 채울 수 있을 것이다.

3) 소극적인 환경 친화적 조명 도입 가능성

효율과 경제성이 가장 좋다고 평가받는 형광등의 치명적인 약점은 수은이다. 왜냐하면 유럽 연합 등 상당수 선진국들이 수은 등 환경오염 물질을 포함한 제품 판매를 지속적으로 강력하게 규제하고 있기 때문이다. 그래서 상당수 사람들이 수은이 없는 LED가 차세대 광원으로 백열등을 크게 대체할 것이라 낙관하고 있다. 그러나 과연 수은을 가진 조명 제품의 판매가 불가능할까?

첫째, 수은을 포함한 제품판매가 선진국에서도 불가능한 것이 아니다.

세계 각국의 조명에 대한 정책이나 규제를 살펴보면 수은을 포함한 조명의 퇴출에 대한 언급을 찾기가 쉽지 않다. 그리고 2020년부터 형광등도 퇴출시키겠다는 발표만 간혹 보인다. 왜냐하면 백열등과 더불어 수은을 포함한 조명을 동시에 퇴출시키면 이 자리를 대신할 대안이 없기 때문이다.

따라서 수은 함량에 대한 규제는 강해지겠지만, 정해진 기준 이하의 수은을 가진 조명 제품이 있다면 그 조명은 환경 규제가 심해지는 선진국 시장이더라도 지속적으로 판매될 수 있는 것이다. 선진국 시장이더라도 저수은 형광등과 같은 조명이 LED 조명의 시장 진입의 발목을 잡을 수 있다. 또한 기존 형광등의 강자들이 다 선진국 시장에 기반을 두고 있어 선진국들이 자국 내 조명산업 보호를 위해 수은에 대한 규제 강화를 생각보다 늦출 가능성도 있다. 필립스와 오스람은 유럽 연합에, GE는 미국에, 파나소닉과 도시바는 일본에 기반을 둔 회사이다.

둘째, 환경 규제와 비교적 관련이 적은 개발도상국 시장이 조명 시장에서 큰 비중을 차지할 것이므로, 이 시장에서는 LED 조명이 예상보다 덜 어필할 가능성이 있다. 이들 국가들은 백열등 퇴출에는 동참하지만 형광등 비중까지 줄이고자 하는 움직임은 보여주지 않고 있다. 오히려 경제개발을 하는 과정에서 친환경 규제나 탄소배출량 거래제는 선진국의 횡포라고 비난하기까지 하는 경우도 있다.

현재 글로벌 조명 시장에서 미국, 유럽 연합, 일본 등 선진국들은 약 70%의 비중을 차지하고 있다. 그러나 경제성장과 밀접한 관계를 가진 조명 시장의 성장 규모를 고려할 때 향후 10년 동안 개발도상국의 조명 비중은 기존 선진국들의 조명 시장규모에 근접할 것으로 예상된다.

쉽게 말해 환경 규제와 비교적 관련이 적은 시장이 아직도 상당 규모로 남아 있고, 이 시장에서는 LED 조명이 힘을 제대로 못쓸 가능성도 충분히 존재한다는 것이다. 실제로 상당수 개발도상국들이 백열등과 동일한 소켓을 쓰는 고효율 조명인 CFL을 백열전구의 즉각적인 대안으로 고려하는 중이다.

4) 법, 제도적 장치 미비

LED 조명을 분해해보면 그 안에 수많은 LED 칩이 모인 LED 모듈을 볼 수 있다. 실제로 한 광원이지만 그 속에는 수많은 세부 광원이 각자 빛을 발하고 있는 것이다. 그런데 만약 5만원을 주고 산 LED 전구에서 LED 칩 하나가 고장난다면 어떻게 해야 할까?

소비자는 당연히 불량이라서 반품이나 환불을 요구하겠지만, LED 제조업체가 이 요구조건을 100% 받아들이기란 쉽지 않다. 그래서 이를 조정해야 하는 LED 조명 관련 법 제도적 장치가 마련되어야 한다. 그래야 소비자들이 안심하고 LED 조명을 살 수 있을 것이다.

그러나 이 기준을 마련하기는 쉽지 않을 전망이다. 업체에 따라 차이는 있겠지만 형광등 대체 LED 램프는 그 안에 칩이 약 100개 정도 들어간다. 칩이 100개 중 1개가 꺼져도 소비자는 불량이라 생각하는데, 만약 법적으로 10개 이상 꺼져야 불량으로 인정하겠다고 한다면 과연 소비자가 이 LED 조명을 살 수 있을까?

반대로 제도적으로 LED 칩이 1개라도 꺼지면 모두 불량으로 처리해야 한다면 이를 수용할 제조업체가 얼마나 있을까? 여러 광원을 조합하여 빛을 만들어내는 LED 조명만의 독특한 특징으로 인해 충분히 발생할 수 있는 문제이다. 내부 조명인 경우 이런 문제가 특히 심각할 수 있다.

3. LED 조명 업체의 캐즘 극복

LED 조명 업체가 이 캐즘(Chasm)을 극복하기 위해서는 다음과 같은 노력이 반드시 선행되어야 할 것이다.

1) 소비자의 감성 만족을 위한 기술개발 및 인력 양성

조명은 단지 에너지 효율 뿐만 아니라 조명을 받는 입장에서 얼마나 밝아야 하는가 (조도, lx), 얼마나 자연광에 가까운가(연색성, Ra), 얼마나 차갑고 따뜻한 느낌인가 (색온도, K), 어디를 얼마나 비추어야 할 것인가(배광), 어떤 파장을 낼 것인가 등 다양한 요인이 얽힌 종합 예술에 가까운 특성을 보인다.

독일의 경우, 기존 나트륨 램프 가로등을 LED 가로등으로 대체했는데 그 색이 차서 주민들의 민원이 제기되기도 했었다. 그리고 주위를 둘러보면 LED 조명을 구입한 소비자들 중 '구입한 LED 조명이 느낌도 나쁘고 눈은 더 피곤하다.'라고 불평을 토로하는 사람들도 예상외로 많이 만날 수 있다.

따라서 LED 조명 업체는 광원 효율을 향상시키고 가격을 하락시키는 동시에 소비자의 감성을 빨리 파악하고 소비자의 느낌을 제대로 뒷받침할 수 있는 빛을 빨리 제작해 내어야 한다. 이를 위해서는 LED 기술뿐만 아니라 소비자의 감성을 동시에 이해하는 인력을 양성하는 것이 시급하다. 현재 시장에는 LED 기술을 이해하고 있는 엔지니어는 많지만 소비자의 감성을 이해하는 디자이너는 매우 드문 실정이다.

그래서 광원 효율 위주로 LED 조명을 설계했다가 '느낌이 좋지 않다'는 이유로 소비자들에게 외면을 받는 경우도 자주 발생하고 있다. 아직은 시장이 초기 단계라서 이런 실수가 용납될 수 있겠지만 향후에도 이런 문제가 지속적으로 발생한다면 그 LED 업체는 소비자의 외면을 받을 수밖에 없다.

따라서 LED 조명 업체는 자사 제품을 사는 소비자의 감성과 느낌을 빨리 파악하고 이를 지원할 기술을 개발해야 한다. 그리고 이를 가능케 하는 전문 인력을 지금부터 꾸준히 양성하여야 할 것이다. 그와 동시에 '고객을 기준으로 하는 시장 세분화'를 반드시 병행해야 한다. LED 관련 제품이나 기술로 시장 세분화를 하면 시장 세분화의 의미가 퇴색될 가능성이 매우 높다.

조명은 전자제품과는 달라 소비자가 극과 극이다. 색온도가 높아야 팔리기도 하고 색온도가 낮아야 팔리기도 한다. 밝아서 팔리고 밝지 않아서 팔리기도 한다. 그래서 조명시장을 제품이나 기술로 시장을 세분화하면 고객 특성이 제대로 반영되지 않아 LED 조명 업체는 결국 '고객은 모르겠고, 우리가 기술적으로 할 수 있는 제품부터 만들어 팔자.'라는 기술 중심적 오류에 빠질 수 있다.

반면 고객은 자신의 감성을 만족시키지 못하면 더 좋은 기술을 채용한 조명제품이라 할지라도 외면할 것이다. 이런 오류를 방지하기 위해서는 고객 특성 위주의 시장 세분화 전략도 반드시 병행되어야 한다. 느낌을 중시하는 고객과 그렇지 않은 고객, 인프라 비용이나 배광을 중시하는 고객과 아닌 고객, 환경친화를 선호하는 고객과 그렇지 않은 고객,

주거유형에 따른 고객 구분, 감성의 유형에 따른 고객 구분 등 고객 중심의 기준으로 시장을 세분화하고 각 시장에서 어떤 제품이 가장 어필할 수 있는지 찾아야 한다. 이를 위해서는 감성 시장 세분화를 가장 잘 설명할 수 있는 자사만의 시장 중심축을 찾을 필요가 있다.

2) 고객의 생애주기 비용감소를 위한 방안 마련

현재 소비자들은 LED 조명을 구입하는데 전통적인 조명제품보다 더 많은 초기 비용을 지불해야 한다. 여기에 각종 히든 코스트까지 존재한다. 문제는 이 모습이 아직도 상당 기간 지속될 것이라는 것이다. 따라서 LED 조명 업체는 생산 원가 뿐만 아니라 자사 제품의 라이프 사이클 코스트(Life Cycle Cost) 관점에서 고객의 비용을 감소시킬 방안을 찾아야 한다. 무엇보다 선행되어야 하는 것은 제품 원가의 감소이다.

LED 조명의 원가에서 가장 큰 비중을 차지하는 칩과 패키지의 비용을 줄일 수 있는 방안을 마련해야 한다. 그리고 제품 수명 향상 및 효율 증가를 위한 픽스쳐 디자인 개발도 필요하다. LED 칩이 좋아도 픽스쳐에서 그 효율이 많게는 반 정도가 저하될 수 있기 때문이다([그림 4-2] 참조).

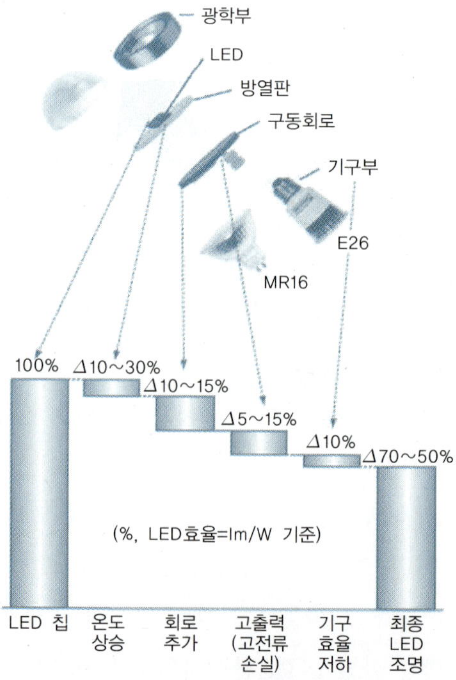

[그림 4-2] LED 픽스쳐의 효율 저하

이와 동시에 각종 지원 제도를 개발하여 고객의 설치 비용이나 이전 비용 등을 감소시키는 방안도 반드시 검토해야 한다. 한 예로 청정개발체제(Clean Development Mechanism : CDM)를 이용해 초기 도입 비용을 대폭 감소시킨 오스람을 생각해 볼 수 있다. CDM은 교토의정서에 따라 온실가스 의무 감축대상국이 비의무 감축대상국에 선진 기술을 직접 투자함으로써 온실가스 감축 실적을 올리고 그 감축량에 상응하는 배출권을 받도록 한 시스템이다.

최근 오스람은 인도 3개 주(안드라프라데시, 하리아나, 마하라슈트라)에서 백열전구에 비해 에너지를 80%나 절감해주는 고효율 콤팩트 형광등(CFL) 200만개를 빈곤층 가정에 공짜로 나눠줄 수 있었다. 왜냐하면 에너지 절감에 상응하는 100만톤 분의 탄소배출권(약 $2,500만 추정)으로 그 손실을 충분히 만회할 수 있었기 때문이다.

필립스도 이와 비슷한 맥락으로 LED 조명과 태양전지(Solar Cell)를 붙여 아프리카에 공급할 계획을 가지고 있다. 또 다른 예로 최근 발표된 '그린 LED 리스 제도'를 살펴보자. 이 제도는 7조원이 넘는 공공기관의 조명 교체 부담을 줄이기 위해 먼저 민간 펀드를 조성하여 LED 조명 비용을 대고 공공기관에는 리스 형태로 LED 조명을 공급하는 방식이다. 이 방식을 이용하면 높은 초기 설치 비용도 줄이고, 이전 비용 등의 문제들도 상당부분 해결할 수 있을 것으로 전망된다.

이와 같이 LED 조명 업체가 제품의 생애주기 비용을 감소시키는 관점에서 계속 아이디어를 창출해 낸다면 기술 외적으로도 제품의 가격을 획기적으로 떨어뜨리고 시장에 빠르게 진입할 수 있는 기반을 마련할 수 있다.

3) 소비자에 대한 LED 장점의 적극적 교육

LED 조명이 에너지를 절감하고 다양한 컬러를 제공할 수 있다는 점은 이미 많이 알려져 있다. 그러나 전문가들은 "아직까지도 LED 조명이 시장에서 차세대 조명으로서의 확실한 자리매김을 하지 못한 것 같다."라고 지적한다.

그런데 이런 미지근한 시장의 움직임은 LED 조명의 침투를 상당부분 연기시킬 가능성이 있다. 이런 가능성은 소위 'CFL의 교훈'에서 찾을 수 있다. CFL 램프는 형광 램프를 구부려 접어서 소형화하고, 안정기를 내장하고, 나사식 베이스를 붙여 일반 백열전구의 기구에도 그대로 사용할 수 있는 형광 램프로서 약 25년 전, 1980년대 초에 처음 출시되었다. 같은 밝기의 백열등에 비하면 전기료가 80% 정도 절감되고, 수명이 10배 정도 길고, 3파장 형광물질을 사용해 연색성도 우수했다.

말 그대로 1980년대의 떠오르는 조명계의 샛별이었다. 그러나 소비자들은 이 CFL의 장점에 대해 별로 인식하지 못했다. 이런 소비자의 미온적 태도는 CFL 관련 기술이 더욱 혁신적으로 발전했음에도 장기간 그대로 지속되었고, 결국 CFL은 20년이 지난 지금에서야 시장에서 겨우 자리를 잡아가고 있다.

따라서 LED 조명도 CFL의 실수를 거울삼아 그 과정을 결코 답습하지 않아야 한다. 이미 CFL의 실패를 경험한 필립스는 "CFL의 실수가 다시는 발생되지 않게 우리는 LED 조명의 장점을 고객에게 계속 교육할 것이다."라고 언급하기도 했다.

4) 소비자가 안심할 수 있는 품질보장 제도 마련

일부 LED 조명 구매자들은 '비싼 가격을 주고 LED 조명을 구입하는데, 만약 생각만큼 LED 조명의 수명이나 품질이 뒷받침되지 않으면 그 때는 어떻게 해야 하는가?'라고 LED 조명에 대한 우려를 나타내고 있다. 그리고 만약 지금과 같은 소수의 부정적 인식이 다수 소비자에게 각인되기 시작한다면 LED 조명의 미래는 생각보다 훨씬 어두울 수 있다.

그러므로 LED 조명 기업은 LED 조명 품질관리에 최선의 노력을 기울여야 할 것이다. 이와 더불어 공식화된 각종 품질보장 장치를 마련해야 한다. 과거 형광등 업체들은 '7만 시장 보장 등'을 공표하면서 자사 조명제품의 신뢰성을 소비자들에게 각인시켰고 시장에서 큰 성장을 이루기도 했다.

이와 같은 방법으로 LED 조명 업체는 보상 기준을 명확하게 하여 소비자의 자사 제품에 대한 확실한 신뢰를 얻어야 한다. 그래서 자사 LED 조명은 어디에 내놔도 손색이 없다는 인식을 전세계 소비자들에게 심어주어야 한다. 그 때 소비자들은 이 신뢰성을 바탕으로 LED 조명 도입을 적극 검토할 것이다.

5) 중요한 것은 약속이 아니라 그 약속에 도달하는 것!

LED 조명 사업을 분석하다보면 '고효율, 저전력, 긴 수명, 친환경... 과연 새로운 이야기인가?'라고 자문하게 된다. 현재 LED 조명 업체들은 고효율, 저전력, 긴 수명, 친환경 등을 전통 광원과 다른 LED 조명의 독특한 장점으로 힘주어 설명한다.

물론 LED 조명을 처음 시작하는 입장에서는 이런 단어들이 신선할 수 있다. 그러나 할로겐 램프, 형광등, 메탈할라이드 램프, CFL, 그리고 LED로 이어지는 100여년의 조명의 역사를 주의깊게 살펴보면 차세대 조명 기술이 등장할 때마다 이런 구호는 어김없이 문두에 등장했으리라는 것을 쉽게 짐작할 수 있다. 조명 사업을 거의 100여 년 동안 이어

온 전통적인 조명 업체들은 이미 이 구호에 식상하지 않았을까?

필립스는 LED / OLED Lighting Technology EXPO 2009에서 '중요한 것은 약속이 아니라 그 약속에 도달하는 것(It is Delivering, Not Promising)!'이라 힘주어 말했다. LED 조명 업체라면 한 번쯤은 새겨들어 볼 만한 말이다. LED 조명 시장규모는 10년 후 약 60조 규모로 확대되어 반도체나 디스플레이에 견줄만한 새로운 거대 시장으로 평가받고 있기도 하다. 그러나 LED 조명 시장도 캐즘(Chasm)을 직면할 가능성이 점차 높게 제기되고 있다. 캐즘이란 초기 시장과 주류 시장 사이에서 나타나는 수요의 하락이나 정체 현상을 의미한다. LED 조명 시장에서 가장 중요한 것은 약속(Promising)이 아니라 그 약속에의 도달(Delivering)이다.

03 LED 조명 시스템 기술

반도체 조명 분야는 고효율 및 장수명을 특징으로 하는 반도체 광원을 이용한 고효율·친환경성의 신개념 조명 시스템을 가리킨다. 용도 및 반도체 광원에 대하여 LED 일반 조명 시스템과 LED 자동차 조명 시스템, LED 디스플레이 조명 시스템, LED 응용 시스템, 무기 / 유기 EL 조명 시스템으로 대별할 수 있고, [그림 4-3]처럼 반도체 광원의 반도체 기술(에피 성장, 칩 공정, 패키지 / 모듈)을 근간으로 하여 조명 기술(광원 모듈, 조명기구, 시스템)을 이용하여 완성하는 융복합 산업이다.

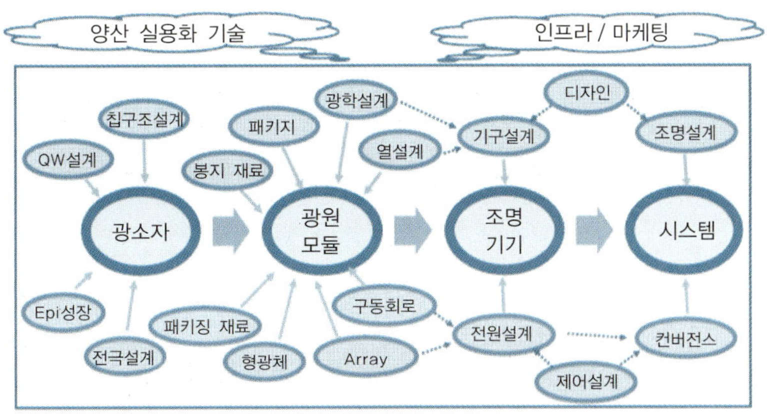

[그림 4-3] LED 조명 기술개발 요소

1. LED 일반조명 시스템

이 분야는 LED 광소자 및 패키지의 성능에 종속되었던 산업의 범위를 이미 넘어서서 막대한 규모의 조명 시장에 침투하고 있으며, 고효율화가 이루어지고 다양한 분야에 LED 조명 시스템군이 형성되고 있다([그림 4-4] 참조).

① 실내조명(사무실, 가정, 학교, 공장 등)

② 실외조명(도로조명, 교량조명, 건축조명, 공항조명, 경기장조명 등)

③ 심리조명(호텔, 레스토랑, 병원, 테마공원, 카지노, 백화점, 전시장 등)

④ 생리조명(병원 회복실, 실버타운, 어린이 교실 등)

⑤ 경관조명(실내·외 장식 조명, 분수조명, 벽면조명 등)

⑥ 기타(박물관, 미술관, 갤러리, 스튜디오, 영화관, 스테이지, 예술, 레저 등)

새로운 광원인 LED가 기존의 일반조명 시스템에 침투하기 위해서는 LED 광원의 대전력화에 따른 효율향상, LED 광학 및 조명기구 최적 설계, LED 조명 시스템의 컴팩트화 및 저가격화, 인간친화 기능성 LED 조명제어, 첨단기술과의 융합기술 등이 필요하다.

LED가 기존 조명 시스템을 대체하는 방법은 다음과 같다.

[그림 4-4] LED 일반조명 시스템 실례

1) LED 패키지 및 어레이의 대전력화

충분한 광출력과 광원의 면적이 제공되어야 하기 때문에 LED 패키지 및 어레이의 대전력화가 필수적이다.

LED 패키지 및 어레이의 대전력화에 따른 자체 발열로 LED 조명 시스템의 저효율화, 색온도 및 색상 변화, 광출력 저하, 신뢰성 저하 등의 문제점 발생하므로, LED의 자체 발열에 따른 문제를 해결하기 위한 PCB, 반사기(Reflector), 히트싱크(Heat Sink) 등의 방열설계 및 구조설계, 구동회로(SMPS) 회로설계 기술이 필요함과 동시에 LED의 자체 발열과 고운동작 및 동작시간에 따른 광출력 및 색상(색온도, 색좌표값 등) 변화 제어가 요구된다.

2) 적절한 렌즈 및 반사판 설계

또한 기존 광원에 비해 LED 모듈 광원은 발광면의 불균일성, 집적화, 유연성 등의 특징을 갖고 있으므로, 다양한 적용분야에 적합하도록 신개념의 광학 및 조명기구 설계가 필요하고, LED 일반조명 시스템에서는 직접화된 발광 면적에 대한 눈부심의 감소가 적절한 렌즈 및 반사판 설계가 요구된다.

3) 컴팩트화 및 저가격화 기술

LED 조명 시스템의 컴팩트화 및 저가격화 기술개발을 위해서는 LED 조명 시스템의 방열 및 광학, 구동회로의 최적 설계 및 재료개발, 구성 요소의 표준화에 의한 저가격화, LED 조명 시스템 제어용 ASIC 기술 및 고집적화 IC의 개발에 의한 LED 구동회로의 컴팩트화 및 LED의 특성에 적합한 구동방식과 인버터 기술개발에 의한 LED 제어 시스템의 고효율화가 요구된다.

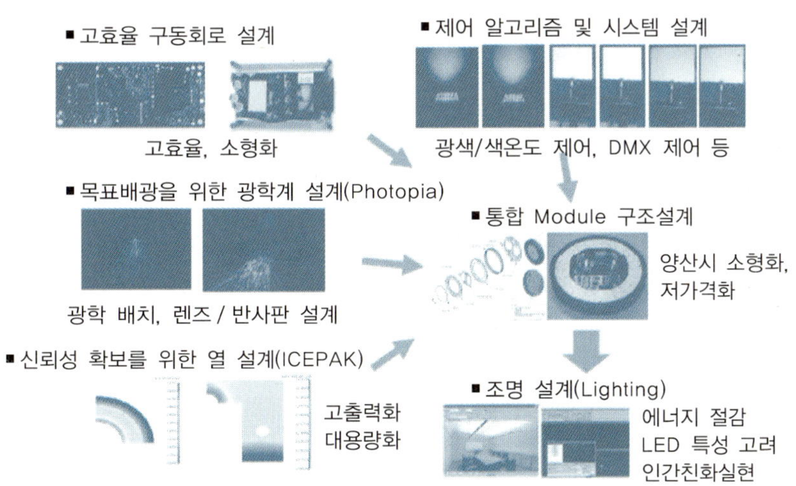

[그림 4-5] LED 조명 시스템 설계

4) 인공지능형 디지털 조명 제어기술

인간친화 기능성 LED 조명제어를 위해서는 백색 주조명을 위한 백색 및 혼합색 LED 광원에 따른 인간의 심리적·생리적 영향 분석에 따른 제어기술, 기존 광원에 비해 LED의 초발광 면적에 따른 공간적 배열/배치 및 형태에 따른 영향 분석을 통한 기수 설계 기술, 터널 조명, 침실조명, 병실조명, 공장조명 등의 다양한 조명 상황에 따라 인간의 감성을 자극하는 광색/색온도 정밀 제어기술 및 미래 자동조명제어 및 오락(Entertainment)적 요소를 구현하기 위한 전력선 통신, 인공지능형 센싱 등의 인공지능형 디지털 조명 제어기술이 요구된다.

5) 가시광통신 조명 시스템 기술

태양전지, 풍력 등 재생 에너지에 의한 조명 구현을 위해서는 자연친화적인 신재생 에너지인 태양전지와 2차 전지를 이용한 태양 에너지 전원 시스템과 결합된 고효율·절전형 시스템 기술과 LED의 빠른 응답성의 특성과 고휘도화 추세에 따라 LED에 통신 신호를 추가하여 조명과 통신을 동시에 만족할 수 있는 가시광통신 조명 시스템(Visual Light Communicarion : VLC) 기술이 요구된다.

2. LED 자동차 조명 시스템

자동차 조명 시스템은 자동차, 버스, 오토바이 등의 각종 자동차 종류에서 사용하는 LED 조명 시스템 제품군으로, 특히 LED 전조등, DRL 등 기술적으로 극복이 어려운 고효율 자동차용 조명 시스템을 총칭한다.

자동치 조명 시스템은 전광(Front Lighting), 후광(Rear Lighting), 센서, 통신으로 구분할 수 있으며, LED 응용이 가능한 부분으로 헤드램프, 회전 신호, 안개등, 룸 램프, CHMSL(Center High Mount Stop Lamps)과 계기판 백라이트, HUD(Head Up Display) 등이 있다. 자동차에 LED 조명 시스템을 성공적으로 적용하기 위해서는 다음과 같은 기술이 고려되어야만 한다.

1) LED 방열구조, 설계 및 재료의 기술

방열설계 기술 및 방열재료 경량화가 요구되는데 자동차의 엔진 열 및 히터, 냉각기 등의 영향에 의한 LED 조명제품의 신뢰성 저하를 방지하기 위한 방열구조 기술, LED의 자체 발열에 따른 문제를 해결하기 위한 PCB, 반사기, 히트싱크 등의 방열설계 및 구조

설계, 구동회로(SMPS) 회로설계 기술 및 LED 조명 시스템의 중량 증가는 자동차 주행 효율의 저하를 가져오기 때문에 LED 조명 시스템에서 가장 많은 중량을 차지하는 방열 재료의 경량화가 매우 중요 요소기술이다.

2) LED 광학 및 조명기구 기술

자동차 조명에 적합한 LED 광학 및 조명기구 기술로는 자동차의 디자인의 특성을 살리면서 자동차 조명 관련 광학 기준(KS 규격 등)에 적합하도록 하는 LED의 배치와 광학 렌즈 및 반사판 설계 기술 및 자동차 외부 환경의 악조건에 대응하기 위한 방수 및 방염, 충격, 진동에 강한 광학 및 조명기구 재료 및 구조설계 기술이 필요하다.

3) LED 조명 제어기술

자동차 환경에 적합한 조명제어 및 저가격화 기술로는 에너지 절감효과 및 배터리 수명 보장을 위한 LED 조명 제어기술(주행속도에 따른 DRL 및 전조등 제어, 주위 밝기에 따른 전조등 밝기 조절 등)과 LED의 고효율화 따른 LED 개수 절감과 이에 따른 광학 및 반사판의 재질의 효율화에 따른 저가격화 기술이 요구된다.

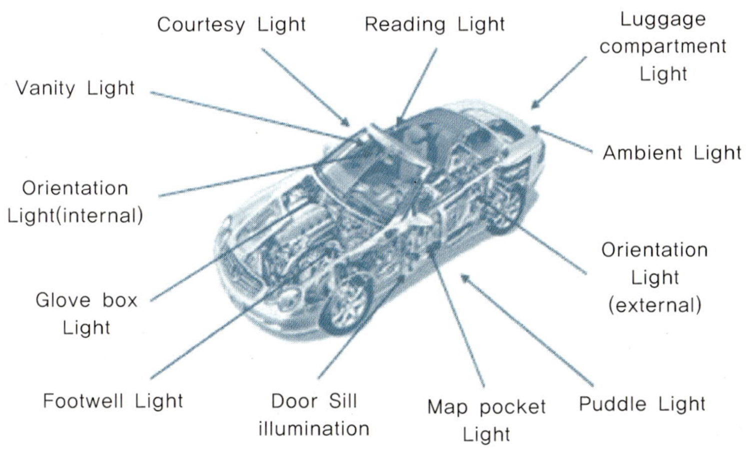

[그림 4-6] 자동차에 LED 조명 응용

3. LED 디스플레이 조명 시스템

디스플레이 조명 시스템은 LED 전광판과 중소형 스크린/문자 디스플레이 뿐만 아니라, 소형 모바일폰(Mobile Phone), 모니터, TV 등의 TFT LCD에 사용되는 BLU(Back

Lighting Unit)로써 CCFL 대신 고효율 LED를 광원하고 있는 LCD BLU와 LED를 광원으로 하여 대화면 중소형 프로젝션 디스플레이가 여기에 속한다. 이를 분류하면 다음과 같다.

1) LED 디스플레이 조명 시스템의 분류

(1) LED 전광판

고해상도 대화면 LED 스크린 디스플레이, 건축조명 디스플레이, 소형 문자 / 스크린 디스플레이 등

(2) 중형 디스플레이용 LED 백라이트

Car-navigation, Notebook 등

(3) 대형 모니터용 LED 백라이트

15″, 20″, 23″, 24″ 이상 모니터 등

(4) 대형 TV용 LED 백라이트

32″, 40″, 46″, 47″ 이상 TV 등

(5) 프로젝션용 디스플레이

휴대용(Portable), 모바일폰(Mobile Phone), 가정용 응용, 데이터 및 AV 프로젝터 등

(a) 전광판 (b) LCD BLU (c) 프로젝터

[그림 4-7] 디스플레이 조명 시스템

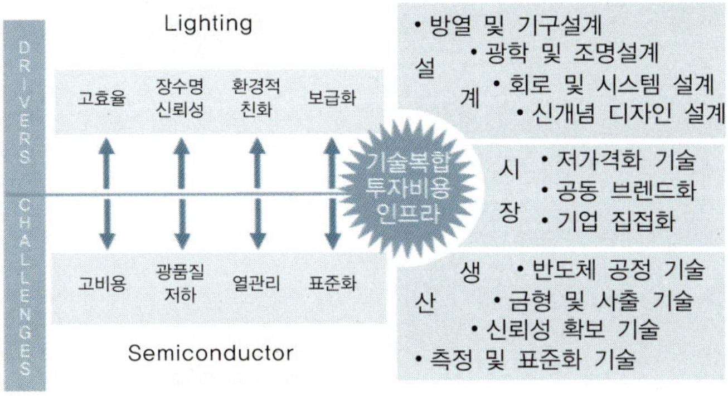

[그림 4-8] 생산 및 양산시 당면과제

2) 디스플레이용 LED 조명의 최적화 요소기술

(1) LED BLU / 프로젝션 디스플레이 컴팩트화 기술

LED BLU / 프로젝션 디스플레이 컴팩트화 기술이 있으며, 이를 위해 소향 경량화를 위한 기구와 광학이 조합된 광학 기술 및 해석 기술, LED 패키지 슬림화 설계 및 어레이 기술과 틴 파일(Thin File) 관련 기술 및 소형 경령화 및 고신뢰성 확보를 위한 방열 구조 설계 및 어레이 제조기술이 요구된다.

(2) 광학계 구조설계와 색보상 회로 및 제어기술

고색균일 광학설계 및 색보상 제어를 위해서는 균일한 색상 및 특성 구현이 뛰어난 LED 배치 및 광학계 구조설계 및 제조기술 및 RGB LED의 동작시간 및 온도에 따른 광출력과 스펙트럼의 변화에 대한 색보상 회로 및 제어기술이 요구된다.

(3) 저소비전력 기술과 고효율 광학기구 설계

대화면 및 저소비 전력 구현을 위해서는 LED 구동전압을 낮추기 저소비전력 기술, 대형 LCD용 파형가이드(Waveguide) 분석을 통한 렌즈 설계 및 제조기술 및 LED 광 결합(Coupling) 및 광속 효율이 개선과 고효율 광학기구 설계가 요구된다.

4. 기타 LED 응용 시스템

LED 응용 시스템은 의료 · 농업 · 환경분야에 LED 조명 시스템이 사용되어 인간 및 동식물에 유익한 환경을 제공하는 분야로서 의료분야(휴대용 의료기기, 치료용 광원 시스템, 저침술 의료기기, 고성능 진단기기 등), 농업분야(식물 육성 쳄버(Chamber) 조명, 식물 및 유전자 조직배양 조명, 식물공장 조명, 우주 식물재배 등) 및 환경분야[살균 · 정화용 조명(정수기, 살균기, 공기청정기), 어선의 집어등 등] 등의 분야에 이용이 가능하다.

의료 · 농업 · 환경분야의 응용을 위해서는 다음과 같은 기술이 요구된다.

1) 광색 혼합 정밀 제어기술

고연색성 백색 구현을 위한 광색 혼합 정밀 제어가 요구되며 이를 구현하기 위해 RGBYOW LED를 이용한 고연색성 광색 혼합 제어기술과 최적 광색 혼합을 위한 LED 베치 및 렌즈/반사판의 광학계 설계 기술이 필요하다.

2) 적합한 색온도 및 파장 정밀 제어기술

의료/농업/환경 조명 환경에 적합한 색온도 및 파장 정밀 제어에는 계절, 온습도, 시간, 식물성장조건, 치료 및 수술환경 등의 조명환경(의료/농업)에 적합한 색온도 정밀제어 알고리즘 설계, 치료 및 농업, 살균을 위한 정밀 파장 제어기술 및 온도 및 습도의 주위환경에 따른 색온도 및 파장 보상 제어기술이 필요하다.

3) 방열설계 및 신뢰성 확보 기술

고출력 대용량에 따른 방열설계 및 신뢰성 확보에는 LED의 자체 발열에 따른 문제를 해결하기 위한 PCB, 반사기, 히트싱크 등의 방열설계 및 구조설계, 제어회로 설계 기술과 신뢰성 확보를 위한 제조 및 공정기술 확보가 요구된다.

(a) 수술실 (b) 휴대용 치료기 (c) 식물생장조명

[그림 4-9] 기타 LED 응용 조명 시스템

04 빛을 잃어가는 에디슨의 등불, 백열등

1879년 발명왕 에디슨(Thomas Edison)은 세계 최초로 전기를 이용한 광원(光源)인 백열등(Incandescent Lamp)에 불을 밝혔다. 나무나 기름을 이용하는 등불이나 남포등을 이용하던 사람들에게 냄새도 없고 그을음도 없으며 원할 때 언제든 켜고 끌 수 있는 백열등은 경이로움 그 자체였다. 그리고 100년이 지난 지금까지도 사람들은 여전히 이 백열등을 사랑하고 있다.

전세계 조명 시장은 약 120조 원 규모인데, 램프가 20%, 픽스처(Fixture, 등기구)가 70%, 부품(Component)이 10% 비중을 차지하고 있는 것으로 알려져 있다. 이 중 램프의 대부분은 백열등과 형광등(Florescent Lamp)인데, 글로벌 램프 시장 중 백열등과 형광등의 비중이 약 6 : 4 정도 되는 것으로 추정된다. 백열등은 따스하고 아늑한 분위기를 연출할 수 있고, 픽스쳐와의 조합도 쉬우며, 전기회로가 필요하지 않아 빠르고 간편하게 점등할 수 있고, 무엇보다 가격이 ¢5에 불과하다는 장점을 가지고 있기 때문이다.

그런데 약 한 세기가 지난 지금 이 '에디슨의 등불'이 그 빛을 잃고 있다. 백열등이 지구 온난화의 주범 중 하나로 지목되어 2012년부터 순차적으로 세계 각 국에서 강제 퇴출될 예정이기 때문이다. 백열등은 에너지 효율이 매우 낮다. 에너지 효율이란 단위 전력당 방출되는 광속(lm/W)을 뜻한다. 그리고 광속(Lumen : lm)은 '눈에 감지되는 광선의 총량'이고, 전력량은 W(와트)이다. 백열등의 광원 효율은 약 20lm/W정도로, 형광등의 1/5 수준밖에 되지 않는다. 쉽게 말하면 같은 전력량으로 형광등 1개가 백열등 5개를 대체할 수 있고, 같은 밝기라면 형광등을 쓰는 것이 백열등을 쓰는 것보다 전력량을 80%나 절감할 수 있다는 뜻이다.

그리고 에너지 효율이 낮다는 것은 지구 온난화 시대에는 치명적인 약점일 수밖에 없다. 에너지 효율이 낮으면 전기를 더 사용하게 되고, 더 많은 전기를 생산하기 위해서는 더 많은 화석 연료를 태워야 하고, 더 많은 화석 연료를 태우면 더 많은 지구온난화 가스가 생성될 수밖에 없기 때문이다.

따라서 백열등을 퇴출시키고 다른 고효율 광원으로 대체하는 것만으로도 상당한 규모의 온실 가스를 감축할 수 있다. 전세계 전력소비의 약 20% 정도가 조명에서 발생되는데, 이 시장의 반 이상을 차지하는 저효율 백열등을 고효율 조명으로 대체한다면 이론적으로 매년 전세계 전력 생산시 발생되는 CO_2 배출량의 5% 이상을 감축할 수 있다는 것이다.

그래서 미국, 유럽 연합, 대만, 일본 등 세계 각 국은 다소 편차는 있지만 2012년부터 백열등 사용을 금지했다. 중국도 2017년부터 이 움직임에 동참할 것은 이미 공표했다. 필립스 조명 사업부 사장인 루디 프로부스트(Rudy Provoost)는 '2020년이면 백열등은 전세계에서 완전히 퇴출될 것'이라고 예상하기도 했다. 그렇다면 전세계 약 120조원 시장의 반 이상을 차지하던 백열등 기반의 조명 시장이 역사의 뒤안길로 사라져 갈 때 약 60조원이 넘는 막대한 시장을 이끌 차세대 주자는 누구일까?

05 LED 조명 캐즘 가능성

그러나 최근 시장이 LED 조명을 너무 낙관적으로 보고 있는 것 같아 다소 우려스러운 것도 사실이다. 분명 LED 조명은 고효율, 환경 친화, 긴 수명, 공간 효율성, 그리고 다양한 연출 효과를 모두 포함하고 있다. 그리고 기술 발전과 가격 하락은 소위 하이츠의 법칙(Haitz's Law)대로 진행될 것이라는 희망을 걸어볼만 하다. 일본 도쿄에서 열린 LED / OLED Lighting Technology EXPO에서 필립스도 'LED에 관한 한 기술이 빠르게 발전하고 있기 때문에 앞으로는 LED 조명 도입에서 기술이 장애 요인은 되지 않을 것'이라 힘주어 이야기하기도 하였다.

그러나 과연 LED 성능이 향상되고 가격이 하락하면 LED 조명이 백열등이 빠진 자리를 쉽게 꿰어 찰 수 있을 것인가? 그렇지만은 않을 것이다. LED 조명 업체는 LED 조명의 캐즘(Chasm) 발생 가능성을 염두에 두어야 한다. 캐즘(Chasm)이란 지질학에서 사용되는 전문 용어로 '상이한 지층간의 압력차이로 인해 땅이 찢겨져 나가면서 생긴 깊고 넓은 틈'을 의미한다.

경영학 분야에는 1990년대 말 실리콘 밸리의 기업 컨설턴트인 제프리 무어(Geoffrey A. Moore) 박사가 '혁신성을 중시하는 초기 시장과 실용성을 중시하는 주류 시장(Mainstream Market)간의 소비자의 상당한 특성 차이'를 캐즘에 비유하면서 널리 알려지게 되었다. 하이테크 제품은 신기술을 잘 이해하고 그것이 제공하는 편익을 누리고자 하는 열망이 강한 선각 수용자 계층까지는 쉽게 침투 가능하다.

그러나 시장의 다수를 구성하는 실용적인 소비자들은 급격한 변화보다 점진적인 변화를 원하고, 검증되고 표준화된 기술을 선호하며, 기존 방식을 버리고 새로운 방식을 쉽게 받아들이지 않는다. 결국 기술과 시장의 단절 현상이 생기고 시장이 상당한 기간동안 조정 메커니즘을 거치게 되는 것이다([그림 4-10] 참조).

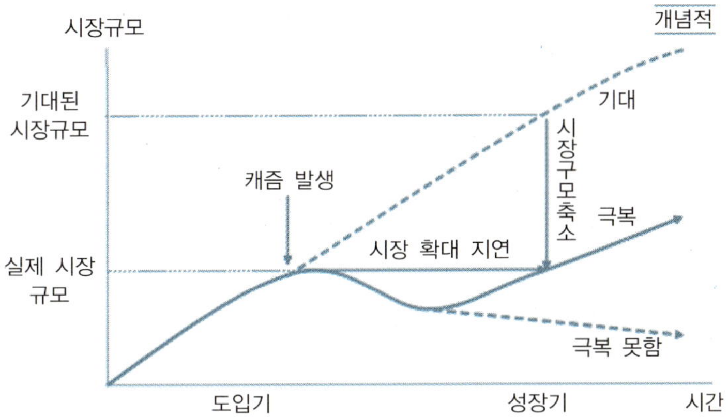

〈캐즘이 발생하면 시장규모 성장이 둔화되고 시장 확대가 지연됨(비관적인 경우, 시장이 캐즘을 극복하지 못하고 쇠퇴하는 경우도 발생). 캐즘을 뛰어넘는 대응 노력이 필요〉

[그림 4-10] 캐즘 발생의 영향

LED 조명도 이 캐즘에 직면할 가능성을 염두해 두어야 한다. 왜냐하면 '고효율 제품을 저비용으로만 제공하면 소비자들은 당연히 사지 않겠느냐?'라고 말하는 LED 조명 낙관론자의 주장과는 다르게 LED 조명 시장에 기술과 가격 외에도 또다른 캐즘의 요인이 존재하는 것으로 판단되기 때문이다.

06 LED 조명 캐즘 극복 방안

이처럼 LED 조명 시장은 기술 중심적인 시장인 동시에 다양한 요인이 복합적으로 작용하는 시장이다. 그래서 BLU(Back Light Unit) 시장과는 다르게 기술과 가격문제가 다 풀리더라도 소비자, 라이프 스타일, 환경문제, 법 규제 등 수많은 요인이 캐즘을 발생시킬 수 있다. LED 조명 시장이 유망하지만 그 낙관론을 그대로 받아들이는 것은 위험하다. 그렇다면 LED 조명 업체는 예상되는 캐즘을 어떻게 극복해야 할까 또한 이것은 많은 연구가 필요하다.

CHAPTER 05

LED 및 조명 시스템 동향

01 LED의 시장 동향

1. LED 시장 개요

LED는 가전기기, 자동차, 건축, 의료기기 등 조명을 필요로 하는 거의 모든 산업에 응용되는 부품으로 주로 에피, 칩 그리고 다이오드 형태의 패키지 제품 시장에 대한 조사가 이루어지고 있다. 전광판, 신호등, 자동차용 램프, LCD BLU(Back Light Units) 등 응용제품 시장은 제품별로 집계되고 있으며, 통상 다이오드 시장의 3~6배 정도로 평가되고 있다.

최근 LED 세계 시장은 537억 달러로 전년대비 47% 증가한 것으로 예상된다. LED 시장은 그 용도에 따라 크게 모바일용, 자동차 / 수송용, Sign / Display, 간접조명 등으로 나누어지는데([그림 5-1] 참조), 그 용도별 시장상황을 살펴보면 다음과 같다.

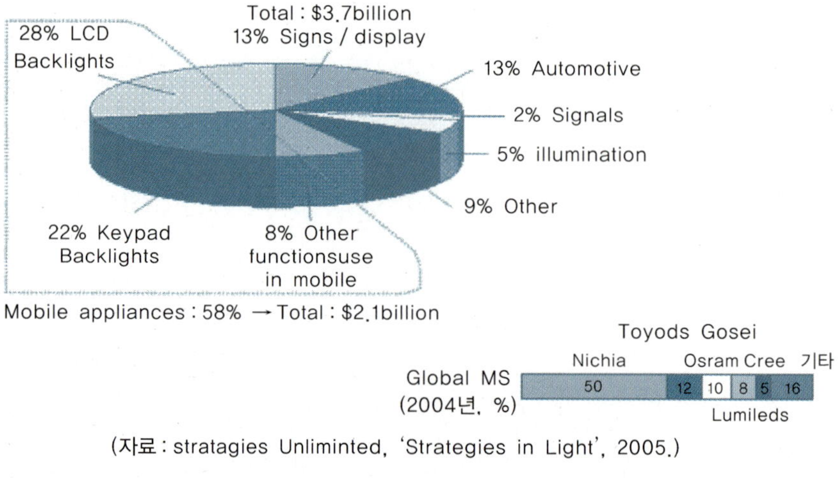

(자료 : stratagies Unliminted, 'Strategies in Light', 2005.)

[그림 5-1] 응용분야별 LED 시장현황

모바일용 LED 시장은 LED 전체 시장 중 모바일용 LED가 58% 정도를 차지하고 있는데, 소형 LCD 백라이트와 키패드에 주로 사용되고 있으며, 최근 휴대폰 카메라 플래시 모듈에 사용되는 백색 LED의 수요가 크게 증가하고 있다.

자동차와 신호/디스플레이 분야는 각각 13%의 점유율을 기록하고 있으며 조명 시장은 간접조명 등의 특수 분야에서 일부 사용되고 있으나, 일반조명용 LED 시장은 아직 형성되어 있지 않다. 효율 향상, 방열 특성 개선 등 기술적으로 해결해야 할 문제들이 있으며, 가격면에서도 일반조명등에 비해 매우 불리한 실정이다.

또한, 표준화, 규제, 건축법 등 시장 진입에 필요한 인프라가 갖추어지지 않았다. LED 산업은 고가의 장비와 전문인력을 필요로 하고, 초기 시설투자비가 높고 장기간의 기술 축적이 필요한 기술 집약 산업이다. 광반도체 기술의 발달에 따라 LED 산업이 급속히 성장하고 있으며 반도체, 디스플레이, 자동차, 가전, 통신, 인터넷 산업 등의 유관산업에서 강점을 보유하고 있는 우리나라의 측면에서는 놓칠 수 없는 매우 중요한 시장이다.

선진국에서도 이러한 반도체 광원 시장의 중요성을 일찍부터 깨닫고 국책사업의 차원에서 LED/LD 응용제품 기술개발을 지원하고 있으며, 국내에서도 차세대 성장동력으로 지정하여 연구개발에 많은 투자를 하고 있다. 각국은 전략산업으로 지원·보호하고 있으며, 최근의 LED 세계 시장은 전년대비 47% 증가하였다.

국내 시장은 세계 시장의 18% 이상을 차지할 정도로 큰 시장이며, 국내 LED의 수요는 대부분 휴대폰의 키보드, 액정화면 및 플래시 모듈이다. 일본의 니치아사가 세계 시장의 1/4을 차지할 정도로 강세를 보이고 있으며, 니치아, 도요다고세, 오스람, 루미레드, 크리사 등 빅5가 전체 시장의 절반을 차지하고 있다. 생산되는 LED의 85%가 아시아에서 소비되고 있을 정도로 지역적 편차 또한 심하다. 국내에도 삼성전기, LG이노텍 등의 대기업에서부터 에피플러스, 에피밸리 등의 벤처업체들까지 시장에 참여하고 있다.

향후, 잠재 시장인 가정용 및 사무실 조명을 감안한다면 LED는 메모리 반도체를 능가하는 거대한 부품소재 시장을 형성할 것으로 기대되고 있다. 차세대 조명용 후보 광원으로 평가받는 LED는 에너지 고갈 및 환경오염의 위기를 대응하는 전략적 기반 기술산업이다. LED는 에너지 변환효율이 높아 전기 에너지 절감에 유리하여 조명을 필요로 하는 가전기기, 자동차, 건축, 의료기기 등 산업 전반에 걸쳐 응용되는 산업으로써, 잠재 시장인 가정용 및 사무실 조명까지 감안하면 LED는 메모리 반도체를 능가하는 거대한 부품소재 시장을 형성할 것으로 기대되는 유망 산업이다. 또한, 각국에서 국가 차원의 과제로 지원되고 있는 전략 산업이며, 특허에 의한 기술쇄국정책이 심한 산업이다.

LED 산업은 휴대가전기기, 자동차/수송기기, 디스플레이, 의료기기, 건축, 환경 등 조명을 필요로 하는 거의 모든 산업의 후방 산업이며, 반도체 공정에 필요한 기판, 화학약품, 패키지 재료 등 구성 요소의 생산을 위한 원부자재를 후방 산업으로 가지고 있다([그림 5-2] 참조).

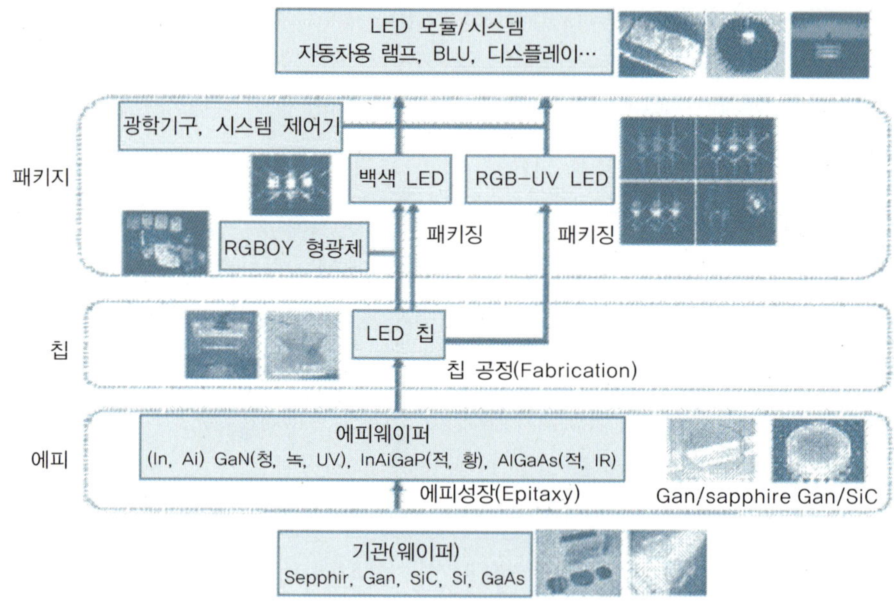

[그림 5-2] LED 제품 체인

그리고, 고가의 장비와 전문인력을 필요로 하는 기술 집약적인 산업으로써 초기 시설투자비가 높고 장기적인 기술축적이 필요한 산업으로 중소기업으로선 단기간의 대규모 투자로 양산화 달성이 어렵고, 선도 기업으로부터의 기술 도입도 어려운 분야이다. 결과적으로, LED 산업은 고도로 훈련된 전문인력을 필요로 하며 빠른 기술개발의 속도로 인하여 현장인력의 재교육이 꾸준히 이루어져야 한다. LED 구동방법으로는 병렬형, 직렬과 병렬의 혼합형, 매트릭스형이 있다.

① 병렬형은 각각의 LED를 독립해서 구동하기 때문에 숫자표시나 레벨미터 등 소수의 LED를 이용한 디스플레이의 구동에 적용한다.

② 혼합형은 다수의 LED 소자를 사용하는 옥외용 LED 램프 등의 구동에 이용된다.

③ 매트릭스형은 복잡한 문자, 화상표시 등에 이용된다.

LED(Lighting Emission Diode, 발광 다이오드)가 백열등을 대체할 차세대 광원으로 크게 주목받고 있다. LED는 전류를 흘려보내면 빛이 발생하는 반도체다. LED는 1960년대 미국의 GE에 의해 처음 개발되었다. 그러나 그 밝기나 연색성(자연광과 유사한 정도)이 낮아 일부 품목에서만 사용될 뿐이었다.

그런데 백색 LED가 등장하면서 LED가 시장에서 크게 주목받기 시작했다. 1987년 Nichia 화학의 슈지 나카무라 박사는 세계 최초로 청색 LED를 개발했다. 그리고 1997년 청색 LED에 황색 형광체(Yellow Phosphor)를 도포해 단일 칩으로는 최초의 백색 LED를 구현했다. 여기에 Cree, Toyoda Gosei와 같은 업체들이 LED 칩 개발과 양산에 동참했다. 또한 LED가 차세대 광원이 될지 모른다는 판단을 한 기존 조명 시장의 강자들도 1990년대 후반부터 LED 개발 및 양산에 적극적으로 참여하기 시작했다.

Osram은 모회사 Siemens의 반도체 자회사 Infineon을 합병하여 Osram Opto Semiconductors를 설립했다. Philips도 HP의 Agilent Technologies(현 Lumileds)를 합병하여 LED 역량을 갖추었다.

GE도 EMCORE를 합병하여 GElcore(현 GE Lumination)를 설립하고 LED 칩 역량을 확보하기 위해 노력했다. 이후 LED의 성능이 급속하게 향상되고 가격이 급락하기 시작하였다. 그리고 2000년대 초반부터 LED가 차세대 광원으로 채택되기 시작했다. 이미 주위를 둘러보면 신호등, 자동차의 후미등, 전광판에서 LED를 쉽게 발견할 수 있다.

휴대폰, 모바일 기기, 디지털 카메라의 대부분도 LED를 채용했다. 최근에는 냉장고에서 살균기능까지 겸한 내부 조명과 인테리어를 위한 외관 조명을 LED를 통해 구현하기 시작하고 있고, LCD TV의 BLU(Back Light Unit)가 CCFL(냉음극형광램프)에서 LED로 교체되기 시작하면서 LED BLU가 LCD TV의 새로운 마케팅 차별화 포인트로 부상하고 있는 모습이다. 여기에 세계 각국은 녹색성장(green growth)으로 극복하고자 LED 조명 시장 성장을 힘차게 떠받들고 있다.

미국은 2020년까지 세계 LED 조명 시장의 50%를 점유하겠다는 '차세대 조명 이니셔티브'를 이미 발표했다. 일본도 '21세기 광(光) 프로젝트'를 수립, 2010년까지 LED 교체를 통해 조명 에너지의 30%를 절감할 계획이다.

한국도 저탄소 녹색성장의 일환으로 '2015년까지 전체 조명의 30%를 LED로 전환해 세계 3대 LED 조명 생산국가가 된다.'는 1530 목표를 세우고 2012년까지 총 1조 3천억 원을 투자해 우선 공공 부문에서 LED 조명을 구입토록 하고 추가로 세제 혜택을 주는 방안도 검토하고 있다.

각 시장 조사 기관들은 LED 조명(램프+픽스쳐)이 2018년까지 전체 조명 시장의 약 30% 이상 침투할 것으로 예상하고 있다. LED 조명 하나만으로도 반도체나 디스플레이에 맞먹는 약 60조 원의 새로운 거대 시장이 열린다는 것이다.

애플리케이션도 많아져 건축, 도로, 전광판, 실내 및 실외 조명, 자동차로 확장될 것으로 예상한다. 세계 각 국 정부는 일단 2009년부터 에너지 절약을 위해 관공서와 사회 인프라 스트럭쳐(가로등, 신호등) 중심으로 LED 조명을 적극적으로 도입하고, 2012년 백열등을 퇴출시키면서 LED 조명 시장의 적극적인 확대를 이끌 계획이다. 따라서 LED 조명은 2012년 전후로 급속하게 확대될 것으로 예측되고 있다. 이런 예상 하에 수많은 업체들이 '젖과 꿀이 흐를 것 같은' LED 조명 시장으로 뛰어들고 있다. Philips(Lumileds), Osram(Osram Opto Semicon- ductors) 등 기존 조명 업체는 LED 조명 시장을 당연하다는 듯이 준비하는 모습이다.

여기에 Nichia, Cree, Toyoda Gosei 등 기존 LED 칩의 강자와 Acuity Brands(미국 조명 픽스쳐 1위), Zumtobel(EU 조명 픽스쳐 1위) 등 전통적인 조명 픽스쳐의 강자들도 인수 합병 또는 전략적 제휴를 시도하면서 LED 조명 시장을 노리고 있다. 뿐만 아니라 가전 회사, 컴퓨터 회사, 유통 회사, 정보통신 회사 등 수많은 회사들이 속속 LED 조명 시장에 진출하겠다는 의지를 밝히고 있다. 한 증권 애널리스트는 '자고 나면 LED 조명을 하겠다는 업체가 생긴다. 요즘 LED 사업을 안 하는 기업을 찾는 것이 더 어렵지 않을까 싶다.'고 유머스런 표현을 하기도 했다. 실제로 LED 보급협회는 국내 약 450개의 LED 관련 회사 중 60% 이상이 LED 조명 업체라고 제시한 바 있다.

2. LED 국내외 시장 현황

현재 주류를 이루고 있는 휴대폰용 LED 시장은 카메라 모듈용 플래시 LED를 제외하고는 과포화 상태인 것으로 예상되며, 반면 PDA, 캠코더, 디지털카메라 등에 사용되는 액정화면용 백라이트 시장은 확대되고 있으며, 키패드용 LED는 기존의 청색에서 백색으로 수요가 증가하고 있다. 전광판 시장의 경우 연평균 5~8% 성장률로 꾸준히 증가하고 있으나 큰 폭으로 상승할 만한 이벤트는 현재 없는 상태이다.

그러나 엔터테인먼트를 목적으로 하는 대형 전광판을 중심으로 시장규모가 증가하고 있다. 고해상도를 갖는 소형 전광판의 경우는 경쟁 제품인 대형 LCD 및 PDP와 비교하며 가격적인 측면에서 경쟁력이 약한 것으로 보인다. 국제적으로 LED 시장에 힘을 실어줄 행사로써는 중국에서 개최되는 2008년 베이징 올림픽과 2010년 상하이 국제박람회를 대비한 이벤트성 시장이 크게 열릴 것으로 기대하고 있다.

LED를 이용한 교통신호등 시장은 신규 지역과 교체 지역 위주로 설치되기 시작하고 있는데 현재, LED 신호등 교체율은 5% 내외로 미미한 수준이다. 매년 신규로 설치되는 교통신호등은 전체 신호등의 10% 정도로써 당분간 전체 신호등을 교체하기 전까지는 신규 및 교체용 LED 시장이 어느 정도 형성되겠지만, 지나친 경쟁에 의한 가격 하락이 위협 요소인 것으로 보인다. 또한, 도시화가 확산되고 철도, 공항 등 인프라 확충에 의한 수요에 의해 어느 정도의 시장규모 증가는 가능할 것으로 예상된다.

그리고 현재 LED 광원이 휴대 가전제품의 소형 LCD BLU용으로만 사용되는 LED가 최근 휘도의 꾸준한 향상으로 중대형 LCD BLU용 광원으로 채택되기 시작되고 있다. 이는 LED를 이용한 LCD BLU는 높은 연색성, 빠른 응답성, 좋은 명암 대비 등의 기술적 장점으로 인하여 크게 각광받고 있다.

국내외 업체들의 동향을 살펴보면 오스람에서는 최근 82인치 세계 최대 LCD에 1,120개의 LED를 채용한 LED 백라이트 시제품을 발표하였으며, 국내에서도 LCD BLU에 LED 광원을 채택한 시제품이 발표되었다. 세계 최대의 LCD 생산국임을 감안하면 거대한 내수 시장이 형성될 것으로 전망된다.

그러나, LCD BLU 시장에 LED가 성공적으로 진입하기 위해서는 냉각장치가 필요 없는 경박 단소형의 저가형 고효율 LED 개발이 시급한 실정이다. 자동차용 LED는 장수명, 슬림사이즈, 빠른 응답성 등의 장점으로 최근 빠른 속도로 차량 내외장 램프로 장착되고 있으며, 1990년 초반부터 CHMSL(Centered High Mount Stop Lamp)에 적색 LED가 채용되기 시작하였으며 방향지시등, 브레이크등, 실내 계기판 백라이트 등으로 점차 확대되는 추세이다.

또한, 유럽에서 가장 빠르게 LED가 자동차에 적용되고 있으며, 주로 계기판 백라이트에 적용되고 있다. 현재 80% 이상의 차량에 LED가 채용되고 있는 것으로 보인다. 그리고 현재까지는 가격문제로 인하여 고가의 차량에 주로 채용되어 왔으나, 최근 중·저가형 차량에도 적용되기 시작하였으며 백색 LED 휘도의 증가로 안개등, 주차등, 후미등에도 장착되기 시작하였다.

세계적으로 연간 생산되는 차량대 수는 6천만 대 정도이며, 차량 한 대에 장착되는 LED의 수량을 감안하면 전체 수요량은 휴대폰에 사용되는 LED 규모와 비슷한 규모일 것으로 추정되며, 차량용 LED는 가혹한 환경에서도 동작이 가능하고, 휘도가 높은 고품질의 제품이 적용되므로 가격적인 측면에서 볼 때 휴대폰을 능가하는 시장규모를 형성할 것으로 예측된다.

국내 LED 시장은 최근에 1조원 정도로 추산되며 세계 시장의 15~18% 이상을 차지할 정도로 큰 시장이다. 국내 LED의 수요는 그동안 대부분 휴대폰 keypad, 액정화면 및 플래시 모듈에 집중되어 왔으나, 60% 이상이 수입품이며, 국내 기업의 자체 생산품은 휴대폰의 keypad에 사용되는 중저가 제품이다.

또한, 신호등, 전광판, 자동차 등 고부가가치 제품에 사용되는 LED는 거의 전량 수입품에 의존해 오고 있다.

그러나, 최근 패키징 업체의 기술력 향상으로 점차 기술의 국산화가 이루어지고 있으나 핵심 칩 등은 여전히 수입에 의존하는 경향이 크다. 이와 같은 무역역조의 심화로 인하여 최근 FTA에 대응하기 위한 부품소재 중의 하나로 LED가 선정되어 국가적 관심이 증대되고 있는 실정이다.

LED 관련 국가 프로젝트로는 광주광역시가 광주시 첨단과학산업단지 내에 마련된 9만3천평 LED밸리를 완공되었다. 또한 광주광역시와 한국광산업진흥회가 LED 제품의 수요 창출과 광산업 특화도시라는 홍보효과를 높이기 위해 지난 2004년부터 2008년까지 4년간 총 82억 원을 투입, 'LED 시범거리'로 조성하였고. 이미 설치된 응용제품 외에 앞으로도 LED 테마파크와 회전식 조형전광판, LED 인도 보조등 등을 추가 설치하였다.

LED 관련 특허 현황을 살펴보고자 한다.

특허청에 따르면 LED 백라이트를 채택하는 LCD 출원은 지난 1997년 이전에 거의 없었으나 1997년 7건이 출원된 후 2005년 연말까지 모두 275건인 것으로 나타났고 최근에는 급격하게 증가하고 있다. 출원인별로는 내국인 출원이 70.5%를 차지하였으며 일본이 (14.5%), 미국 (5.8%), 네덜란드 10건(3.6%), 기타 국가(2.6%) 등의 순으로 나타났다.

기업별로는 LG필립스 LCD와 삼성전자가 내국인 출원 전체의 52.1%를 차지하고 있으며, LG전자와 삼성 SDI가 그 뒤를 따랐다. 외국인 기업으로는 세이코 엡슨, 코닌 클리즈케 필립스 일렉트로닉스 N.V, 엔프라스, 코핀 등 순으로 출원이 이어졌다. 2000년을 전후로 LED 백라이트 특허 출원과 출원인이 급격한 증가추세를 보이고 있는 것은 이 시기를 기점으로 LCD 제품의 백라이트 시장이 LED로 재편되고 있는 것으로 추정할 수 있다.

3. LED 국내외 시장성장 추이

주요 응용분야에 따른 LED 세계 시장의 시장전망은 [그림 5-3]과 같이 2005년에는 40억 달러, 2007년 58.1억 달러, 2010년에는 92억 달러 수준으로 성장할 것으로 예상된다.

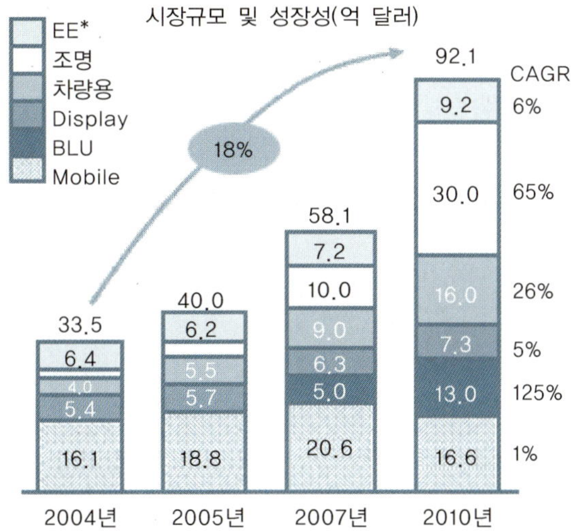

[그림 5-3] 주요 응용분야의 세계 시장전망

LCD BLU용 LED 광원의 시장 증가율이 가장 클 것으로 예상되며, LCD는 세계 시장 규모가 2004년 약 35조 원 정도로 여기에 사용되는 LED 광원만의 시장도 상당히 크게 형성될 것으로 보인다. LED 광원의 가격 비율은 LCD 패널 가격 대비 15% 내외로 예측된다.

한국의 LCD 산업은 세계 선두를 달리는 전방산업이며, 각국의 LED 제조업체들이 한국의 LCD 업체를 겨냥하여 사업을 추진하고 있는 실정이다. LCD BLU용 LED 시장은 2006년부터 크게 증가하였고, 2010년 전체 LED 시장의 14%를 차지할 것으로 전망된다.

그리고 현재 자동차용 LED의 시장은 내장 램프와 RCL(Rear Combination Lamp)의 시장 침투율이 확대되고 있으며, 전조등용 LED가 상품화되는 2007년 이후에는 큰 폭의 증가를 보였다. 자동차용 LED 시장 침투율은 CHMSL 40%, RCL 4%, 전조등 0%로 미미한 수준이지만 유럽, 일본을 중심으로 큰 폭의 상승세를 보이고 있다. LED 가격하락으로 중・저가형의 자동차에도 적용이 되고 있으며 A/V 시스템의 백라이트, 사이드미러, 독서등, 공기정화기 등에 다양하게 적용되기 시작하였다.

자동차용 LED 시장은 연평균 26%의 증가율을 보여 최근에는 전체 LED 시장의 17% 이상을 차지할 정도의 성장이 전망된다. 자동차 전조등용 LED는 2007년부터 시장에 출시되기 시작하여 매년 130.7%씩 꾸준히 성장하여, 2011년에는 3천만 개에 달할 것으로 전망된다([그림 5-4] 참조).

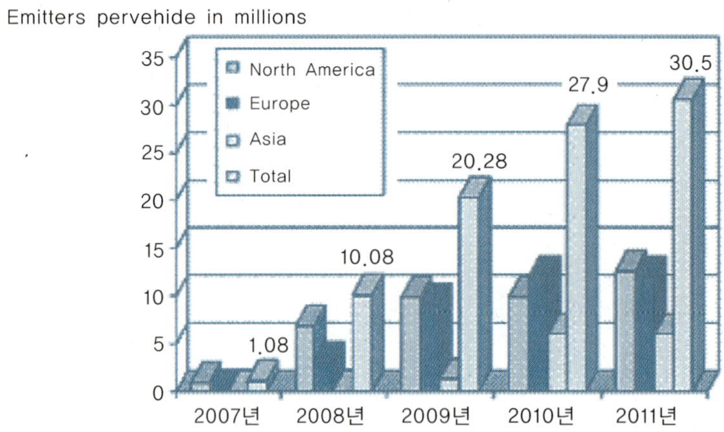

[그림 5-4] 자동차 전조등용 LED 수요 전망

최근 LED DRL(Daytime Running Light)을 장착한 차량이 출시되면서 LED 전조등도 빠른 시일 내 시장에 나올 것으로 예측되며, 자동차 모터쇼에는 이미 LED 전조등을 장착한 차량이 선을 보이고 있다.

가정이나 사무실용 LED 일반조명 시장은 2007년 이후 시장에 진입하기 시작하였으며, 현재 조명 분야에 사용되는 LED는 건축조명, 환경조명, 간접조명 등 특수한 분야에 사용되고 있으며, 시장규모는 전체 LED 시장의 5% 정도에 지나지 않는다. 현재 백색 LED 상용 제품의 효율은 40~50lm/W 정도로 발표되고 있으며, 일반조명용으로 사용하기 위해서는 현재의 두배 이상 고효율을 필요로 하고 있고, 가격면으로도 klm당의 단가가 일반 조명등에 비해 수십배 높게 형성되어 있다.

2010년이후에 일반조명 시장의 LED 침투율은 10%이상일 것으로 예측되나 전문가들의 견해가 다양한 실정이다. LED 조명이 갖는 기술적, 경제적 장점으로 인해 전혀 새로운 시장이 창출될 가능성이 크며, 400 이하 자외선 영역에서 발광하는 UV LED의 경우 출력이 꾸준히 개선되면서 의료, 바이오, 환경산업 등에 응용이 가능해졌다.

향후 UV LED 시장은 조명 시장과 동등할 정도의 거대 시장을 형성할 것으로 예측된다. 또한, 백색 LED의 효율이 향상되고 경박, 단소화되면서 모바일 프로젝션 디스플레이의 광원으로 활용 가능하게 되었으며, 해외 선진 업체에서 이미 시제품이 개발된 상태이다.

그리고, 일반조명등에 비해 빠른 스위칭 속도를 갖는 장점으로 인해 LED를 이용한 통신이 가능한데, 현재 통신용으로 활용되는 RC LED(Resonant Cavity LED)는 초단거리 댁내 가입자망의 저가형 통신용 광원으로 응용 시장이 형성되고 있으며, 무선통신 방식으로는 VLC(Visual Light Communication) 방식의 신개념 통신수단으로 개발이 시도되고 있다.

현재 가장 많은 시장 점유율을 보이고 있는 휴대가전기기용 LED 시장은 성장률이 점차 둔화될 것으로 전망되며, 청색 LED 위주의 키패드용 LED는 색상이 다변화되고 있으며, 카메라 모듈에 사용되는 플래시 모듈용 백색 LED의 시장 침투율이 높아지면서 당분간은 강세를 유지할 것으로 전망된다. 거의 대부분의 휴대폰에 LCD 백라이트 및 키패드의 채택이 완료되면서 향후 휴대폰 시장 성장률에만 의존하게 될 것으로 예측된다.

LED 밸류 체인과 주요 업체는 [표 5-1]과 같다.

[표 5-1] LED 밸류 체인과 주요 업체

- LED 산업의 가치사슬은 크게 웨이퍼 제조, 에피성장, 칩제조, 패키징 단계로 구분
- Big 5를 포함한 LED 선두업체들은 대부분 에피 단계부터 패키징까지 내재화한 반면, 대만과 한국의 후발 업체들은 주로 패키징 단계에 집중
  - 에피와 칩 단계의 원천 특허에 대한 높은 진입 장벽, 에피와 칩 공정의 선후발 업체간 큰 기술격차, Upstream의 큰 설비 투자 규모 때문임

<table>
<tr><th></th><th>Upstream</th><th colspan="2">→</th><th>Downstream</th></tr>
<tr><td>제조공정</td><td>Substrate
사파이어, GaN, SiC, GaAs 등의 웨이퍼 기판제조</td><td>Epitaxy
사파이어(혹은 SiC 등) 기판 위에 화학물 반도체를 성장시켜 Epi Wafer를 제조하는 공정</td><td>Chip Fab.
Epi Watef 상에 전극을 형성시키고 Chip size 별도 절단/가공</td><td>Packging
각 응용분야의 Package 형상에 Chip과 전극, wire를 연결하고 조립 후 수지로 밀봉</td></tr>
<tr><td rowspan="2">미국/유럽</td><td colspan="4">Cree</td></tr>
<tr><td>honeywell
Bicron</td><td colspan="3">Osram / Lumileds / GelCore / Agilent</td></tr>
<tr><td rowspan="2">일본</td><td>Sumitomo / Hitachi / Shinkosha</td><td colspan="3">/ RohmNichia / Toyoda .</td></tr>
<tr><td colspan="3"></td><td>Toshiba / Citizen Watch / Stanley</td></tr>
<tr><td rowspan="3">한국</td><td></td><td colspan="3">삼성전기 / LG 이노텍</td></tr>
<tr><td></td><td colspan="2">에피밸리</td><td>에피밸리 / 서울반도체
알티전자 /
루미마이크로 / 루멘스</td></tr>
<tr><td></td><td>에피플러스</td><td colspan="2">이츠웰</td></tr>
<tr><td rowspan="2">대만</td><td>Waferworks / Acme / Shino–America / Silicon / Teraxtal Tech / Crystalwise</td><td colspan="2">Epistar / AOC / Formosa / Tekcore / Huga Optotech / Unilight Tech</td><td rowspan="2">Lite–On / Everlight
Ledtech / Harvatek
BrightLED / Unity
Taiwan Oasis AOT /
Ligitek Kingbright
Lighthouse / Roden</td></tr>
<tr><td></td><td></td><td>Opto Tech / Tyntek</td></tr>
</table>

LED 가격의 하락으로 인해 시장의 규모는 적정선을 유지할 것으로 보이나, 전체 매출 규모는 감소할 것으로 전망된다.

한국은 세계적으로 휴대폰, LCD, 자동차 등의 전방산업이 강한 국가이며, 국내 LED 기업의 제품도 이에 맞게 개발되어 왔다. 그동안 휴대폰 산업이 국내 LED 기업의 성장에 큰 견인차 역할을 하였으나 서서히 시장이 포화상태에 이르고 있는 것으로 예상된다.

휴대폰 산업 다음으로 거대 시장인 LCD BLU 및 자동차 전조등용 LED를 개발하기 위한 노력이 기업마다 치열하며, 특히 한국의 LCD BLU 시장은 세계 LED 기업들의 관심을 모으고 있는 중요 시장이다. 또한, 해외 선진국의 기술 봉쇄정책, 중국의 저가공세, 대만의 기술력 급상승 등 국내 LED 기업들이 헤쳐 나가야 할 어려움이 많은 실정으로써, 이를 극복하기 위해서는 산·학·연·관의 협력 네트워크를 잘 활용하여 산업 및 개발 인프라 구축에 충실하고, 전략적인 기술 대응 및 인력양성에 정진해야 할 것으로 보인다.

02 LED BLU 시장 동향

1. LED BLU 동향

1) LED BLU 가격 동향

LED는 밝기, 전기소모량, 친환경 등 다방면에서 CCFL(냉음극형광램프)에 비해 우월했으나 가격이 너무 비싸 상용화하는데 어려움이 존재하였다.

그러나 반도체 가격하락 등으로 LED와 CCFL(냉음극형광램프)의 채용 제품가격 차이가 점점 좁혀지고 있으며, 향후 가격인하 가능성이 높아지고 있다. LED BLU는 사이즈에 따라 광원인 LED의 사용개수가 달라지기 때문에 가격 차이가 크게 발생하고 있다.

LED BLU를 채용한 40인치 LCD TV의 경우 CCFL(냉음극형광램프)를 채용한 제품보다 2007년에는 250달러 정도의 높은 가격에서 2009년에는 100 달러 이하로 인하되고 있다. TV용 BLU 가격은 42인치에서 LED 사용수량은 대략 640개, 46인치에서는 1,000개로 LED 사용 수량이 점차 감소되어 42인치와 46인치에서 30% 정도로 가격이 인하되고 있다.

노트북용 BLU 가격은 8.9인치에서는 20개, 12인치에서는 32개, 13.3인치에서 37개, 15.4인치에서는 53개 정도 사용되고 있다고 가정할 때 LED의 수량은 매년 10% 전후로 감소할 것으로 예측되면 노트북용 BLU 가격은 향후 5~10% 인하가 예상되고 있다.

[표 5-2] TV용 LED BLU / 노트북용 LED BLU 가격 비교

구분		가격(달러/개)	전년대비
TV용 LED BLU	42in(백색 LED)	242.5	30% ↓
	46in(백색 LED)	339.5	30% ↓
노트북용 LED BLU	8.9in	7.28	10% ↓
	12.1in	16.0	10% ↓
	13.3in	18.4	10% ↓
	15.4in	23.3	10% ↓

2) LED BLU 시장 동향

LED BLU 시장을 수량 기준으로 살펴보면 2008년 LCD TV, LCD 모니터, 노트북을 합친 대형 LED BLU는 1,454만 개 규모로 전체 BLU 시장의 5.1%를 차지, 2012년에는 3억 2,230만 개로 43% 넘어설 것으로 전망된다.

중소형 LCD 제품의 경우 일부 응용분야를 제외하고 이미 LED BLU를 대부분 채용하고 있으며 향후 이러한 추세는 지속될 것으로 예상된다.

대형 LED BLU 응용분야별 시장을 살펴보면 노트북용 LED BLU 시장이 향후 채용비율이 가장 높은 것으로 전망되고 LCD TV용, LCD 모니터용 순으로 나타나고 있다.

LCD 노트북용 LED BLU은 2008년 1,359 만개에서 2012년 2억 4,579만 개 규모로 전체 노트북 시장에서 대부분 채용(97.3%)될 것으로 전망되며, LCD TV용 LED BLU은 2008년 47만 개 규모에서 2009년 이후 급성장으로 하여 2012년 5,309만 개로 전체 LCD TV 시장에서 19.9%의 채용 비율을 나타낼 것으로 예상된다.

[표 5-3] 대형 LED BLU 응용분야별 시장규모

구분	2007년	2008년	2009년	2010년	2011년	2012년
시장규모	3,234	14,542	56,018	163,073	219,617	322,299
대형 LCD용 채용비율	1.5	5.1	17.8	26.6	32	43
LED BLU TV	232	475	3,289	10,512	26,280	53,086
채용비율	0.29	0.77	3.95	6.45	13.9	24.5
LED BLU 모니터	128	228	365	1,804	11,184	24,046
채용비율	0.10	0.16	0.20	0.8	4.7	9.7
LED BLU 노트북	2,820	13,592	51,490	148,350	211,055	245,789
채용비율	4.68	14.83	52.7	74.7	92.5	97.3
기타	55	248	874	2,408	5,352	12,310
채용비율	0.05	2.4	5.6	9.5	17	31

3) LED BLU 생산 동향

TV / 노트북용 LED BLU의 생산지역은 중국, 대만, 한국 등 아시아에 집중되어 있다. 2008년 기준 TV용 LED BLU의 생산을 살펴보면 중국, 대만, 한국에서 생산되는 TV용 LED BLU 비중은 전체 시장의 90%를 차지하고 있으며 이외에 일본, 북미지역에서도 각각 만개 정도 생산되어 전체 시장의 5%를 차지하고 있다. 노트북용 LED BLU의 생산은 노트북 및 PC 생산공장이 많은 중국, 대만, 한국에서 88%가 생산되고 있으며 stanley electric가 주로 생산하는 일본에서는 11.6%가 생산되고 있다.

[표 5-4] TV / 노트북용 LED BLU 생산규모

TV용 LED BLU			노트북용 LED BLU		
지역	생산규모(천 개)	점유율(%)	지역	생산규모(천 개)	점유율(%)
일본	10	2.5	일본	2,000	11.6
북미	10	2.5	북미	–	–
유럽	20	5	유럽	–	–
중국/대만/한국	360	90	중국/대만/한국	15,200	88.4
합계	400	100	합계	17,200	100

4) LED BLU 업체 동향

TV용 LED BLU 시장의 업체별 동향을 살펴보면 삼성전기가 삼성전자의 LED를 이용한 TV용 BLU를 공급하여 2008년 28만개를 판매, 시장이 70%를 점유하여 1위를 차지하고 있다. 향후 LED BLU 탑재 TV 시장 상승이 예상되어 2009년에도 동반 성장이 예상되고 있다. 소니는 6만 개를 판매하여 시장의 15%를 전유하여 2위를 차지하였다.

노트북용 BLU 시장의 업체별 동향을 살펴보면 Coretronic와 Radiant 업체는 350만 개를 판매, 시장의 20.3%를 점유하여 1/2위를 차지하고 있다. 두 업체는 2008년 3분기 이후 대만과 한국의 제조업체와의 공급계약 증가로 인해 시장 점유율도 상승하고 있다.

Kenmos는 300만개를 판매, 시장의 17.4%를 점유하여 3위를 차지하였으며, Nano-op는 박형부문에 경쟁력을 확보하여 Apple와 Dell의 공급계약으로 200만 개를 판매, 시장의 11.6%를 점유하여 4위를 차지하였다.

일본계 stanley electric는 LED 제조업체로써 박형 BLU에 경쟁력을 확보하고 있어 Apple와 소니에 박형 BLU 공급계약으로 100만 개를 판매, 시장의 5.8% 차지하고 있다.

[표 5-5] TV용 LED BLU / 노트북용 LED BLU 가격 비교

구분	업체명	2008년		2007년	
		판매규모(천 개)	시장 점유율	판매규모(천 개)	시장 점유율
TV용 BLU	SEMCO	280	70	85	85
	소니	60	15	5	5
	기타	60	15	10	10
	합계	400	100	100	100
노트북용 BLU	stanley electric	1,000	5.8	500	17.4
	Coretronic	3,500	20.3	200	6.9
	Radiant	3,500	20.3	100	3.5
	Kenmos	3,000	17.4	1,000	34.7
	Nano-op	2,000	11.6	500	17.4
	기타	4,200	24.4	580	20.1
	합계	17,200	100	2,880	100

2. LED BLU 향후 전망

LED 응용분야 가운데 LED BLU 분야의 연평균 성장률이 52.6%로 가장 높은 성장이 예상되며, 또한 LED BLU가 차지하는 비중은 2006년 9.9%에서 2011년에는 35.7%로 25.8% 증가할 것으로 전망된다. 원가절감 및 가격인하로 CCFL(냉음극형광램프) BLU에서 LED BLU로 이동하면서 제2의 성장시 예상되며 LED 산업 성장의 견인차 역할을 담당할 것으로 예상된다.

그러나 LED 부품 · 소재에 대한 원천기술 부족은 생산능력 증대 및 해외시장 개척에 부담으로 작용하고 있어 LED 칩, 형광체 등 LED의 핵심부품 · 소재들은 수입에 크게 의존하고 있어 핵심부품 · 소재의 높은 해외 의존도 개선을 산 · 학 · 연 기술협력이 필요하다.

LED 형광체 관련 원천기술은 크게 조성물에 따라 야그(YAG) 진영의 니치아(일본), 태크(TAG) 진여의 오스람(독일), 보스(BOSE) 진영의 도요타고세이(일본) · 트리도닉(유럽), 보스2 (패키지 제외) 진영의 인티메틱스, BOSS 진영의 미츠비시화학(일본)으로 구분되고 있다. 또한 LED 산업의 높은 성장이 기대됨에 따라 선발업체의 특허 소송제기사례도 증가하고 있어 관련업체는 LED 관련 핵심 기술개발에 주력하는 한편 학계, 연구소 등과 함께 특허 풀(Pool)을 구성하여 해외업체의 특허 분쟁에 적극적으로 대응하는 것이 필요하다.

03 LED 조명 시스템 동향

1. 세계 LED 기술개발 동향

현재 상용화된 LED는 발광효율이 70~100lm/W 수준으로 건설, 환경, 건축 및 무대조명등 보조조명에서 주 조명으로 이동되고 있는 상황이며, 2010년 이후부터는 일반조명제품의 대체가 가능할 것으로 예상된다. 특히 LED의 특성을 활용하여 광색변화 혹은 백색과의 색온도 변화가 가능한 감성조명 분야로 영역을 확대할 것으로 판단된다.

1) 미 국

미국은 에너지부가 주관하여 NGLI이라는 이름하에 국가 주도사업으로 2002년부터 고출력, 고효율 조명용 LED 개발 추진중이며, Color Knrtics사는 점・선・면광원의 형태로 다양한 광색가변 제품을 약 20종 이상 개발(2~10W)하여 시판하고 있다. LED TRON ICS 사는 고휘도 LED를 이용하여 Protable에서부터 가로등까지 다양한 제품이 출시되고 있다.

특히 LED 조명분야의 선도 기업이라고 할 수 있는 Color Kinetics사는 기존 단순한 광색 표출 보조조명애서 백색 주조명 제품개발(MR16, Bulb 등)을 추진하고 있다. 네오네온사는 약 50여종의 LED 조명제품을 출시하고 있으며 현재 50~100W급 태양광을 이용한 가로등을 개발하여 시판하고 있다.

2) 일 본

일본은 1998년 8월~2003년 8월(5년간) '21세기 빛' 국책사업을 수행하여 "발광영역 변환형 조명 시스템"과 "LED를 이용한 신개념에 근거한 조명기구"를 연구개발하였다.

산전조명, 북해도제작소, LEDFX 등의 LED 조명 시스템 회사들은 Pendant ceiling Light, Down Light, Foor Light 등의 실내조명과 LED Buried Light, 수중 조명, LED Wall Bracket, Garen Light 등의 실외조명기기를 생산하고 있고 Solar Cell을 이용한 LED 가로등을 제조・판매하는 기업도 있다.

3) 대 만

대만의 LED 모듈 및 응용 업계는 고출력 LED 패키징 기술을 상당한 수준까지 발전시킴으로써 선도 기업인 Lumiled 제품과 거의 동등한 성능의 제품을 생산하고 있다.

Elumuna Technology사가 고휘도 LED를 이용한 다양한 제품과 고출력 LED를 1~35개 이레이한 제품을 제조하고 있고 TSAM Group은 M16 Type (5W)으로 16컬러 광색가변을 할 수 있는 조명등을 출시하고 있다.

4) 중 국

중국의 LED 조명 관련 제품은 아직 조잡하고, 출력에 한계를 가지고 있어서 성능면에서 국산제품에 비해 다소 떨어지나, 많은 수의 기업들이 LED 조명제품을 생산하고 있다. 미국, 대만 계회사와 합자를 도모하고 있어서 국내 업체와의 기술격차가 급격히 줄어들 것으로 예상된다.

특히 중국은 적은 칩(small chip)(≤ 50mA)을 멀티어레이(Multi-Array)하여 10~40W급 LED Bulb를 개발하여 제품화하고 있고 태양광을 이용한 LED 정원등, 가로등이 집중 개발되어 출시되고 있으며, 정부에서 LED 제품 보급에 힘을 기울이면서 LED 조명제품의 기술개발 수준이 국내 수준과 비슷해지고 있다.

해외 선진업체는 LED 칩 기술과 IT기술을 융합한 무선 자동제어, 무선 실시간 동영상 방송등 디지털 프로세스 기술을 도입함으로써 LED 디스플레이 스크린 및 전광판에 단순한 동영상 표시가 아닌 새로운 정보매개체로서 기능을 부여하였다.

건축조명 분야는 1,870만 개의 LED로 치장한 원통형 전광판(뉴욕 나스닥), 빌딩 전체를 휘감는 슬림형 전광판 등 유연한 디자인과 다양한 분위기 연출이 가능한 LED 조명의 등장으로 커다란 변혁에 직면하고 있다.

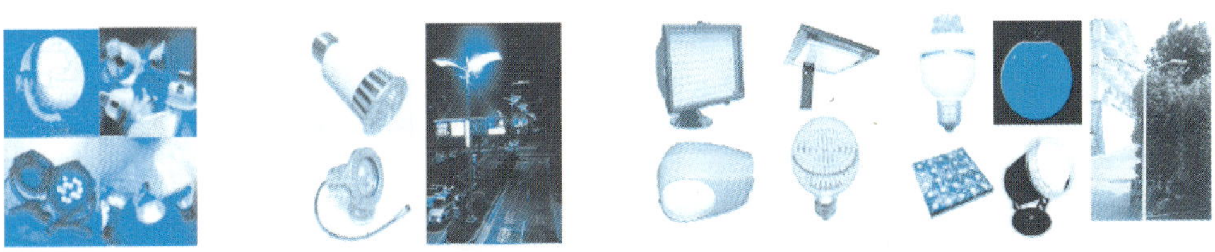

• Color kinetics사
- 1~50W, 고출력 LED
- ≥16.7 million(DC/AC)

• TSMA Group
- 12VDC~240VAC
- 16 color, 5W, Solor SYs.

• LED TRONICS사
- 1~20W, 고휘도 LED
- 약 50종 이상의 제품

• Neo-Neon
- 1~50W 조명제품
- 약 50종 이상의 제품

[그림 5-5] 국외에서 출시되고 있는 LED 일반조명 시스템

Daktronics, Barco, Light house, Mitsubishi 등의 선진업체가 LED 건축조명 업계를 선도하고 있으며, LED LCD용 BLU는 초기에 중소형 위주로 채용되기 시작하여 LCD 모니

터 및 LCD TV용으로 영역을 넓혀서 현재는 대형 LCD TV용 BLU에도 색재현성의 장점을 들어 LED가 채용되고 있다.

2. 국내 LED 기술개발 동향

삼성전기, LG 이노텍 등 대기업은 LED 백라이트(BLU) 및 카메라 플래시용 LED 등 LED 조명제품 양산을 위한 시설 투자를 늘리는 동시에 일반조명 시장에 진출을 위한 본격적인 사업 추진하고 있다.

금호전기, (주) 장우엔지니어링 등은 고휘도 LED를 이용하여 1W 전구와 광색가변 MR16(LED-288, 25W) 제품을 출시하고 있다.

중부전기전자(주)는 고출력 LED를 이용한 라인 바, 복도 조명제어기 등의 약 50여종 제품을 제조하고 있으나 가격이 높은 단점 때문에 보편화가 되지 못하고 있다.

서울반도체는 최근 보조적인 전원장치 없이 상용전원에서 동작되는 AC-LED를 개발하여 다양한 조명분야에 적용할 수 있도록 하였으며, 대진디엠피의 경우에는 9W, 18W, 30W급의 MR16 및 PAR 타입의 국부 조명제품을 개발하고 시판하고 있다.

일부 중소업체에서 태양전지와 연축전지, 니카드 전지 등 이차전지를 결합한 실외 조명제품을 선보이고 있으나, 저온특성이 나쁘고 과방전에 따른 성능저하 등이 문제점으로 지적되고 있다.

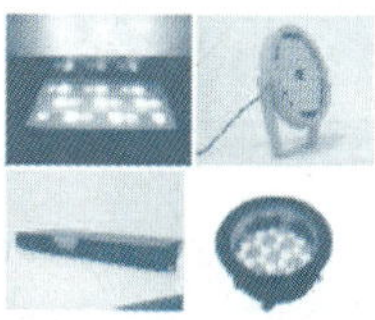

• 중부전기전자(주)
- 20~200W 구동회로
- 약 30종 제품(경관조명)

• 대진디엠피
- MR16, PART 20, 30
- 1~3W, 5~220V

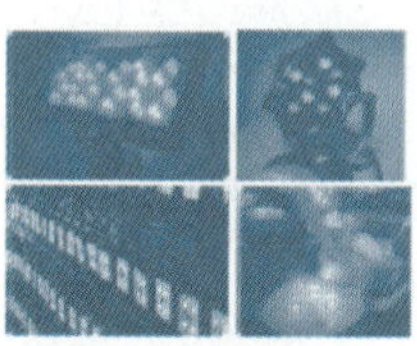

• (주)엘이디라이텍
- 20W투과등, PDS
- 색가변, 디스플레이겸용

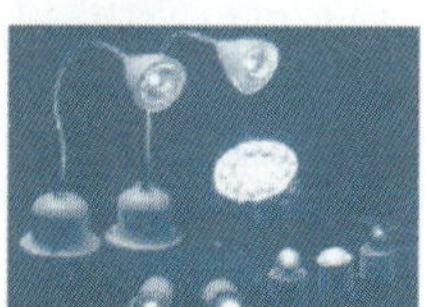

• 서울반도체
- AC LED 이용제품
- ≥30,000hr, 40lm/W

[그림 5-6] 국내에서 출시되고 있는 LED 조명제품

국내 LED 조명 시스템 제조업체는 대부분 영세업체로서 독자적인 하이엔드 제품개발을 위한 여력이 없으므로 방열 및 광학 구조설계 등 기반기술 제공 또는 정부주도의 신제품 연구개발 프로젝트 추진 등 정부의 적극적인 지원이 절실하다. 국내 전광판 업체는 뉴튼테크놀러지, 대한전광, 삼익전자, AP 전광, 한맥, 빛샘전자 등이 있고, 월드컵 이후 뚜렷한 국내 수요처가 없는 상태에서 일부 업체는 해외수출에 주력하여 큰 성과를 올리고 있다.

전자소재업체인 멤스웨어는 LED 면광원 조명의 빛을 고르게 퍼뜨리는 역할을 하는 LED 조명용 금속 도광판을 개발하였다. 기존 도광판은 주로 아크릴 소재를 이용 LED 칩에서 발생하는 고열에 변형되거나 빛이 플라스틱 소재 일부에 흡수되어 효율을 떨어뜨리는 문제점이 있었지만 이 회사는 금속판을 사용 열방출로 인한 도광판 변형 문제를 해결하고 실질 효율도 크게 향상시켰다. 도광판 소재로는 고반사 코팅이 된 두 장의 금속판이 사용되었으며, 이 중 한 장의 금속판에 미세한 구멍으로 뚫어 LED에서 발생된 빛이 금속판 사이의 빈 공간을 지나다가 미세한 구멍을 통해 골고루 방출되도록 했는데, 이 업체는 그 동안 쌓아 온 나노 공정기술을 적용 5μm(미크론) 미만의 미세한 구멍을 형성시켰고, 또한 아크릴 도광판 사이로 빛이 진행되면서 빛이 흡수되는 것과 달리 공기중으로 빛이 진행되어 손실을 줄여 실질 효율도 증대시켰다.

국내 LCD BLU 산업은 세계 시장을 주도하고 있는 국내 LCD 산업의 시장 장악력을 십분 활용함으로써 비교적 쉽게 LCD LED BLU 시장을 선점할 수 있을 것으로 판단되며, 현재 LED는 LCD 분야의 Hot Item으로서 색재현성 및 동영상 재현을 위한 부분적인 제어 및 잔상효과 제거 등 기존 CCFL로써 구현하기 어려운 특성을 지니고 있다.

삼성전자는 82″ LED LCD BLU를 개발하였고 42″, 46″를 상용화한 바 있으며, LG 필립스는 32″, 47″에 대하여 저가격화 및 경량화를 실현하기 위하여 많은 노력을 기울이고 있다. 또한 디에스 LCD는 자회사인 엘티아이를 통하여 26″, 32″, 40″를 개발하였으며, 루미마이크로는 저전력 LCD를 사용하여 소비전력 110W에 수명 10만 시간을 실현하였다.

삼성 및 LG 등의 대기업과 소수 중소업체가 시장성이 우수한 프로젝션 디스플레이 응용제품의 개발에 박차를 가한 결과 LED를 이용한 BLU는 거대한 시장을 형성하고 있으며, LED 응용 미니츄어 프로젝트는 소형화, 경량화 및 고휘도 구현이 가능하여 향후 관련 시장이 확장될 것으로 예상된다.

[그림 5-7] 멤스웨어가 개발한 금속판 소재 LED 조명용 도광판

[그림 5-8] 삼성전자가 출시한 LED BLU 채용 LCD TV (46인치)

기존의 자동차조명 업체인 에스웰(구 산립산업), (주)금호 HT Autonix와 럭스피아, 원반도체등 LED 패키징 업체는 이미 자동차용 LED 정지등, 후미등 및 방향지시등 포함한 LED 자동차조명제품의 개발을 완료하였다. 외부 조명으로서 DRL 및 안개등 뿐만 아니라 전조등까지 기존 램프를 LED로 대체하기 위한 연구개발에 박차를 가하고 있다.

금호 HT Autonix에서는 근래에 저전력, 장수명, 고출력 및 전방 투시력이 우수한 LED 안개등을 출시하려 기존 LED 안개등의 시인성 및 밝기문제를 해결하고자 하였다. 밝기 구현을 위해 고휘도 POWER LED 6개를 장착하여 집중광원이 매우 밝고 뛰어난 직진성을 구현하였고, 색온도 6,500K를 연출하여 기존 고급 HID LAMP와의 조화도 실현하였다. 또한 현대 모비스는 자동차 헤드램프용 LED 및 모듈의 공동개발을 위해 삼성 LED와 기술협력 계약하고 헤드램프와 LED에 대한 각각의 기술정보를 공유하는 한편, 자동차 헤드램프용 LED 소자의 국산화를 위한 공동 개발에 착수하고 있다.

[그림 5-9] 농촌진흥청에 설치된 식물생장용 LED 조명 시스템

자동차용 LED 헤드램프는 광학구조 · 렌즈기술 · 방열 시스템 · ECU 모듈 · 반도체 소자 등 다양한 핵심기술이 총망라된 첨단 부품으로 현대 모비스는 현재 개발에 착수한

LED 헤드램프를 인공지능형 전조등 시스템(AFLS)에도 적용하는 등 고부가가치 제품으로 발전시키는 작업도 병행해 나갈 계획이다. 현재, 상용화된 자동차용 LED 헤드램프는 일본의 도요타의 렉서스 600h 차종(하향등)과 아우디의 R8차종(상 · 하향등)에 적용된 것이 유일할 만큼 세계적으로 관련 기술개발이 초기 단계에 있으므로, 관련 기술을 선점하기 위한 선진 업체들의 치열한 경쟁이 예상된다.

LED 응용조명 시스템 분야는 매우 미미한 수준에 있으며, 최근 고출력 LED를 이용한 치과용 수술보조 조명과 칫솔용 살균기 등이 개발되고 있으나, 국내외 의료 · 환경에의 응용을 위한 UV LED 관련 연구는 거의 없는 상태이나, 현재 한국광기술원에서 반도체 조명기기를 위한 UV-A 영역에 해당한 380nm UV LED 개발을 시작한 상태이고, 산업계에서는 대기업보다는 벤처기업을 중심으로 UV-A LED 개발을 시도하고 있는 상태이다. 의료나 환경쪽의 거대한 잠재시장을 겨냥하여 R&D를 위한 보건복지부, 환경부 등에서 LED 관련 프로젝트를 제안하고 있는 상황이다.

LED를 농업적인 활용은 연구개발의 완료 단계에 접어들었으며 농촌진흥청의 홍 성 창 박사팀의 연구결과에 의하면, 잎들깨 재배에서 백열등 대신 적색 LED광으로 대체하여 전조 재배한 결과, 전기요금은 70% 절약되는 반면에 잎들깨와 국화의 생산량과 품질은 10~20% 증가되는 결과를 얻었다. 이로써 전국의 전조재배면적 2,864ha를 적색 LED로 대체할 경우 농업용 전기에너지를 연간 약 120억 원 절감하고, 잎들깨, 국화, 딸기의 생산량 및 상품성 향상으로 연간 311억 원의 농가소득 증대효과가 있을 것으로 예상하고 있다. 또한 농업 전기 에너지 절감으로 이산화탄소 배출을 연간 약 14만 톤 저감하고, 농업부문의 LED 조명산업의 활성화에도 크게 기여할 것으로 기대하고 있다.

감성조명은 제각기 다른 실생활 환경에 따라 사람들의 신체변화에 적합한 조명을 연출하는 것을 의미하는 것으로, 이를 활용한 학습영역에 따른 빛이 변화가 성적향상에 도움을 줄 수 있는 것으로 알려지고 있다.

예를 들어 수리영역 시간에는 7,600~8,000K인 푸른 빛 조명이, 언어영역 시간에는 4,200~4,600K의 일반조명을 미술이나 음악 시간에는 2,200~2,600K의 붉은색 조명이 가장 학습효과가 높은 것으로 알려졌다. 이러한 조명의 밝기와 색온도가 뇌파와 심리상태에 미치는 영향을 기반으로 LED를 광원으로 사용해 수험생이나 학생들이 더욱 효율적으로 학습할 수 있도록 최적의 색조명을 유지하는데 초점을 둔 맞춤형 조명제품이 출시되고 있는 상황이다.

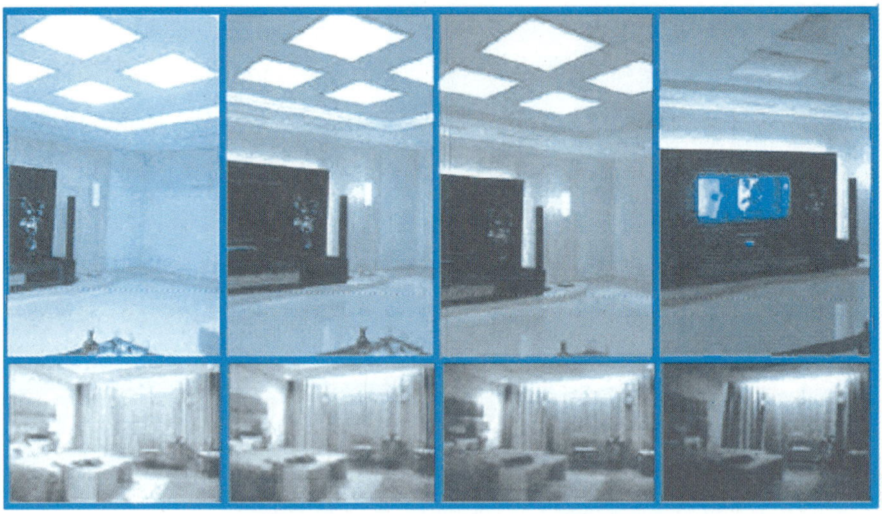

[그림 5-10] 국제 LED 엑스포 & FDP 코리아에 전시된 감성조명

3. 전세계 자동차용 LED 조명기술 동향

자동차용 LED 조명의 경우 보조등, 미등 및 안개 등의 경우는 거의 상용화가 완료된 단계이나 전조등은 몇 개의 자동차 모델에서 적용하고 있는 형편이다. LED 전조등의 전력소비량 약 30W가 소비되며, 이는 기존 광원이 55W 소비되는데 반해 전력소비량이 적다. 이를 통해 발전기 등의 소형화, 경량화 설계가 가능해 에너지 절약효과가 큰은 말할 것도 없고 다양한 모양으로 설계가 가능하여 디자인의 자유도가 높은 장점이 있다.

세계 최초로 LED 전조등을 장착한 차량은 도요타의 렉서스 LS600h이며, 아우디의 R8은 현재 장착되어 판매되어 있다. 또한 캐딜락 Escalade Platinum, 아우디 A8 볼보 XC90, 도요타 크라운 등이 장착예정이어서 빠른 시간 내에 증가할 것으로 전망되고 있다.

[그림 5-11] LED 전조등을 장착한 도요타 렉서스 LS 600hL

[그림 5-12] 일본 Castrade사 LED 미니어처 프로젝터 CV-MP01[3]

LED 응용조명 시스템은 일본에서 활발한 연구가 진행되고 있으며, 특히 "야머구찌 의료혁신 지적차성 클러스터 사업"을 수행중으로 산학연 약 35개사가 약 10억 엔/년(2004~2008년 5년간) 사업비로 LED로 수술 네비게이션 시스템, 살균장치 등을 개발한 바 있다. 최근 청색 LED를 이용한 집어등을 개발하여 상용화 단계에 있으며, 식물에 대해 각 파장과 광출력, 색온도 및 색도에 따른 영향에 대하여 심도 있는 연구가 진행되고 있다.

미국 FDA는 눈가의 주름개선용으로 출시한 Light BioScience, LLC(Virginia Beach: VA)의 GentleWaves LED Photomodulation System의 사용을 허가한 바 있는데, 미용이나 화상치료용으로 사용이 가능한 이 LED 시스템은 2,000개의 노란색 LED로 구성된 2개의 패널로 이루어져 있으며, 약 1분 이하의 조사만으로도 콜라겐을 활성화시켜 광변색된 피부를 재생할 수 있는 것으로 알려져 있다.

한편, FDA의 승인을 얻은 또 다른 LED 적외선 시스템은 BioCare Systems사의 PremIR 818(TM)으로 작은 상처를 회복시키거나 스트레스 및 운동 등으로 경직된 목 및 등의 근육을 정상적으로 풀어주는 효과를 가진 것으로 알려져 있으며, 적색 LED를 사용하여 환부에 'Photobiostimulation'이라는 효과를 일으켜 인체의 자연치유력을 곱거나 근육조직을 활성화시키는 원리로 치료하는 기기로 알려져 있다. 현재는 조작의 안정성, 적합하고 안정적인 파장 및 강도 조절 등의 문제가 해결이 완료되어 시판되고 있다.

최근에는 미국의 H2 GLOW사가 아이디어 제품인 물온도에 따라 빛이 색이 변하는 'LED 수도꼭지'를 소개하였다. 이 수도꼭지는 온도 감지센서가 달려 있어 따뜻한 물에는 붉은 빛을, 차가운 물에는 푸른 빛을 비추는 것이 특징이다.

[그림 5-13] 미국 Light BioScience사의 GentleWaces LED Photomodlastion 시스템

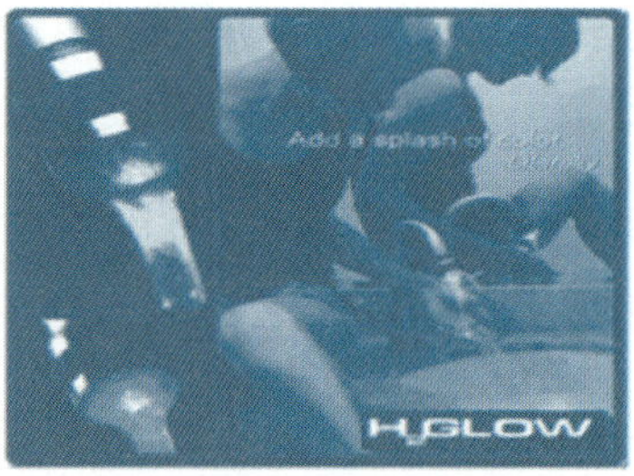

[그림 5-14] 미국 H2 GLOW사의 온도가변형 LED 수도꼭지

4. LED 핵심 기술개발 요구사항

1) 일반조명 시스템

일반조명 시스템은 기존 광원과 차별화하기 위해 첨단기술과 결합하여 다양한 기능을 구현할 수 있는 시스템 개발이 필요하다.

2) 디스플레이 조명 시스템

디스플레이 조명 시스템의 경우에는 LED의 특성을 충분히 발휘할 수 있는 광학 및 방열, 기구, 회로설계에 의한 컴팩트화와 고신뢰성 확보, 대면 적화가 필요하며, 특히 기존 광원 CCFL이나 할로겐 전구 등에 대한 제조원가를 낮추는 것이 필요하다.

3) 자동차 조명 시스템

자동차 조명 시스템은 주위온도 및 상황(진동, 습도 등)에 영향으로 받고 디자인과 안전이 매우 중요한 요소이므로 방열 및 광학, 구조설계와 온도보상 및 고출력화가 요구된다.

4) LED 응용 시스템

LED 응용 시스템 부문에서는 인간과 동식물에 대한 파장별 영향과 광출력 및 색온도 변화에 따른 영향, LED의 단파장성과 고휘도 다발면체에 대한 영향을 분석하여 최적의 LED 조명 시스템을 구현할 필요가 있다. 고유가 시대를 맞이하여 에너지 절전 및 자원 순환을 위한 신개면 조명 시스템은 미래를 준비하고 미래 투자가치가 높은 성장 산업으로써 고효율/고휘도 신광원 LED를 이용한 시스템의 개발은 미래 거대 세계 조명 시장을 선도하기 위해서 매우 중요하다.

04 LED의 향후 전망

LED 생활(일반) 조명은 백열등, 형광등 등 기존 광원 대비 소비전력이 5분의 1밖에 안 되고 반영구적 수명으로 광원 교체가 불필요하며 형광등에 쓰이는 수은을 사용하지 않아 친환경적이어서 2006년 3억 6,000만 달러 규모로 작년 대비 38% 성장할 것으로 예상된다.

최근 발표된 시장조사기관 스트래티지 언리미티드의 자료에 따르면 세계 LED BLU와 간판 시장은 올해 6억 4,000만 달러 규모로 성장할 것이며, 휴대단말기용 LED 시장은 20억 6,100만 달러, 자동차 조명용 LED는 6억 5,000만 달러, 생활조명 시장은 3억 6,000만 달러 규모를 형성할 것이라 예측하였다.

국내 LED 업체들은 2006년 BLU 시장에 대한 대비를 진행하면서 궁극적으로 생활조명 시장으로 진입하는 것을 목표로 삼고 있으며, 이런 관점에서 2006년은 LED 업체가 조명용 LED의 기술적인 완성도를 높임과 동시에 BLU 시장에서 기존 냉음극형광램프(CCFL)를 대체할 만큼 가격적인 메리트를 갖출 수 있느냐의 시험 무대가 될 것으로 보인다.

LED는 에너지 절감, 친환경 광원이란 측면에서 국가경쟁력 제고에 중요한 산업이며, 거대 조명 시장 진입을 위해 필수적인 차세대 성장동력 산업으로써 다양한 기술적, 경제적 장점으로 인해 거의 모든 산업 분야에서 일반조명등을 대체하고 있으며, 해외 선진 각국에서 정책적으로 추진하고 있는 기술개발 분야이다.

LED 산업은 조명을 필요로 하는 휴대가전기기, 자동차, 건축, 의료기기, 디스플레이 등 산업 전반에 걸쳐 응용되는 부품산업으로써, 미국, 일본, 대만 등 LED 선진국에서는 시장의 중요성을 인식하여 정책적으로 인프라, 기술개발, 인력양성 등 LED 산업을 전략적으로 지원하고 있다. 그리고 LED 선진 업체간의 기술협정, 특허봉쇄, 표준화 선점 등 기술쇄국정책이 심하여 후발업체들의 성공적 진입에 애로가 많을 것으로 예상된다.

차세대 조명용 광원으로 평가받는 LED는 향후 5년 이내 주택과 사무실의 일반조명등을 대체하기 시작할 것으로 예상되는데, LED의 광효율이 현재의 두배 이상으로 향상되면 백열등 뿐만 아니라 형광등도 대치할 수 있는 수준이 되며, 가격적인 문제만 해결되면 일반조명등과 치열한 경쟁을 벌일 것으로 예상된다. 또한, 조명 시장에 앞서 중대형 LCD BLU와 자동차 전조등용 LED의 시장이 먼저 열릴 것으로 기대되며 이를 위한 기술개발 경쟁이 치열할 것으로 보인다.

LCD와 자동차는 한국이 강점을 갖는 전방 산업이므로 든든한 내수 시장이 뒷받침되어 해외업체에 비해 유리한 고지를 갖고 있지만 선진국에 뒤지지 않는 기술개발이 선행되어야 한다. 조명용 LED가 시장에 진입하기 위해서는 기술개발 이외에 사회 규제의 완화와 정비, 표준 개정 등 외적인 요소를 선결해야 할 필요가 있으며, 마지막으로 현재 LED는 기술 선진국에 의한 특허 원천봉쇄와 후발국에 의한 저가공세가 치열하여 국내 기업의 경쟁력을 향상시키기 위한 인적, 물적 인프라 확충이 시급한 것으로 보인다.

1. 반도체 광원의 세계 시장 동향

1) 발광 다이오드

발광 다이오드는 제품의 특성상 LED(백색 LED 제외)와 백색 LED로 나누어 기술하였다.

LED의 경우 [그림 5-15]와 같이 금액기준으로 2003년 이후 5년간 연평균 6.81% 성장하여 2008년에는 3조 3,500억 원에 이를 것으로 예상되고 있으며, 수량기준으로는 약 570억 개에 이를 것으로 추산되고 있다.

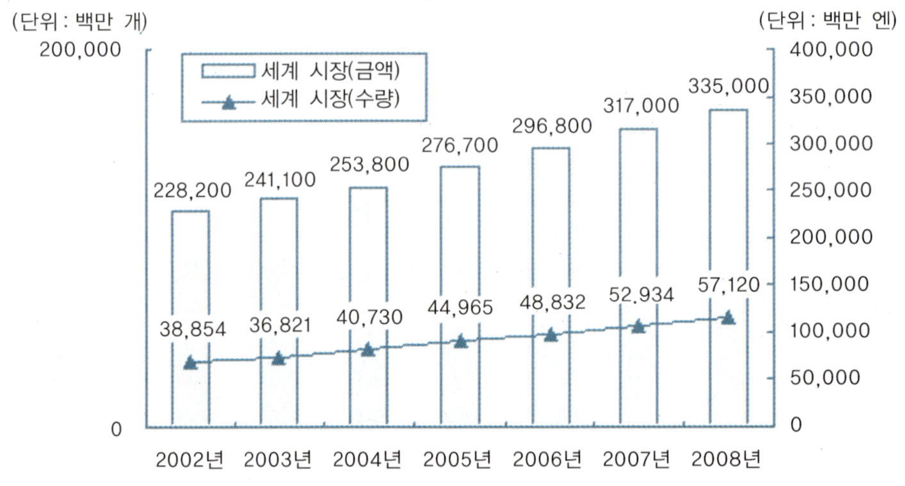

[그림 5-15] 세계 시장규모 예측

LED를 용도별 · 주요 생산업체를 살펴보면 가시광의 경우 최근 대만 업체들의 약진이 두드러지고 있으나 고휘도의 경우 아직 일본 업체의 경쟁력이 우수한 편이다. 반면, 적외광의 경우 IrDA용은 샤프가, 적외광 통신용도의 경우 Agilent의 점유율이 가장 높다.

한편 LED 중에서 가시광의 비중이 95% 이상 압도적으로 높으며 적외광은 5.6% 장파장은 1%도 되지 않는다. 일본의 전자부품업체인 롬이 기존 제품보다 획기적으로 성능이 개선된 최신형 청색 LED를 개발, 오는 2007년까지 실용화할 계획이다. 롬은 '산화아연'을 이용해 기존 청색 LED보다 밝기는 10배, 가격 및 소비전력은 10분의 1에 불과한 새로운 청색 LED를 개발해 향후 전등 및 가정용 일반조명 등의 용도로 출하할 계획이며, 청색 LED 시장은 오는 2010년 이후 조명용으로 약 1조 엔대 규모의 성장이 예상된다.

백색 LED의 경우 [그림 5-16]과 같이 2002년과 2003년 사이에 약 300% 가까이 급성장하여 7,140억 원에 이르렀고 2004년까지는 휴대폰의 컬러화를 바탕으로 9,490억 원까지 성장할 것으로 예상된다. 이후 조명용 백색 LED 시장이 형성되기 전인 2009년까지는 현 상태를 유지하거나 다소 감소하여 9,000억 원 머무를 것으로 예상되고 있다.

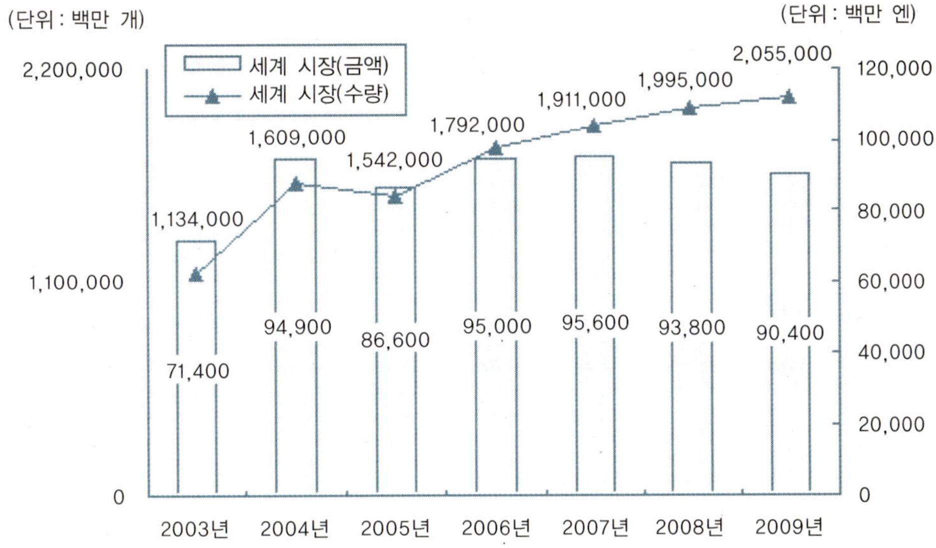

[그림 5-16] 백색 LED 세계 시장규모 예측

2001년 일본 시장은 니치아 화학공업, 가고시마 마쓰시타 전자에서 각각 65.2%, 33.2%로 전체 시장의 98.4%를 점유하였으나, 2002년 시티즌 전자의 시장진입으로 인해 2003년에는 니치아 화학공업, 가고시마 마쓰시타 전자, 시티즌 전자 각각 53.2%, 17.1%, 16.5%를 차지하였다.

이 시장에서의 백색 LED의 용도를 살펴보면 [그림 5-17]과 같이 2003년에는 휴대전화용이 88.2%를 차지하였고 디지털카메라용이 8% 정도를 차지하였다. 그러나, 2009년에는 소형 LCD 뿐만 아니라 중형 LCD의 백라이트에도 이용되기 시작하면서 휴대전화의 비중은 70%대로 떨어지고 타 분야의 비중이 증가할 것으로 예측되고 있다.

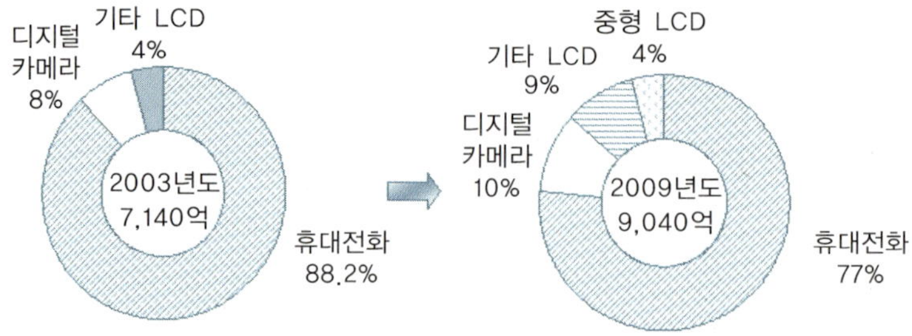

[그림 5-17] 백색 LED의 용도에 따른 비중 변화

2003년 휴대전화용 백색 LED의 세계 시장은 10억 6천만 개로 전년 대비 169% 성장, 금액은 2002년 대비 111% 성장한 583억 엔으로 추정된다([그림 5-17] 참조). 또한, 2003년 4억 5천 대의 휴대전화 시장에 LED가 탑재되었으며, 휴대전화의 고기능화에 따라 Key Pad용, LCD Back Light용, 카메라 플래시용 이외에도 Fashion 기능을 위한 채용 등 사용 개수가 증가될 것으로 예상된다. 2004년 수량면에서 2004년 대비 106% 성장한 22억 개, 금액면에서 2003년 대비 80% 성장한 1,048억 엔으로 전망된다.

고휘도 LED 시장전망은 2003년 약 25억 달러 정도였으며, 2007년에는 약 50억 달러에 가까운 규모로 시장이 확대될 전망, 그러나 LED의 일반조명 시장 진입이 본격화될 것으로 예상되는 2010년 이후부터는 기하급수적으로 증가될 것으로 예상된다.

발광소자에 관한 시장성을 조사하는 연구기관인 'Strategies Unlimited'에 의하면 2010년 이내에 LED 조명제품이 상용화될 것이라 내다보며 그 시장규모가 약 150억 달러, 응용제품 시장까지 합하면 900억 달러에 육박할 것으로 전망하고 있다.

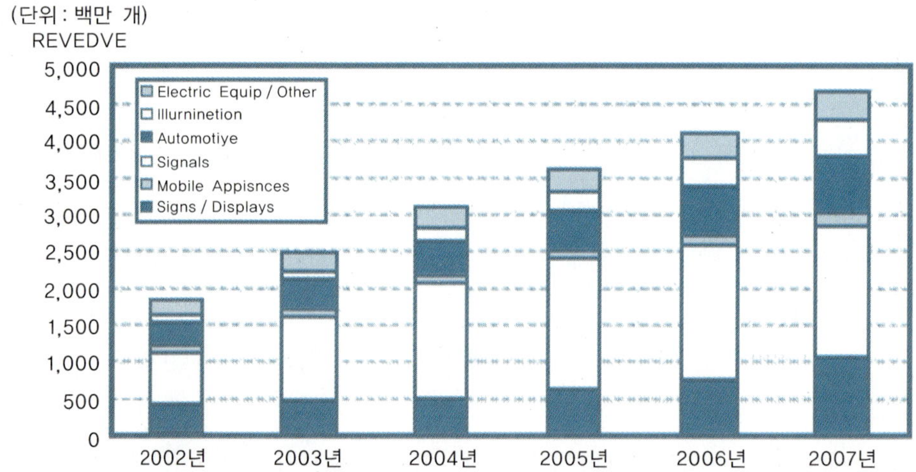

[그림 5-18] 고휘도 LED 세계 시장전망

2. 반도체 광원의 국내 시장 동향

반도체 광원의 국내 시장규모는 2003년 1.1조 원, 생산규모는 6천억 원 수준인 것으로 파악된다. 또한 계속적으로 성장하여 2005년의 경우 1.5조의 규모로 성장할 것으로 예상된다.

국내 LED 소자 전문 생산업체는 광전자, 삼성전관 등이 수천 억 원대 규모의 전광판 시장의 성장과 함께 참여해 왔으며, 최근 청백색 LED 시장의 급성장으로 삼성전기, LG 이노텍, 나리지온, 다산 씨앤아이 등이 경쟁적으로 설비 확장 또는 신규 시장에 참여하고 있는 것으로 보인다. 또한, 주문형 디스플레이는 소량 다품종 생산의 중소기업형 제품으로 서울반도체와 동영반도체가 주요 경쟁사로 삼성전기와 대우전자에 각각 독점 공급하고 있다.

전광판 시장에 참여하고 있는 업체로는 주요 취급품목별로 전광판 시스템 분야에서 삼익전자공업(주), (주)대한전광, 봉오전자공업(주) 등이 있으며 전광판 부품소자 분야에서 한국고덴시(주), 광전자, 아이비넷(주), (주)새암테크 등이 있다. 기타 군소 업체들을 포함하면 경쟁정도는 매우 치열한 것으로 판단된다.

1) 국내 LED 디스플레이 시장 동향

LED 디스플레이 분야의 시장은 매우 광범위하여 작게는 숫자 및 문자의 소형 표시기에서 크게는 초대형 동영상 전광판까지로써 색상에 있어서는 총천연색 전광판의 비율이 70~80%를 차지하고 있으며, 운동경기장의 전광판이 시장의 성장을 주도하고 있다. 또한 IMF 이후 내리막을 걷던 광고 시장의 여파로 전광판 시장도 침체기를 겪었으나, 2002년 한일 월드컵을 계기로 전광판에 대한 인지도가 크게 높아졌으며, 수요가 꾸준히 증가하고 있다. 국내 시장규모는 현재 약 1,500억 원 파악되고 있으며 세계 시장의 약 5% 정도로 추정되고 있다. 국내 전광판 기업으로는 뉴튼테크놀로지, 대한전광, 삼익전자, AP전광, 한맥, 빛샘전자, 지호 PS 등이 있으며, 한일 월드컵 이후 뚜렷한 수요처가 없는 상태에서 일부 업체는 해외 수출에 주력하여 큰 성과를 올리는 등 꾸준히 시장을 개척해 나가는 상황이며 특히, 2008년 베이징 올림픽에 맞추어 큰 폭의 잠재 시장이 형성될 것으로 예상된다.

2) 국내 LED 조명 시장 동향

한국의 조명 시장은 현재 2조 원 정도로 추산되며(무역위원회 조사자료 2003. 10) 점차

LED로 대치되어 나가고 있는 실정이다. 현재는 일부 Niche 마켓 분야에 시장이 형성되어 있으나, 2007년을 전후로 일반 가정용 백열등을 대처하고 2010년 이후 형광등까지 대처해 갈 것으로 예상되는데 이 경우 막대한 LED 조명 시장이 형성될 것이라고 예상되기 때문에 국내 많은 조명업체들이 관심을 가지고 있는 분야이다.

그러나 국내 대부분의 LED 조명업체들의 기술 수준은 해외에서 수입한 칩이나 LED 램프를 단순 패키지하는 정도에 머물고 있는 실정이다. 또한, 국내에서는 일반 등기구용 램프를 생산하는 중소업체에서 LED 조명 분야에 많은 관심을 보이고 있는데 뉴튼테크놀로지, 현인전자, 넵손, EST, 오스람코리아, 장우엔지니어링 등의 국내업체들이 자동차 계기판용 후광원, 목적 조명, 무드 조명등, 야외경관조명등을 생산하고 있으며, 광주업체인 글로벌 광통신의 경우 기존 보유 기술의 강점을 살려 플라스틱 광섬유(POF)를 이용한 조명제품을 내놓기도 하는 등 업종 전환을 통한 LED 조명업체도 많이 생겨나고 있는 실정이다.

3) 교통신호등용 LED 시장 동향

국내 LED 신호등 전체 시장은 LED 교통신호등의 총 3,000억 원 시장규모를 포함하여 LED 안전표지, 철도용 LED 신호등을 합쳐 1조 원 이상을 형성할 것으로 예상된다.

최근에 각광받고 있는 분야는 보행자 잔여시간 표시기인데, 동제품은 횡단보도의 보행신호등 옆에서 남은 시간을 알려주는 교통안전설비로서 횡단보도에서 일어나는 사고위험을 크게 줄여왔으며, 현재 보행신호등이 설치된 전국의 횡단보도는 약 4만 3천 곳 중에서 30%인 1만 3천 정도가 잠재 수요인데 이중에 현재까지 2,400여 곳의 횡단보도에 설치되어 있다. 사고위험이 높은 횡단보도에 잔여시간 표시기 설치가 허용될 경우 연 400억~500억 원대의 내수 시장이 형성될 전망이다.

4) 국내 LED 업체 현황

(1) 기초 데이터 수집

① 한국광산업진흥회 광정보 DB 업체정보

② LED industry.com

③ 광주테크노파크 LED 패키징센터

④ 한국광기술연구조합 조합사

(2) 분야별 현황

① 기초 기술 분야 : 실제 칩 / 램프생산능력을 보유한 업체는 10~20여 업체에 불과하다.

② 응용 기술 분야 : LED / POF 등의 유사조명을 이용한 어플리케이션 제조업체 및 응용업체로, 대상업체의 주생산품을 중심으로 분류한다.

5) 국내 주요 업체별 동향

(1) 삼성전기

2004년 1월 백색 LED 개발하였으며, 독일 오슬람사와 형광체 관련 특허권 사용 및 공급 계약을 체결하여 관련 특허 문제를 해결하고 차별화된 독자 구조의 청색 LED를 자체 개발하는데 성공하였다고 발표, 이와 관련된 110여건의 특허를 국내외에 출원하였다.

삼성전기도 최근 휴대폰 LCD 광원용 0.6mm 두께의 1.7 칸델라(cd) 백색 발광 다이오드(LED)를 출시하고 이달 양산에 돌입했다. 이 회사는 내년에 0.3mm 두께에 2.0칸델라 밝기를 낼 수 있는 제품까지 개발하고 매출을 확대해 나갈 계획이다.

(2) LG이노텍

2005년 생산규모를 1억 개 이상으로 증설하였고(2004년 3,000만 개), LED 관련 다수의 특허출원중이며 웨이퍼 성장 및 칩가공 팹공장 확충을 위해 투자하고 있다.

LG이노텍은 국내 처음으로 0.3mm 두께의 1.0칸델라 밝기의 초박형 백색 LED 개발에 성공했다. 이 회사는 이미 0.4mm 두께의 1.5칸델라 백색 LED를 양산중이며 개발한 0.3mm 1.0칸델라 초박형 백색 LED는 최근부터 양산하고 있다. LG이노텍은 대부분의 휴대폰에 적용되는 0.6mm 두께의 LED에서도 최근에 1.7칸델라 제품과 1.8칸델라 제품까지 생산하고 있다.

(3) 서울반도체

① 캘리포니아대학 조명연구소와 기술협정을 체결, 조명용 LED 제품개발 / 양산에 주력, 미국과 일본의 제품에 비해 가격은 저렴하나 품질은 비슷한 수준을 이루고 있으며, 일본 니치아의 백색 LED 관련 특허를 완벽하게 해결하여 타업체에 비해 기술적, 전략적 경쟁력을 가졌다.

② 2002년 3분기부터 본격적으로 대량 납품시작, 칩 LED의 경우 2003년 1,260억

원의 매출성과를 기록한 것으로 추정되며, 최근에는 1,760억 원이상의 매출을 달성하고 있다.

③ 300μm 크기의 칩을 3개 패키징한 조명용 고휘도 LED인 '제트파워(Z-Power) LED'와 일반 AC 전원에 곧바로 연결해 사용할 수 있는 가정용 LED 램프 개발

④ 주요 고객은 삼성전자, 삼성 SDI, LG전자, 대우 일렉트로닉스, 신도리코이다.

⑤ Flash LED의 경우 최근부터 LG전자에 납품하였다.

⑥ 백색 발광 다이오드(LED) 제조방법에 관한 특허를 취득했다. 특허에 의한 제조 제품은 국내외 휴대폰, PDA 및 산업조명용 광원 시장에 판매할 계획하고 있다.

서울반도체은 국내업체로는 최초로 0.4mm에 최대 1.4 칸델라까지 낼 수 있는 사이드뷰 LED를 개발하고 최근에 양산하고 있다.

(4) 럭스피아

LCD 백라이트 유닛용 백색 LED패키지와 RGB 3in1 LED를 개발하여 양산하고 있으며, 최근에는 700억 원 이상의 매출하고 있다.

협력을 통해 3528크기의 계기판용 백색 LED 개발, 독자적으로 네비게이션 백라이트용 LED 개발하여 부가가치가 높은 자동차용 LED 조명 시장에 진입하고 있다.

(5) 에쓰에쓰아이(SSI)

2004년부터 삼성전기에 BLUE LED 외에도 7컬러, 백색 LED 등을 납품하고 있으며, 특히 부가가치가 높은 플래시 백색 LED도 기존 특허를 적용받지 않은 새로운 방식을 개발하여 특허를 출원하였다.

(6) 기 타

① 금호전기는 인테리어용 LED 상품화, 중장기적으로 실외용 LED 전구 실용화하였다.

② 루미마이크로는 백색 LED 생산규모를 월 1,500만 개 이상으로 증설하고, 1mm 크기의 원 칩을 패키징한 1W급 파워 LED를 출시하고 자동차 및 실내조명등 응용 시장 개척에 적극 나서고 있다.

③ 대진디엠피도 최근 별도의 전원 컨버터 없이 일반 전구용 소켓에 직접 연결해 사용할 수 있는 할로겐 대체용 'XLEDs' 램프를 개발하였다.

3. 반도체 광원 시장의 향후 전망

1) 발광 다이오드(백색 LED)

(1) 차세대 조명으로서의 백색 LED

현재 상용화되어 있는 백색 LED는 0.5$/lumen으로 형광램프 1cent/lumen에 비해 약 50배 정도 비싸므로, 수명이 길고 전력소모가 적으며 유지 보수비가 낮다는 점을 고려한다 하더라도 초기 구입 비용이 너무 비싸 시장 진입에 어려움이 있다. 따라서, LED 칩 구조, LED 기판문제, 형광물질 및 패키지 구조 등의 여러 가지 측면에서 기술개발이 이루어져 휘도 향상에 주력할 것이다.

향후 기술개발을 통해 휘도 향상을 이루어내면 일반조명 시장에서 기존의 광원을 급속히 대체할 것으로 전망되며, 일본의 경우 2010년 전체 조명등 시장의 13%가 대체될 것으로 예측하고 있을 정도로 백색 LED 시장은 크게 성장할 것으로 기대되고 있다.

국내에서는 지속적으로 세계 IT산업을 선도하기 위해 제조업의 고부가가치 평균 21.8%보다 높은 25.7%의 고부가가치를 거둘 수 있는 기술집약적 산업인 전자부품소재 가운데, LCD, 유기 EL, 2차 전지, 센서 및 전자소재 등과 더불어 LED를 6대 핵심 전자부품소재 분야로 선정하여 육성을 꾀하고 있다. 따라서, 반도체 광원은 향후 세계적 경쟁력을 보유한 이동전화, 노트북, 모니터, 디지털 가전 등과 같은 전방산업과 연계해 소재→부품→모듈→기기를 연결할 수 있는 가교 역할을 수행하는 차세대 성장동력으로서의 역할을 수행할 것으로 예상된다. 또한, 향후에 조명 시장을 대체할 것으로 예상되고 있으나 현재의 기술 수준에서 휘도가 20lm/W로 형광등과 같은 80lm/W에는 미치지 못해 주로, 중 · 소형 LCD용 백라이트 / 프론트라이트, 휴대전화, PDA, 디지털 카메라 등의 이동통신용이 주류를 이룰 것으로 보이며, 광효율 증가 및 판매가격 하락에 따라 탑재율이 확대될 것으로 보인다.

국내 휴대폰 생산량이 세계의 약 1/4로 컬러화 추세가 북미, 유럽으로 축의 이동에 따라 국내 White LED 소요량은 더욱 증가할 것으로 예상되며, 모바일에서 자동차, 중 · 대형 LCD 백라이트, 조명등 응용분야 확대에 따라 시장 수요가 지속적으로 증대될 것으로 보인다. 휴대폰용 LCD 광원으로 사용되는 '사이드뷰 발광 다이오드(LED)' 개발 경쟁이 점입가경이다. 국내 LED업체들은 올해 중반까지도 밝기와 두께 부분에서 해외 선진 업체에 뒤쳐졌으나 최근에는 이를 극복했다고 보고 내년부터 매출을 60% 이상 늘려나가겠다는 계획이다.

2) 기술발전 동향 및 산업 동향

초기에 적외선과 적색 소자로부터 시작된 LED 기술은 짧은 파장의 빛을 방출하는 소자를 개발하는 과정을 통해 발전되어 왔으며, 반도체 LED 분야의 연구개발이 활기를 띄게 된 것은 빛의 삼원색인 적색(Red), 녹색(Green), 청색(Blue) LED 중 미진하였던 청색 LED 개발 기술을 1990년대 중반 일본의 니치아 화학회사가 III족 질화물을 통해 개발한 이래 이미 개발된 적색, 녹색 발광 다이오드와 함께 백색 LED를 구현할 수 있는 계기가 되었으며, 이를 바탕으로 총 천연색의 풀 컬러 디스플레이가 가능하게 되어 조명 등의 사용 가능성을 보여 주었다.

시장동향을 살펴보면 2003년 약 25억 달러 정도였던 고휘도 LED 세계 시장은 최근에는 약 50억 달러 이상에 가까운 규모로 시장이 확대될 전망이며, LED의 일반조명 시장 진입이 본격화될 것으로 예상되는 2010년 이후부터는 기하급수적으로 증가될 것으로 예상된다.

[표 5-6] 개발 동향

기술 분야	개발 및 설치 동향
백색 LED	• 백색 LED 구현을 위한 형광체 기술 • 소자 구동 및 방열 • 반도체 박막증착 기술 및 이후 칩 제조를 위한 FAB 공정기술
GaN	• 사파이어 기반 상에 GaN막을 성장 • 레이저 발진을 유도하는 물질층의 최하층에 열방출 수단을 구비 • 웨이퍼를 고정밀도로 효율 높게 절단하는 방법
통신용 LD	동작전압, 발광 역치 전류 등을 저하시킬 수 있는 면발광형 반도체 레이저 소자 칩

3) 특허 동향

청색 LED 칩에 형광체를 도포해 제작하는 백색 LED는 휴대폰 LCD 화면의 광원으로 사용되며 수요가 폭발적으로 증가하여 국내에서만 연간 3000억원 이상의 시장을 형성하고 있다.

청색 LED 시대의 서막을 연 니치아 화학회사의 청색 LED 기술에 관한 대표적인 특허로 1996년 출원된 한국등록특허 0434871(발광표시 소자와 표시장치)를 들 수 있는데, 이를 살펴보면 청색광을 발광하는 발광소자와 상기 발광소자에 의하여 발광된 청색광의 일부를 흡수하여 흡수된 광의 파장과는 다른 파장의 광을 발광하는 황색의 형광체를 포함하는 코팅 부재를 구비하고, 상기 코팅 부재는 확산제를 포함함으로써 유백색광을 띠게 되는 것을 특징으로 한다.

또한, III족 질화물 반도체 결정층의 성장방법 및 III족 질화물 반도체 결정층을 구비한 반도체 장치의 연구를 필두로 한 질화물 반도체를 이용한 신기능 소자의 개발은 새롭고 획기적인 에피택셜 구조 및 방법 개발을 통해 조명, 디스플레이, 기록매체, 통신 등의 산업 분야에서 기존의 실리콘 및 화합물 반도체의 특성 및 성능에 의해 제한되었던 광전자 산업의 기술적 한계를 극복하고 고부가가치 산업의 창출과 더불어 기존의 산업 발전구도를 함께 변화시킬 것으로 기대되고 있다.

1999년에 출원된 일본등록특허 3293583(III족 질화물 반도체 결정층의 성장방법 및 III족 질화물 반도체 결정층을 구비한 반도체 장치)에 Si 단결정 기판상에 다결정 또는 비정질의 BP로 된 제1완충층을 저온에서 성장시키고, 상기 층상에 단결정의 BP로 된 제2의 완충층을 고온에서 성장시킨 후 제2의 완충층상에 III족 질화물 반도체로 이루어지는 결정층을 기상 성장법으로 성장시키는 방법이 소개되어 있으며, 미국등록특허 6521914(광생성 능력을 높인 III-질화물 발광 다이오드)에서는 III족 질화물 소자에 대해서 흡광률과 비저항을 낮추었다.

고출력 청 / 녹색 레이저 다이오드는 Laser Projection Display(LPD), Color Copier 및 Color Processing의 광원으로 향후 멀티미디어 시대를 여는데 필수적인 부품으로 개발이 기다려지고 있는 상황으로, 앞으로 고성능 디스플레이 개발이 급격히 요구되는 요건을 충족하기 위해 시급해 확보해야 할 기술은 100인치 정도의 대화면 고성능 디스플레이 제조기술인데, 이의 실현을 위해서 디스플레이 개발에 광원으로 사용될 고출력 청 / 녹색 레이저 다이오드의 중요성은 필연적으로 증가하리라 예측되며, 이를 구현하기 위한 수단으로 GaN 소자가 대두되고 있다.

1999년 출원된 한국등록특허 0304664(GaN막 제조 방법)에서는 HVPE법의 공정을 기존과 다르게 변경하여 성장속도가 빠르면서도 결정 특성이 좋은 거울 면과 같은 표면을 갖고 고품질의 GaN막을 성장시키는 GaN막 제조 방법을 제시하고 있으며, 2001년에 와서는 효율적인 열방출과 함께 공정 시간의 감소 및 수율 증대를 도모할 수 있는 GaN계 III-V족 질화물 반도체 레이저 다이오드를 제공하는 한국등록특허 0397608(GaN 계열 III-V족 질화물 반도체 레이저 다이오드)이 출원되었다.

반도체 LED 분야의 주요 출원인별 특허출원동향을 살펴보면 한국에서는 엘지전자, 삼성전자, 엘지이아이가 가장 많은 비중을 차지하였으며, 외국계 기업으로 이스트맨 코닥, 코닌 클리즈케 필립스, 루미리즈 등의 기업이 진출해 있는 것을 알 수 있다.

미국에서는 Lumileds Lighting US, United Epitaxy, Sharp가 가장 많은 출원을 하였고,

CHAPTER 05

Cree, Rohm, Toshiba 등의 출원인의 출원이 활발한 것으로 나타났다.

일본에서는 Sharp와 미국계 기업인 Rohm, 그리고 Toyoda Gosei, NICHIA CHEM IND, HITACHI CABLE, CITIZEN이 활발한 출원 활동을 보이고 있으며, 이 외에도 MATSUSHITA ELECTRIC IND, SONY 등의 출원인이 있다.

현재 LED는 디지털 가전, 정보통신, 조명, 광고, 환경, 건강 및 바이오 분야에서 응용될 수 있으며, 특히 백색 LED는 백열등이나 형광등을 대체하는 차세대 에너지 절약형 광원으로 기대되지만 기존 광원에 비해 광출력, 상관색온도, 연색성 평가지수, 가격 등에서 열세에 있으므로 기술적 뒷받침이 충분하다면 차세대 광원으로 각광받을 것은 자명한 일이다.

[표 5-7] LED의 기술개발 전망

<table>
<tr><th colspan="2">기술 분류</th><th>기술개발 전망</th></tr>
<tr><td rowspan="7">반도체 LED</td><td>파장별
발광 다이오드</td><td>• 반도체 박막증착 기술 및 이후 칩 제조를 위한 FAB 공정기술
• 소자 구동 및 방열
• 백색 LED 구현을 위한 형광체 기술</td></tr>
<tr><td>다이오드 구조</td><td>휘도의 저하를 최소한으로 하여 층두께 및 캐리어 농도를 최적화</td></tr>
<tr><td>제조공법</td><td>플립칩 방식의 LED 소자 구현 방식</td></tr>
<tr><td>반도체 에피층
성장</td><td>• 에피 결함의 대표적인 형태인 전위밀도를 감소시키는 기술
• 발광층 내의 분극조절 기술</td></tr>
<tr><td>패키징</td><td>광기구 설계 부분이 포함된 패키지 기술</td></tr>
<tr><td>용도별
발광 다이오드</td><td>• LCD의 백라이트 광원
• 산업용, 비상용, 가혹 환경용 LED 조명 광원</td></tr>
<tr><td>구동</td><td>• 저소비전력으로 높은 Vf의 LED 소자의 구동을 용이
• 전지의 전압이 저하되어도 휘도의 변화를 억제</td></tr>
<tr><td rowspan="3">반도체 LD</td><td>통신용</td><td>• 소자의 열화를 방지하는 파워 모듈
• 광통신 부품개발 및 기존의 광소자 성능향상을 위한 Photomic Crystal 관련 기술</td></tr>
<tr><td>광기록용</td><td>• 정보저장 용량 25GB 자외선 LD 광원
• HDVD급 정보저장용 광원 등 개발</td></tr>
<tr><td>기타 용도</td><td>고부가가치의 광반도체 부품기술과 광산업체의 특성화, 집적화 구축을 위한 산업용 고품질 LD 핵심 기술개발</td></tr>
</table>

PART II

LED 제조와 LED BLU 구조

CHAPTER 06

LED 제조

01 LED 반도체 제조공정 개요

LED 반도체 제조공정은 [그림 6-1]처럼 반도체 광원 공정, 패키지 / 모듈 공정, 시스템 및 응용 공정으로 3단계로 구분한다. 즉 LED 제조공정과 백라이트모듈(BLU) 제조공정으로 구분된다.

1) 반도체 광원 공정

반도체 광원 공정은 기판 단결정 제조공정, 에피웨이퍼 제작공정, 칩제조공정, 패키지 공정, 모듈 조립공정으로 분류한다.

(1) 기판 제조공정

LED에 사용되는 기판으로는 GaAs, 사파이어, SiC, InP, GaN을 사용하고 있으며, 기판 제조공정은 큰 덩어리의 단결정 잉곳을 제조하는 공정, 슬라이싱(Slicing) 공정, 폴리싱 공정으로 나눈다.

단결정을 성장하는 방법으로는 일반적으로 쵸크랄스키법(CZ법, CZochralski method 결정인상법)와 브리지만법(VB, Bridgman method)이 널리 사용되고 있으며 그 외 플로팅 존법(FZ법, Floating Zone method), 액체캡슐법(LE법, Liquid Encapsulated method), EFG법(Edge-defined Film-fed Growth method) 등이 있다.

① CZ법

CZ법은 seed가 되는 작은 실리콘 단결정을 원료물질이 녹아 있는 Bath에서 아주 천천히 회전하여 단결정을 만드는 방법이다.

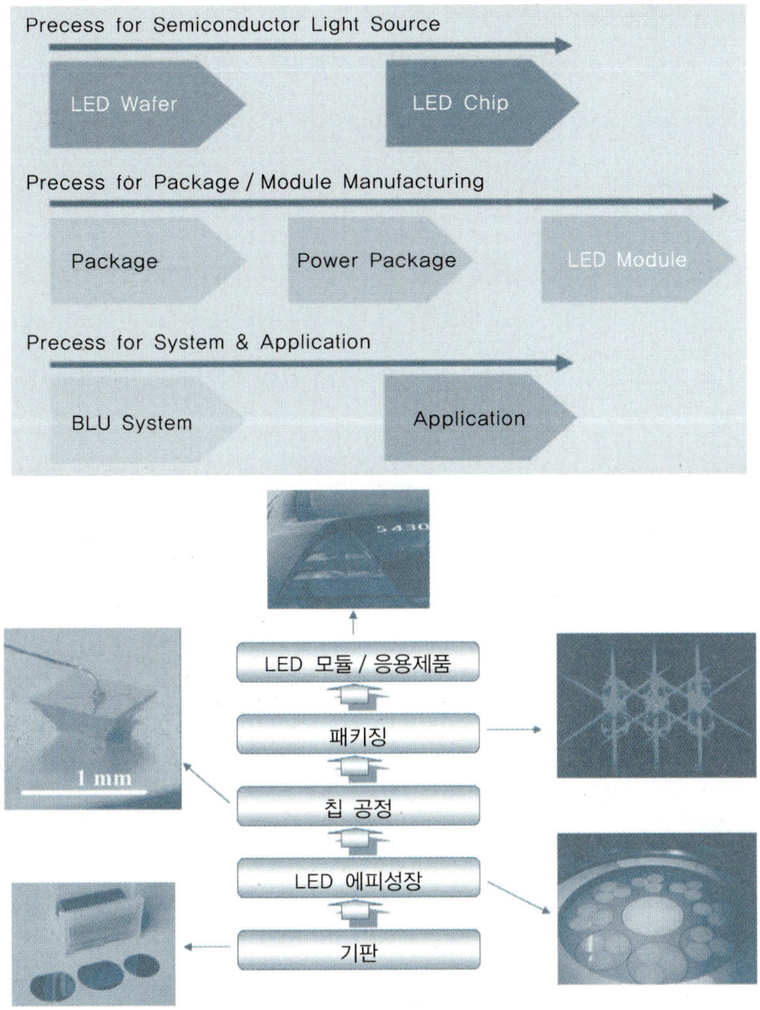

[그림 6-1] LED의 제조공정

② 브리지만법

브리지만법은 고휘발성 성분의 증기압을 제어하면서 용액에서 결정을 성장시키는 방법이다.

③ 액체캡슐법

액체캡슐법은 쵸크랄스키법 또는 플로팅존법을 사용할 때 녹는점에서의 휘발성이 높은 성분이 함유된 화합물 등 고휘발성 성분의 반도체 결정을 만드는 경우에는 그 성분의 증발을 막는 기법이 필요하다. 이를 위해서는 고온, 고압하에서 결정을 성장시키지 않으면 안되는데 이때 물질의 증발을 방지하게 하는 방법으로 사용한다.

④ 액체캡슐 쵸크랄스키법

최근의 결장 성장은 쵸크랄스키법과 액체캡슐법을 이용한 액체캡슐 쵸크랄스키법(LEC, Liquid Encapsulated Czochralski Method)을 양산에 많이 적용되고 있다.

(2) 에피웨이퍼 제작공정

LED는 기판(GaAs, 사파이어, SiC, GaN 등) 기판위에 PN접합을 제작하기 위해 에피성장(Epitaxial growth)을 한다. 에피성장된 층을 포함한 웨이퍼를 통상 에피웨이퍼(Epi wafer)라 부른다. 에피성장 장비로는 양산에 가장 널리 사용되는 MOCVD, MBE, VPE, LPE 등이 있다.

에피택시(Epitaxy, 에피성장, Epitaxial growth)는 단결정 기판 위에 단결정층(에피층, Epilayer, Epitaxial layer, Epitaxialfilm)을 성장시키는 것이다. 기판과 에피층 사이에는 결정학적으로 관계가 있다. 에피성장은 동종에피성장(Homo epitaxy) 및 이종에피성장(Hetero epitaxy)로 분류된다.

동종에피성장은 에피층이 기판과 화학적으로 비슷하며 이종에피성장은 기판과 화학적 결정구조가 전혀 다르다. 동종에피성장의 경우 Si 기판 위에 P-Si에피층, GaAs 기판 위의 GaAs층 등이 그 예이다.

이종에피성장의 경우 사파이어 기판 위의 GaN, GaAs 기판 위의 Si 에피층 등이 그 예이며 부정합(Mismatch)를 고려해야 한다.

부정합의 종류는 격자부정합(Lattice mismatch), 열적 부정합(Thermal mismatch), 결정학적 부정합(Crystailographic mismatch)으로 구분된다. 격자부정합(Lattice mismatch, misfit)은 기판과 에피층과의 격자상수의 차이에 따른 부정합이다. 부정합도 f는

$$f = (a_s - a_f)/a_s$$

로 나타낸다. 여기서 a_s는 기판(Substrate)의 격자상수이며 a_f는 에피층의 격자상수이다.

격자부정합에 따른 부정합에 다른 위치오류가 기판과의 접합면에서 생겨 결국 에피층에 결정의 요인이 된다. 열적 부정합은 기판과 에피층의 열팽창계수의 차이에 의한 부정합이며 결정학적 부정합은 기판과 에피층의 결정구조의 차이에 따른 부정합이다.

에피성장은 성장표면에서의 원자적, 분자적인 메커니즘에 의해 일어난다. 표면으로 재료가 이송되고 표면에서 흡착(Adsorption) 및 탈착(Desorption)이 일어나고 표면확산(Suface diffusion)에 의해 원자 또는 분자들의 핵생성(Nucleation)에 의해 에피층이 성장된다.

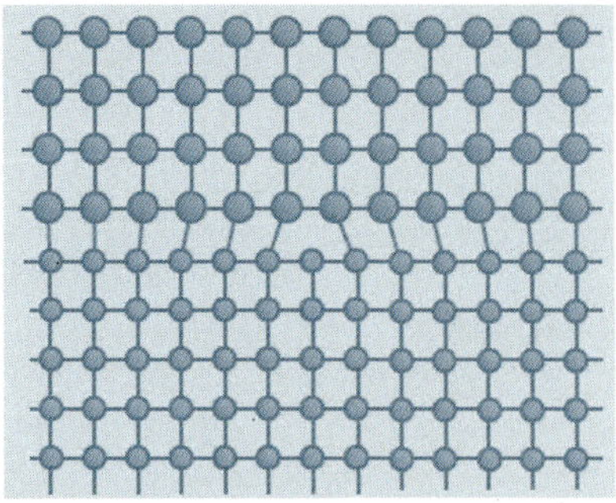

[그림 6-2] 격자부정합

화합물 반도체의 주된 에피택시(On(epi) + Arrangement(taxy)) 성장법은 하이드리드 기상성장법(Hydride Vapor Phase Epitaxy : HVPE), 분자선 결정성장법(Molecular Beam Epitaxy : MBE), 유기금속기상성장법(Metal Organic Chemical Vapor Deposition : MOCVD)으로 나눈다.

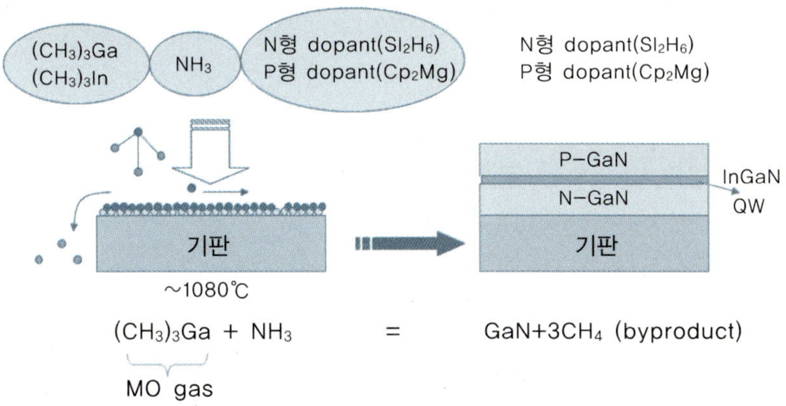

[그림 6-3] MOCVD 방법에 의한 박막성장

[표 6-1]은 에피성장법의 비교를 4가지 성장방법으로 특징과 제한점을 설명하였다.

[표 6-1] 에피성장법의 비교

성장방법	특 징	제 한
LPE	기판위에 과포화용액에 의해 성장	제한된 기판크기 및 아주 얇은 층의 성장에 있어서 제어하기 어려움
VPE	서장하기 위한 이송재로 Metal Halide 사용	Al 포함되지 않은 화합물만 성장, 두꺼운 층만 성장
MBE	초고진공 상태에서 증착	높은 증기압을 가지는 재료의 성장은 어려움
MOCVD	Source로 유기금속화합물 사용	A_3H_3와 같은 아주 독성의 Source를 사용

[표 6-2]는 에피성장법의 장단점을 4가지 성장방법으로 장점과 단점을 설명하였다.

[표 6-2] 에피성장법의 장 · 단점

성장방법	장 점	단 점
LPE	• 매우 고품질의 재료 성장 • 정확한 합금조성을 위한 거의 평행 상태에서 성장 • 상대적으로 저가격	제한된 기판크기 및 아주 얇은 층의 성장에 있어서 제어하기 어려움
VPE	극히 고품질의 재료 성장	Al 포함되지 않은 화합물만 성장, 두꺼운 층만 성장
MBE	• 고품질의 재료 성장 • 원자적으로 급격한 계면 가능	주의를 요하는 비싼 성장 기술
MOCVD	비평형 상태의 시스템으로 성장	

(3) LED 칩 제작공정

성장된 에피웨이퍼를 가지고 LED 칩(Chip)을 제작한다. 칩공정은 크게 전공정(Front Process) 및 후공정(Backend Process)로 분류된다.

전공정은 P, N전극형성 공정, 식각공정, 보호막을 형성하는 공정이 있다.

후공정은 두꺼운 웨이퍼 기판을 얇게 연마하는 랩핑공정(Lapping), 개별 칩으로 분리시키는 스크라이빙 공정 및 전기적, 광학적 전수측정(Probing), 등급분류(Sorting), 외관검사가 있다.

LED 칩의 제작공정은 InGaAIP/GaAs 계열의 공정과 InGa(Al)N/GaN 계열의 공정으로 분류한다. InGaAIP/GaAs 계열은 기판으로 N+-GaAs를 사용하고 그 위에 N형 반도체(N-InGaAIP)와 MQW(Multi-Quantum Well) 구조의 활성층(Active layer) 및 P형 반도체(P-InGaAIP)와 콘텍층(Contact layer, P+-GaAs)의 에피층으로 구성되어 있으며 반대로 P+GaAs 기판을 사용하는 경우 P형 반도체(P-InGaAIP)와 MQW(Multi-Quantum Well) 구조의 활성층(Active layer) 및 N형 반도체(N-InGaAIP)와 콘텍층(Contact layer, N+-GaAs)의 에피층으로 구성되어 있다.

기판이 N형 또는 P형의 반도체로 이루어진 경우에는 전극을 기판하부와 에피층 상부층에 직접 제작할 수 있어 공정이 간단하다. 주로 황색, 오렌지색, 적색 등의 LED를 사용된다. 또 InGa(Al)N/GaN 계열은 SiC 또는 사파이어를 기판으로 사용하는데 SiC는 반도체이며 사파이어는 부도체이기 때문에 칩의 구조도 다르다. SiC의 경우 InGaAIP/GaAs LED와 동일한 구조를 갖는다.

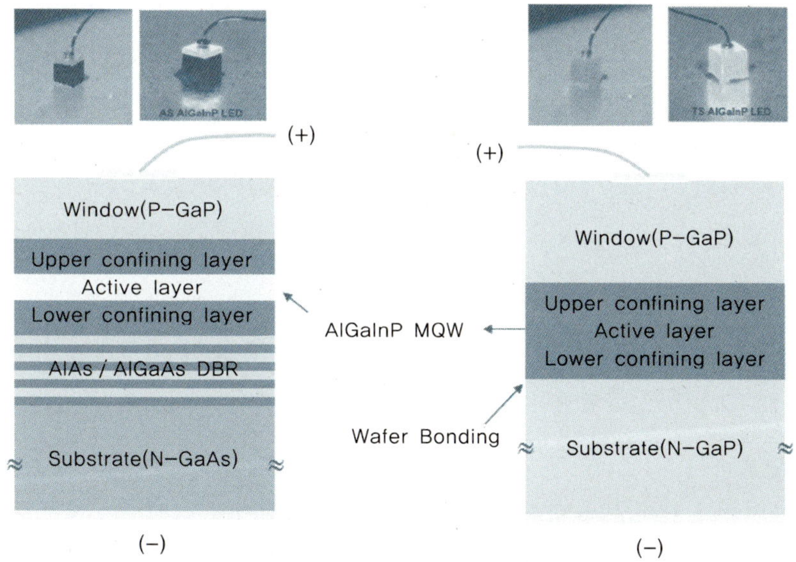

[그림 6-4] AlGainP LED 구조

그러나 사파이어 기판을 사용할 경우 상부 표면에 P, N전극이 모두 필요하기 때문에 공정이 추가한다. 사파이어 기판을 사용한 LED의 기본 에피구조는 사파이어 기판 위에 버퍼층이 있으며 그 위에 N형 반도체 (N-GaAs 및 P-AlGaN)와 MQW 구조의 활성층(InGaN/GaN), P형 반도체(P-AlGaN 또는 GaN) 및 P형 콘텍층(P-GaN)으로 이루어져 있다.

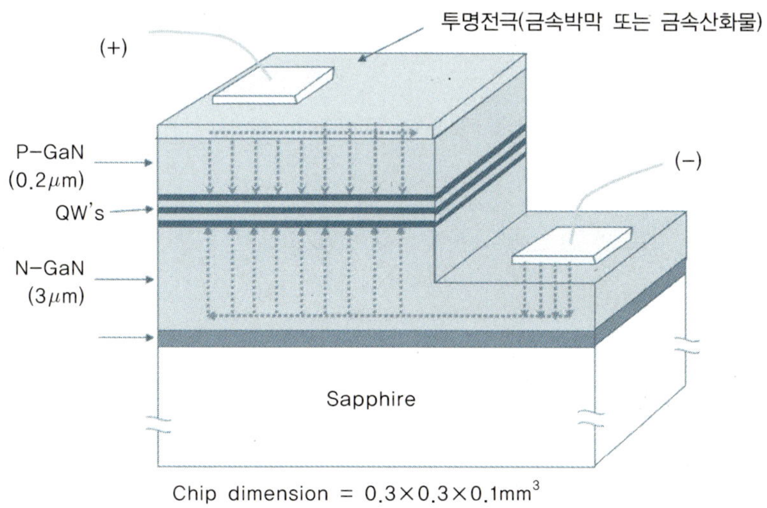

[그림 6-5] LED 구조

2) InGan/GaN LED 공정흐름도

LED의 제작에 있어 기본적인 사파이어 기판상에 InGan/GaN LED의 공정흐름도는 다음과 같다.

① 웨이퍼 세척(Wafer Cleaning)

웨이퍼 표면의 불순물 또는 오염물, 유기물 세척 공정(산 및 유기 세척)이다.

② 투명 전극 형성

P콘텍층 표면에 P형 옴접촉성 전극 및 빛을 투과할 수 있는 광투과성 물질(NiO+Au, ITO, ZnO)을 형성하는 공정이다.

③ 에피층 식각

웨이퍼 표면에서 에피층의 N형 반도체(N-GaN)의 일부까지 식각하여 N형 반도체 표면를 노출시키는 공정으로 주로 건식 식각으로 RIE, ICP를 이용한다.

④ P패드 형성

P형 반도체와 리드프레임의 리드를 금와이어로 연결할 수 있도록 P형 반도체 표면의 일부에 패드를 형성하는 공정으로 멀티 메탈층으로 구성된다. P패드 형성 공정은 설계에 따라서 P형 반도체와 옴접촉형 금속을 사용하거나 쇼트키형 금속을 사용할 수 있다.

⑤ P패드 금속합금화(Alloy)

패드금속이 반도체 또는 투명전극과 접촉되도록 일정 온도에서 합금화시키는 공정으로 RTP(Rapid Thermal Processor)를 이용한다.

⑥ N형 전극 증착

N형 반도체(N-GaN)층위에 옴접촉 금속을 증착하는 공정이다.

⑦ N형 전극 합금화

N형 반도체와 N형 전극과 옴접촉을 형성하도록 합금화하는 공정으로 RTP를 이용한다.

⑧ 보호막 형성

칩의 표면을 보호하기 위하여 절연막을 형성하는 과정으로 주로 SiO_2, SiN 등을 PECVD법으로 형성한다.

⑨ 이면연마

두꺼운(약 430μm) 사파이어 기판을 약 100μm정도로 얇게 연마하는 공정으로 웨이퍼 본딩, 그라인딩(Grinding), 랩핑(Lapping), 폴리싱(Polishing)의 세부공정을 가진다.

⑩ 스크라이빙(Scribing)

얇게 연마된 웨이퍼를 각각의 개별 칩으로 분리하는 공정이다. 스크라이빙은 웨이퍼의 전면 또는 후면을 뾰족한 다이아몬드 툴로 스크래치를 형성후 날카로운 칼날로 스크라이브된 반대방향을 쳐서 개별 칩으로 분리시키는데 각각의 세부공정을 스크라이빙, 브레이킹(Breaking) 공정이라고 한다.

스크라이빙을 하는 방법에 따라 다이아몬드 스크라이빙과 레이저 스크라이빙으로 구분되다.

⑪ 전기적, 광학적 특성 전수 측정

LED의 기본적인 전기적 특성(순방향전압 VF, 역전류 IR) 및 광학적 특성(파장특성 ; 피크 파장 λP(WP), 도미넌트 파장 λD(WD), 파장반치폭 FWHM, 광의 세기 ; 광도(Iv) 또는 복사강도(IE), 색좌표(CIE x, y) 등)을 웨이퍼내의 모든 칩에 대하여 전수 측정하는 공정으로써 LED 칩에서 주요한 특성은 VF, Iv 또는 IE, λD이다.

⑫ 등급별 분류

주요 특성(VF, Iv 또는 IE, λD)에 대하여 등급별로 분류하는 공정이다.

⑬ 외관검사

패턴, 오염, 커팅(Cutting) 상태 등의 칩의 외관을 검사하는 공정이다.

⑭ 포장

분류된 칩과 일정 수량을 포장하는 공정이다.

⑮ 출하검사 및 출하

샘플링 검사 및 출하하는 공정이다.

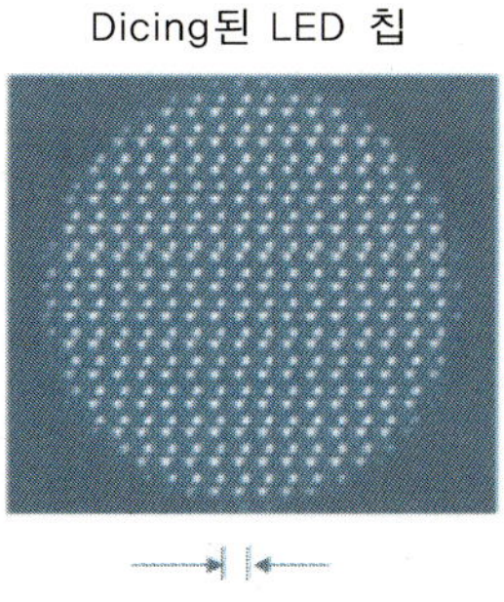

[그림 6-6] Dicing된 LED 칩

3) 최대 추출효율 향상을 위한 구조 및 방법

최근에는 칩의 활성층에서 발광된 광을 칩 외부로 최대로 추출효율을 향상하기 위하여 여러 가지 구조 및 방법을 이용하고 있다.

(1) 루미레즈 방법

적색 및 황색 칩에 사용되는 InGaAIP/GaAs계의 경우 GaAs 기판의 재흡수 때문에 광의 추출효율이 떨어진다. 이를 보완하기 위하여 다음과 같은 방법을 사용한다.

① 방법1 : GaAs 기판을 제거하고 투명한 GaP 대리 기판을 사용한다.

② 방법2 : GaAs 기판을 제거하고 사파이어를 이용한다.

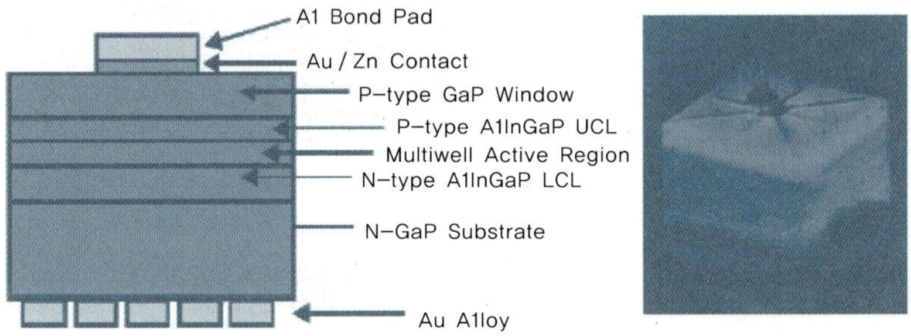

LED 구조 단면 발광시의 모습

[그림 6-7] GaP 투명기판을 이용한 AlGainP 계열 LED 구조

③ 방법3 : GaAs 기판을 제거하고 Si 또는 금속기판(Cu, CuW 등)을 대리기판으로 사용하고 에피층과 대리기판 사이는 반사 금속층을 삽입하여 하부방향으로 진행되는 광을 다시 상부방향으로 광의 방향을 변경하여 상부로 추출되는 광량을 증가시켜 광추출효율을 향상한다. 또한 대리기판의 높은 열전도특성을 이용하여 신뢰성 및 고출력 칩에 적합하도록 제작하고 있다.

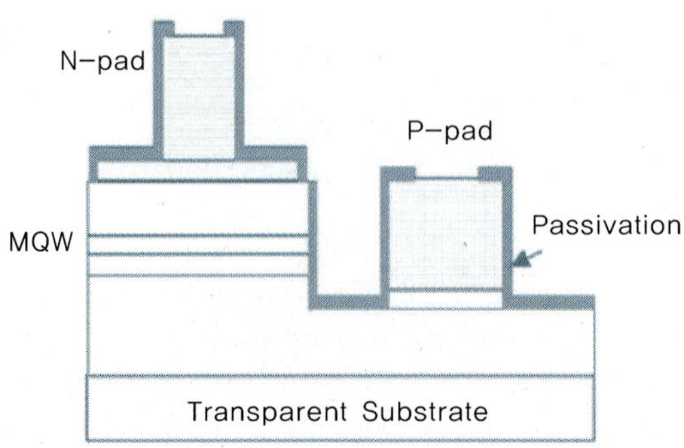

[그림 6-8] 투명기판을 사용한 InGaAiP 계열 적색, 황색 LED 구조

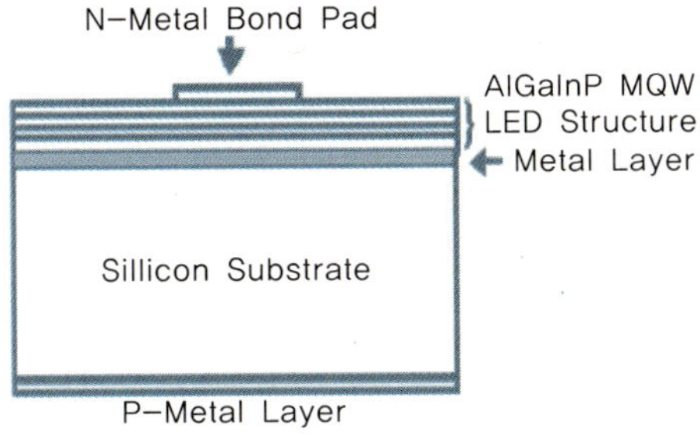

[그림 6-9] GaP 투명기판을 사용한 AlGainP 계열 적색, 황색 LED 구조

(2) PSS 방법

청색 및 녹색, 자외선 LED에 사용되는 InGa(Al)N/GaN계열에 있어서는 광추출효율을 향상하기 위하여 사파이어 기판을 패턴화하여 빛의 방향을 변경하여 광추출을 향상하는 구조인 PSS(Patterned Sapphire Substrate) 기판을 이용한다. 이 PSS 구조는 에칭에 의하여 형성하여 패턴의 크기가 아주 작은(1~3μm)의 수준이기 때문에 스테퍼(Stepper)를 사용하여 매스크 패턴을 형성한다. 국내 고휘도 제품에 있어서는 대부분 PSS 기판을 사용한다.

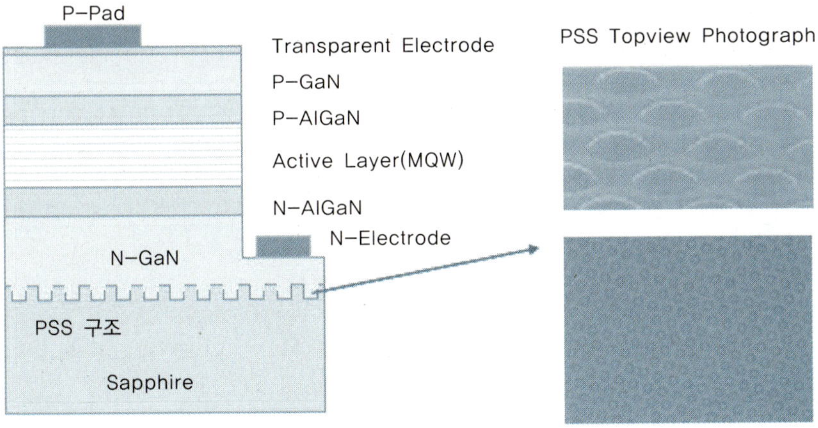

[그림 6-10] PSS 기판을 이용한 InGaN 계열 LED 구조

(3) 표면의 형상을 요철화 방법

표면의 형상을 요철화하여 광추출효율을 증가시키는 공정이 개발되었다. 투명전극의 표면이나 식각된 N형 GaN층에 요철을 형성하여 광추출효율을 증가시킨다. 서로 다른 굴

절률을 가지는 평탄한 계면에서 임계각(스넬의 법칙)에 의한 탈출하지 못하는 광을 계면을 요철화함으로써 광을 외부로 탈출하도록 한다. 동일한 방법으로 투명전극을 요철화하여 광추출효율을 증가시키는 방법도 사용되고 있다.

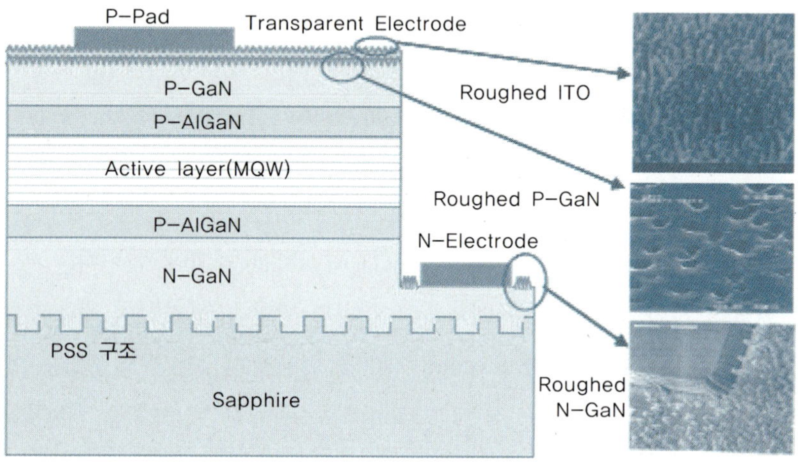

[그림 6-11] 표면 요철을 적용한 InGaN 계열 LED 구조

(4) 수직형 구조를 사용하는 방법

고출력의 LED에 있어서는 LED내에서 많은 열이 발생한다. 이 열을 칩 외부로 방열하지 않으면 칩의 수명이 짧아진다. 특히 좁은 영역에 높은 광출력을 원하는 경우 칩에 인가하는 전류를 보다 높여야 하기 때문에 추가적인 열이 발생한다.

특히 GaN LED에 있어서 주로 부도체이고 열전도율이 낮은 사파이어 기판이 사용되기 때문에 고출력화를 위해서는 다른 방법이 고안되어야 한다.

이 방안으로 수직형 전극 구조가 개발되어 판매하고 있다. 이 수직형 구조는 사파이어 기판을 제거하고 Si 도는 금속기판(Cu, CuW 등)을 대리기판으로 사용하여 에피층과 금속기판 사이에 반사금속층을 가지며 상부 및 하부에 각각 전극을 가진다. 특히 사파이어 기판을 제거하는 방법이 수율 및 생산성을 판정하는 주요 기술로 LLO(Laser Lift-Off) 방법 또는 연마, 화학적 식각 등 여러 방법을 사용 및 개발하고 있다.

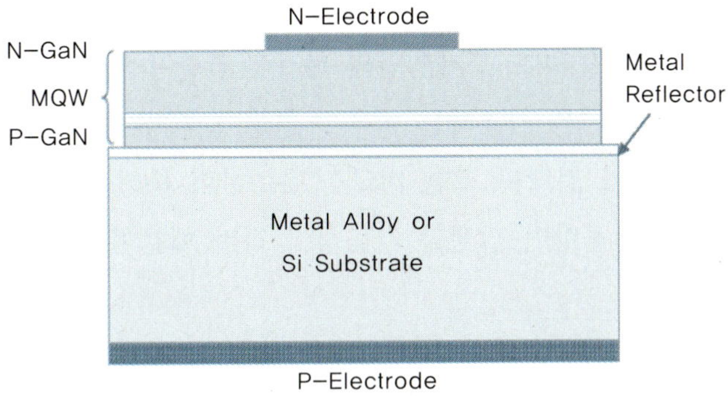

[그림 6-12] 수직구조형 InGaN 계열 LED 구조

4) 패키지 / 모듈 공정

패키지 및 모듈 공정에서는 웨이퍼에서 생산된 LED 칩을 이용하여 고출력 LED 광원을 만들게 되며 이를 응용하여 원하는 모듈을 생산하게 된다. 패키지 공정은 칩을 외부로부터 기계적, 환경적, 전기적 위험요소로부터 보호하는 역할을 하며 광의 제어 및 활용도 개선을 위해 공학 설계가 추가된다. 패키지 공정에서는 방열기술과 설계기술이 필수적이다.

단품 패키지 제작공정은 접착제 도포(Glue Dispensing), 다이본딩(Die Bonding), 와이어본딩(Wire Bonding), 형광체 주입(Phosphor Injection), 외관봉합(Encapsulation)으로 나눌 수 있다.

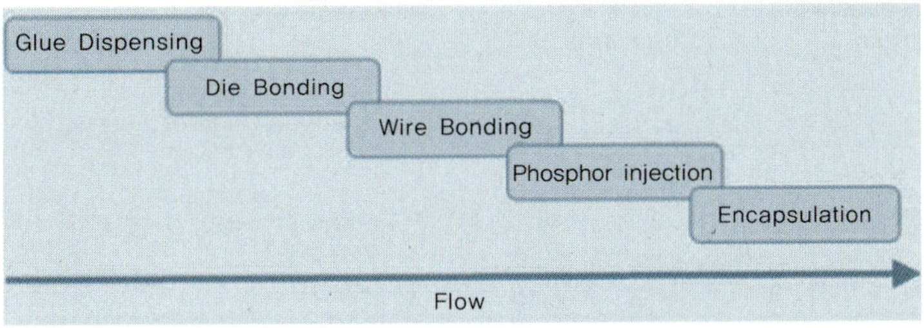

[그림 6-13] 단품 패키지 제작공정

① 접착포 도포(Glue Dispensing)

PCB 표면에 접착제를 도포하는 공정이다.

② 다이 본딩(Die Bonding)

낱개의 칩을 리드 프레임에 장착시키는 공정으로 LED 칩을 패키지에 고정시키고 칩과 패키지 간의 전기적 접속이 이루어지게 하기 위한 것이다.

③ 와이어 본딩(Wire Bonding)

다이본딩이 완료된 제품을 리드 프레임간의 전기적 연결이 되도록 금선을 사용하여 부착하는 공정이다. 이때 금선을 사용하는 이유는 연성이 좋아서 끊어지지 않도록 가늘고 길게 뽑는 것이 쉽고 전기 전도도 또한 비교적 우수하며 특히 다른 물질과의 반응성도 매우 낮아서 부식되거나 불량이 발생할 가능성이 적기 때문이다.

④ 형광체 주입(Phosphor Injection)

형광체를 주입하는 공정이다.

⑤ 외관봉합(Encapsulation)

제품의 기계적, 환경적 보호 및 사용이 가능하도록 제품의 외관을 에폭시 레진으로 봉지시키는 공정이다.

고출력 패키지를 얻기 위해서는 높은 광추출을 갖는 패키징 기술이 필요하며 다양한 패키지 구조설계, 저가격 양산 공정기술, 광학 설계기술 등이 필요하다. 또한 출력이 높아질수록 열저항을 효과적으로 감소시킬 수 있는 패키징 기술이 적용되어야 한다.

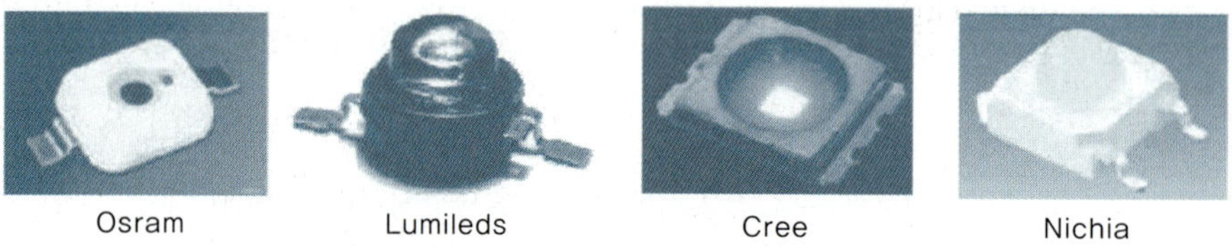

[그림 6-14] 여러 형태의 LED 패키지

파워 패키지는 최적화된 설계에 맞게 칩을 포장하는 마무리 단계로서 칩의 성능을 한 단계 업그레이드시켜 줄 수 있는 상당히 중요한 과정이다.

현재는 응용제품이 다양하고 표준규격이 없기 때문에 다양한 종류의 패키지 형태가 있으며 고출력을 요하는 제품을 위해서 특별한 디자인의 패키징이 각 제조사마다 개발되고 있다.

02 반도체 패키지

1. 반도체칩 조립공정

조립공정(Assembly Process)이란 제작된 웨이퍼 상의 각 칩의 성능을 테스트한 후 각종 전자 시스템에 쉽게 사용할 수 있도록 낱개의 칩으로 잘라내어 최종적으로 제품화하는 기술이다. 연속적으로 이루어지는 반도체 칩의 조립공정을 단계별로 살펴본다. [그림 6-15]에서 LED의 여러 가지 패키지 형태를 보였다.

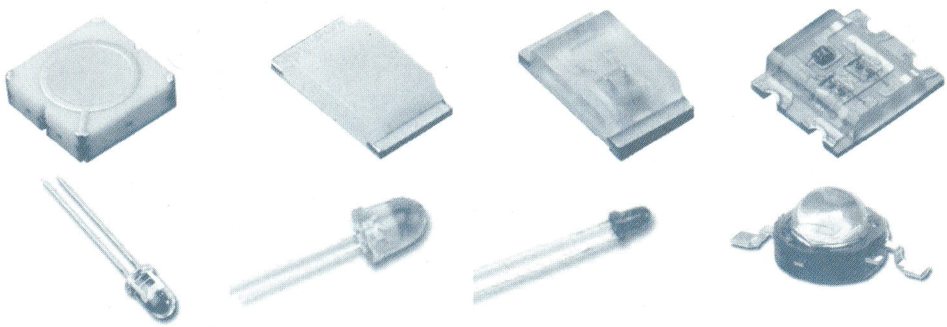

[그림 6-15] LED의 패키지

[그림 6-16 (a)]는 전형적인 반도체칩의 조립공정도를 보여준다. 그림에서 보는 바와 같이 단계별로 여러 공정을 거치게 되지만, 단위체적당 실장 효율을 높이기 위해 다양한 패키지들이 개발됨에 따라 갈수록 일부 공정이 생략되기도 하며 크게 단축되는 경향을 보이고 있다.

2. LED 칩 조립공정

LED 칩의 조립공정은 전형적인 반도체칩 조립공정과 같으나, 트리밍(Trimming)과 테이핑(Tapping) 공정을 추가하는 경우가 대부분이다.

LED 패키지는 일반적인 반도체소자와는 달리 빛을 외부로 효율좋게 발산하여야 하므로 다음과 같은 주요기능을 갖추어야 한다.

① 환경적, 기계적, 전기적 보호장치

② 발광효율 향상

③ 지향각 조절

④ 열방출의 매개체의 역할을 한다.

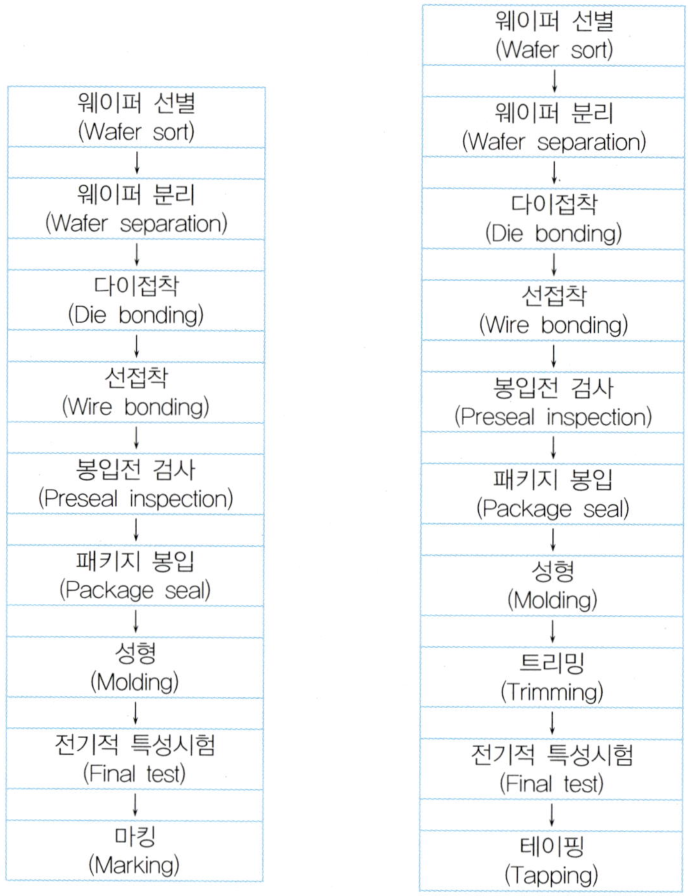

(a) 반도체소자 조립공정 (b) LED 조립공정

[그림 6-16] 반도체 소자와 LED 조립공정

03 LED 패키지 조립공정

1. 웨이퍼 선별과 분리

전 공정이 끝난 웨이퍼는 웨이퍼 상태에서 각 칩의 기능이 양호한지 불량인지를 전기적 규격에 따라 선별하게 된다. 이 과정을 웨이퍼 선별(Wafer sort), 웨이퍼 프로브(Wafer probe) 혹은 다이 선별(Die sort)이라고도 하며, 검사규격에 따른 테스트 프로그램에 의해 컴퓨터를 이용하여 수행되는데 1초에서 수 분 정도의 시간이 소요된다.

테스트 결과 결함이 있는 다이는 잉크점(Ink dot)으로 표시(일명 ink dice)하여 그 다음 웨이퍼 분리과정에서 쉽게 구별할 수 있도록 한다. 테스트 후 웨이퍼는 사각 모양의 낱개의 다이로 자르기 위해 다이 분리(Die separation)과정을 거치게 된다. 즉, 다이아몬드 줄톱을 이용하여 줄을 긋거나 웨이퍼를 절단하여 다이로 분리하는데 Sawing, Scribing 또는 Dicing이라고 한다.

각 칩을 분리한 후 잉크점이 찍힌 다이는 그 다음 조립과정에 포함되지 않도록 하기 위해 완전히 제거한다. 양품 다이(Good die)만을 현미경을 이용하여 육안검사를 실시하여 칩 절단 및 분리시 오염되었거나 긁히거나(Scratch) 가장자리가 깨어진(Crack) 불량품을 제거한다.

2. 다이 접착

다이를 리드 프레임, PCB 또는 회로 테이프 위에 붙이는 공정을 다이 접착(Die bonding, 혹은 Die attach)이라고 하며 이에 쓰이는 장비를 [그림 6-17]에 보인 것과 같이 다이 본더(Die bonder)라고 한다. 갈수록 다이의 크기가 작아지는 추세이므로 접착 위치와 각도의 정밀성이 더욱 요구되는 실정이다.

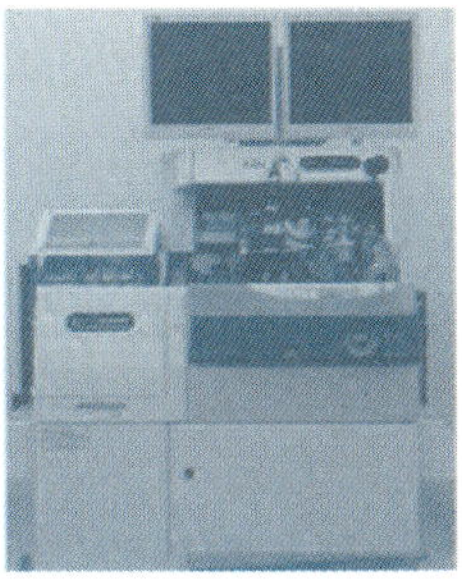

[그림 6-17] 다이 본더

다이를 리드 프레임에 접착시키기 위해 사용되는 물질은 경납(Hard solder), 즉 두 물질 간의 공정(eutectic, 共晶)을 이용하는 것과 에폭시(Epoxy)나 폴리아미드(Polyamide) 등의 중합체(Polymer)를 사용하는 것으로 구별할 수 있다.

통상 다이 뒷면은 Au로 증착되어 있으며, 리드 프레임은 Ag로 도금되어 있거나 Cu, Ni 등으로 되어 있다. 두 개 이상의 금속이 합금상태가 될 때 이들의 공정온도(eutectic temperature)는 각 단일 금속의 융점보다 훨씬 낮다. Au의 융점은 1063℃이고, Ag의 융점은 961℃ 정도이지만 이들과 웨이퍼의 소재인 Si의 공정온도는 매우 낮아져서 500℃ 이하에서도 다이를 리드 프레임 위에 접착시킬 수 있다.

Au와 Cu의 공정온도는 884℃인데 여기에 Si까지 합금화되면 450℃정도로 공정온도가 낮아지게 된다. 이것이 바로 다이를 구리 도금된 동합금 리드 프레임 위에 접착할 때 실제로 일어나는 현상이다.

보통 Au-Si계(Au 96.4%, Si 3.6%)에서는 공정점(Eutectic point) 온도인 370℃ 정도로 가열하면 합금접착이 형성되어 결국 다이가 리드 프레임에 단단히 접착된다. 때로는 Si칩 뒷면을 0.05mm 이하로 얇게 경납물질(Au 98% + Si 2%)을 증착하여 공정점에서 접착시키기도 한다. [표 6-3]은 공정 다이 접착용 재료의 조성과 융점을 보인 것이다.

[표 6-3] 공정 다이 접착용 재료의 조성과 융점

조 성	온 도(℃)	
	액체화	고체화
80% Au, 20% Sn	280	280
92.5% Pb, 2.5% Ag, 5% In	300	–
97.5% Pb, 1.5% Ag, 1% Sn	309	309
95% Pb, 5% Sn	314	310
88% Au, 12% Ge	356	356
98% Au, 2% Si	800	370
100% Au	1063	1063

공정 다이 접착법은 주로 세라믹 패키지에 사용되며, 내습성이 강하고 불순물이 없는 반면 자동화가 어렵고 고온 가열을 필요로 하므로 기계적 응력이 크다는 결점이 있다. 에폭시나 폴리아미드를 사용한 접착에서는 이송장치를 중합제가 들어 있는 용기에 잠깐 담근 후 이송장치의 하단에 약간 부착시켜 리드 프레임으로 옮겨 접속물질로 사용하기에 적합한 두께가 되도록 조절한다.

에폭시 수지는 비교적 낮은 가열온도(125~175℃)에서 굳어지지만 폴리아미드는 보다 높은 온도에서 경화된다. 에폭시 수지는 가격이 저렴하고 자동화하기가 비교적 간편하며, 전기전도도와 열전도성이 우수하다. 또 낮은 온도에서 경화되므로 기계적 응력도 작기 때문에 플라스틱 패키지에 가장 많이 사용되는 접속물질이다.

같은 중합제인 폴리아미드는 경화시키는 온도가 높아 기계적 응력에 의해 칩에 균열을 일으키기 때문에 열팽창계수가 비슷한 alloy 42 리드 프레임이나 세라믹 기판이 사용된다.

[그림 6-18] 경화용 오븐

다이 접착된 소재를 [그림 6-18]과 같은 오븐(오븐)에 넣고 재료에 따라 [표 6-3]에서와 같이 정해진 온도로 가열하여 경화(Curing)한다.

3. 선접착

[그림 6-19]는 와이어 본딩 머신의 외관이고, [그림 6-20]은 선접착이 끝난 LED 칩의 SEM 사진이다.

[그림 6-19] 와이어 본더

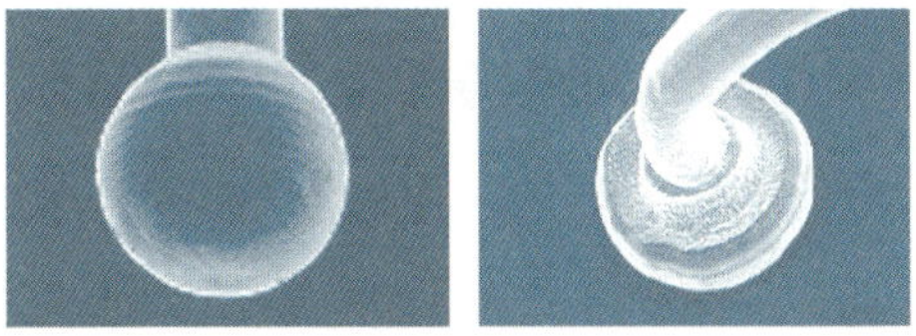

[그림 6-20] LED 칩의 SEM 사진

선접착은 다이 접착이 끝난 후 그림과 같이 칩의 본딩 패드와 리드 프레임(혹은 PCB, 회로 테이프) 등 외부단자 사이를 세금선(Extremely fine gold wires)을 이용하여 전기적으로 연결시키는 공정을 말하며, 여기에 쓰이는 장비를 선접착기(Wire bonder)라고 한다. 이와 같은 선접착기술은 앞서 다른 TAB 및 플립 칩 기술에 비해 고전적인 방식이지만 비용이나 신뢰성면에서 가장 적합하기 때문에 아직도 LED나 반도체 소자, 집적회로 조립에 보편적으로 많이 사용하는 기술이다. 선접착방식에는 열 압착법, 초음파 접착법, 열음파 접착법 등이 있다.

1) 선접착의 구비조건

선접착에 사용되는 본딩 와이어는 우선 전기적 신호를 완벽하게 전달해주어야 하므로 보통 99.999%의 고순도성이 요구되며, 선의 지름은 용도에 따라 차이가 있지만 1~1.3mil의 것이 주로 사용된다. 본딩 와이어는 순도가 높을수록 강도는 낮아지기 때문에 미량의 다른 원소를 첨가하여 만든다.

[그림 6-21]은 세금선이 실패(Spool) 모양으로 감겨 있는 본딩 와이어를 보인 것이다. 본딩 와이어의 소재는 주로 금(Au)이 사용되며, 최근에는 알루미늄(Al)을 비롯하여 구리(Cu)와 팔라듐(Pd)도 사용된다. 금선은 Al보다 훨씬 비싸지만 Al전극에 대해서 접착강도, 접촉저항, 그리고 본딩 속도 등의 점에서 우수하여 양산성이 유리하므로 가장 널리 사용된다.

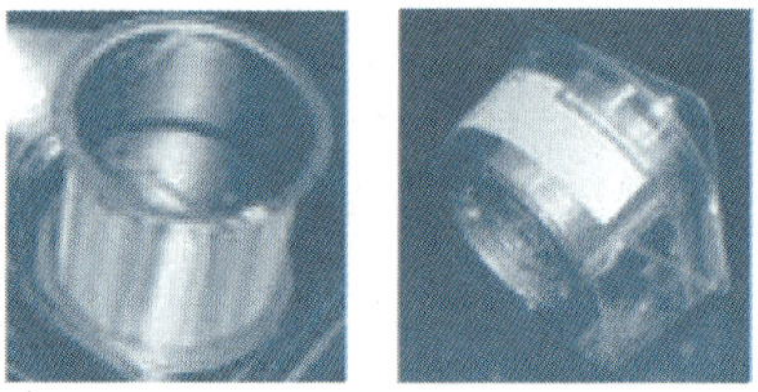

[그림 6-21] 본딩 와이어(Au)

한편, 칩의 크기가 계속 소형화되기 때문에 조밀한 패드 간격에 본딩할 수 있는 극세 패드 피치(Fine pad pitch) 기술이 요구된다. 따라서 현재 양산 라인에서 선접착이 가능한 최고 정도는 40~45μm 피치로 알려져 있지만 ITRS의 로드맵에 따르면 향후 20μm 피치 이하가 될 것으로 전망하고 있다. 뿐만 아니라 와이어 루프(Wire loop)가 점차 길어지기 때문에 장력이 큰 와이어를 요구하게 될 것이다.

2) 열 압착(Thermo compression bonding)법

[그림 6-22]는 열 압착 과정을 보인 것이다. 두 종류(또는 같은 종류)의 금속을 서로 선으로 접속하기 위하여 가장 일반적으로 사용되는 방법은 가열하면서 동시에 가압하는 thermo-compression 방식이다. 금선이 감겨진 실패를 선접착기(Wire bonder)에 장착하고, 금선을 가열된 유리 또는 텅스텐 카바이드(Tungsten carbide)의 모세관(Capillary tube)을 관통시킨 후 작은 수소불꽃(H_2torch) 또는 전기 스파크로 금선의 끝을 녹여 [그림 6-22 (a)]와 같이 금볼(Gold ball)을 만든다. 컴퓨터 제어로 볼의 위치를 본딩 패드 위에 맞추고 모세관을 낮추면 미리 조정된 모세관의 압력과 열에 의해 두 접촉 금속간(Au와 Al)의 상호 확산으로 [그림 6-22 (b)]와 같이 칩 상의 본딩 패드에 접착이 이루어진다.

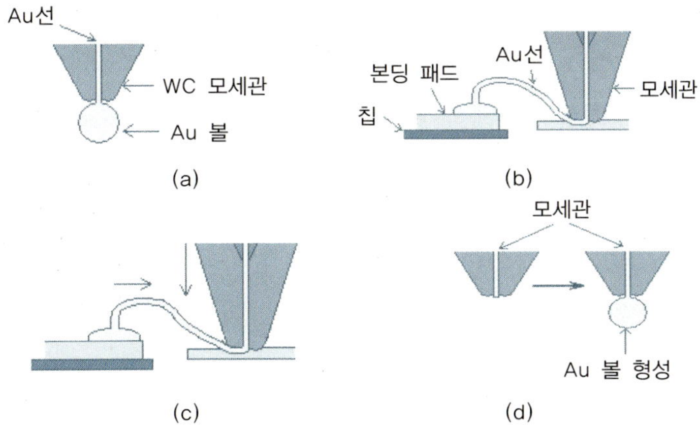

[그림 6-22] 열 압착법

그 다음 모세관을 올리고 [그림 6-22 (b)]와 같이 외부 리드 상으로 이동시킨 후 모세관을 [그림 6-22 (c)]와 같이 내리면 모세관의 열과 하중으로 외부 리드 위에 Au선이 최종적으로 견고하게 접착되고 동시에 금선은 본딩 끝에서 잘리고 모세관은 위로 이동하게 된다. 이와 같이 본딩 패드와 리드 프레임간의 접착이 이루어지게 되면 칩 내의 다른 패드들의 접착을 위해 [그림 6-22 (d)]와 같이 수소 불꽃으로 금선의 끝을 둥근 모양의 볼로 다시 형성하여 최초의 상태로 되돌린다.

열 압착을 하는 동안 기판의 온도는 150~200℃로 유지되며, 모세관의 무게는 모양과 금선에 따라 차이가 있으나 30~200g 범위 내에서 컴퓨터 제어된다. 접착속도는 73ms(0.073sec, 초당 13.7번 본딩) 정도이다. 그리고 사용하는 Au선의 지름은 흐르는 전류에 의해서 결정된다.

이상과 같이 본딩 패드에 의한 접착이 금선 끝의 볼에 압력을 가하여 이루어지므로 흔히 구 접착(Ball bonding) 또는 못머리 접착(Nail-head bonding)이라고도 하며, 그 형상을 [그림 6-22]에 보였다. 열 압착시 결합 경계면(Au-Al)에서의 온도가 280~350℃로 비교적 높기 때문에 초음파 접착법이나 열음파 접착법으로 대체되고 있다.

3) 초음파 접착(Ultrasonic bonding)법

초음파 접착법은 열을 가하지 않고 압력과 초음파 에너지로 접착하는 방식이다. [그림 6-23]은 초음파 접착방법이다. 이 방법은 열압착법에서 사용된 모세관 대신 쐐기 모양의 웨지(Wedge)를 바늘처럼 사용하여 본딩을 하므로 쐐기 접착(Wedge bonding)이라고 하며 그 형상은 [그림 6-22 (b)]와 같다.

쐐기형 텅스텐 카바이드에 초음파 장치가 연결되어 있고, 이것에 의해 Al선을 칩의 본딩 패드에 옮긴 후 쐐기접속 기구를 누르면서 20~60kHz의 초음파 진동(Ultrasonic Vibration)을 가해줌으로써 상온에서 접착이 이루어지게 된다. 이 공정에서는 주로 Al선이 Au선보다 많이 사용되고 있다. 이것은 칩의 본딩 패드가 Al(최근에는 Cu로 바뀌고 있다)으로 되어 있어 금속이동(Metal migration)이 발생하지 않을 뿐 아니라 퍼플 플레이그 현상을 피할 수 있기 때문이다.

초음파 접착의 이점은 가열에 의한 칩의 전기적 특성변화에 대한 염려가 없고 결합도(Bondablility)가 매우 우수하며, 특히 접착 후 Ag선의 꼬리가 생기지 않는다는 점(Tailles operation)과 생산성이 매우 높다는 점이다.

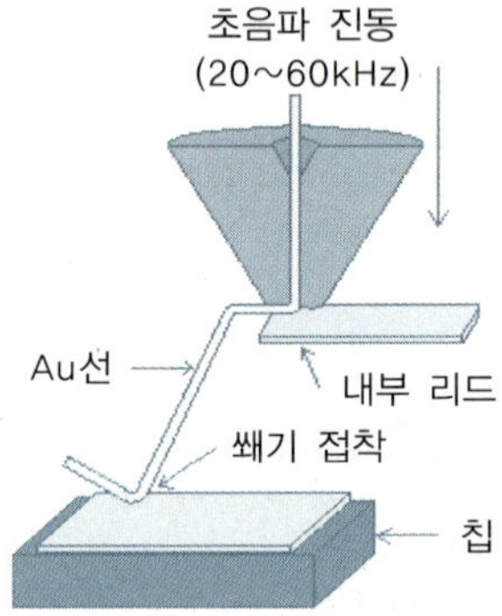

[그림 6-23] 초음파 접착법

4) 열음파 접착(Thermo-sonic bonding)법

열 압착법과 근본적으로 동일하지만 음파 에너지(Sonic energy)를 추가로 사용한다는 점이 다르다. 따라서 열 압착 방식보다 더 낮은 온도(약 150℃)에서 더 낮은 압력으로 더 빠른 속도로 접착(초당 5~10개)이 가능하며, 특히 자동화가 비교적 쉽다는 특징을 갖고 있다.

4. 몰 딩

몰딩(Molding)이란 패키지(PKG) 성형 공정으로 선접착(Wire bonding)이 끝난 칩과 리드 프레임을 금형에 넣고 겔(gel)화시킨 EMC(Epoxy Molding compound, AT&T사 개발)를 금형 틀 내로 주입하여 몰드(Molding M/C)에 넣고, 칩 전체를 습기와 오염으로부터 보호하고 일정한 외형을 갖는 형태로 만드는 공정을 말한다. 초기에 모든 디바이스들은 금속 헤더(Header)로 패키징되었다. 즉, 칩이 헤더 표면에 접착되고 선접착은 헤더의 기둥(Post)에서 행해진 후 금속 뚜껑으로 용접되는 방식이다.

이와 같은 밀폐형 패키지(Hermetic package)인 경우에는 봉입(Sealing) 또는 용접(Welding)이라고 하며, 전자는 주로 CERDIP (CERamic DIP)의 경우에 사용되는 용어이며, 후자는 주로 MCP(Metal Can Package)에 사용된다. 현재 주류를 이루는 플라스틱 패키지(Plastic package)의 경우에는 흔히 몰딩이라고 하고, 이후 Cure 공정에서 경화성 수지를 경화시켜 패키지(PKG) 성형을 완성한다.

1) 트랜스퍼 몰드

몰딩은 트랜스퍼 몰드(Transfer mold) 방식과 캐스팅 몰드(Casting mold) 방식으로 나누는데, 트랜스퍼 몰드 방식은 몰드 프레스(Mold press)를 사용하여 충분한 압력과 열로 패키지를 형성시키는 방식이다.

2) 캐스팅 몰드

캐스팅 몰드 방식은 일정한 모양의 용기, 즉 LED 공정에서는 몰드 컵(Mold cup)이라 지칭하는 용기에 경화성 수지를 부어 패키지를 형성하는 방식이다. 우주 항공산업 등 고신뢰성이 요구되는 일부 분야의 반도체 디바이스에는 세라믹을 밀봉재로 사용하며, 그 외의 모든 반도체의 밀봉에는 가격이 저렴하고 생산성이 우수한 EMC가 주로 사용되고 있다.

[그림 6-24]는 LED 몰딩머신의 사진이다. LED의 몰딩 공정은 선접착이 끝난 칩과 리드 프레임을 몰드 컵이라고 하는 플라스틱 금형에 넣고 겔화시킨 에폭시 수지를 주입하여 몰드(Molding M/C)에 넣고, 일정한 외형을 갖는 형태로 만드는 공정이다.

[그림 6-25]는 몰딩 후 Cure 공정에서 경화성 수지를 경화시켜 패키지 성형을 완성하는 Q오븐(oven)이다.

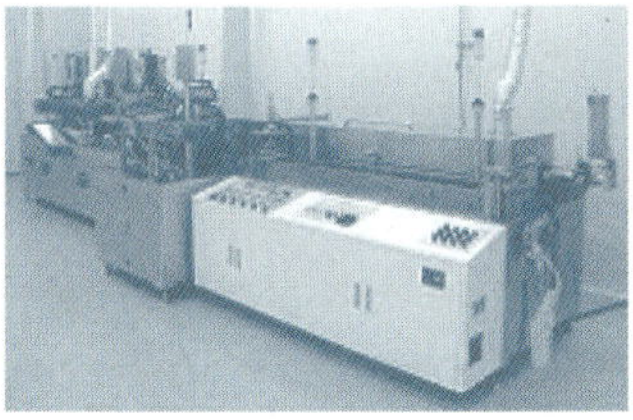

[그림 6-24] 몰딩머신

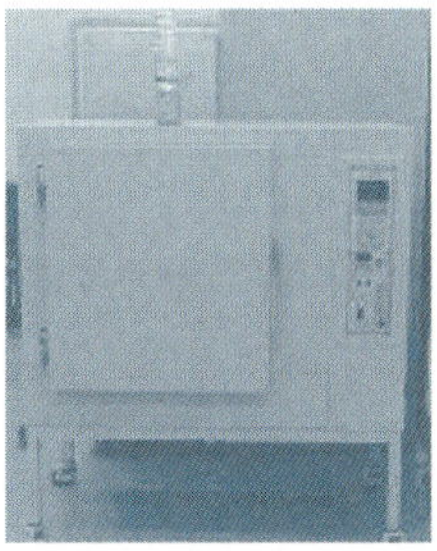

[그림 6-25] Cure용 오븐

5. 트리밍과 퍼밍

트리밍(Trimming or sawing)과 퍼밍(Forming)은 몰딩이 끝난 후 리드 프레임을 적당한 길이로 잘라내고, 납땜이 쉽도록 전기화학도금을 한 뒤 원하는 모양으로 리드 프레임을 가공하는 공정을 말한다.

1) 트리밍

리드 프레임의 각 외부 리드는 몰딩되어 완성된 외형을 갖기 전까지는 [그림 6-26 (a)]와 같이 램프형의 경우 리드와 리드 사이의 끝 부분을 가로축으로 연결하고 있는 소위 타이바(tie bar)로 지지되고 있다. 그런데 이 타이바는 각각의 리드를 전기회로상으로 단락시키는 결과가 되므로 몰딩 후에는 리드 프레임의 타이바를 제거시켜야 하는데, 이 공정을 트리밍이라고 한다. [그림 6-26 (b)]는 트리밍된 후의 패키지를 보인 것이다.

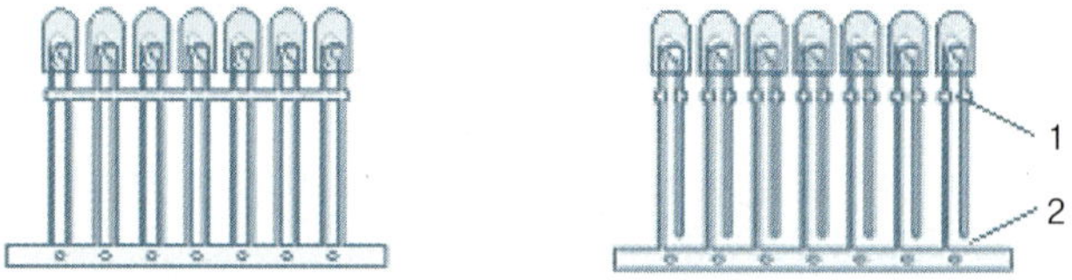

(a) 타이 바가 연결된 패키지 (b) 트리밍된 패키지

[그림 6-26] 트리밍 공정

[그림 6-27 (a)]는 1차 트림용 장비이고, [그림 6-27 (b)]는 2차 트림용 장비이다. 1차 트림은 제품을 테스트하기 위하여 필요한 부분을 절단(Cutting)하여 트리밍(Trimming)하는 작업이며, 2차 트림은 외관검사가 완료된 제품을 트리밍하는 작업이다.

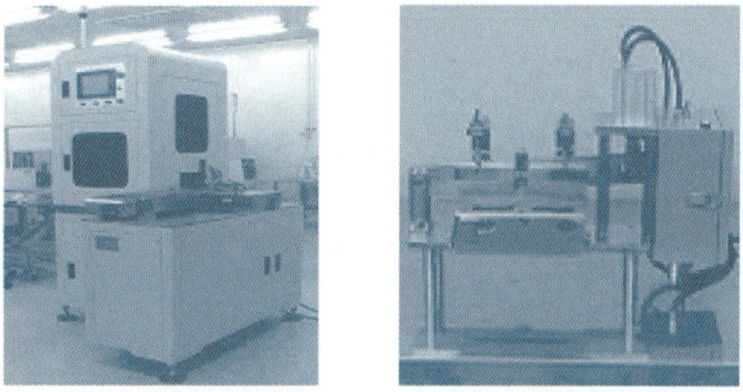

(a) 1차 트리밍 머신 (b) 2차 트리밍 머신

[그림 6-27] 트리밍 머신

2) 퍼 밍

퍼밍이란 최종적으로 리드 프레임의 리드 형태를 JEDEC 규격에 따라 굽혀주는 공정이다. 이 공정을 거쳐야 비로소 패키지가 하나의 부품으로서 실장할 수 있는 형태가 된다. 예를 들면 굽히는 형상에 따라 [그림 6-28]과 같이 패키지 바깥쪽으로 휘어진 갈매기 날개모양(Gull-wing shape)의 L자상과 패키지 안쪽으로 구부리는 J자상 등이 있다.

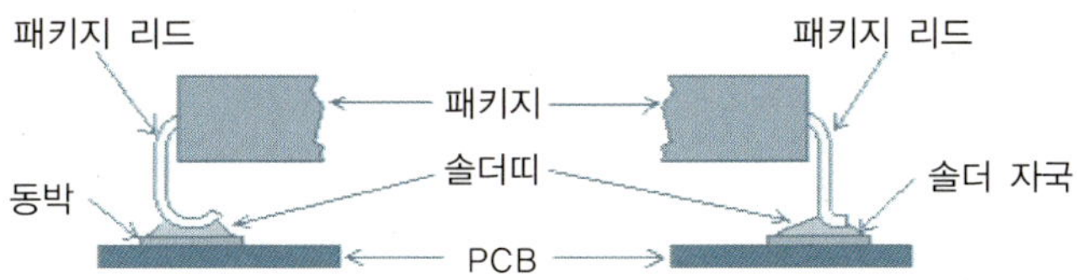

[그림 6-28] 퍼밍 공정

6. 최종 특성시험과 마킹

최종시험은 몰딩된 칩의 전기적 시험(Electrical tests), 환경적 시험(Environmental tests) 및 기계적 시험(Mechanical tests) 등을 컴퓨터를 이용하여 검사하는 공정이다. 이 공정에 사용하는 장비를 테스터 & 핸들러(Tester & Handler)라고 한다. [그림 6-29]에서 LED용 테스터 & 핸들러의 외관을 보였다.

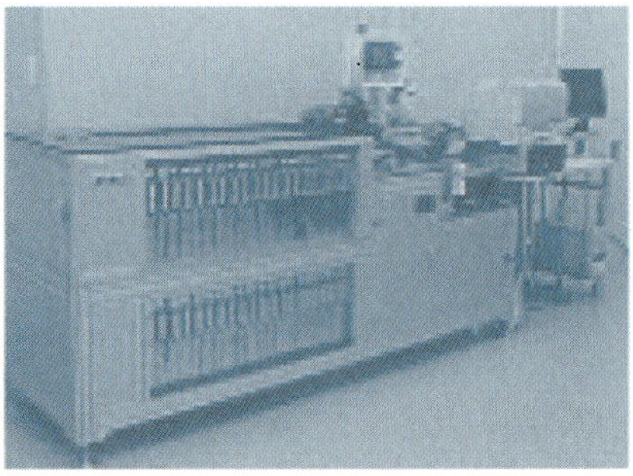

[그림 6-29] LED용 테스터 & 핸들러

컴퓨터를 이용하여 제품의 특성을 시험하기 위해서는 제품을 일정한 규칙(전극위치, 극성, 리드의 기능 또는 명칭)에 따라 선별(Sort)하고 배열하여야 하며, 선별된 제품은 극성시험, 동작시험, 양품 및 불량품 선별 등의 과정을 통하여 최종시험을 한다.

테스터 및 핸들러는 LED의 전기적, 광학적 특성을 측정(Test & Check)하여 분류하는 공정으로 부적합 선별, 광도별 제품 선별 및 분류 작업을 한다.

테스트 항목은 제품의 개별 테스트와 샘플링 테스트(Sampling test)를 하는데, 개별 테스트는 순방향 전압(Forward voltage), 광도, 역방향 전압(Reverse voltage) 등이고, 샘플링 테스트는 피크 파장(Peak wave levngth), Half width, Half angle 등이다. 또한, 광도크기에 따라 Rank선별하고 불량품을 선별한다.

시험결과 합격된 제품은 패키지 표면상에 제조회사명, 상표, 제품명, 제조시기 등의 정보를 문자, 숫자 또는 기호로 표시한다. 흔히 마킹(Marking)이라고 하며, 잉크 마킹(Ink matking) 레이저 마킹(Laser marking)으로 구분된다. 또한, 제품을 포장하거나 제품을 일정한 규칙(전극위치, 극성, 리드의 기능 또는 명칭)에 따라 선별하여 테이핑하는 공정을 추가하기도 한다.

[그림 6-30]은 LED용 테이핑 머신이다.

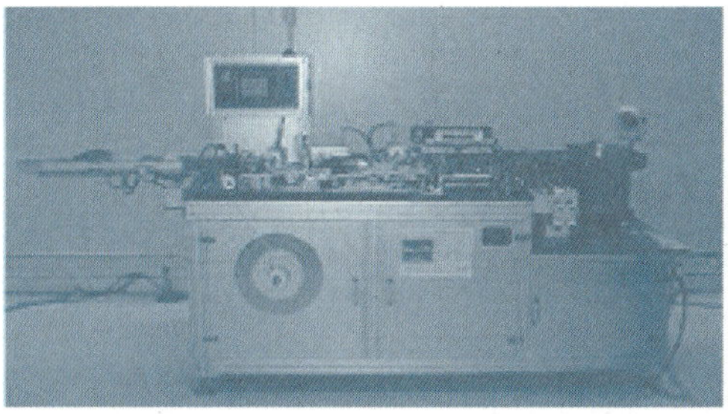

[그림 6-30] LED용 테이핑 머신

테이핑은 LED 어셈블리시 자동 마운팅(Auto mounting)을 위하여 제품을 일정한 간격으로 배열하여 테이프에 고정하는 공정으로 LED type에 따라 몇 개의 규격으로 나눈다.

1) 수직(Vertical) 리드 형태

스트라이트(Straight) 형태의 경우 H에 따라 3개의 규격으로 분류된다.

포밍(Forming) 형태는 9개의 규격으로 분류된다.

2) SMD(chip) LED 형태

캐리어 테이프 홀(Carrier tape hole) 방향이 모든 제품에 대하여 애노드(Anode)로 통일한다.

CHAPTER 07

LED BLU 구조

01 LED BLU의 개요

LED(Light Emitting Diode) BLU (Back Light Unit)는 CCFL(냉음극형광램프) BLU에 비해 전력소모량이 낮아 에너지 절감(15~20%)효과가 있고, 수은을 쓰지 않아 이산화탄소가 발생되지 않는 친환경 소재로 RoHS, WEEE 등의 환경규제정책 기조에 부응하고 있다. 또한 LED 산업 응용분야 중 성장속도가 가장 높은 분야로써 연평균 52.6%로 가장 높은 성장이 예상된다. LED 응용분야 가운데 LED BLU가 차지하는 비중은 2006년 9.9%에서 2011년에는 35.7%로 25.8%p 증가할 것으로 전망된다.

LED는 밝기, 전기소모량, 친환경 등 여러 분야에서 CCFL에 비해 우월하나, 가격이 너무 비싸 상용화하는데 어려우므로 CCFL(냉음극형광램프)을 이용한 BLU가 주로 사용되고 있다.

LED BLU는 색재현성, 응답속도, 명암비도 개선되어 보다 나은 화질을 제공하면 수명도 길며, 동일 휘도에서 LCD의 두께도 줄일 수 있는 장점을 지니고 있어 최근 세계적으로 생산량이 늘어나면서 LED 가격이 지속적으로 하락하고 원가절감을 위해 BLU에 들어가는 LED 양을 줄이는 방법으로 가격의 한계를 넘어서려는 노력이 시도되어 점차 LED BLU로 대체되는 추세이다.

LED TV용 BLU에는 LED가 도광판 뒷면에 바둑판 모양으로 촘촘히 들어가는 직하형(Direct Lit)이고 일반형인 휴대폰 · 네비게이션 등 중소형 기기의 BLU처럼 LED를 테두리에만 두르는 기술로 LED 소규모가 에지형 (Edge Lit)이 적용된다.

02 LED BLU 종류 및 구조

1. 대형 LED BLU

1) 대형 LED BLU의 구조

BLU(Back Light Uint)는 자체 발광을 하지 못하는 TFT-LCD 패널 위의 모든 면에 균일하도록 백색광을 뿌려주는 광원이라고 할 수 있다. [그림 7-1]처럼 LCD-TV나 모니터에 사용되는 일반적인 직하방식 RGB LED BLU의 구조이다.

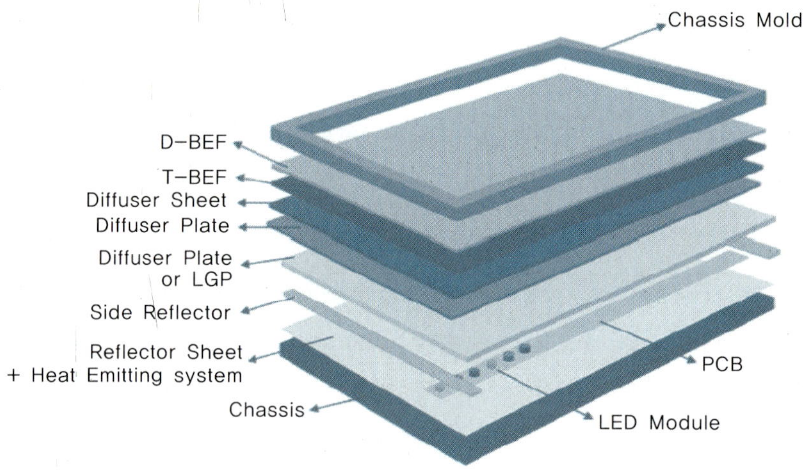

[그림 7-1] 대형 LED BLU의 구조

2) 대형 LED BLU의 구성 부품

[표 7-1]처럼 주요 구성 부품을 살펴보면 최적화로 어레이된 LED 광원, LED 광원을 구동하는 LED 드라이버, 광원의 밝기가 균일하도록 빛을 확산시켜 주는 Diffusion Sheet와 Diffusion Plate, 빛을 균일하게 만들어주는 LGP, 빛 손실을 방지하는 Side Reflector와 Reflection Sheet, 회로기판인 PCB와 휘도를 높여주는 D-BEF/T-BEF, 그리고 부품을 지지하는 Chassis Mold / Chassis로 구성되어 있다. 이외에 RGB 색상을 개별 제어하는 컬러 제어기(Color Controller), 색을 감지하는 컬러 센서(Color Sensor)가 있고 LED 광원의 방열을 담당하는 히트 이미팅 시스템(Heat Emitting System)이 들어가게 된다.

[표 7-1] LED BLU 주요 부품의 구성

부품명	기 능
Chassis Mold	부품 지지
D-BEF	휘도 상승
T-BEF	휘도 상승
Diffusion Sheet	밝기가 균일하도록 빛을 확산
Diffusion Plate	빛을 확산
LGP / Diffusion Plate	빛을 균일하게 만들어줌
Side Reflector	빛 손실 방지
LED Module	빛 발광
PCB	회로기판
Reflection Sheet	빛 손실 방지
Heat Emitting System	열방출을 분산
Color Controller	R/G/B를 컨트롤, 피드백 회로 구성
Color sensor	색상 감지
Chassis	부품 지지

3) 대형 RGB LED 회로구성

대형 RGB LED 회로구성에는 컬러 제어기와 컬러 센서가 피드백 회로로 [그림 7-2]처럼 구성되어 있다. 컬러 제어기(Color Controller), 시스템 관리기(System Manager) 등은 LED BLU의 기술적인 최종 단계로서 CCFL과 가장 차별화된 점이고 이러한 회로가 제대로 구성할 수 없으면 RGB LED BLU를 할 수 없다.

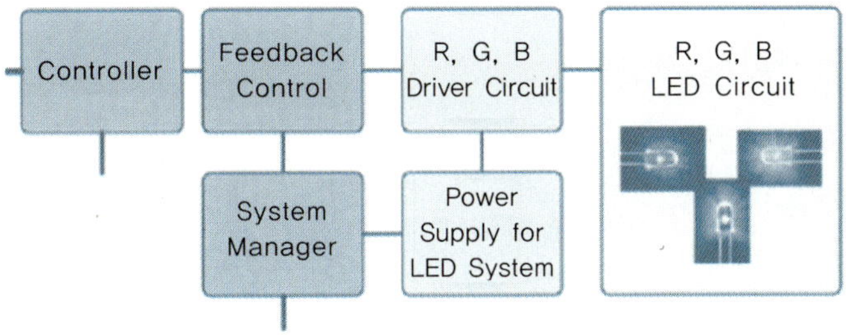

[그림 7-2] 대형 RGB LED 회로구성

2. 중소형 LED BLU

1) 중소형 LED BLU의 구조

중소형 LED BLU의 구조 및 구성은 대형 LED BLU와 매우 흡사하다.

[그림 7-3]처럼 휴대폰용 LED BLU의 기본적인 구조로 2-Way 방식의 구성이다. 구성을 보면 화면 균일성과 휘도를 최대로 높이기 위한 구조임을 알 수 있다. BLU업체에서는 LED 광원을 핸드링할 수 없기 때문에 LGP의 패턴이나 패턴 가공에 최대 노력을 하고 있다.

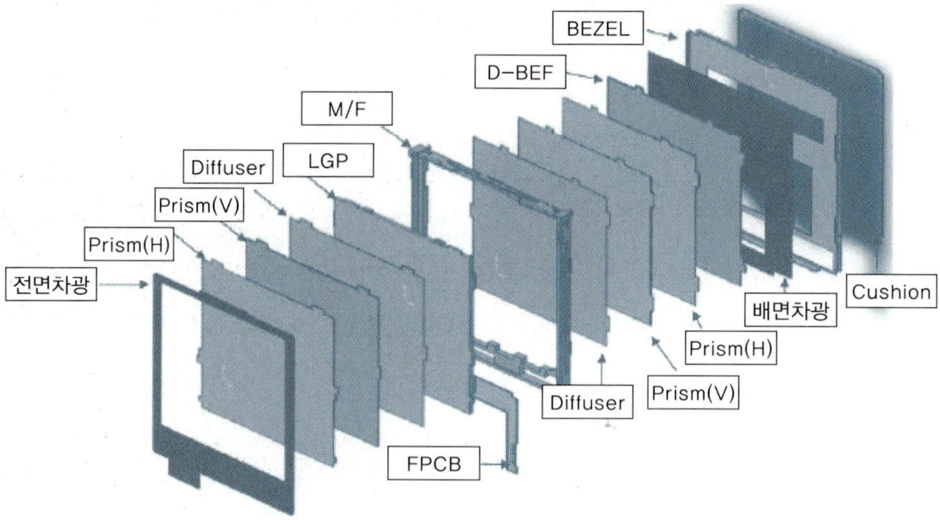

[그림 7-3] 중소형 LED BLU의 구조

03 백색광의 구현 방법

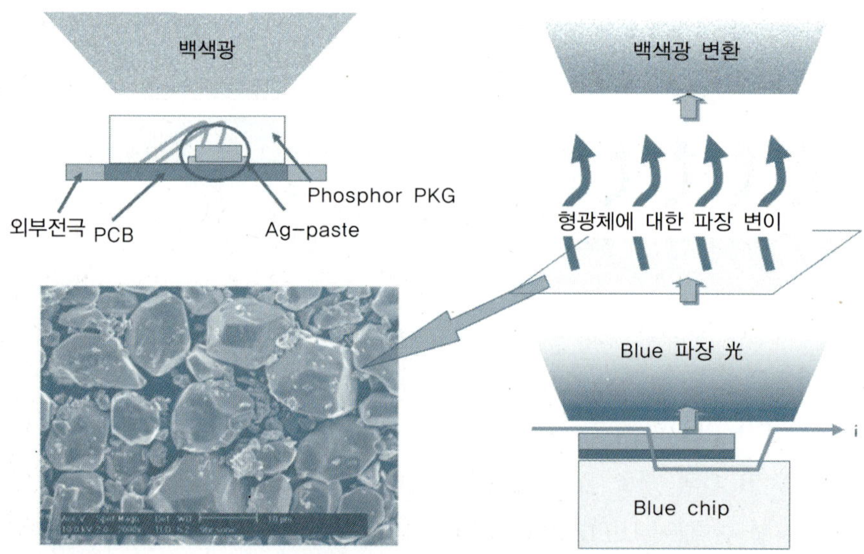

[그림 7-4] 백색광 구현 방식

1. 청색(Blue) LED + Y형광체, 청색(Blue) LED + RG 형광체 방식

백색광 구현방법 중 가장 보편적인 방법은[그림 7-5]처럼 청색 LED에 노란색 형광체(Yellow Phosphor)를 덮는 방식이다. 청색 LED + Y형광체 방식은 주로 휴대폰 및 노트북용 광원으로 사용되며 NTSC대비 색재현율은 40~50% 정도이다.

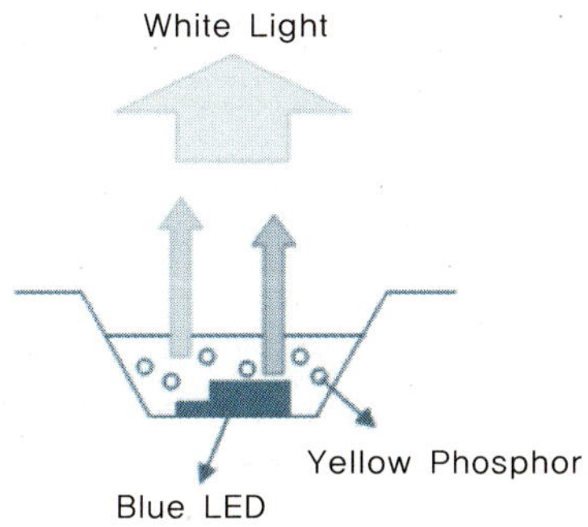

[그림 7-5] Blue + Y형광체, Blue + RG 형광체 방식의 발광 방식

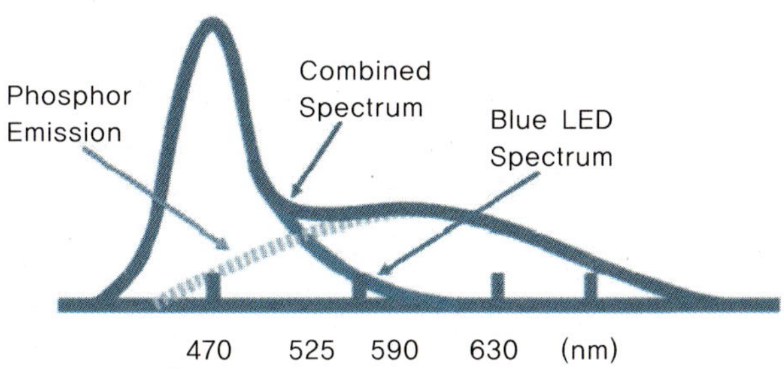

[그림 7-6] Blue + Y형광체, Blue + RG 형광체 방식의 파장

청색 LED + RG 형광체 방식은 청색 LED에 적색(Red), 녹색(Green) 형광체를 덮는 방식이다. 청색 LED + RG 형광체 방식은 주로 노트북 및 주요 TV 광원으로 사용되며, NTSC 대비 색재현율은 70~92%정도이다.

청색 LED +형광체 방식은 그동안 니치아(Nichia)와 오스람(Osram)의 특허와 연관된 경우가 대부분이었으나 인터매트릭스(Intermatrix), 도요다(Toyoda), 고세이(Gosei) 등의 타 제조사의 형광체의 성능이 높아지면서 대부분의 제조사들이 이를 응용하게 되었다.

2. RGB LED

빛의 3원색인 Red, Green, Blue를 모두 사용하는 RGB LED는 궁극적으로 LED 광원을 사용하여 TV용도의 BLU에 채용되게 하는 것이 모든 제조사의 목표지만 아직도 해결해야 할 과제가 많기 때문에 진화는 힘든 상황이다. RGB LED는 NTSC 대비 색재현율이 105~125%로 타 광원이 따라갈 수 없을 정도로 높기 때문에 주로 LCD TV의 광원으로 사용되며 일부 모니터의 광원으로 응용되기도 한다.

RGB 세 광원을 모두 사용하게 되므로 패키징과 어레이가 매우 중요하며 실제로 TV에 응용되면 각 LED의 색상 차이를 조정하기 위한 RGB색도 센서와 센서에서의 검출 내용을 LED로 피드백하기 위한 피드백 같은 부가적인 컬러 저장(Color Binning)최적화 프로그램을 만들어야 하기 때문에 안정적인 제품에 채용되려면 더 많은 연구와 노력이 필요한 상황이며 가격적인 요소도 매우 중요하다.

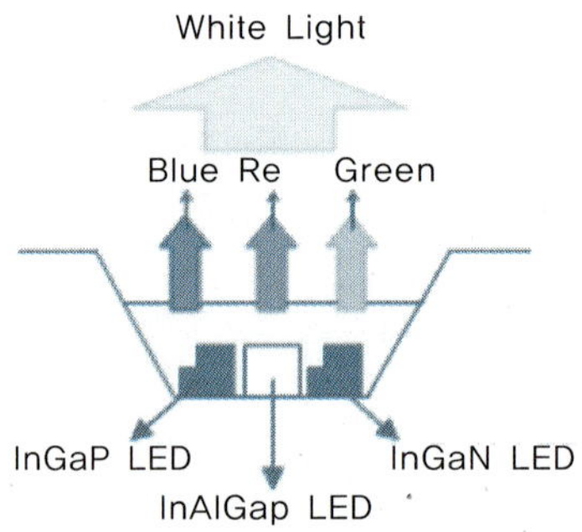

[그림 7-7] RGB LED의 발광방식

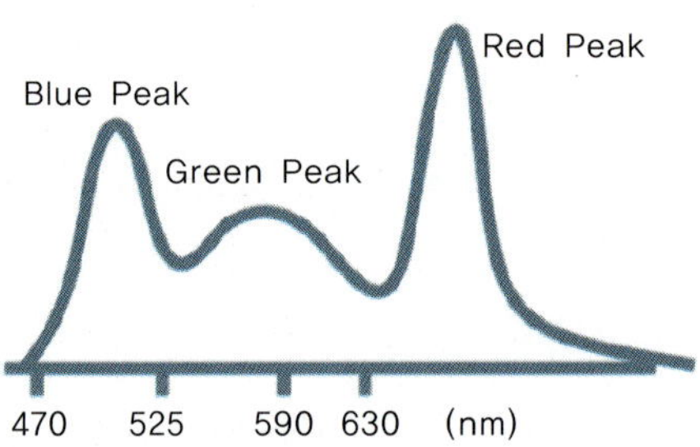

[그림 7-8] RGB LED의 파장

3. UV LED + RGB 형광체 방식

차세대 LED 광원으로 각광받고 있는 UV LED는 여러 업체에서 연구하고 있는 단계이며 그 중 일본의 나이트라이트가 가장 심도있는 연구를 하고 있다. 최근 몇몇 업체에서

소기의 목적을 달성한 제품들이 출시되고 있지만 아직 상용화 단계는 아니다.

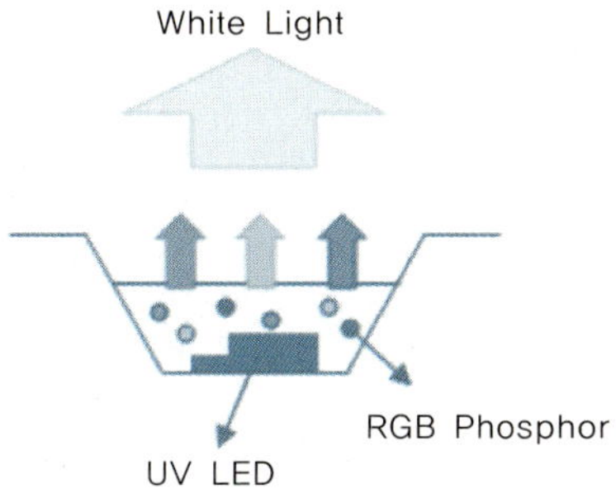

[그림 7-9] UV LED + RGB 형광체 방식의 발광 방식

UV LED에는 [그림 7-9]처럼 Red, Green, Blue 형광체가 모두 사용되며 경우에 따라서 오렌지 형광체가 추가로 사용되는 경우도 있다. 오렌지 형광체가 사용되는 이유는 물체의 색이 광원 아래에서 얼마나 잘 보이는가를 나타내는 지표인 RA(Rendering Average)를 높이기 위해서이다.

UV LED가 각광받는 가장 큰 이유는 필요한 유효파장만을 방출해 효율적이기 때문이며, 반도체 조명산업과 환경, 의료산업에 모두 사용될 수 있고 크기도 매우 작으며 소비전력도 적을 뿐 아니라 유해물질이 없어 환경친화적이기 때문이다. 낮은 파장의 제품이 선호되고 있지만 최근 파장이 400nm내외의 제품이 출시되는 이유는 패키징 분야에 사용되는 실리콘이나 에폭시가 황화현상을 일으키기 때문이다. 응용분야는 위폐감지기, 수질정화기, DNA 검출기, 살균기, 공기정화기 등이 있다.

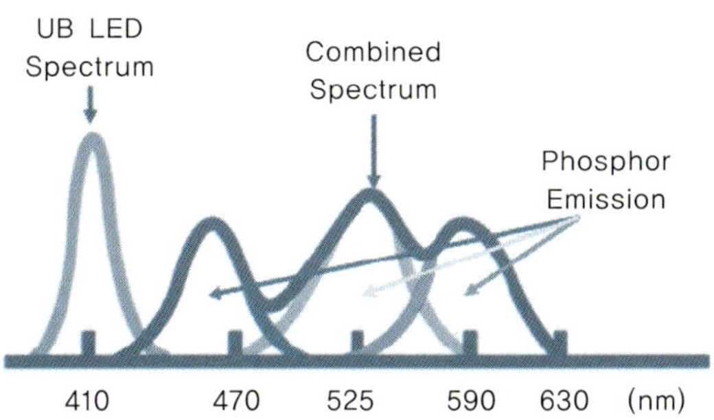

[그림 7-10] UV LED + RGB 형광체 방식의 파장

[표 7-2] LED의 재료별 발광파장

재료종류	색 상	피크 파장[mm]
GaP	Red	700
	Green	570
		557
GaAsP	Amber	630
	Orange	615
	Yellow	585
GaAlAs	Red	660
InGaN	Green	525
	Bluish Green	505
	Blue	470

04 LED 칩 분류

1. LED 칩 사이즈별 분류

광원으로 사용되는 LED BLU는 고전력(High Power), 중간전력(Mid Power), 저전력(Low Power)의 세 종류의 칩으로 세분화된다. 분류는 칩의 사이즈와 전류, 칩의 효율 등으로 결정되게 되며 각각의 특징에 따라 사용 용도가 나누어진다. [그림 7-11]은 칩 사이즈(고전력, 중전력, 저전력)과 사용하는 BLU와 응용범위의 관계를 나타낸 그림이다.

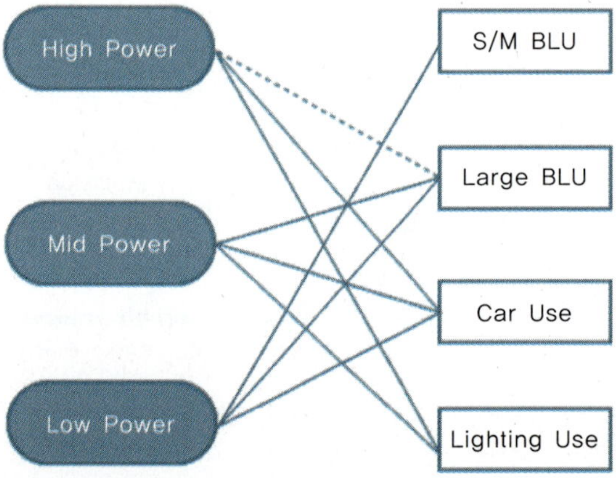

[그림 7-11] 칩 사이즈와 응용 상관관계

즉, 고전력 칩은 큰 BLU를 사용하고 자동차나 일반조명으로 사용되고 중전력 칩은 큰 BLU를 사용하고 응용분야는 자동차 및 일반조명으로 사용되고 저전력은 소형/중형 BLU 및 대형 BLU를 사용하고 응용분야는 주로 자동차용으로 사용한다.

고전력(High Power) 칩의 경우 자동차용과 조명용으로 주로 사용하고 대형 BLU에도 일부 채용된 경험이 있고 현재도 대형 BLU용으로 사용하기 위해 여러 노력들이 뒤따르고 있으나 아직 채용단계까지는 극복해야 할 난관들이 많은 상황이다.

중전력(Mid Power) 칩의 경우 대형 BLU을 사용하고 자동차용, 조명등에서 활발히 연구 및 사용되고 있으며 대형 BLU 분야에서는 이와 관련된 여러 시제품들이 개발되고 있다.

저전력(Low Power) 칩의 경우 중소형 BLU, 특히 모바일 분야에서 이미 보급되어 사용되는 것으로 기술개발이 되어 제품이 나오고 있다. 그리고 자동차용이나 대형 BLU 부분에서도 응용되어 제품이 나오고 있다.

2. 고전력(High Power) 칩의 구조 및 특징

일반적으로 고전력 칩은 [표 7-3]에서 보듯이 1nm×1nm내의 크기를 가지며 2A급의 구동 전압을 가진 칩을 말한다.

LED BLU분야에서 보면 2005년에 출시된 소니의 QUALIA 005모델에 채용된 트리누미노스(Triluminous)에 채용된 것이 최초이다. 트리누미노스(Triluminous)는 히트파이프(Heat Pipe), 히트 싱크(Heat Sink), 팬(Fan) 등을 사용하여 방열문제를 해결하여 했으나 부가적인 문제가 발생하여 전량회수할 수 밖에 없었지만 타 제조사들의 고전력 칩을 응용한 LED BLU의 기술개발에 크나큰 획을 그었다.

[표 7-3] 전력에 의한 LED 램프의 형태

	High Power	Mid Power	Low Power
Size	1mm×1mm	600㎛×600㎛	350㎛×350㎛
Voltage	2A	30~150mA	20mA
Capacity per 2″ wafer	1000~1200개	5000~6000개	40,000~45,000개

TV용 대형 BLU에서 LED BLU의 가장 큰 장점 중의 하나가 Local dimming인 것을 감안하면 고전력 칩을 사용한 LCD TV는 바둑판 구조로 Local dimming이 가능하긴 하지만 칩하나가 담당하는 영역이 넓기 때문에 얼룩이 생길 가능성이 높고 아직까지 고전력 칩의 효율이 그다지 높지 않아 방열문제에도 더 보완이 되어야 한다.

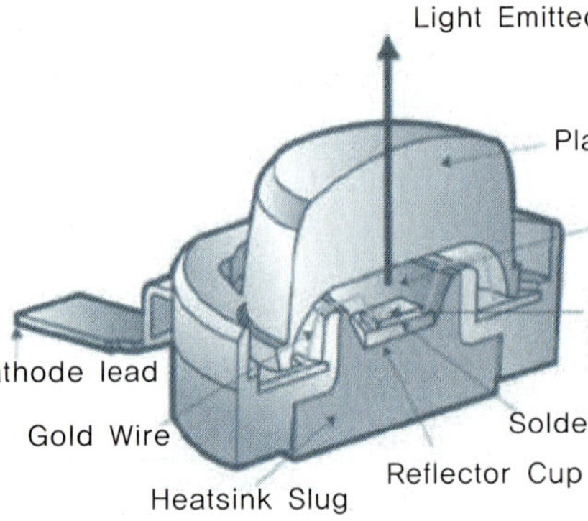

[그림 7-12] 고전력 칩 구조

참고로 고전력 칩은 2인치 웨이퍼 한 장에서 1000개~1200개 수준으로 생산되고 있으며 이는 현재의 수율을 고려한 수치이다.

3. 중 / 소 전력(Mid / Low Power) 칩의 구조 및 특징

중전력(Mid Power) 칩은 [표 7-3]에서 보듯이 600μm×600μm 내외의 크기를 가지며, 30~150mA급의 구동 전압을 가진 칩이며, 저전력(Low Power) 칩은 350μm×350μm 내외의 크기를 가지며, 20mA급의 구동 전압을 가진 칩을 말한다.

중 / 저전력 칩은 BLU용도로 사용되지 않을 것이라고 생각되었지만 LED BLU의 열문제가 크게 대두되면서 시험적으로 채용되었고 최근에는 이와 관련된 LED BLU연구가 매우 활발해지고 있다.

고전력 칩에 비해 중 / 저전력 칩을 사용하게 되면 전력밀도가 낮아지고 효율이 향상되는 장점이 있으며 대부분 직하형이 아닌 측면형(Side Type ; 도광판형)으로 BLU가 마들어진다.

현재 고전력 칩을 사용한 BLU에 비해 30~50% 정도의 효율향상이 보고되고 있으며 이를 응용한 관련 연구도 활발히 진행되고 있다. 참고로 중전력 칩은 노트북용 LED BLU에도 많이 채용되고 있고 2인치 웨이퍼에서 4만개 수준으로 생산되고 있다. 이는 현재의 수율을 고려한 수치이다.

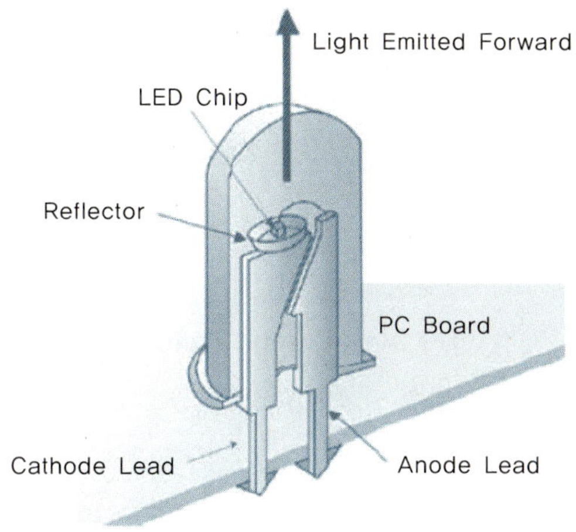

[그림 7-13] 중/소 전력 칩 구조

05 LED BLU 분류 및 기술

1. LED BLU 기술의 개요

LCD는 별도의 자체 발광소자가 아니기 때문에 별도의 광원을 필요로 한다. 백라이트 모듈(BLU)은 LCD의 광원 역할을 하는 부품으로 LCD가 용도별로 다양해짐에 따라 여러 새로운 기술이 사용되고 있으며, 특히 LED BLU는 광원 특성상 많은 장점이 있어 중소형에서 대형까지 폭넓은 제품에 채용되고 있다.

LED BLU는 구조와 발광방식에 따라 측면 발광식, 직하방광식 등으로 구분된다. 전체적으로 CCFL 광원의 구조와 매우 유사한 구조로 이루어져 있으며 대부분의 제조사들이 이와 같은 구조로 BLU를 개발하고 있다.

2. 측면 발광식 LED BLU 기술

측면 발광식 LED BLU는 [그림 7-14]처럼 한 측면에서 발광하는 LED 광원이 비스듬하게 처리된 도광판을 통과하면서 광원의 빛을 고르게 뿌려주는 역할을 하는 구조를 가지고 있다. 과거에 Wedge 방식으로 불리던 노트북에서 이러한 방식을 처음으로 응용했으며 이 방법은 주로 휴대폰이나 PDA, 카네비게이션 등 주로 중소형 제품에서 대부분 채용하고 있으며 노트북에서도 채용되는 방식이다.

CHAPTER 07

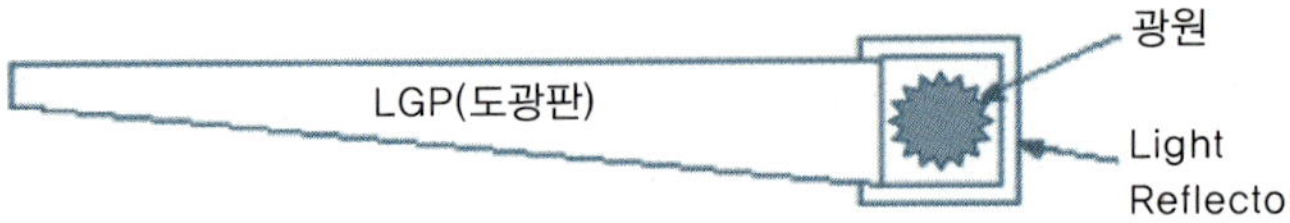

[그림 7-14] 측면 발광식 LED BLU 구조(Wedge)

측면 발광식은 일반적으로 1.5인치~16인치 정도의 사이즈에 채용되는 방식이다. 측면 발광식은 LumiLeds사가 가장 먼저 RGB-Luxeon Emitter Array라는 개념으로 선보였는데 BLU의 양측면에 RGB 3색의 LED를 어레이로 장착하고 도광판을 통해 빛을 전면으로 끌어내는 방식으로 직하방식에 비해 백라이트 전체의 두께가 상대적으로 얇아진다.

또한 광이 LCD 패널 배면에서 바로 조사되지 않고 도광판 내에서 충분히 전반사됨으로써 LED 각각의 편차 및 조립위치 편차에 따른 휘도 및 색불균일성을 상당 부분 해소시킬 수 있다. 하지만 대면적으로 갈수록 휘도부족 문제에 봉착하게 되는 문제점을 안고 있다.

이와는 별도로 삼성전자가 측면 발광방식으로 최근 내놓은 제품에는 각각의 LED가 32인치 기준으로 약 100개씩 소요된다. 직하방식에 비해 LED의 사용량을 훨씬 줄인 것으로서 Cost 문제와 방열문제를 상당부분 해결할 수 있다.

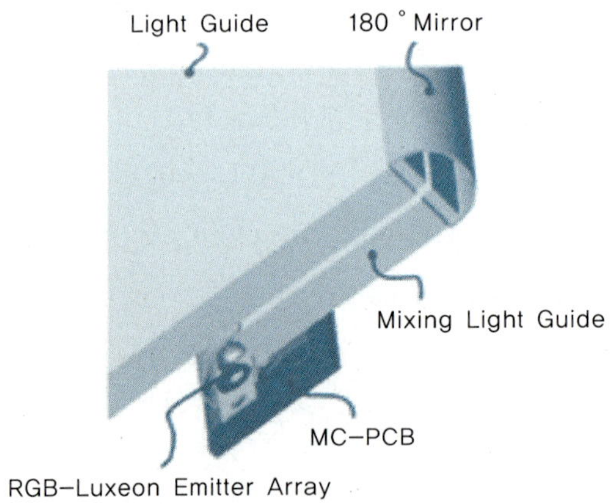

[그림 7-15] LumiLeds사의 측면발광 LED 백라이트의 구성도

이 경우 도광판 상면에서의 휘도는 약 13,000nits(cd/cm^2) 수준이며 소비전력은 같은 휘도를 내는 CCFL 제품 대비 2/3 수준인 150W에 불과하다 한다.

따라서 이 방식은 초슬림, 저가형, 저소비전력을 세일즈 포인트로 하여 21인치부터 32인치급까지의 중형 LCD RV 및 모니터 겸용 TV에 채용되어 보급형 시장을 노릴 것으로 보인다.

삼성전자는 이러한 측면발광 LED 백라이트 기술을 이용하여 최근 두께 12mm 수준의 백라이트를 개발하고 있으며 이를 이용해 현재 8cm 수준인 LCD TV의 두께를 지금의 절반 수준으로 낮추는 제품을 개발하였다. 이러한 측면 발광 방식에 채용된 LED는 RGB 3색 칩이 혼합된 백색 LED가 대부분으로 광효율이 20lm/W 수준에 지나지 않으며, 특히 Green LED의 출력이 낮고 Red LED는 고온에서 출력 감소가 심하여 이를 보상하기 위해 RRGGB의 형태로 배열된 LED 모듈을 사용하고 있다. 따라서 이로 인해 LED 소요량이 많아지고 소비전력이 커져 방열 시스템이 부가되어 있다.

3. 양측면 발광식 LED BLU 기술

양측면 발광식 LED BLU는 [그림 7-16]처럼 양측면에서 발광하는 LED 광원이 평행하게 처리된 도광판을 통과하여 광원의 빛을 고르게 뿌려주는 역할을 하는 구조를 가지고 있다. 이 때 도광판의 패턴은 광원에 대한 균일도를 보장해주는 역할을 하며, 만약 도광판에 패턴이 없다면 내부 전반사로 인하여 빛이 빠져나가지 못해 중앙이 어두워지는 현상이 일어난다.

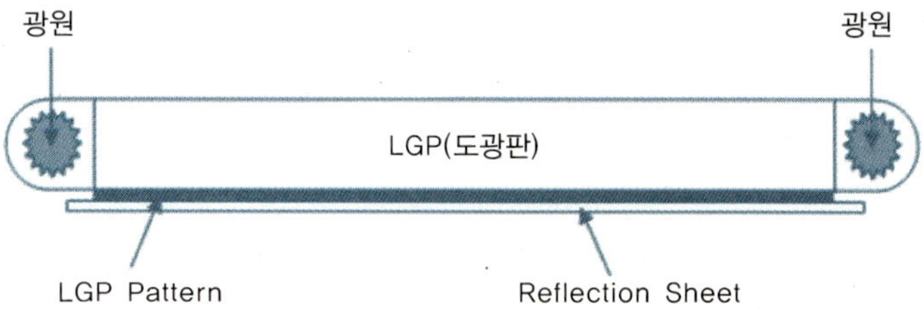

[그림 7-16] 양측면 발광 LED BLU의 구조

도광판 패턴의 원리는 LED 주변에서는 전반사를 유도하고 LED와 먼 곳에서는 산란을 유도하는 것이며 반사 시트는 도광판 후면에서 나오는 빛을 전면으로 보내는 작용을 한다.

측면 발광식은 LCD 모니터용 광원으로 주로 쓰이게 되며 일반적으로 17~24인치의 제품에 주로 채용되는 방식이다.

4. 직하 발광식 LED BLU 기술

직하방식 BLU는 패널 뒤편에서 발광하는 광원이 패널 전면으로 직접 광을 내보내는 역할을 하는 구조를 가지고 있다. 구조를 보면 타 방식에 비해 두께가 두꺼워지는 단점을 가지고 있으나 대화면, 고휘도, 고연색성을 모두 만족시킬 수 있는 구조이기 때문에 특수용 모니터와 대화면 TV에 적합한 BLU로써 RGB 3원색 LED의 어레이가 상당히 중요하다. 직하방식 BLU는 일반적으로 20인치 이상의 모니터 혹은 TV에 채용되며 차기 LED BLU 시장의 화두로 떠오르고 있다.

직하방식에는 측면발광(Side Emitting) 방식과 상위 발광(Top Emitting) 방식의 두 가지 형태가 있다. 직하방식은 LED가 백라이트 전면에 배치되어 있는 형태로서 사용되는 LED의 개수가 너무 많아 원가(Cost)가 올라가는 것이 최대의 문제점이다. 또한 이에 따른 소비전력의 증가 또한 무시할 수 없다. 하지만 이러한 문제점을 해결하고 슬림화만 이루어낼 수 있다면 색재현성 측면에서는 가장 뛰어난 제품을 구현할 수 있다.

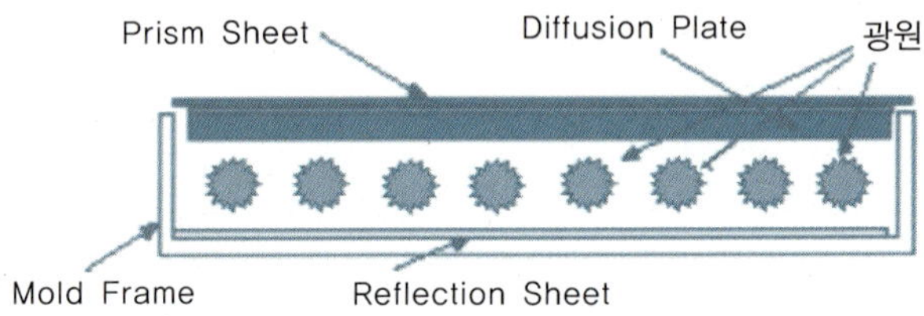

[그림 7-17] 직하 발광 LED BLU의 구조

1) 측면발광(Side Emitting) 방식

직하방식의 시초는 Lumi Leds에 의해 발표된 [그림 7-18]의 측면발광(Side Emitting) 방식이었다. 이 회사는 LED에 특수한 렌즈를 부가함으로써 광이 직접 LCD 패널 배면으로 나가는 것을 억제하면서 도광판에서 충분히 전반사시킴으로써 LED 배치에 따른 휘도 및 색분균일성을 상단 부분 해소시키는 방법을 동원하였다. 하지만 도광판 내에서 상당히 긴 광경로를 유지하는 데에 따른 광손실이 증가하는 단점도 있는 것으로 알려져 있다. 따라서 LCD TV용으로는 직접 발광(Direct Emitting) 방식이 적합한 것으로 판명되고 있다.

Sony는 이러한 직접 발광 방식으로 46인치급 LCD TV인 Qualia005를 발표하였다.

이 제품은 기존 어떠한 디스플레이 제품과도 비교 불가한 뛰어난 화질을 보여준데다가 직하방식이라는 개념으로서만 존재하던 기술을 최초로 제품으로 구현한 것이기에 매우 획기적이기는 했지만, Lumileds사의 고전력 LED가 400개나 장착되었고 복잡한 방열 시스템을 구비한 관계로 두께가 두껍고 가격 또한 미화 15,000달러에 육박하여 그 이상의 주목을 받지는 못하였다.

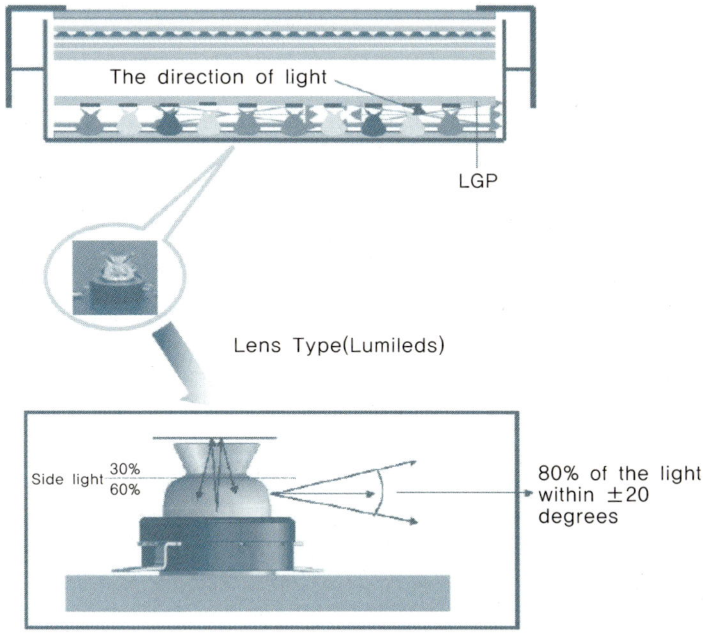

[그림 7-18] Side Emitting 방식의 구조

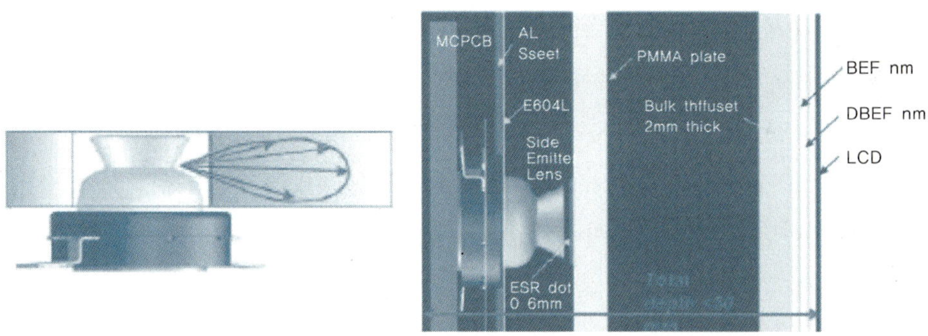

[그림 7-19] Lumileds의 광학 렌즈 개념 및 이를 채용한 백라이트 구조

백라이트 가격만도 CCFL 방식의 5배에 달한 것으로 알려져 있다. 또한 오스람은 2005년에 82인치급의 LCD에 1,120개의 Power LED를 채용하여 시제품을 발표한 바 있다.

직접 발광(Direct emitting)방식에 있어서는 RGB 각 색의 혼색이 가장 큰 이슈이다. 따라서 LED상에 광의 지향 특성을 바꾸어주는 렌즈가 부가되는 경우가 많은데 이 경우 파장별로 렌즈를 통과하는 광의 지향각이 달라져 색분리 현상이 발생하고 이로 인해 백색 균일도가 떨어지는 문제를 해결하는 것이 관건이다. 이 경우 고휘도 Power LED 대신에 일반 LED를 다수 밀집시켜 배열함으로써 휘도 및 색불균일 문제를 극복하고 고가의

Power LED 채용으로 인한 원가상승 문제를 해소하는 방법도 동원되고 있다.

국내에서도 대기업들의 시제품 발표가 줄을 이었는데, 삼성전자는 독자기술로 설계한 렌즈를 부가한 Xmitter를 2005년 SID에 발표한 이후 이를 통해 High-end급 LCD TV 시장을 선점하는 전략을 세웠다.

삼성전자가 구현한 방식은 LumiLeds사의 측면발광(Side-Emitting) 방식의 문제점인 낮은 광효율, 휘도가 높을 수밖에 없는 LED 중심부의 Hot sopt 발생 등을 독자적인 렌지 설계로 보완한 방식으로, 측면발광(Side-Emitting) 방식 대비 광효율 및 소비전력면에서 40% 가까이 성능 향상을 이룬 것으로 평가되고 있다. 따라서 이를 통해 LED 개수의 저감도 함께 이루어 원가절감 효과도 얻었으며 성능 측면에서는 NTSC 기준으로 Color Gamut 107%를 달성하였고 LCD 패널을 통과한 후의 휘도로 500nits를 달성한 것으로 알려져 있다. Color Gamut은 LED 백라이트가 갖는 성능상의 최대 장점으로서 이 수치가 높아짐에 따라 일반 모니터와는 달리 풍부한 색감을 구사하여야 하는 TV에의 요건을 LCD가 갖출 수 있게 된 매우 중요한 전기라고 할 수 있다.

[그림 7-20]은 삼성전자가 밝힌 경쟁사 대비 자사의 40인치 LED 백라이트가 모든 지표면에서 경쟁력이 있음을 보여주고 있다. 이 기술은 계열사인 삼성전기에 일부 이양되어 삼성전기는 올해 세계 최초로 직하방식 LED 백라이트의 양산 착수에 돌입하였다.

LG 필립스 역시 최근에 직하형 LED 백라이트를 채용한 47인치급 LCD를 통해 110% 이상의 색재현율과 최고 10,000대 1의 명암비를 달성하였다고 발표하였다. 이는 CCFL 방식의 LCD의 명암비가 통상적으로 500~800대 1이고 최고 가능한 정도가 2,000대 1 수준인 것에 비하면 엄청난 수준이라고 볼 수 있다. 이러한 명암비는 여태까지 PC Monitor 용으로만 많이 쓰였던 LCD 패널에서와는 달리 LCD TV에서는 어두운 화면에서도 인물이나 사물의 디테일이 살려 움직여야 한다는 점에서 매우 중요한 수치이다.

40″ LED BLU

40″ CCFL BLU

[그림 7-20] 삼성전기에서 발표한 40인치 LED 백라이트의 CCFL 방식과의 화질비교

[표 7-4] 삼성전자 Xmitter와 경쟁사 동급 모델의 성능지표 비교

	LED 개수	방열 Fan	백라이트 두께	소비전력
삼성전자 Xmitter	200개	없음	40[mm]	185[W]
기존 경쟁사 모델	350개	5개	100[mm]	380[W]

2) 상위 발광(Top Emitting) 방식

상위 발광(Top Emitting) 방식의 대표적인 오스람(Osram)사의 렌즈 타입과 빛의 경로를 나타낸 것이 [그림 7-21]이다. 이 방식에 많은 노력을 기울이고 있으며 그림에서 렌즈가 나오기 위해서는 도띵(Dotting) 즉, 실리콘을 에어로 쏴서 바로 열경화시키는 공정으로써 매우 중요하다. 굴절률이 1.4 정도가 되도록 균일화를 시키는 것이 중요하며 PMMA를 사용하지 않고 실리콘을 사용하는 이유는 황변현상이 없기 때문이다.

PMMA는 400nm대의 낮은 파장과 만나면 황변이 일어나는 특징이 있다.

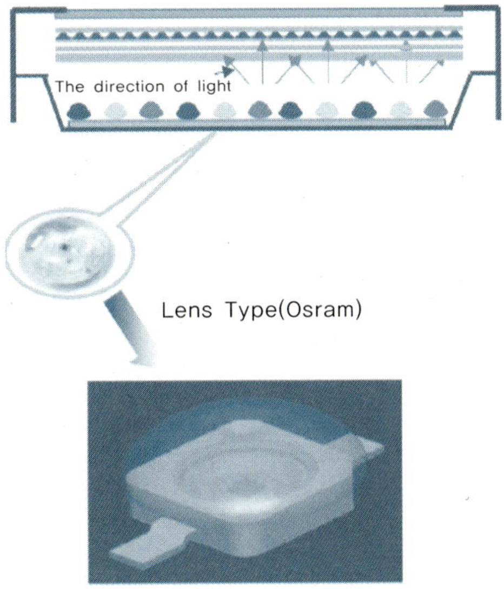

[그림 7-21] Top Emitting 방식

일본의 TAMA Fine Optics사는 Omron사의 Flat LED를 채용한 기술을 소개하였는데, 광원으로서 RGB 칩을 하나로 패키징한 후 Fresnel 형태의 광학 미러와 발광 프로파일 제어소자를 통해 광의 진행경로를 수직 방향으로 바꾸어 줌으로써 원하는 휘도와 색상의 균일성을 얻고자 하였으나 상용화를 위해서는 아직 해결해야 할 문제가 잔존하는 것으로 알려져 있다.

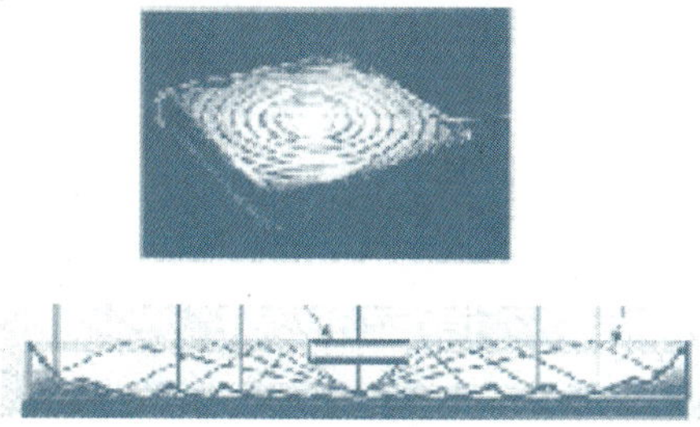

[그림 7-22] TAMA Fine Optics사의 FLAT LED

한편 국내 LED 전문업체들을 통한 개발도 성과를 보이고 있는데 이들 업체들은 모바일용 LED 시장의 대를 이을 새로운 수익원으로 LED 백라이트를 제일 먼저 꼽고 있다. LED 업체들 입장에서 보면 백색 LED보다 저가이고 특허공세에서 자유로우며 수율면에서도 안정적인 RGB LED를 이용한 솔루션이 채택된 것이 유리하게 작용하고 있다. 이들 업체들은 LCD TV세트 업체와의 협력 하에 제품을 개발하고 있는데, LG이노텍은 30인치 기준으로 120W의 소비전력과 300nits의 밝기를 구현하였으며, 루미마이크로사는 32인치 기준으로 약 1,792개의 엄청나게 많은 LED를 사용하여 확산판 통과 후 휘도 500nits를 달성하였다고 발표한 바 있다. 또한 알티전자는 40인치급에서 150W의 소비전력을 내는 제품을 선보였다.

LED를 이용한 직하방식 백라이트를 이용한 LCD TV는 뛰어난 색재현성을 무기로 평판 디스플레이 시장에 새로운 강자로 떠오르고 있지만 아직까지는 해결해야 할 당면과제들도 많이 남아 있는 상황이다. 가장 큰 문제로 제조원가 상승을 들 수 있다. 하지만 이 문제에 있어서는 관건이 되는 핵심부품을 공급하고자 하는 LED 업체들과 기존의 백라이트 생산업체들이 현재의 부족한 수익 모델과 기존 제품의 수익성 하락으로부터 벗어나 새로운 돌파구로 이 시장을 노리고 있어 완제품 업체와의 공조하에 전략적으로 문제를 해결해 나갈 것으로 기대하고 있다.

또한 LCD TV의 메이저급인 국내 대기업들 입장에서도 LED 백라이트를 채용한 제품은 기술적으로나 원가경쟁력 확보 측면에서 군소 후발업체들에게 진입장벽을 높일 수 있는 전력제품이 될 수 있으므로 이를 통해 차별화된 프리미엄급 고가 TV 시장을 형성하여 지속 가능한 수익 모델을 영유할 수 있어 제조원가 상승에 따른 부담에서 비교적 여유로울 것으로 예상된다.

기술적인 측면에서는 점광원을 면광원으로 바꾸는 데에 따른 균일한 휘도를 확보하는 것과 RGB 각각의 LED의 파장별 지향특성이 다른 데에 따른 균일한 색분포를 구현하는 것을 타 업체와의 성능적 우열을 강조하는 바로미터로 삼고 있다. 휘도대비 소비전력을 더욱 떨어뜨려야 하는 문제와 그에 따른 방열문제, 그리고 보다 박형화된 설계를 이끌어 내는 노력도 필요한 상황이다.

5. LED BLU 핵심부품 개발

광원이 LED로 바뀜에 따라 백라이트를 구성하는 각종 기능성 광학부품 특히 도광판과 시트류 등의 방식이 최적 성능을 내기 위해 광원과 함께 바꾸어야 할 필요가 발생하였고 이에 따라 새로운 기능성 광학부품들이 개발되고 있다.

1) 도광판

Cost를 낮추는 데 있어 가장 확실한 방법은 LED의 개수를 줄이는 것인데 이 경우 휘도가 떨어지지 않도록 보강해 줄 수 있도록 해주는 것이 도광판 개발의 핵심이다. 제일모직은 삼성전자에서 개발한 측면발광 LED 백라이트용으로 새로운 개념의 도광판을 개발중이라고 한다. 이 도광판은 투명 아크릴 수지의 도광판 소재 표면에 자외선 경화성 재료를 이용하여 특수 표면 패턴을 새긴 것으로 알려져 있다.

2) LED

현재 가장 보편적으로 쓰이고 있는 효율 30lm/W급의 LED의 효율을 50lm/W까지 안정적으로 끌어올려 LED의 개수를 줄임으로써 Cost를 낮출 수 있는 방안과 냉각장치가 필요없는 시스템을 구현할 수 있도록 하는 것이 LED 측면에서 해결해야 할 중대한 과제이다. 더군다나 출력이 낮은 Green LED의 고출력화와 Red LED의 고온에서의 안정성을 높여 백색구현을 위한 LED 조합의 개수를 줄이는 것 또한 LED 자체와 백라이트 전체의 경쟁력 관점에서 시급한 해결과제이다.

LED를 이용해 백라이트를 설계하는 데에 있어 가장 어려운 점 중의 하나가 RGB 각각의 LED의 시간에 따른, 그리고 발열에 따른 휘도 감소율이 제각기 다르다는 것과 동일 파장의 LED간에도 휘도 및 파장특성, 지향각 특성의 산포가 크다는 것이다. 이로 인해 현재는 부위별로 센서를 배치하여 지속적으로 각각의 파장별 휘도변화를 감지하면서 LED에 인가되는 전류값을 변화시킴으로써 전체적인 휘도 및 색상의 균일도(Uniformity)를 유지하는 방법으로 쓰고 있다. 하지만 이는 결국 LED 백라이트 전체의 수율과 제조원가 상승, 신뢰성 확보 문제 등에 있어 걸림돌로 작용하므로 LED 측면에서 근본적이고도 획기적인 성능개선이 이루어져야 할 것으로 보인다.

PART III

LED 응용실습

CHAPTER 08

소자의 특성측정 실습

실험목표

- LED의 구조 및 동작원리를 알 수 있다.
- 포토 다이오드의 구조 및 동작원리를 알 수 있다.
- 포토 트랜지스터의 구조 및 동작원리를 알 수 있다.
- 포토 인터럽터의 구조 및 동작원리를 알 수 있다.
- 소자의 특성을 알고 특성을 측정할 수 있다.
- LED의 광특성을 측정할 수 있다.

01 LED 특성 실습

실습과제명	LED 특성실험			
목 표	① LED의 구조 및 종류를 알 수 있다. ② LED의 특성을 측정할 수 있다.			
장비 및 공구	소요재료	규격	수량(개)	안전 및 유의사항
• 디지털 VM • 전류계 • 브레드보드 • 직류전원장치 • 조도계	LED LED LED LED 저항 가변저항 스위치	적색 녹색 청색 백색 680[Ω] 50[kΩ] 2C2[M]	1 1 1 1 1 1 1	① 장비 사용법을 익혀 부상과 장비 파손에 주의한다. ② 소자의 핀번호를 바르게 사용하여 손상이 없도록 한다. ③ DC 및 AC 전원을 바르게 연결하여 재료가 파손되지 않도록 한다. ④ 감전 등 안전에 주의한다.

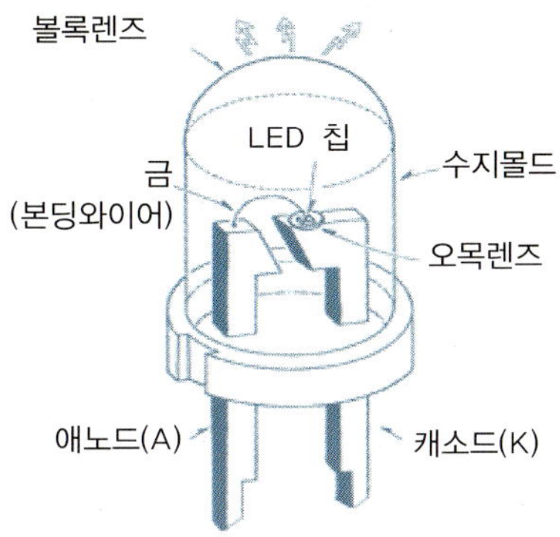

(a) 램프(Lamp)형

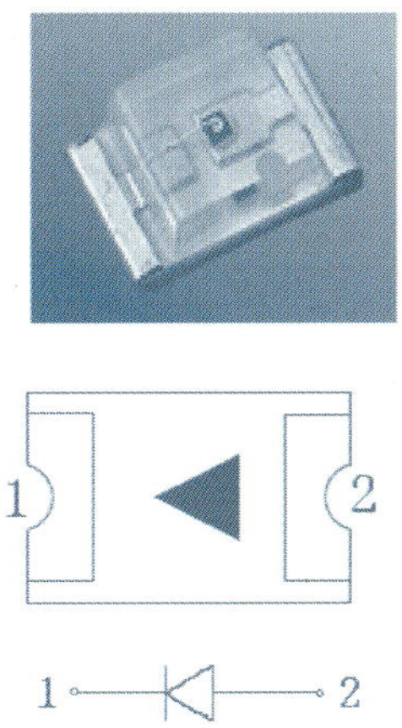

(b) SMD형

(c) LED 기호

[그림 8-1] LED 구조

1. 다이오드

다이오드(diode)라는 말의 어원은 2개의 전극을 의미하는 2(di)라는 단어와 전극(electrode : ode)이라는 단어의 복합어에서 유래되었다.

다이오드는 P형 반도체와 N형 반도체를 접합하여 한쪽 방향으로는 도체와 같은 동작을 하여 전류를 도통시키고, 반대 방향으로는 절연체와 같은 동작을 하여 전류가 흐르지 못하는 반도체 소자로서 전원장치의 정류기, 통신용 수신기 회로 등에 사용된다.

1) 불순물 반도체

실리콘(Si)이나 게르마늄(Ge) 등과 같은 진성 반도체(Intrinsic semiconductor)에 비소(As), 인듐(In), 붕소(B), 안티몬(Sb)과 같은 원소를 소량으로 혼입하면 진성 반도체와는

[그림 8-2] 불순물 반도체

다른 전기적 성질이 나타난다. 이러한 반도체를 불순물 반도체(Extrinsic semiconductor)라고 하며 [그림 8-2]에서와 같이 불순물 반도체에는 N형 반도체와 P형 반도체가 있다.

(1) N형 반도체

전기적으로 중성인 게르마늄(Ge)이나 실리콘(Si)과 같은 4가의 진성 반도체에 비소(As)나 인(P)과 같은 5가의 불순물을 소량 혼입하면 4가 원소와 5가 원소의 공유결합 상태에서 1개의 전자가 남게 되고 불순물의 혼입량을 증가시키면 남아도는 전자의 수도 증가한다. 이렇게 만든 반도체는 음(−)의 전기를 띠게 되므로 N형 반도체라고 한다. N형 반도체에서 전자가 다수 캐리어(carrier : 반송자)이고, 정공은 소수 캐리어이다.

(2) P형 반도체

게르마늄이나 실리콘에 붕소(B)나 갈륨(Ga)과 같은 3가 불순물을 소량 혼입하면 4가 원소와 3가 원소의 공유결합에서 전자 1개가 부족한 상태가 된다. 전자가 부족한 부분에 정공(hole)이 생기게 되며 불순물의 혼입량을 증가시키면 정공의 수도 증가하게 된다. 이렇게 만든 반도체는 양(+)의 전기를 띠게 되므로 P형 반도체라고 한다. P형 반도체에서 정공이 다수 캐리어이고, 전자는 소수 캐리어이다.

2) PN 접합

P형 반도체와 N형 반도체를 원자 구조적으로 결합시킨 것을 PN 접합(Junction)이라고 하며, 접합면 부근에서는 P형 반도체의 정공과 N형 반도체의 전자가 각각 상대방의 영역으로 확산(Diffusion)되어 들어가고, 이들 전자와 정공은 재결합(Recombination)하여 소멸된다. 이와 같이 전자와 정공이 소멸되어 비어 있는 공간을 공핍층(Depletion layer)이라고 한다.

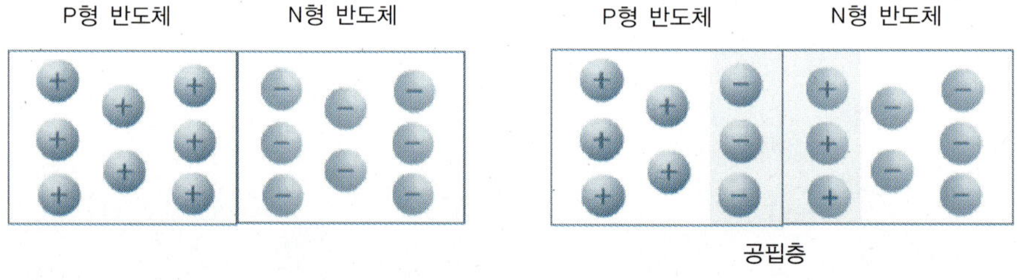

[그림 8-3] PN 접합과 공핍층

3) 전압이 인가된 PN 접합

(1) 역방향 전압 인가

① [그림 8-4]는 P형 반도체에 직류전원의 '−' 전위가, N형 반도체에 '+'전위가 연결된 것을 나타낸다. 이러한 연결을 역방향 바이어스(Reverse bias)라고 한다.

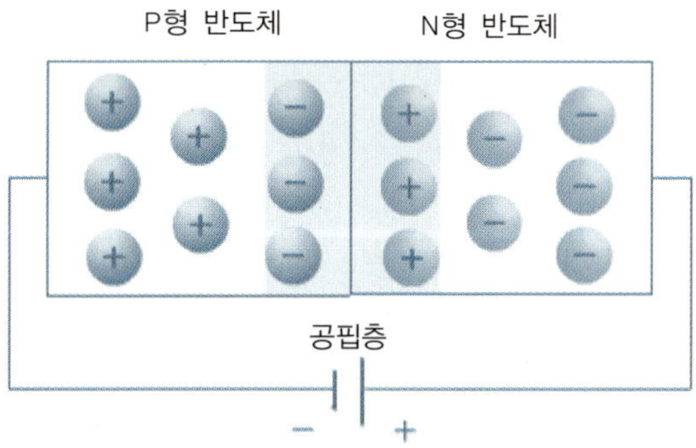

[그림 8-4] PN 접합의 역방향 바이어스

② 동작 순서는 역방향 전압은 N형 반도체 접합 근처의 전자를 '+' 전원단자쪽으로 끌어당기고, P형 반도체 접합 근처의 정공을 '−' 전원단자쪽으로 끌어당긴다. [그림 8-5]에 나타낸 것과 같이 전자와 정공은 움직일 수 없는 양이온과 음이온을 각각 남기고 이동하므로 공핍층의 폭은 더 넓어진다. 따라서 역방향 전압이 크면 클수록 공핍층의 폭은 더욱 넓어지게 되어 PN 접합에는 전류가 흐르지 않는다.

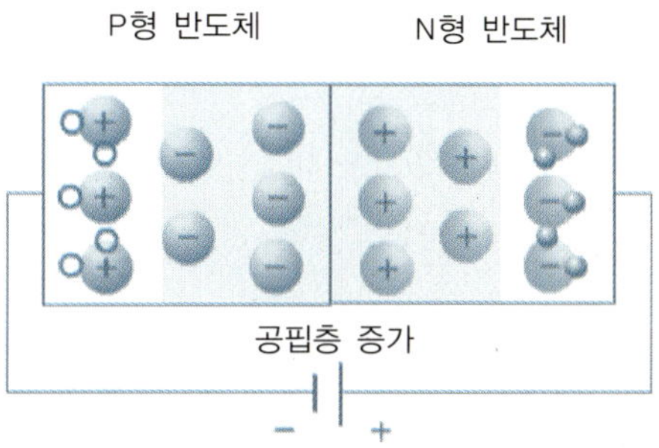

[그림 8-5] 역방향 전압에 의한 공핍층의 확대

(2) 순방향 전압 인가

① [그림 8-6]은 P형 반도체에 직류전원의 '+' 전위가, N형 반도체에 '−'전위가 연결된 것을 나타낸다. 이러한 연결을 순방향 바이어스(Forward bias)라고 한다.

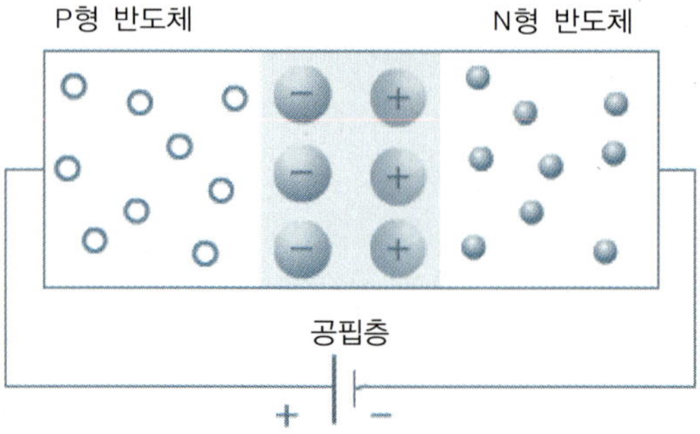

[그림 8-6] PN 접합의 순방향 바이어스

② 동작 순서는 순방향 전압 방향은 공핍층의 전기장과 반대이므로 공핍층의 폭을 좁히며, 이로 인해 [그림 8-7]과 같이 확산을 저지하던 공핍층 전기장이 작아져서 P형의 정공과 N형의 전자는 접합면을 넘어 확산되고 접합면을 넘어가는 캐리어의 양만큼이 새로운 캐리어가 직류전원에서 보충된다. 이와 같이 캐리어가 접합면을 통하여 이동하게 되어 전류를 흘리게 된다.

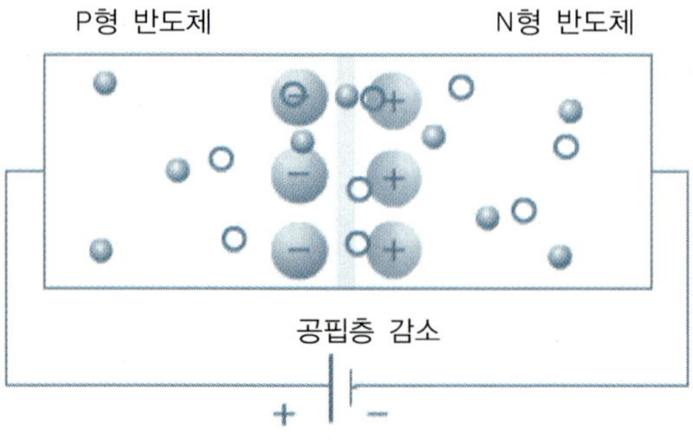

[그림 8-7] 순방향 전압에 의한 공핍층의 감소

4) 다이오드의 구조와 기본특성

PN 접합 양단에 가해지는 전압의 방향에 따라 전류를 흐르게 하거나 흐르지 못하게 하는 작용을 정류작용이라고 하며, 이 성질을 이용한 반도체 소자가 다이오드이다. 즉, 다이오드는 PN 접합의 원리를 응용한 것이다.

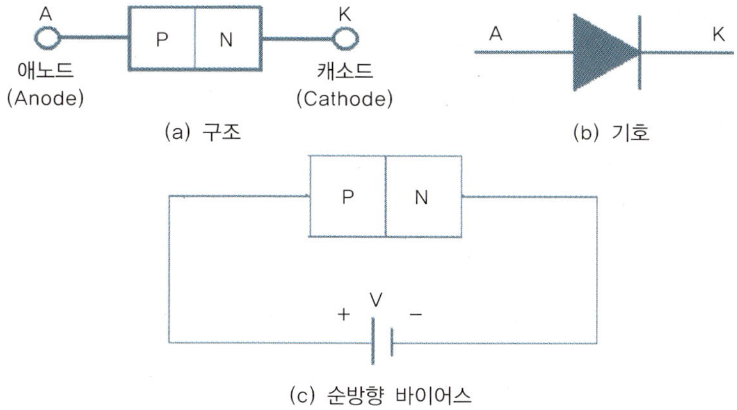

[그림 8-8] PN 접합과 다이오드

[그림 8-8]은 실제 다이오드와 기호(symbol)를 나타낸 것이다. 애노드(Anode : A)는 양극(+)을 의미하며, 캐소드(cathode : K)는 음극(−)을 의미한다.

2. LED

LED(Light Emitting Diode)란 발광 다이오드의 약자이다. PN 접합에 순방향 바이어스 전류를 인가하면 빛을 방출하는 고체 PN 접합소자로서 열변환의 중간 단계를 거치지 않고 전기적 에너지를 직접 광학적 에너지로 변환하는 콜드 램프(Cold lamp)이다. 또한, 가시영역 파장의 빛을 방출하는 소자로서 방출하는 빛의 색깔은 반도체 칩 구성원소의 배합에 따라 파장을 만들며 이러한 파장이 빛의 색깔을 결정한다.

현재 고휘도 LED에 주로 사용하는 Aluminum Gallium Indium Phosphide (AlGaInP) 칩에서는 Red부터 Amber(Yellow)까지, Indium Gallium Nitroide (InGaN) 칩에서는 Blue와 Green, 그리고 Blue Chip에 Phosphor 기술을 접목하여 White LED를 제작한다.

LED의 특징은 [표 8-1]과 같이 일반 백열전구와 비교하여 소형 · 경량이고, 발열이 적으며, 반영구적으로 사용 가능하다는 점이다. 또한 응답속도가 빠르고, 펄스(Pulse) 동작 및 직류 · 교류에서 동작이 가능하며, 전류에 의한 광출력 제어가 가능하다. 따라서 정밀 반도체장비 검사기구, 자동차 계기판 등의 및 각종 전자표시판, 전광판, 산업기계 표시기, 교통안전 신호등에 널리 사용되고 있다.

[표 8-1] LED 특징

구 분	정 격	비 고
소비전력	1.5[V] 10[mA]	1/5배
응답시간	10[ns]	1,000,000배
수 명	반영구적	

1) LED 발광원리

[그림 8-9]와 같이 LED 전극에 순방향 전압(P층 : +, N층 : −)을 가하면 전도대의 전자가 가전자대의 정공과 재결합을 위하여 천이될 때 그 에너지만큼 빛으로 발광된다.

$$\text{최대 파장길이} = \frac{1240[\text{nm}]}{\text{Eg}}$$

로 계산, Eg는 에너지 전위장벽으로 반도체 결정의 재료 및 농도 등에 의하여 차이를 가짐에 따라 발광 컬러(Color) 역시 변한다.

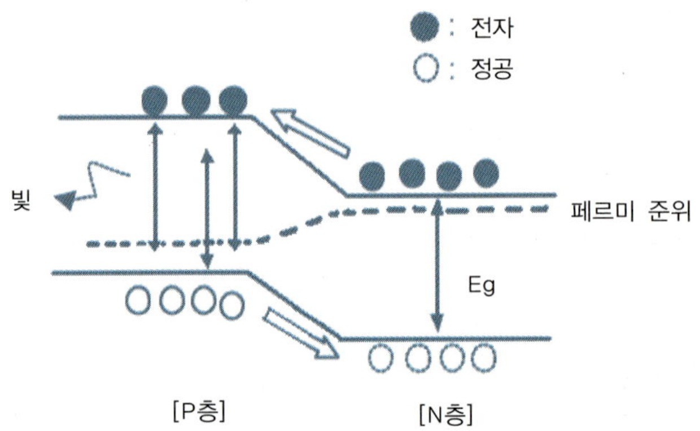

[그림 8-9] 발광의 원리

[표 8-2] 발광물질에 따른 색깔 분포

물 질	색 깔	파 장[nm]
GaP	Red	700
	Green	570
		557
GaAsP	Amber	630
	Orange	615
	Yellow	585
GaAlAs	Red	660

2) LED 파장별 색

LED는 휘도에 따라 제너럴(General)급, 슈퍼(Super)급, 울트라(Ultra)급으로 나누어진다. 100[mcd] 이하는 제너럴급이고, 500[mcd] 이하는 슈퍼급, 그 이상은 울트라급이다.

(1) 제너럴급 휘도

[표 8-3] 제너럴급 휘도

(단위 : [nm])

400~450	450~470	470~557	557~567	567~572	572~585	585~605	605~630	630~700
Pure Blue	General Blue	Pure Green	General Green	Yellow Green	General Yellow	General Amber	General Orange	General Red

(2) 슈퍼급 휘도

[표 8-4] 슈퍼급 휘도

(단위 : [nm])

470	572	650	660
Yellow Green	Pure Green	Super Red	Super Red

(3) 울트라급 휘도

[표 8-5] 울트라급 휘도

(단위 : [nm])

591	610	624	639	660
Ultra Yellow	Ultra Amber	Ultra Orange	Ultra Red	Ultra Red

3) LED의 종류와 특징

(1) GaP : ZnO 적색 LED

GaP 적색 LED는 가장 많이 사용되고 있으며, 고전류 밀도 영역에서의 발광효율에 한계가 있고, 저전류에서의 사용에 적합하기 때문에 표시소자는 포터블 타입을 비롯해 옥내용 각종 기기에 많이 이용되고 있다.

(2) GaP : N 녹색 LED

ZnO 적색 LED와 마찬가지로 GaP이며, GaP 기판 결정 위에 LPE법을 이용해 PN 접합을 형성하여 제작하는 LED로 옥외용 디스플레이로도 사용되고 있다.

(3) GaAlAs계 LED

GaAlAs는 x < 0.35의 범위(직접 천이 영역)에서 Al과 As의 조성비를 바꿈으로써 발광 파장을 640[nm]부터 900[nm]까지 변화시킬 수 있다. 차량용 하이 마운트 스톱 램프(High mount stop lamp)나 도로표시판, 광고간판용 램프, 각종 옥외용 표시소자로 응용이 확대되고 있다.

(4) InGaAIP계 등황색·황색 LED

InGaAIP는 근래 실용화된 혼합결정 재료인데 직접천이형 Band 구조를 가져 등황색·황색 LED의 휘도 향상이 가능하다. 이 InGaAIP를 이용해 고휘도(광도 1,000[mcd] 이상) 등황색(약 620[nm])의 LED가 개발되고 있다.

(5) GaN계 청색 LED

고휘도 청색 LED의 출현에 의해 옥외에서의 LED 디스플레이의 풀 컬러화가 촉진될 것이다. 또한 청녹색 LED는 백열전구를 대신하는 신호기의 광원으로 유명하다.

(6) SiC 청색 LED

SiC는 일찍 시판된 청색 LED의 재료인데 이유는 다른 재료와 달리 P형 결정을 비교적 용이하게 얻을 수 있기 때문이다. 최근 오프 기판 결정을 이용해 1,700℃ 전후에서 PN 접합을 형성해서 결정성을 향상시키고 질소 도너와 Al 억셉터에 의한 DA 페어 발광 중심을 제어성이 좋게 형성함으로써 신뢰성의 향상과 함께 발광효율을 비약적으로 개선하여 30[mcd] (20[mA])의 고휘도를 달성하고 있다.

(7) 풀 컬러 LED

풀 컬러 LED는 적·녹색 LED를 조합시킨 하이브리드형으로 발광효율이 높은 SiC 청색 LED와 GaP 적색 및 녹색 LED를 램프화하여 순백색 발광을 포함한 다수 발광이 가능한 풀 컬러 LED이다.

(8) 적외선 LED

적외선 LED의 재료는 주로 GaAs로 양성 불순물인 Si를 이용하여 LPE 결정 성장조건으로 그 치환위치(Ga 또는 As 원자)를 제어함으로써 PN 접합을 형성한다. 일반적인 포토 커플러(Photo cupler), 포토 아이솔레이터(Photo isolator) 등의 복합광소자로서 가장 많이 이용된다. 최근에는 카메라의 오토 포커스 등 고출력을 요하는 것이나 장거리 리모트 컨트롤용 광원으로서 GaAlAs에 의한 DH 구조의 고출력 타입의 적외선 LED가 이용되고 있다.

4) LED 응용제품 구분

[표 8-6] LED 응용제품

구 분	Display용	Traffic Sign용	전장용	광원용	통신용
Set	옥내외 전광판	도로 · 철도교통 신호등 도로상태 경보등 도로상태 안내등 도로지명 표시등		산업용 특수조명	
Module & Array	옥내전광판 문자전광판 옥외전광판	도로교통 신호용 모듈 철도교통 신호용 모듈	Stop Lamp 방향지시등 브레이크등 Dash Board	정밀과학기기 특수조명 의료용장비	IrDA IrDA-Array
Unit	가전제품 산업기기용 표시창 전광판 픽셀 (pixel) 완구류			전구형 Unit 형광등형 Unit Back Light (LCD, 단말기, 디지털카메라)	핸드폰 발광 안테나

5) LED 전압과 전류

LED는 일반적으로 10[mA]에서 50[mA] 사이의 전류에 대하여 1.5[V]에서 2.5[V]의 전압강하가 일어난다. 정확한 전압강하는 LED의 전류 · 색깔 · 오차 등에 따라 약간씩 다르나 일반적으로 순전류를 20[mA] 정도 흘리면 빛을 나타내는 것이 많고, 역방향으로 전압을 걸면 3[V] 정도의 낮은 전압에서 파손될 우려가 있다.

6) LED 구동회로 설계

LED의 밝기는 전류의 세기에 의해 결정된다. 이상적으로 밝기를 조절하는 최선의 방법은 LED를 전류원으로 구동시키는 방법과 높은 공급전압과 큰 직렬저항을 이용하는 방법이 있는데 일반적으로 후자의 방법이 많이 사용된다. [그림 8-10]은 직렬저항을 이용하는 방법을 나타냈다. 이 경우에 LED 전류는 다음과 같다. 단, V_s : 공급전압, V_{LED} : LED 전압(2[V]), R_s : 직렬저항이다.

$$I = \frac{V_s - V_{\leq \mathrm{D}}}{R_s}$$

따라서 전원전압이 크면 클수록 V_{LED}의 영향을 적게 받으므로 V_s의 값이 크면 LED 전압의 변화를 무시할 수 있다.

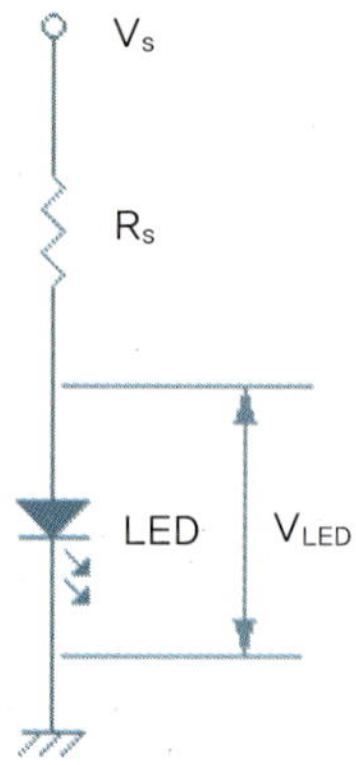

[그림 8-10] LED 구동회로

7) LED 소자 측정

① [그림 8-11]과 같이 회로시험기의 측정 레인지를 $R \times 1[\Omega]$에 놓는다.

② LED의 양 리드 단자에 회로시험기의 테스트봉을 교대로 대어본다. 그러면, 한쪽 방향에서는 LED가 점등되고, 다른 방향에서는 소등된다면 정상적인 LED이고, 그렇지 않으면 불량이다.

③ LED가 점등되었을 때 회로시험기의 적색 테스터봉이 접속된 LED의 리드 단자가 캐소드(K)가 되고, 흑색 테스트봉이 접속된 리드 단자는 애노드(A)가 된다.

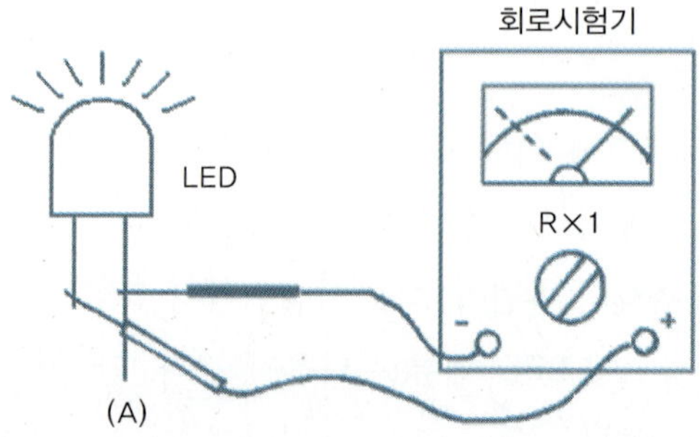

[그림 8-11] LED 소자 측정

3. 실습순서

1) 적색 LED의 기본 특성실험

① 회로를 [그림 8-12]와 같이 결선한다.

② 스위치(SW)를 닫은 다음 가변저항을 조정하여 전압을 변화시켜가면서 전류 I와 LED의 밝기를 측정하여 [표 8-7]에 기록한다.

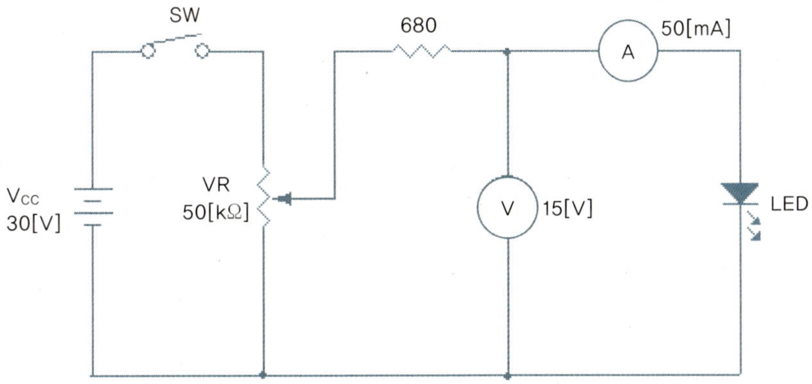

[그림 8-12] LED 측정회로

[표 8-7] LED 측정결과

E[V]	I[mA]	LED 밝기[cd]
0.4		
0.6		
0.8		
1.0		
1.2		
1.4		
2.0		
2.4		
3.0		

③ [표 8-7]에 따라 [그림 8-13]에 전압 · 전류 특성곡선을 그린다.

④ [표 8-7]에 따라 [그림 8-14]에 전압, LED의 밝기 특성곡선을 그린다.

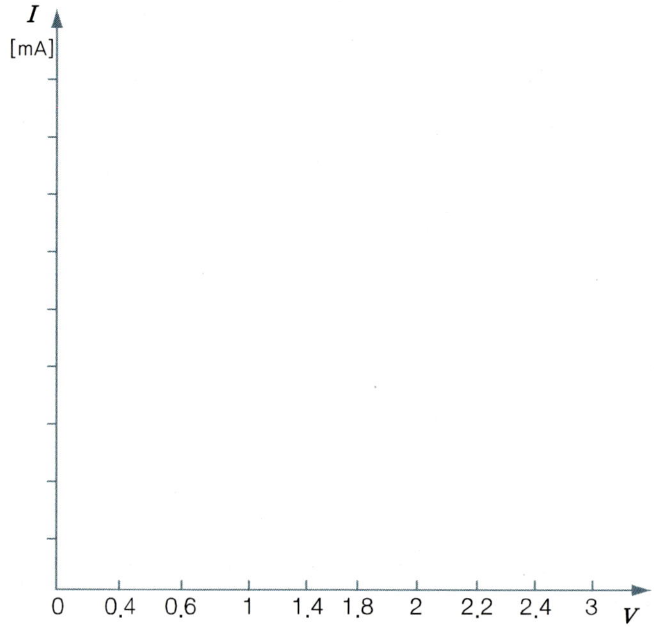

[그림 8-13] LED $I-V$ 특성

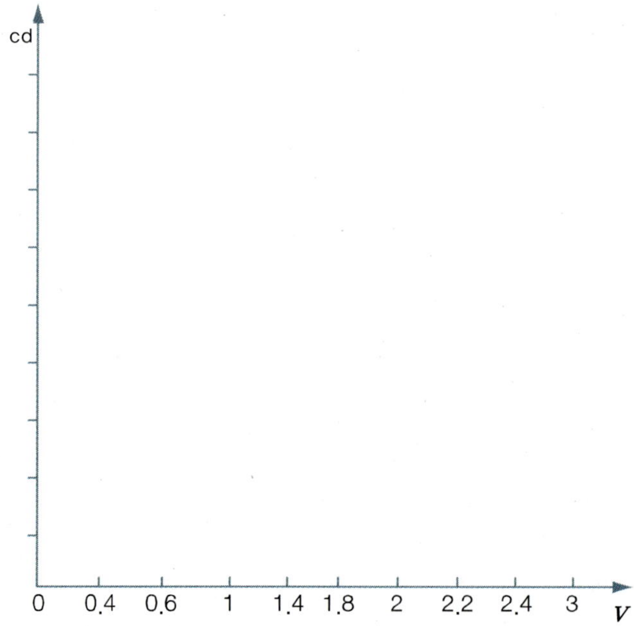

[그림 8-14] LED V-cd 특성

2) 녹색 LED의 기본 특성실험

① 회로를 [그림 8-15]와 같이 결선한다.

② 스위치(SW)를 닫은 다음 가변저항을 조정하여 전압을 변화시켜가면서 전류(I)와 LED의 밝기를 측정하여 [표 8-8]에 기록한다.

③ [표 8-8]에 따라 [그림 8-16]에 전압・전류 특성곡선을 그린다.

④ [표 8-8]에 따라 [그림 8-17]에 전압, LED의 밝기 특성곡선을 그린다.

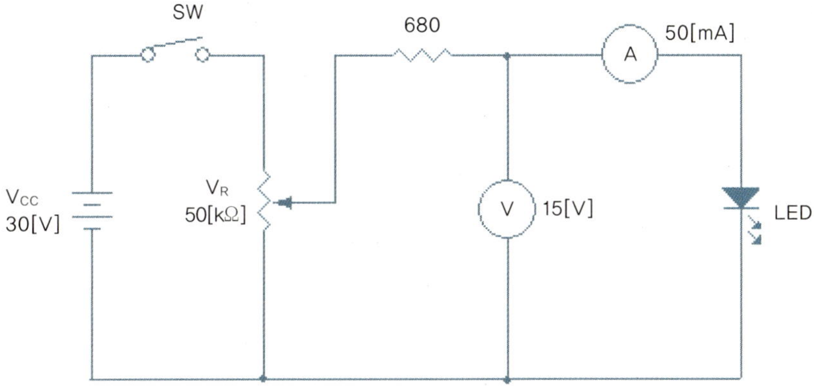

[그림 8-15] LED 측정회로

[표 8-8] LED 측정결과

E[V]	I[mA]	LED 밝기[cd]
0.4		
0.6		
0.8		
1.0		
1.2		
1.4		
2.0		
2.4		
3.0		

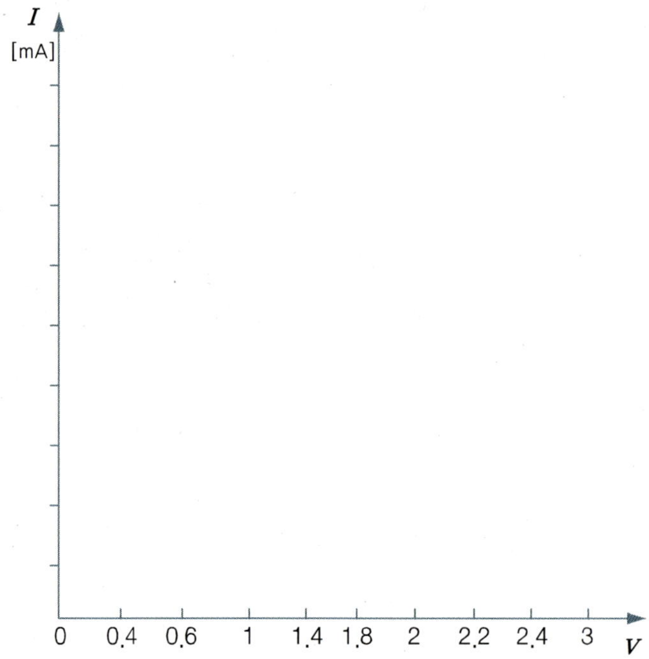

[그림 8-16] LED $I-V$ 특성

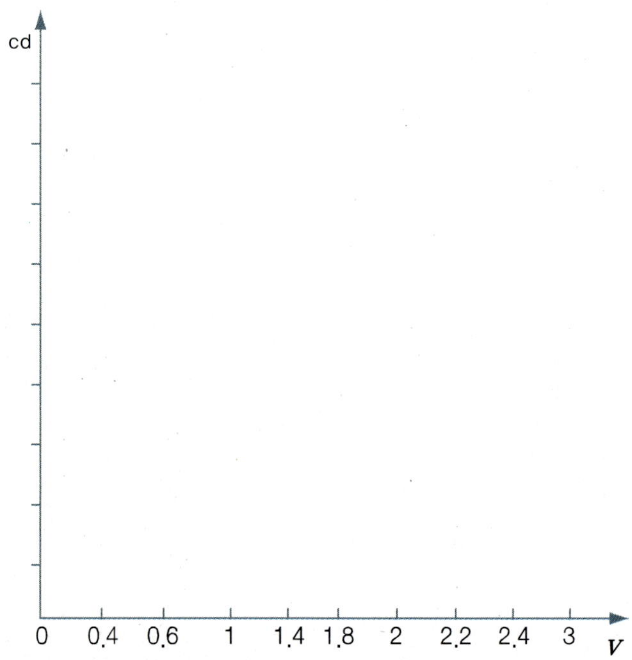

[그림 8-17] LED V-cd 특성

3) 청색 LED의 기본 특성실험

① 회로를 [그림 8-18]과 같이 결선한다.

② 스위치(SW)를 닫은 다음 가변저항을 조정하여 전압을 변화시켜가면서 전류와 LED의 밝기를 측정하여 [표 8-9]에 기록한다.

③ [표 8-9]에 따라 [그림 8-19]에 전압 · 전류 특성곡선을 그린다.

④ [표 8-9]에 따라 [그림 8-20]에 전압, LED의 밝기 특성곡선을 그린다.

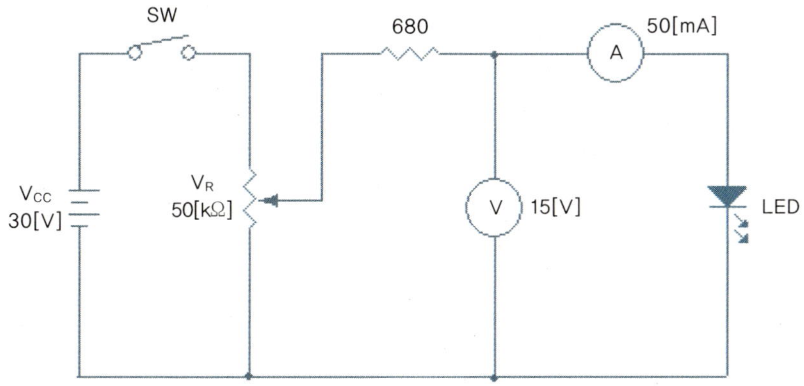

[그림 8-18] LED 측정회로

[표 8-9] LED 측정결과

E[V]	I[mA]	LED 밝기[cd]
0.4		
0.6		
0.8		
1.0		
1.2		
1.4		
2.0		
2.4		
3.0		

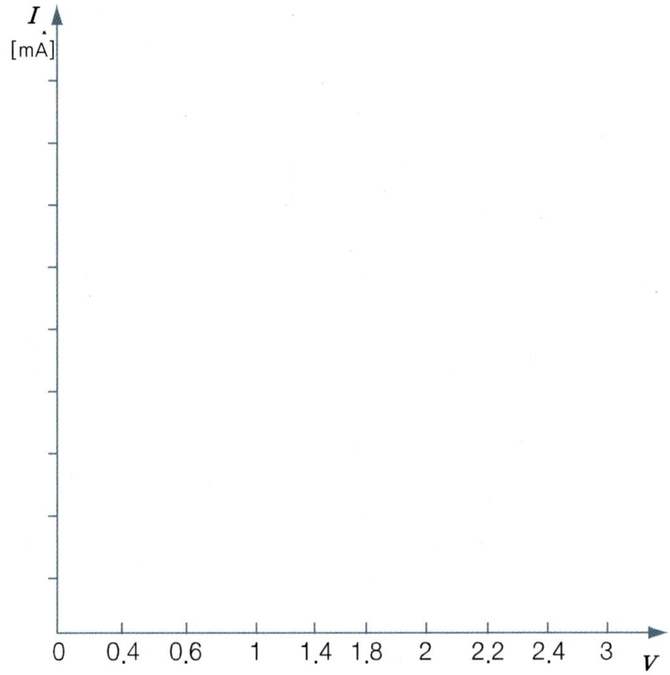

[그림 8-19] LED $I-V$ 특성

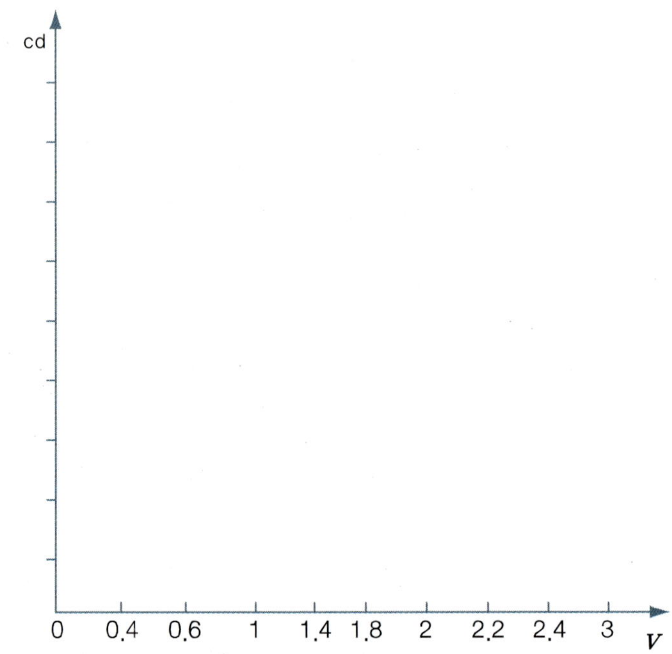

[그림 8-20] LED V-cd 특성

4) 백색 LED의 기본 특성실험

① 회로를 [그림 8-21]과 같이 결선한다.

② 스위치(SW)를 닫은 다음 가변저항을 조정하여 전압을 변화시켜가면서 전류 (I)와 LED의 밝기를 측정하여 [표 8-10]에 기록한다.

③ [표 8-10]에 따라 [그림 8-22]에 전압·전류 특성곡선을 그린다.

④ [표 8-10]에 따라 [그림 8-23]에 전압, LED의 밝기 특성곡선을 그린다.

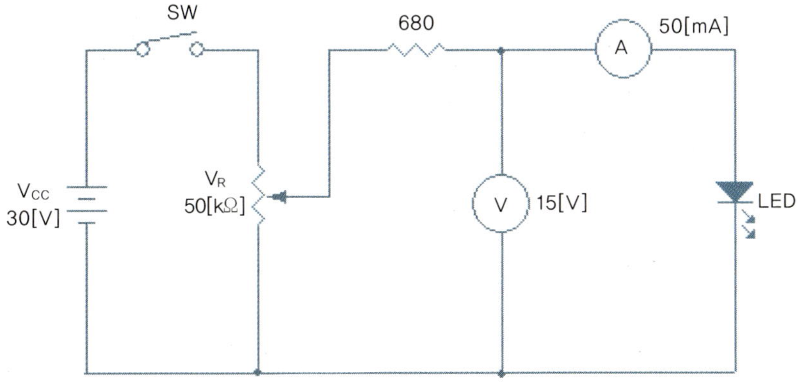

[그림 8-21] LED 측정회로

[표 8-10] LED 측정결과

E[V]	I[mA]	LED 밝기[cd]
0.4		
0.6		
0.8		
1.0		
1.2		
1.4		
2.0		
2.4		
3.0		

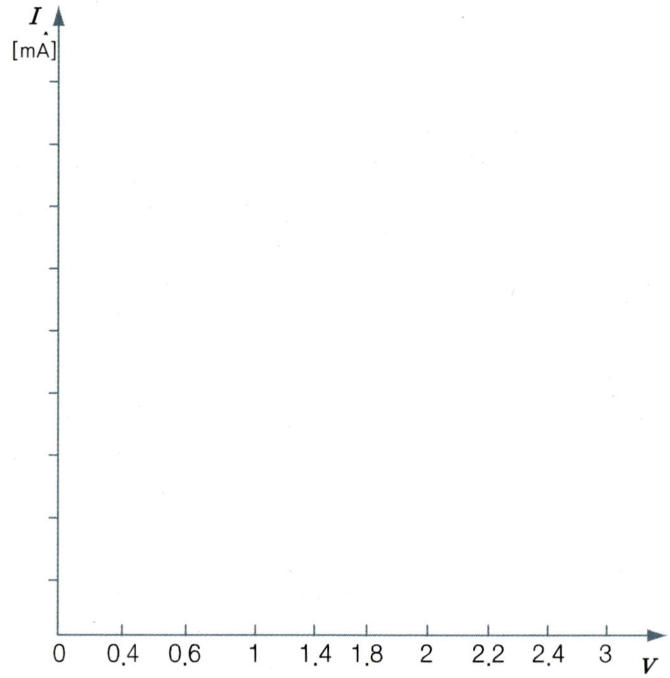

[그림 8-22] LED $I-V$ 특성

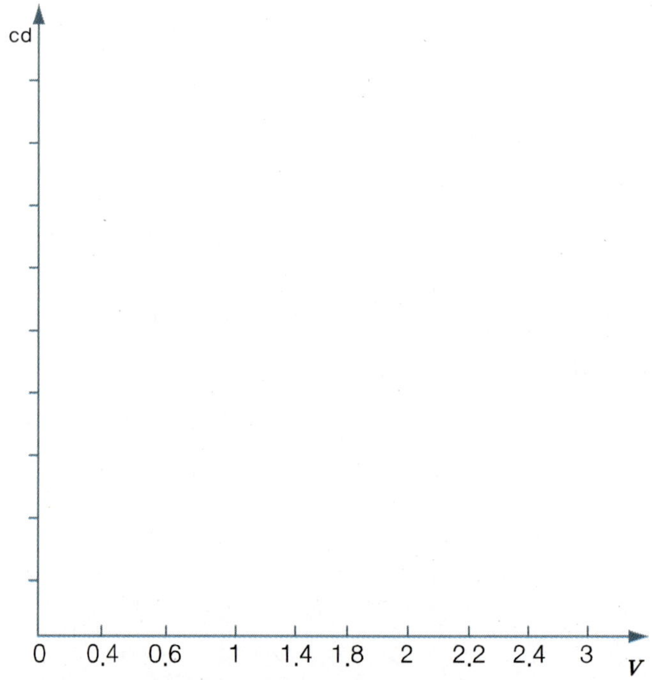

[그림 8-23] LED V-cd 특성

4. 실험결과에 대한 토의

5. 실험보고서 작성

6. 정리정돈

02 포토 다이오드 특성 실습

실습과제명	포토 다이오드 특성실험			
목 표	① 포토 다이오드의 구조 및 동작원리를 알 수 있다. ② 포토 다이오드의 특성을 측정할 수 있다.			
장비 및 공구	소요재료	규격	수량(개)	안전 및 유의사항
• 디지털 VM • 전류계 • 브레드보드 • 직류전원 장치	LED 포토 다이오드 IC TR 콘덴서 저항 가변저항 스위치	SA5311 uA741 C1815 100[μF] 68, 330, 470 680, 2.2[kΩ], 2[MΩ] 50[kΩ] 2C2M	1 1 1 1 1 1 1 5	① 장비 사용법을 익혀 부상과 장비 파손에 주의한다. ② 소자의 핀번호를 바르게 사용하여 손상이 없도록 한다. ③ DC 및 AC 전원을 바르게 연결하여 재료가 파손되지 않도록 한다. ④ 감전 등 안전에 주의한다.

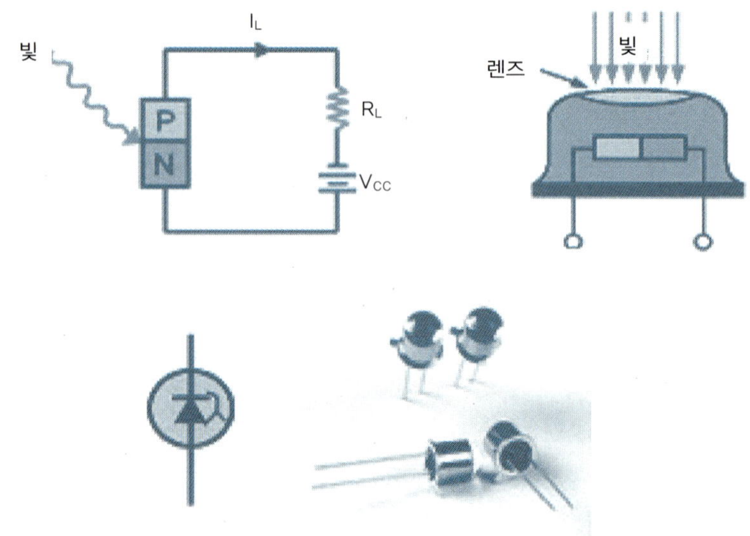

[그림 8-24] 포토 다이오드 원리 및 외형

포토 다이오드는 광센서 중에서 가장 간단한 센서 디바이스로서 반도체의 PN 접합 부분에 광에너지를 쪼이면 광강도의 변화에 비례하여 전류로 변환되고 경시변화도 거의 없는 광전 변환소자로서 입사광량에 대한 출력의 선형성이 우수하며, 광대역의 파장감도, 저잡음성, 고속응답 특성을 가지고 있으므로 광통신에 널리 사용되고 있다. 그러나 출력전류가 작은 것이 단점이다.

1. 포토 다이오드의 원리 및 구조

광검출 소자에 의해 광을 검출하는 기본원리는 광원에서 입사된 빛을 전류로 변환되는 광·전 변환을 하게 된다. 에너지 준위에 있어 안정상태의 가전자대에 존재하는 자유전자가 광으로부터 에너지를 받아 전도대로 전이되면서 전하를 가져 전류를 발생하게 되며, 이 과정에서 검출된 광의 파장까지 알 수 있게 된다. 이 과정을 수식으로 알아보면 다음과 같다. 단, h : 플랑크 상수, C : 광속, λ_C : 파장이다.

$$E_p = hf_C \tag{1}$$

$$f_C = \frac{E_p}{h} \left(\because f = \frac{C}{\lambda}\right) \tag{2}$$

$$\lambda_C = \frac{h \cdot C}{E_p} \tag{3}$$

여기서는 자유전자가 가전자대에서 전도대로 여기될 수 있는 에너지로서 구성물질의 고유 에너지 갭과 같으며, 검출된 광의 파장으로 위 식에 플랑크 상수와 광속의 수치를 대입해보면 다음과 같다.

$$\lambda_C = \frac{1.24}{E_p} \tag{4}$$

$$\because h = 6.626 \times 10^{-34},\ C = 3 \times 10^{8},\ 1[\mathrm{eV}] = 1.602 \times 10^{-19}$$

위의 식을 이용하여 반도체 PN층 구성물질 Si(=4.1[eV])와 Ge(=0.81[eV])의 검출 파장

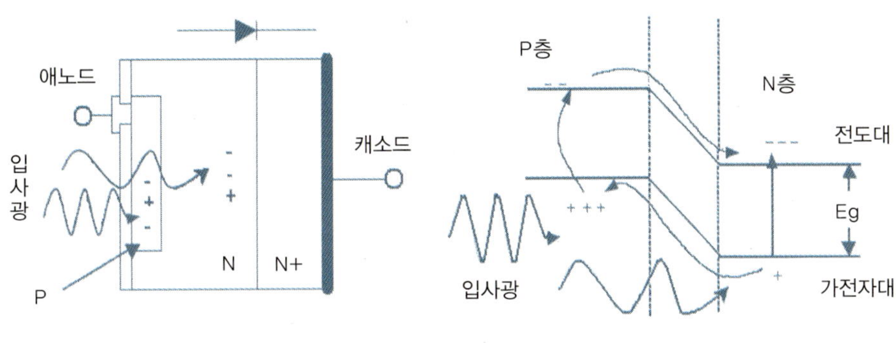

[그림 8-25] 포토 다이오드 내부구조

대를 알아보면 각각 0.3[μm], 1.531[μm]임을 알 수 있다.

[그림 8-25]와 같이 포토 다이오드에 빛이 조사되면 실리콘 결정 속의 전자가 여기되고, 그 에너지가 실리콘의 밴드 갭(E_g)보다 크면 전자는 전도대로 올라가 캐리어의 이동이 활발해져 전류가 흐르게 된다.

2. 포토 다이오드의 특성

광검출기의 특성을 서술하는 데 있어 사용되는 변수들은 다음과 같다.

- 응답도(Responsivity) : R, A/W
- 이득(Gain) : G (if APD)
- 용량(Capacity) : C [pF]
- 암전류(Dark current) : I_d[nA]
- 역바이어스 전압(Reverse Bias Current) : V_r[V]

1) 응답도 : R, A / W

응답도(Responsivity)는 광검출기에서 가장 중요한 변수로서 광검출의 성능을 나타내는 지수이다. 즉 응답도 R은 광전변환 이득을 나타내며, 입사된 광파워에 비례한다. 식 (5)와 같이 입사되는 광자의 세기(입사되는 광에너지)에 대한 출력광전류(광자의 흡수로 생성되는 전류)로 나타낸다. 단, A : 출력광전류, W : 입사광세기이다.

$$R = \frac{I_p}{P_i} = \frac{A}{W} \tag{5}$$

2) 응답속도

검출기의 출력전류가 피크값에 대해 10%에서 90%까지, 즉 입력전류가 유효성분이 되는 데까지 거리는 시간(T_r)으로 검출기의 민감성과 관련이 있다. 광검출기의 −3dB 변조 대역폭은 다음 식으로 구할 수 있다.

$$f_{-3\mathrm{dB}} = \frac{0.35}{T_r} \tag{6}$$

3) $I-V$ 특성곡선

포토 다이오드에 인가되는 바이어스 전압과 출력되는 전류와의 관계를 나타내는 특성곡선으로 포토 다이오드는 역바이어스의 광도전 영역(모드)에서 동작하게 되며 이 영역에서 출력전류(I)는 입력 광전압(V)과 비례한다.

특히 각 소자의 특성에 따라 바이어스 전압이 달라지게 된다. 기본적으로 포토 다이오드들은 광도전 영역 내에서 동작하게 되나 애벌런치 포토 다이오드(Avalanche Photo diode : APD)는 항복전압(V_{Br}) 부근에 바이어스를 인가해 동작하게 되며, 광전지 영역에서는 특성곡선상 역바이어스를 인가하지 않았을 때도 입사된 광에 의해 순방향 전류를 출력하고 있음이 보이게 된다. 이는 태양전지의 원리가 된다.

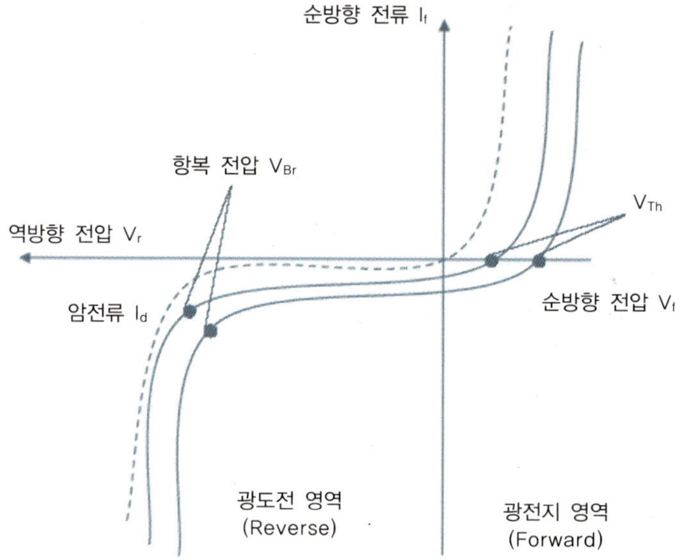

[그림 8-26] $I-V$ 특성곡선

4) 암전류

[그림 8-26]과 같이 포토 다이오드의 $I-V$ 특성곡선상에서 광의 입력이 없을 때도 일정한 크기의 미세한 전류가 흐르게 되는데 이를 암전류(Dark current)라 하며, 광검출기에서 주된 잡음의 요인이 된다. 암전류는 열적으로 생성된 자유 캐리어에 의해 발생하고 역방향에서만 발생하므로 열적 역방향 누설전류(Thermal reverse leakage current)라 불리며, 실온(대략 25°C)에서 10°C 상승시 2배 정도의 크기까지 발생한다. 검출된 신호가 암전류보다 작게 되면 검출된 신호를 방해하기 때문에 포토 다이오드를 이용한 수신기 설계시 고려하여야 한다.

3. 포토 다이오드의 종류와 용도

포토 다이오드(광검출기)는 그 응용범위만큼이나 많은 종류가 있으며, 이용하고자 하는 응용범위에 따라 선택적으로 이용된다. [표 8-11]과 같이 포토 다이오드는 크게 반도체를 이용한 내부 광전효과로 광을 검출하는 반도체 다이오드와 외부 광전효과로 금속표면의 광전자 방출을 이용한 광전관, 광전자 증배관(PMT) 등이 있다.

[표 8-11] 포토 다이오드의 특징

종 류	특 징	주요 용도
PN 포토 다이오드 (실리콘 다이오드)	• 자외선부터 적외선까지 광범위한 파장감도를 갖는다. • 입사량에 대한 직선성이 뛰어나다. • 미약한 광에도 검출감도를 갖는다. • 응답특성이 PIN 포토 다이오드보다 나쁘다.	조도계, 카메라의 노출계, 오토스트로의 광센서, 연기센서, 분광광도계
PIN 포토 다이오드 (실리콘 다이오드)	• 고속 응답성 • 온도특성이 PN 포토 다이오드보다 나쁘다.	광통신, 광리모콘, 레이저 디스크
APD (애벌런치형 포토 다이오드)	• 광전류 증폭작용을 가진다. • 넓은 파장감도를 갖는다. • 고속응답	광파이버에 의한 광통신

외부 광전효과를 이용한 광전관과 광전자 증배관들은 광섬유를 시험할 때 많이 이용되지만 그 특성이 약하여 실제 광통신에 사용되기는 어렵다. 현재 시스템에서 많이 이용되고 있는 반도체 다이오드는 제작하기도 간편하고, 그 특성을 구성물질(재료)의 종류와 배합비만으로 쉽게 조절이 가능하다.

1) PN 접합 포토 다이오드

LED의 발광시 순바이어스를 인가하는 것과는 반대로 PN 접합 포토 다이오드(PN Junction Photo diode)는 역바이어스를 인가하여 동작하는 소자로서 PN 접합소자와 쇼트키 다이오드가 이용된다. [그림 8-27 (b)]에서와 같이 먼저 안정 에너지 준위상태의 접합소자에 역바이어스를 인가하게 되면 PN 영역 사이에 공핍층이 넓어지게 된다. 공핍층 영역으로 광을 입사시키게 되면 가전자대의 전자는 입사광의 광자가 지니고 있는 광에너지를 받아 전자·정공쌍이 생성되게 된다. 이 전자·정공쌍 생성에 의해 드리프트 전류(Drift current)가 흐르게 되며 이 전류를 광전류라 한다. 여기서 광자가 전자를 여기시키게 되는 광에너지의 크기는 물질의 에너지 갭(Eg)만큼의 크기인 광에너지($E_p = hf_p$)이다.

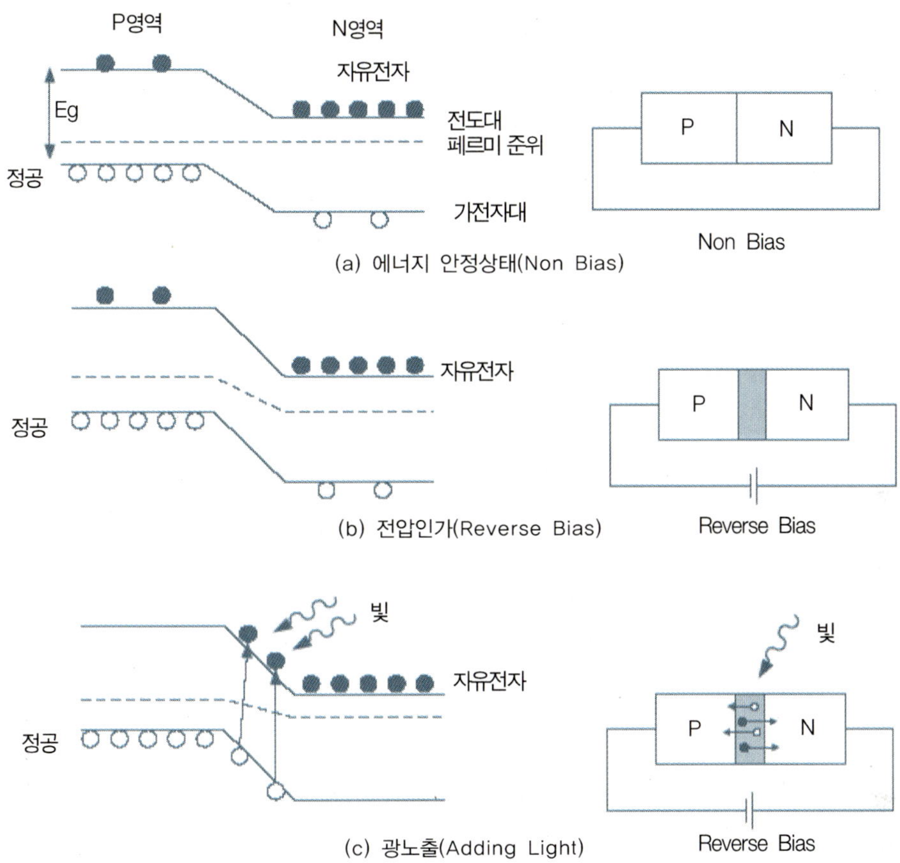

[그림 8-27] PN 접합 포토 다이오드의 광전효과

2) PIN 포토 다이오드

PN 접합 포토 다이오드가 광을 받아 광전류를 변환하는 데까지는 전자·정공쌍이라는 과정을 거쳐야 하므로 빠른 응답시간 특성을 가지기 힘들어 고속 시스템에 적용하기는 어렵다. 또한 포토 다이오드의 특성상 넓은 공핍영역으로 더 많은 광자를 받아들여 빠른 응답시간과 민감성을 가질 수 있는데, PN 접합 포토 다이오드는 공핍영역의 길이가 바이어스 크기에 국한되므로 많은 전력소모가 있게 된다. 이런 점에서 PIN 포토 다이오드(PIN Photo diode)는 구조상 PN 접합 포토 다이오드보다 더 우수한 성능을 가진다.

(1) 특 징

PIN 포토 다이오드는 PN 접합 다이오드에서 P영역 사이와 N영역 사이에 진성영역(intrinsic region)을 샌드위치 구조로 도핑시켜 역바이어스를 인가하기 전에 미리 공핍영역을 가진 것과 같이 제작된 소자이다. 그러므로 큰 역바이어스 전류가 필요없이 충분한 공핍영역의 길이를 가지게 된다. PIN 포토 다이오드는 광전도 모드에서 8~10V의 역바이어스로 동작할 수 있는 저전압 동작특성과 고속응답의 장점을 가지게 된다.

(2) $I-V$ 특성

PIN 포토 다이오드의 $I-V$ 특성은 출력전류가 광전압에 비례하여 나타나게 된다. 암전류 값은 1nA에서 수백 nA 이상이며 Si 포토 다이오드보다 InGaAs 포토 다이오드의 암전류가 크다. Ge 포토 다이오드가 가장 큰 암전류 값을 가진다.

(3) 응답도

PIN 포토 다이오드는 빠른 응답속도(상승시간)를 가지며, 약 0.5ns로 100ps 이하의 상승시간을 가진다. PIN 포토 다이오드의 구성물질에 따른 응답특성을 [그림 8-28]에 나타내었다. 현재 광통신 시스템에서의 광전소자로 가장 널리 이용되고 있는 PIN 포토 다이오드의 사용 재료인 InGaAs는 1.0~1.6ns에서 높은 응답도를 갖는다.

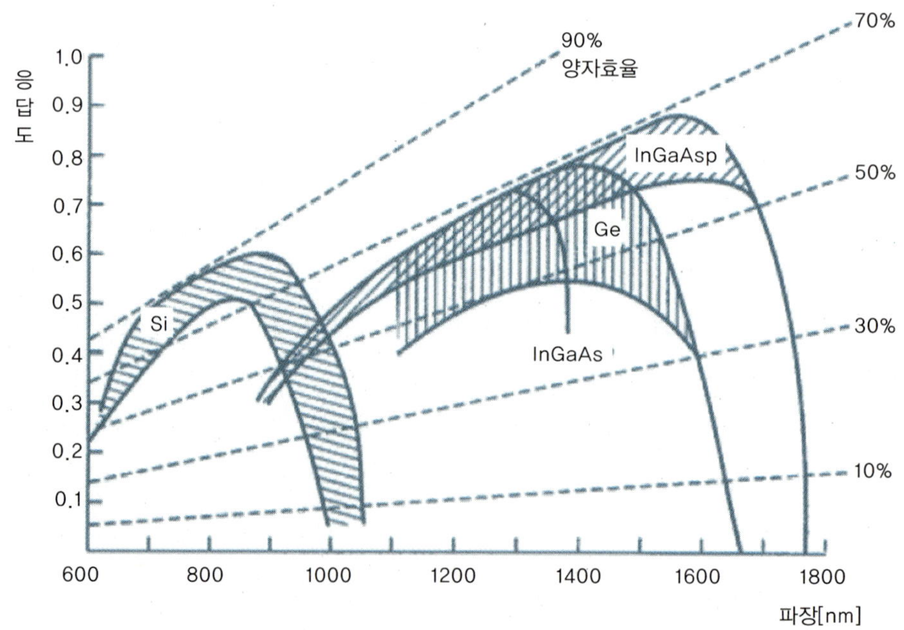

[그림 8-28] PIN 포토 다이오드의 구성물질별 파장 분포

4. 포토 다이오드의 효과적인 활용법

① 포토 다이오드는 입사광량과 출력전류의 직선성이 우수하기 때문에 광대역의 측광에 적합하다.

② 포토 다이오드는 포토 트랜지스터나 CDS에 비해서 2자리 이상 응답특성이 빠르다.

③ PIN형 포토 다이오드는 접합용량이 작기 때문에 응답특성이 뛰어나다.

④ 포토 다이오드는 역바이어스를 걸면 응답특성이 향상된다.

⑤ 포토 다이오드는 조도변화를 대수 압축하는 작용이 있다.

⑥ 포토 다이오드는 부하저항이 커지면 조도가 높아지는 쪽의 직선성이 나빠진다.

⑦ 고속응답을 요구할 경우에는 수광면적이 작은 포토 다이오드를 선택한다.

⑧ 포토 다이오드는 포화영역에서 사용하면 응답특성이 저하된다.

⑨ 포토 다이오드는 출력신호가 매우 낮으므로 OP AMP와 함께 사용하는 것이 효과적이다.

5. 실습순서

1) 포토 다이오드 기본 특성실험

① 회로를 [그림 8-29]와 같이 결선한다.

② 스위치(SW)를 off시킨 상태에서 $R_L = 100[\Omega]$일 경우 부하저항 R_L 양단의 전압을 DVM을 이용하여 출력전압(V_o)을 측정하여 [표 8-12]에 기록한다.

③ 스위치(SW)를 off시킨 상태에서 포토 다이오드 $D2$를 손으로 잡아 자연광을 차단한 상태에서 출력전압(V_o)을 측정하여 [표 8-12]에 기록한다.

④ 스위치(SW)를 on시키고 출력전압(V_o)을 측정하여 [표 8-12]에 기록한다.

⑤ 스위치(SW)를 off시킨 상태에서 $R_L = 1[k\Omega]$으로 바꾼 후에 실험과정 ②~④를 반복한다.

⑥ 스위치(SW)를 off시킨 상태에서 $R_L = 10[k\Omega]$으로 바꾼 후에 실험과정 ②~④를 반복한다.

⑦ 스위치(SW)를 off시킨 상태에서 $R_L = 50[k\Omega]$으로 바꾼 후에 실험과정 ②~④를 반복한다.

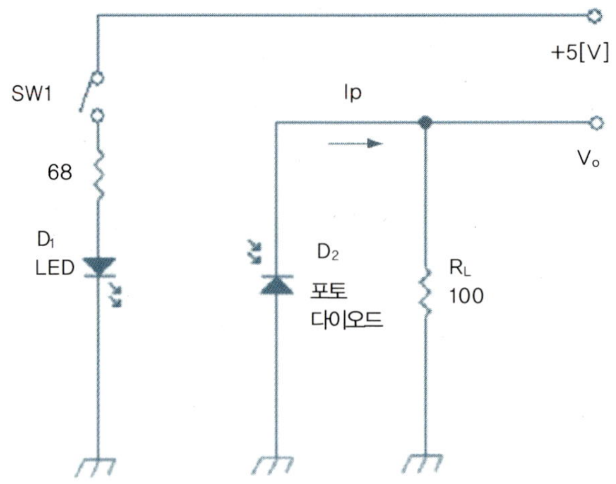

[그림 8-29] 포토 다이오드 측정회로

[표 8-12] 포토 다이오드 측정결과

실험순서	②	③	④
R_L = 100[Ω]일 경우	[mV]	[mV]	[mV]
R_L = 1[kΩ]일 경우	[mV]	[mV]	[mV]
R_L = 10[kΩ]일 경우	[mV]	[mV]	[mV]
R_L = 50[kΩ]일 경우	[mV]	[mV]	[mV]

2) 포토 다이오드를 이용한 LED 회로

포토 다이오드의 출력전류가 매우 미약하므로 소자 단독으로는 사용할 수가 없어서 트랜지스터를 이용하여 포토 다이오드의 신호를 증폭한 후 LED를 구동하는 회로이다.

① 회로를 [그림 8-30]과 같이 결선한다.

② 스위치 SW1을 off, SW2를 on시킨 상태에서 출력전압(V_o)을 측정하여 [표 8-13]에 기록한다.

③ 스위치 SW1과 SW2를 on시킨 상태에서 출력전압(V_o)을 측정하여 [표 8-13]에 기록한다.

④ 스위치 SW1과 SW2를 off시키고 출력저항(2.2[kΩ])의 양단에 LED를 연결한다.

⑤ 스위치 SW1을 off, SW2를 on하였을 때 출력 LED를 관찰하고, 이때의 출력전압(V_o)을 측정하여 [표 8-13]에 기록한다.

⑥ 스위치 SW1과 SW2를 on시켰을 때 출력 LED 동작을 관찰하고, 이때의 출력전압

(V_o)을 측정하여 [표 8-13]에 기록한다.

⑦ 입력 LED D_1와 포토 다이오드 D_2 사이에 종이 등을 넣어 차단시켰을 때 출력 LED의 동작을 관찰한다.

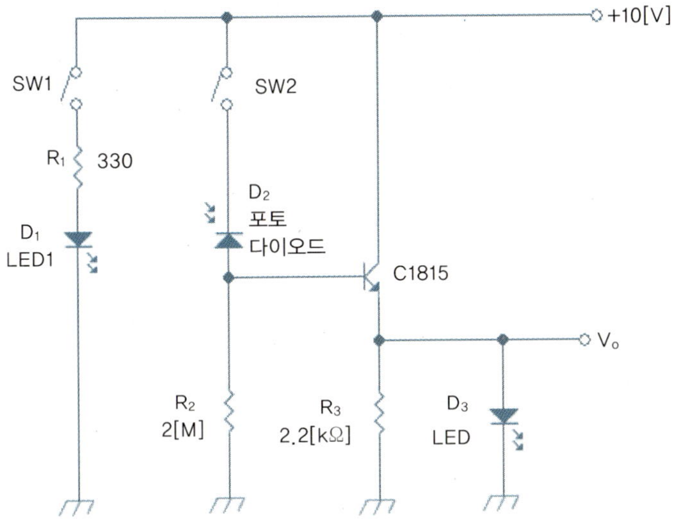

[그림 8-30] TR과 포토 다이오드를 이용한 LED 회로

[표 8-13] 포토 다이오드 실험 측정결과

실험순서	②	③	④	⑤	⑥
출력전압(V_o)					
출력 LED의 동작상태					

6. 실험결과에 대한 토의

7. 실험보고서 작성

8. 정리정돈

03 포토 트랜지스터 특성 실습

실습과제명	포토 트랜지스터(TR) 특성실험			
목 표	① 포토 트랜지스터의 구조 및 동작원리를 알 수 있다. ② 포토 트랜지스터의 특성을 측정할 수 있다.			
장비 및 공구	소요재료	규격	수량(개)	안전 및 유의사항
• 디지털 VM	LED	적색	6	① 장비 사용법을 익혀 부상과 장비 파손에 주의한다. ② 소자의 핀번호를 바르게 사용하여 손상이 없도록 한다. ③ DC 및 AC 전원을 바르게 연결하여 재료가 파손되지 않도록 한다. ④ 감전 등 안전에 주의한다.
• 전류계	포토 TR	OS-18	1	
• 브레드보드	IC	uA741	1	
• 직류전원장치	TR	C1815	1	
	저항	150, 180, 10[kΩ]	1	
		2.2[kΩ]	4	
	가변저항	100[kΩ]	1	
	스위치	2C2M	2	

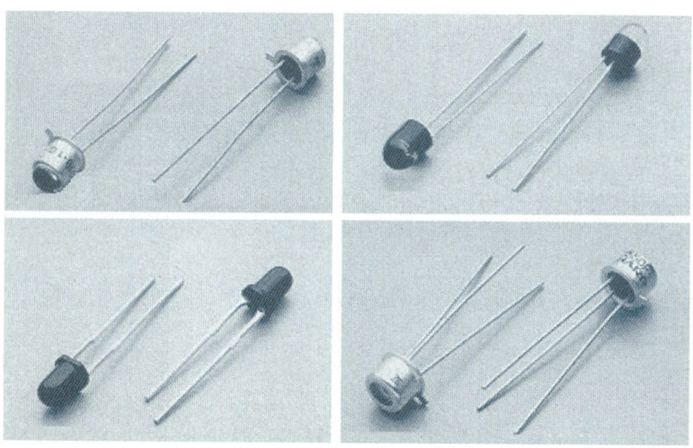

[그림 8-31] 포토 트랜지스터의 외형

포토 트랜지스터는 빛의 유무를 감지하여 광강도를 전류로 변환하는 고감도 NPN형 트랜지스터 소자로서 트랜지스터의 베이스에 포토 다이오드를 역방향으로 접속한 것으로 회로구성이 비교적 간단하고, 출력전류도 크기 때문에 저주파의 광센서 회로에 이용되고 있다.

1. 포토 트랜지스터의 구조

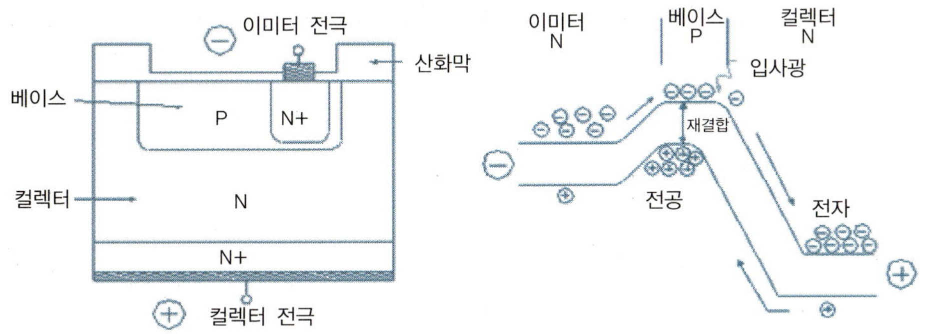

[그림 8-32] 포토 다이오드 내부구조

① PN 접합의 기전력을 이용한 소자로서 빛에 의해 생성된 정공이 베이스 영역으로 이동하여 베이스-이미터간에 바이어스를 만들어내는 것에 의해 증폭효과를 나타낸다.

② [그림 8-32]에서와 같은 포토 트랜지스터는 NPN형으로서 베이스-컬렉터간이 역바이어스 상태로 되어 있다.

- 빛이 베이스-컬렉터간의 공핍층과 그 부근에 가해지면 생성된 전자는 (+) 도너 이온에 의해 컬렉터측에, 정공은 (-) 억셉터 이온에 의해 베이스측으로 이동하므로 베이스-이미터간의 PN 접합은 순방향 바이어스가 된다.
- 이로 인해 베이스-이미터간의 순방향 전류가 흐르게 되며, 또한 베이스 영역이 얇게 제조되어 있으므로 이미터에서 베이스 영역으로 이동하는 전자는 컬렉터 영역까지 도달하여 컬렉터-이미터간에 전류가 흐르게 된다.

2. 포토 트랜지스터의 기본회로

포토 트랜지스터를 효과적으로 사용하기 위한 기본회로를 [그림 8-33]에 나타내었다.

① [그림 8-33 (a)]는 이미터 출력회로로서 포토 트랜지스터의 이미터측에 부하저항을 접속해서 그 출력을 이미터에서 끄집어낸 방식이다. 이 회로의 특징은 출력신호가 입사광과 같은 위상이라는 것과 다음 단에 NPN 트랜지스터를 접속하기 쉽다는 것과 펄스광 검출에 알맞다는 장점이 있다. 단점으로는 출력신호가 작다는 점이다.

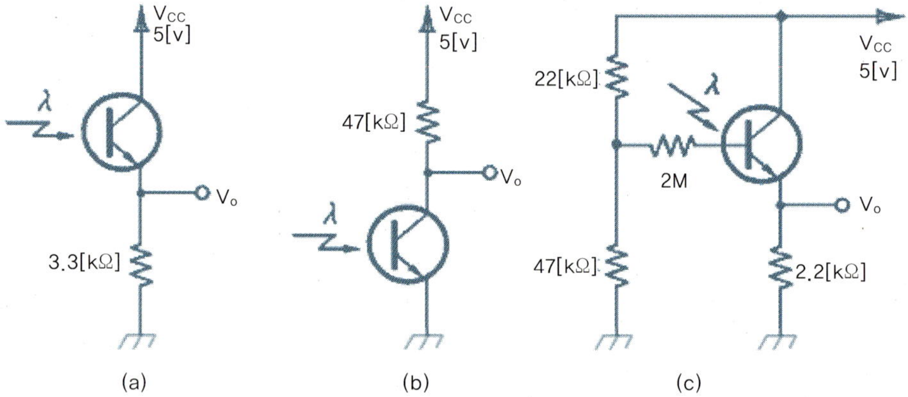

[그림 8-33] 포토 트랜지스터 기본회로

② [그림 8-33 (b)]는 컬렉터 출력회로로서 포토 트랜지스터의 컬렉터측에 부항저항을 접속해서 그 출력을 컬렉터에서 끄집어낸 방식이다. 이 회로의 특징은 출력신호를 $V_{CE(\mathrm{SAT})}$까지 그 출력전압을 이용할 수 있고, 펄스광 검출에 알맞은 장점이 있으며, 출력신호가 입사광과 역위상이다.

③ [그림 8-33 (c)]는 암전류(역포화전류) 보상형 회로라고도 불리는데 이것은 베이스 단자가 붙어 있는 포토 트랜지스터에 많이 이용되고 있는 온도보상회로이다. 이 회로는 온도보상법의 여러 가지 방법 중 브리더 방식의 회로로서 직류 동작점의 열적 안정성이 양호하고, 아날로그 광의 측광에 적합하며, 베이스 전류에 의해 역포화 전류를 저감할 수 있는 장점이 있다.

3. 포토 트랜지스터의 응용회로

[그림 8-34 (a)]는 이미터 출력 형식의 포토 달링턴 회로이다.

포토 트랜지스터의 이미터에 또 다른 NPN 트랜지스터를 접속하여 그 이미터에 부하저항을 접속한 이미터 폴로워 형식의 회로이다. 이 회로의 특징은 매우 큰 광전류를 얻을 수 있기 때문에 [그림 8-34 (b)]와 같이 10mA 정도의 소형 릴레이를 직접 구동할 수 있는 장점이 있다. 트랜지스터 광전류 I_{PT}는 외부 트랜지스터에 거의 hf_e배가 된다. 출력전압은 $V_o = I_{\mathrm{PT}}(1+hf_e)R_E$이다.

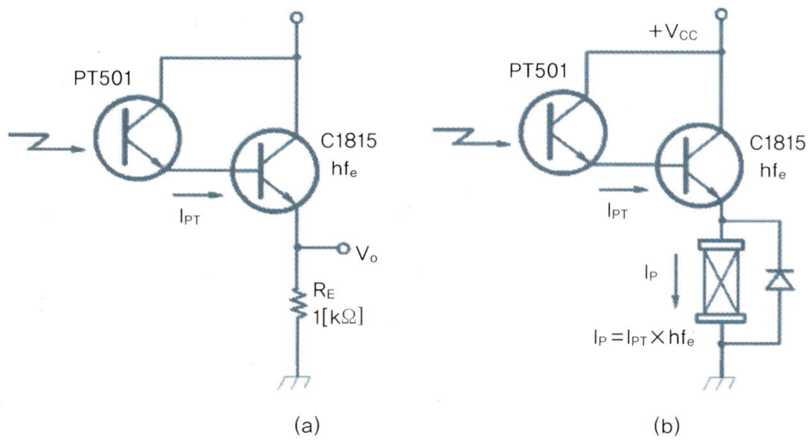

[그림 8-34] 트랜지스터와의 조합회로

4. 포토 트랜지스터의 효과적인 활용법

포토 트랜지스터는 포토 다이오드와 트랜지스터를 조합시킨 일종의 광센싱 소자로서 이를 잘 사용하기 위해서는 몇 가지 알아두어야 할 사항이 있다.

① 포토 트랜지스터의 응답특성은 포토 다이오드보다 1자리 이상 늦다.
② 포토 트랜지스터에는 이미터 출력 형식과 컬렉터 출력 형식이 있다.
③ 컬렉터 출력 형식은 출력전압 이용률이 높다.
④ 포토 트랜지스터는 여러 개의 트랜지스터를 조합시킨 포토 달링턴 타입이 있다.
⑤ 포토 달링턴 타입은 출력전류는 크지만 응답특성이 매우 늦다.
⑥ 포토 트랜지스터는 저주파 펄스광의 광센싱 회로에 적합하다.
⑦ 포토 트랜지스터의 광전류는 hf_e(트랜지스터의 전류증폭률)배로 증폭된다.
⑧ 포토 트랜지스터의 온도보상에는 베이스가 부착된 포토 트랜지스터가 좋다.
⑨ 베이스가 부착된 포토 트랜지스터는 광전류의 직선성을 개선할 수 있다.

5. 포토 트랜지스터 소자 측정

① [그림 8-35]와 같이 회로시험기의 측정 레인지를 $R \times 100[\Omega]$에 놓는다.
② LED의 양 리드 단자에 회로시험기의 테스트봉을 교대로 대어본다. 이때 회로시험기의 지침이 많이 움직이는 곳(저항값이 적은 곳)과 적게 움직이는 곳 중 많이 움직이는 곳을 기준해 포토 트랜지스터에 빛을 쬐면 저항값이 더욱 감소하고, 빛을 차단할 때 저항값이 증가하면 정상적인 포토 트랜지스터이고 아니면 불량이다.

③ 포토 트랜지스터에 빛을 쬐어 저항값이 감소한 상태에서 테스터의 리드봉이 흑색인 곳이 컬렉터이고, 적색인 곳이 이미터이다.

④ 포토 트랜지스터의 리드선 단자(베이스 단자가 있는 포토 트랜지스터)가 있는 경우는 NPN 트랜지스터의 이미터 · 베이스 · 컬렉터를 찾는 방법과 같이 공통으로 움직이는 단자가 베이스이고, 나머지 단자가 이미터와 컬렉터이다.

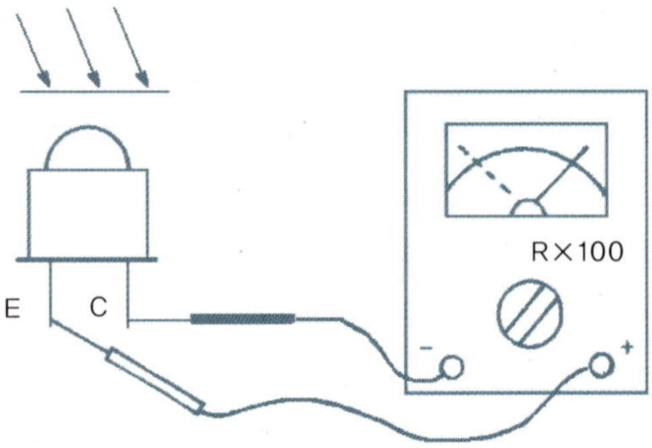

[그림 8-35] 포토 트랜지스터 소자 측정

6. 실습순서

1) 포토 트랜지스터 기본 특성실험

① 회로를 [그림 8-36]과 같이 결선한다.

② 발광 다이오드 D_1과 포토 트랜지스터 Q_1의 투명창이 서로 마주보도록 눕혀서 회로를 결선한다. 이때 D_1과 Q_1의 간격은 약 1cm 정도 간격을 띄운다.

③ 스위치 SW1을 off 상태, SW2를 on한 상태에서 출력전압 V_{out}를 측정하여 [표 8-14]에 기록한다.

④ 스위치 SW1, SW2를 on한 상태에서 V_{out}를 측정하여 [표 8-14]에 기록한다.

⑤ 스위치 SW1, SW2를 on한 상태에서 출력단의 LED 동작상태를 확인하여 [표 8-14]에 기록한다.

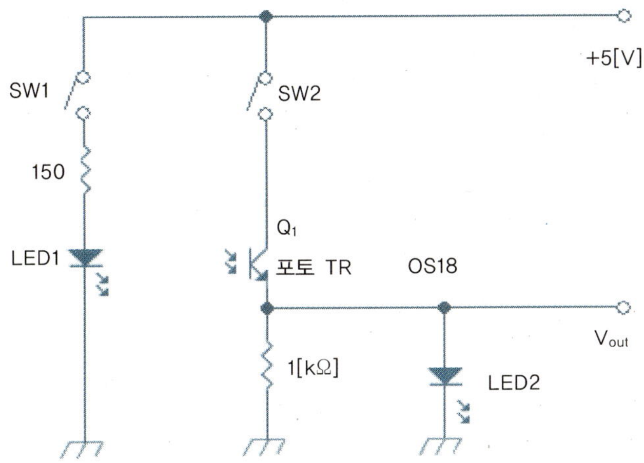

[그림 8-36] 포토 트랜지스터 특성 측정회로

⑥ D_1과 Q_1 사이에 종이 등을 이용하여 Q_1에 빛을 차단하고, 출력단의 LED의 동작상태를 확인하여 [표 8-14]에 기록한다.

⑦ 스위치 SW1을 off 상태, SW2를 on 상태에서 출력단의 LED 동작상태를 확인하여 [표 8-14]에 기록한다.

[표 8-14] 포토 트랜지스터 특성 측정결과

SW 상태		출력전압(V_{out})	출력(LED) 상태
SW1	SW2		
off	on	[mV]	on off
on	on	[mV]	on off
D_1과 Q_1 사이 차단시		×	on off
D_1과 Q_1 사이 개방시		×	on off

7. 실험결과에 대한 토의

8. 실험보고서 작성

9. 정리정돈

04 포토 인터럽터 특성 실습

실습과제명	포토 인터럽터 특성실험			
목 표	① 포토 인터럽터의 구조 및 동작원리를 알 수 있다. ② 포토 인터럽터의 특성을 측정할 수 있다.			
장비 및 공구	소요재료	규격	수량(개)	안전 및 유의사항
• 디지털 VM • 전류계 • 브레드보드 • 직류전원 장치	포토 인터럽터 LED 부저 저항	TLP850 적색 3[V] 220 470, 4.7[kΩ]	2 1 1 1 각 1	① 장비 사용법을 익혀 부상과 장비 파손에 주의한다. ② 소자의 핀번호를 바르게 사용하여 손상이 없도록 한다. ③ DC 및 AC 전원을 바르게 연결하여 재료가 파손되지 않도록 한다. ④ 감전 등 안전에 주의한다.

[그림 8-37] 포토 인터럽터의 외형

발광소자(Emitter ; irED, LED)와 수광소자(Detector ; Photo Transistor, Photo IC)를 하나의 패키지(Package)에 조립하여 발광소자의 광을 이용하여 물체의 유·무 또는 위치 등을 수광소자에 의해 on, off 스위치 역할을 하는 결합소자로서 수명은 반영구적이고 검출 정도가 높다.

따라서 회전체의 회전 검출, 물체의 고정도 위치 검출에 사용되고 있다. 일명 포토 센서(Photo sensor)라고도 한다. 포토 인터럽터는 비접촉으로 물체의 유무 및 위치를 감지할 수 있어 다른 스위치와 비교해 큰 장점을 가지고 있다.

1. 포토 인터럽터의 구조

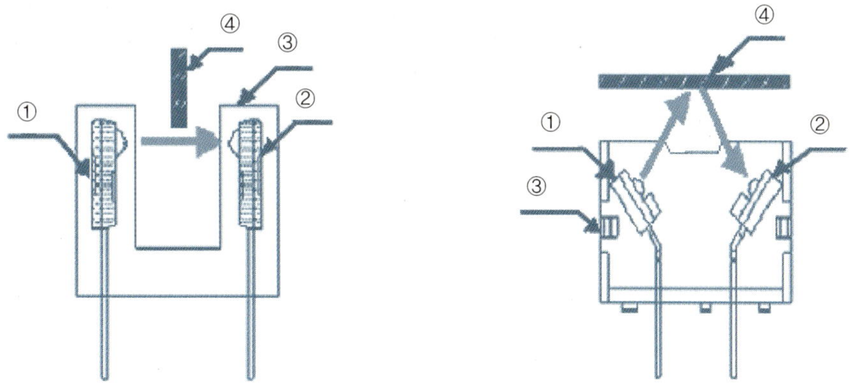

① 발광소자(Emitter), ② 수광소자(Detector), ③ 외형(Package), ④ 검출물체(Object)

(a) 투과형 포토 인터럽터 (b) 반사형 포토 인터럽터

[그림 8-38] 포토 인터럽터의 구조

포토 인터럽터의 구조는 [그림 8-38]과 같으며, [표 8-15]와 같이 크게 2종류로 구분할 수 있다.

[표 8-15] 포토 인터럽터의 분류

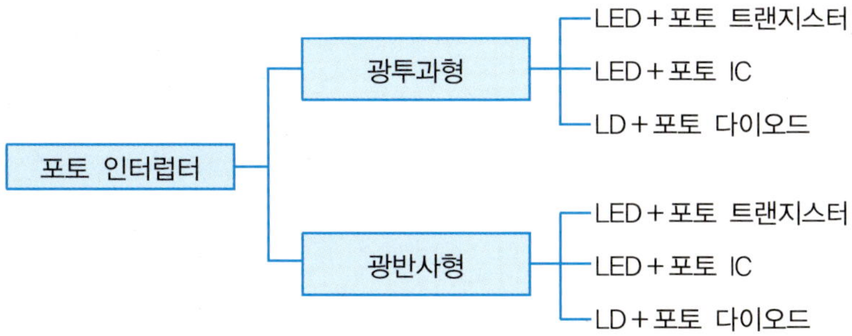

LED : 발광 다이오드, LD : 레이저 다이오드

발광소자와 수광소자를 일정한 간격을 두고 마주보게 하여 하나의 패키지 안에 고정시켜 그 사이의 물체의 유무와 위치를 감지하는 투과형 포토 인터럽터와 발광소자와 수광소자를 평면상 또는 어떤 각도를 두어 동일한 방향으로 배치하여 하나의 패키지 안에 고정시켜 발광소자로부터 나온 광을 물체에 반사시켜 그 반사광을 수광소자에서 검출하는 반사형 포토 인터럽터가 있다.

1) 투과형 포토 인터럽터

발광측에 GaAs 적외 발광 다이오드를 사용하고 수광측에 실리콘 포토 트랜지스터를 사용한다. 검출 정도를 높이기 위해 케이스의 수광·발광의 창에 슬릿(slit)을 두었다. 슬릿, 검출 캡 및 홀더 구조는 사용목적에 따라 다르게 정해지는데 사용환경에 대응해 연기·먼지 등이 많은 곳에서는 우수한 검출 정도를 확보하기 위해 독자적인 프리즘 슬릿 구조를 갖는 방진 타입을 사용한다.

2) 반사형 포토 인터럽터

발광측에 GaAs 적외 발광 다이오드를, 수광측에 실리콘 포토 트랜지스터를 사용한다. 또한 가시광 커트필터를 채용해 외란광의 영향을 받지 않도록 하였다.

2. 포토 인터럽터 특징

① 입·출력 사이는 전기적으로 절연되어 있기 때문에 전원전압, 바이어스 전위 등은 서로 관계가 없다.

② 빛에 의한 단일 지향성이므로 출력에서 입력으로의 정보 전달이 되지 않는다.

③ 입·출력 임피던스를 독립적으로 설정할 수가 있다.

④ 임피던스가 크게 다른 인터페이스 회로간의 신호전달에도 매우 좋다(TTL, C-MOS와 접속 가능).

⑤ 응답속도(0.1～20ms)가 빠르며, 소형·경량이다.

⑥ 검출거리가 길다(반사형 : 0.5mm, 투과형 : 0～1km 정도).

⑦ 검출 정밀도가 높다(광전스위치 : 0.1mm, 이미지센서 : 수μm).

⑧ 자기 및 진동의 영향을 받지 않는다.

⑨ 단점으로는 렌즈면의 물이나 기름기도 검출하며, 10만lX 이상이나 특수한 조건에서 외란광에 주의할 필요가 있다.

3. 실습순서

1) 컬렉터 출력형 포토 인터럽터 회로실험

포토 인터럽터를 이용한 회로는 컬렉터 출력형식과 이미터 출력형식이 있는데 회로 구성상 컬렉터 출력형식이 출력 레벨에 있어서 뒷 단과의 인터페이스가 쉬운 장점이 있으며, 응답특성이 수십[kHz] 정도까지 미치기 때문에 모터의 회전센서로서 많이 사용되고 있다.

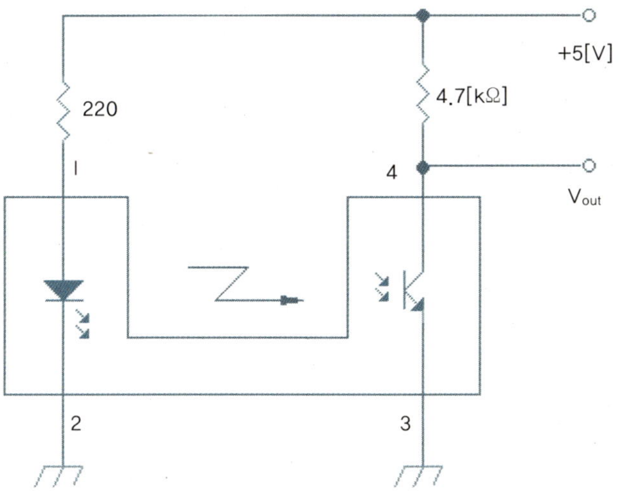

[그림 8-39] 컬렉터 출력형 회로

① 회로를 [그림 8-39]와 같이 결선한다.

② 전원을 인가하고 출력전압 V_{out}를 측정하여 [표 8-16]에 기록한다.

③ 슬릿 사이에 종이 등을 이용하여 차단한 후 출력전압 V_{out}를 측정하여 [표 8-16]에 기록한다.

④ 전원을 off하고 DVM을 이용하여 출력저항(4.7[kΩ])에 흐르는 전류를 측정할 수 있도록 회로를 결선한다. 전원을 on한 후 슬릿을 막았을 때의 전류와 막지 않았을 때의 전류를 측정하여 [표 8-16]에 기록한다.

⑤ 출력전압 V_{out}이 빛의 유무와 어떠한 관계가 있는지 검토한다.

[표 8-16] 컬렉터 출력형 특성 측정결과

실험과정	측정결과
②	V_{out} = [V]
③	V_{out} = [V]
④	슬릿을 차단했을 때 I = [mA] 슬릿을 차단하지 않았을 때 I = [mA]
⑤	

2) 이미터 출력형 포토 인터럽터 회로실험

이미터 출력형 포토 인터럽터 회로는 성능상으로 컬렉터 출력형 포토 인터럽터 회로와

별 차이는 없지만 회로구성상 전압 이용률이 다소 저하된다.

그러나 입사광과 출력신호가 동위상이어서 GND를 기준으로 신호출력을 얻어낼 수 있다.

① 회로를 [그림 8-40]과 같이 결선한다.

② 전원을 인가하고 출력전압 V_{out}를 측정하여 [표 8-17]에 기록한다.

③ 슬릿 사이에 종이 등을 이용하여 차단한 후 출력전압 V_{out}를 측정하여 [표 8-17]에 기록한다.

④ 출력저항(4.7[kΩ])과 병렬로 부저와 LED를 연결한 후 슬릿 사이에 종이 등을 이용하여 차단시켜보자. 이때 부저와 LED의 동작을 [표 8-17]에 기록한다.

⑤ 전원을 off하고 DVM을 이용하여 출력저항(4.7[kΩ])에 흐르는 전류를 측정할 수 있도록 회로를 결선한다.

전원을 on한 후 슬릿을 차단했을 때의 전류와 차단하지 않았을 때의 전류를 측정하여 [표 8-17]에 기록한다.

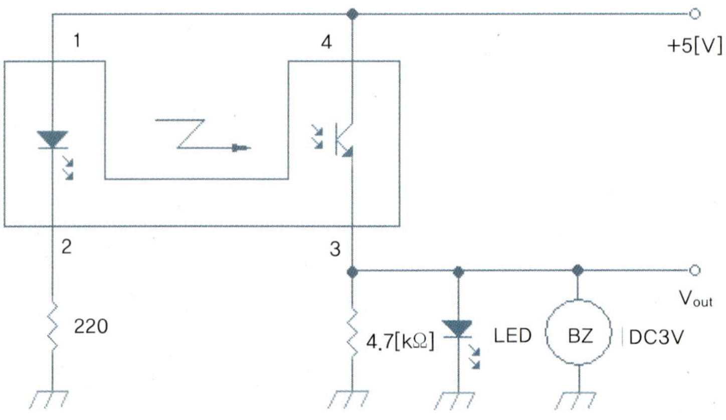

[그림 8-40] 이미터 출력형 회로

[표 8-17] 이미터 출력형 특성 측정결과

실험과정	측정결과
②	V_{out} = [V]
③	V_{out} = [V]
④	
⑤	슬릿을 차단했을 때 I = [mA] 슬릿을 차단하지 않았을 때 I = [mA]

4. 실험결과에 대한 토의

5. 실험보고서 작성

6. 정리정돈

05 LED 광특성 측정 실습

실습과제명	LED 광특성 측정실험			
목　　표	① LED의 광특성을 측정할 수 있다. ② 스펙트로미터(spectrometer)를 운용할 수 있다.			
장비 및 공구	소요재료	규격	수량(개)	안전 및 유의사항
스펙트로미터	고휘도 LED	SHE114RC	10	① 계측기 본체, 배럴, 광파이버, 측정용 지그에 무리한 힘이나 충격이 가해지지 않도록 주의한다. ② 광파이버와 본체의 연결부분은 개봉하지 않는다. ③ LED 전류원 포트에 10[V] 이상의 외부 전압을 걸지 않도록 한다.

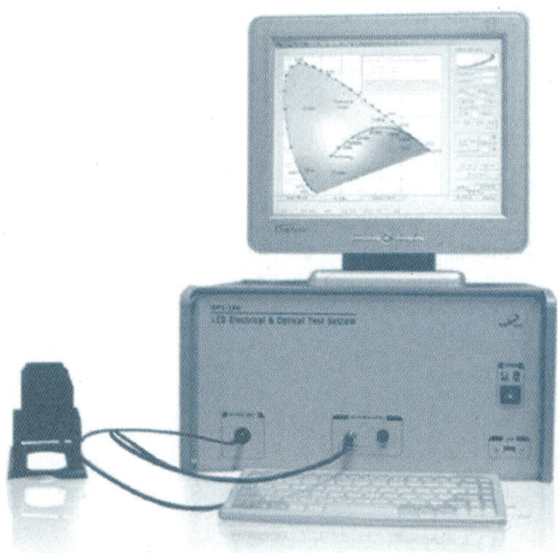

[그림 8-41] LED 측정기

광측정은 복사측정과 광측정으로 구분된다. 복사측정은 빛의 물리적 에너지량을 측정하고, 광측정은 빛의 물리적 에너지량 중에 사람의 눈이 느끼는 빛만을 고려하여 그 에너지량을 측정한다.

1. 광측정의 3가지 영역

[표 8-18] 광측정의 3가지 영역

구 분	밝은 빛 시감	어두운 빛 시감	희미한 빛 시감
파장범위	360[nm]~830[nm]	380[nm]~780[nm]	
시험환경	대낮과 같은 아주 밝은 상황에서 느끼는 시감	암실과 같은 아주 어두운 상황에서 느끼는 시감	해가 지는 시간에서 느끼는 시감
광수용체	원추체	간상체	원추체, 간상체

2. 광학용어(단위)

광원에 관련된 용어를 정의하면 다음과 같다.

1) 광 원

태양이나 전등과 같이 빛을 발산하는 물체로서 1점으로 된 광원(Luminous source)을 점광원이라 한다.

2) 광 도

모든 방향으로 광속이 발산되고 있는 점광원에서 어떤 방향의 광도(Luminous intensity)라 함은 그 방향의 단위입체각에 포함되는 광속수, 즉 발산광속의 입체각 밀도를 말하며, 단위로는 칸델라(Candela, [cd])를 사용한다. 칸델라(1cd)는 백금이 녹는점에서 $1cm^2$당 흑체가 내는 광도의 1/60이며, 1.018[cd]가 1촉에 해당한다.

3) 휘 도

광원을 보면 그 면이 빛나 보이며 비추어져 있는 면을 보거나 반투명의 것을 반대측에서 보아도 밝게 보인다. 이러한 광원의 빛나는 정도를 휘도(Brightness)라 하며, 광원의 투영면적에 따라 달라진다. 어떤 광원에 대한 일정 방향의 휘도는 광원을 그 방향에서 바라본 투영면적당의 광도라 하고, 단위는 $[cd/m^2]$와 $[cd/cm^2]$를 사용한다. 휘도의 단위는 스틸브(stilb, [sb]) 및 니트(nit, [nt])가 사용된다. $1[sb]=1[cd/cm^2]$, $1[nit]=[1cd/m^2]$

4) 광 속

복사속 중에서 사람의 눈에 빛의 느낌을 주는 것은 일정한 범위의 파장이다. 가시범위의 복사속을 시각에 의해서 측정한 양을 광속(Luminous flux)이라 한다. 광속은 광원으로부터 나오는 복사속을 눈으로 보아 빛으로 느끼는 크기를 나타낸 것으로, 단위는 루멘(1 lumen[lm])를 사용한다.

5) 조 도

어떤 물체에 광속이 입사되면 그 변은 밝게 빛나게 되는데, 그 밝은 정도를 조도(조명도 : intensity of illumination)라 한다.

미소면의 미소면적 $d_A[m^2]$에 투사되는 광속이 d_F[1m], 그 미소면의 조도 E는 $E = d_F/d_A$[1x]이다. 조도의 단위는 럭스(lux, [1x])이며, 이것은 1[m^2]에 1[lm]의 광속이 투사되고 있는 때의 조도이다.

[표 8-19] LED광 측정항목 기호표

양	기호	단 위	설 명
복사선속	Φe	[W]	입사된 빛의 단위시간당의 에너지
분광복사선속	Φe, λ	[W/m]	임의의 파장에서의 복사선속의 양
광선속	ΦV	[lm]	
복사도	Ie	[W/s]	1cd(candela) : 540×1012[Hz] 단색광의 매초당 1/683[W]일 때 이 방향에 대한 광도
광도	Iv	[cd]=[lm/s]	
복사휘도	Le	[W/s · m^2]	
광휘도	Lv	[cd/m^2]	
복사조도	Ee	[W/m^2]	
조명도	Ev	[lx]=[lm/m^2]	주어진 면상의 점을 포함하는 미소면 요소에 입사하는 광선속
복사출사도	Me	[W/m^2]	
광출사도	Mv	[lm/v]	

3. 광측정

1) 조명도계

조명도계(Illuminance meter)는 일반적으로 수광부와 표시부로 나누며, 수광부는 조도 측정 기준면으로 광검출기(Si 포토 다이오드, PMT 등), 시감필터([V](λ)필터), 확산필터(Diffuser) 등으로 구성된다. 표시부는 측정된 조명도값이 측정자가 인지할 수 있도록 표시하는 장치로서 아날로그(Analog)형과 디지털(Digital)형이 있다.

[그림 8-42] 조명도계

2) 조명도

조명도(Illuminance)란 주어진 면상의 점을 포함하는 미소면 요소에 입사하는 광선속(Luminous flux)을 그 미소면 요소의 면적으로 나눈 값이며, 기호는 Ev, 단위는 럭스([lx])이다.

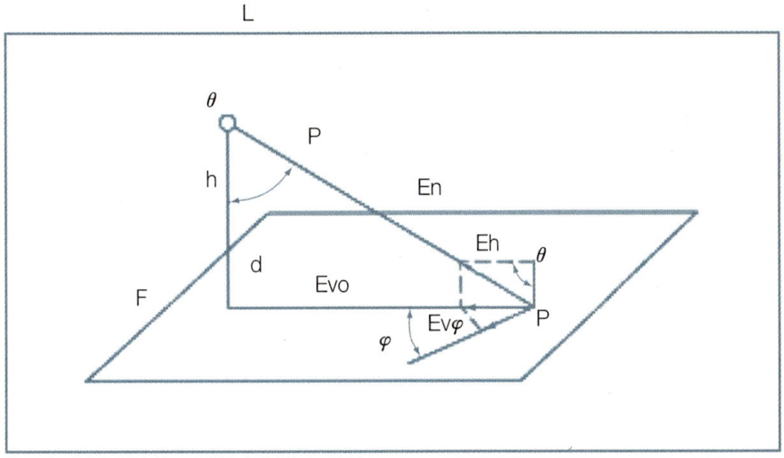

※ En : 변선조, Eh : 수평면 조도, Evo : 연적면 조도
EV[lux = lm/m^2] : 빛의 방향에 수직인 단위면적에 대한 단위시간당 시각적인 에너지

[그림 8-43]

3) 광 도

① 광도(Luminous Intensity)란 LED를 어떤 정해진 방향으로 어떤 면에서 방사되는 빛의 단위면적당 광속을 말한다. 칸델라[cd], 루멘 / 스테라디안[lm/Sr] 단위를 사용한다.

② 광도는 각 발광파장에 맞추어 조정된 필터를 가진 단위면적의 포토 셀(Photo cell)로

LED에서 방사된 빛의 강도를 계측한다(1[cd] : [cd] 단위는 캔들(Candle)에서 유래된 것으로 통상 촛불 1개의 밝기로 정의한다.).

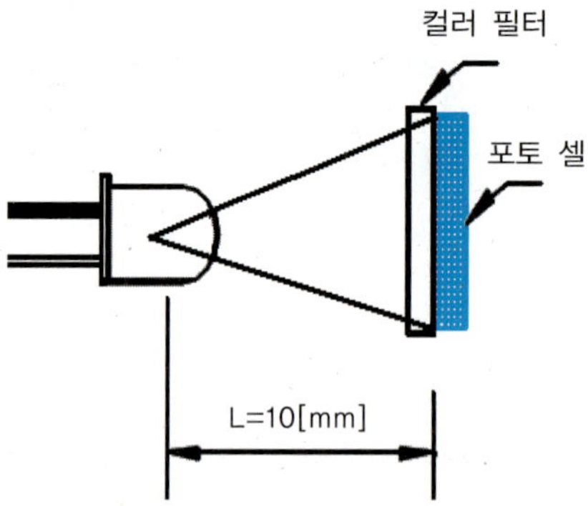

[그림 8-44] LED 밝기 측정

4) 광복사조도 측정

① 광원의 파장변화에 따른 분광분포의 정도

② 파장에 따른 복사조도, 즉 파장당 입사되는 복사조도의 양

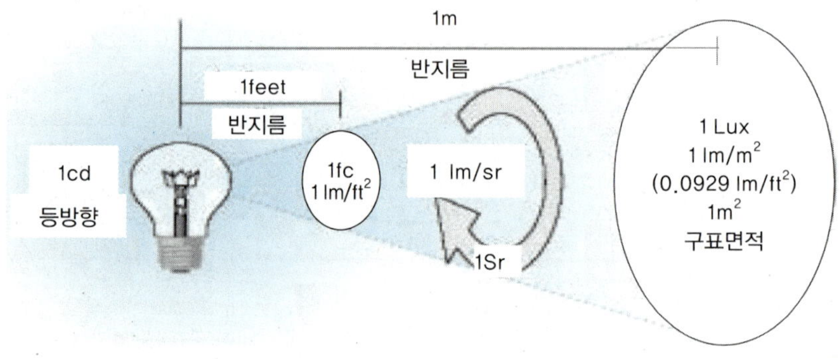

[그림 8-45] 광복사조도 측정

5) 광도 측정

① 정해진 복사방향을 광축과 일치

② 거리 역자승 법칙이 성립되는 충분한 거리에서 조명도 측정

③ 측정된 조명도에 거리의 제곱을 곱한 값이 광도가 된다.

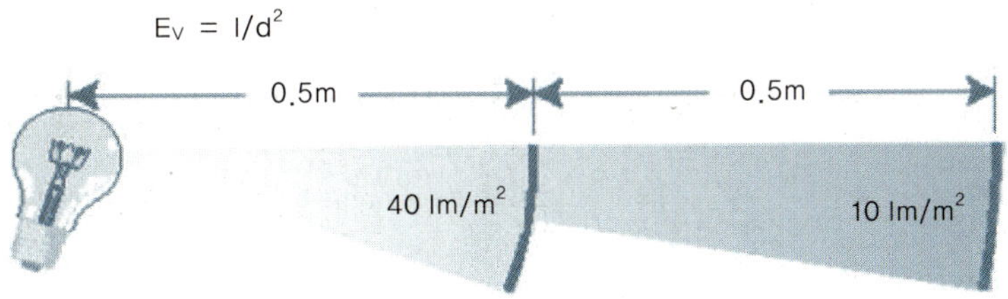

[그림 8-46] 광도 측정

4. 실습순서

1) 스펙트로미터 사용법

(1) 각부의 명칭

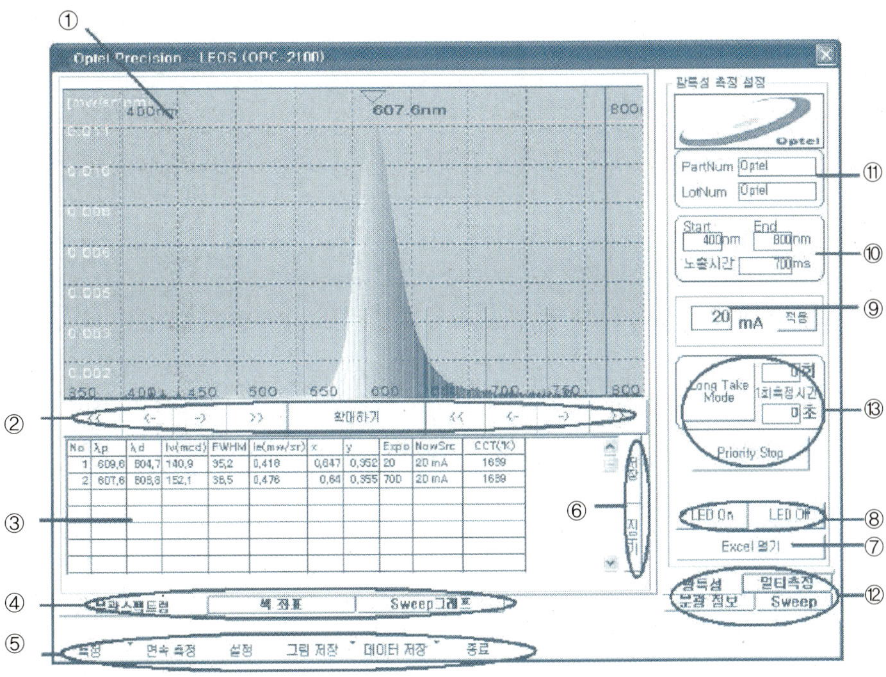

[그림 8-47] 스펙트로미터의 명칭

① 신호(스펙트럼 · 색좌표 등) 출력 윈도우

② 측정범위 설정 및 확대 버튼

③ 측정결과 저장 테이블

④ 출력모드 선택 버튼

⑤ 기능 버튼들

⑥ 측정결과 저장 또는 지우기 버튼

⑦ 엑셀(excel) 파일에 데이터 저장 버튼

⑧ 전류 on/off 선택 버튼

⑨ 전류원 크기 지정 Easy 모드

⑩ 측정범위 설정 및 노출시간 조절 버튼

⑪ Part 번호와 Lot 번호 설정

⑫ 측정 정보 탭장치 전원 on/프로그램 실행

⑬ LED의 안정화 시간 / Life time을 측정하는 용도의 Long Take Mode

(2) 측정 및 설정 방법

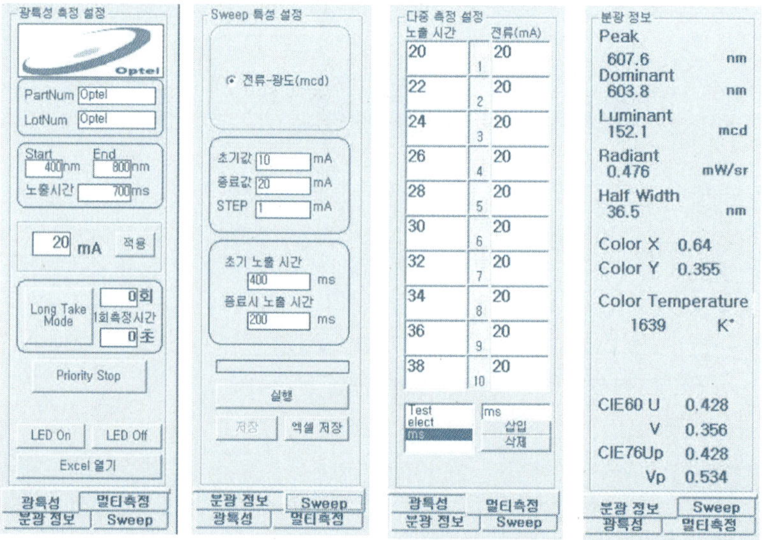

[그림 8-48] 측정 · 설정

① 전류원 크기 지정

측정 샘플의 인가전류를 1[mA]~250[mA]까지 인가할 수 있다. 전류값을 직접 입력하고 적용 버튼을 누른 후 기능 버튼들 중 '측정' 버튼을 누르면 된다.

[그림 8-49] 전류크기 지정

② 파장측정 설정

측정 범위와 광원의 노출 정도를 직접 입력한다. ‘Start’는 신호범위의 시작을, ‘End’는 신호범위의 끝을 의미한다. ‘노출시간’은 광원의 노출시간을 지정한다. 노출시간이 너무 짧으면 신호가 너무 미약하여 잘 보이지 않게 되고, 너무 길면 신호가 포화되어 일그러져 나타난다. 광원의 종류와 전류원의 크기에 따라 노출시간값이 달라질 수 있다.

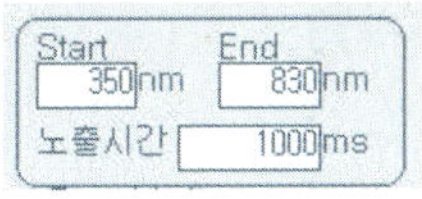

[그림 8-50] 파장측정 설정

③ 측정정보 탭

광원 측정을 위한 조건을 설정하는 탭이다.

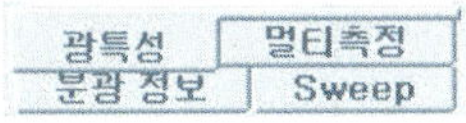

[그림 8-51] 측정정보 탭

• 광특성 설정 탭

Part Num, 측정범위 설정, 광원 노출시간이나 전류원의 크기 등을 지정하기 위한 항목이다.

• Sweep 탭

I-L Sweep 그래프 측정시 선택한다. 초기값과 종료값에 따른 전류를 선택하고 Step을 지정하신 후 초기 노출시간과 종료시 노출시간을 지정하여 측정하면 된다. 이때 전류에 따른 노출시간을 적절히 지정해주어야 한다(Step 설정시 최소 1mA 단위로 지정을 하여야 한다).

Sweep 탭 선택시 ‘출력 모드 선택 버튼’에서 Sweep VIEW를 선택하여 실행하여야 한다.

• 멀티 측정 탭

다양한 측정조건을 지정하여 측정하기 위한 조건값들을 지정하는 항목이다. 노출시간에 따른 전류를 지정하고, 각 항목을 선택하여 측정하면 된다. 멀티 측정시는 설정에서 ‘멀티 측정’을 선택하고 확인 후 ‘연속 측정’ 버튼을 누르면 측정이 시작된다.

• 분광정보 탭

측정된 결과를 보여주는 출력되는 항목들은 Peak(최대치), Dominant(주파장), Luminant(광도), Radiant(복사도), Half Width(신호의 절반 폭), Color X(색좌표 X값), Color Y(색좌표 Y값), CIE60 좌표의 U, V 좌표값, CIE76 좌표의 Up, Vp 좌표값 등이다.

• Long Take Mode

LED에 전원을 원하는 시간만큼 인가하고 측정회수를 지정하여 측정하는 기능이다(1회 측정/초). LED에 전원을 인가할 시간과 1회 측정시간 아래에 있는 [ ]초 부분에 입력한다. 측정할 횟수를 [ ]회 부분에 입력하고, Long Take Mode 버튼을 눌러주면 아래의 Progress 바가 늘어나면서 지금까지 지나온 횟수의 퍼센트를 알려준다. 이 기능은 LED의 안정화 시간과 LED의 Life Time을 측정하는 데 사용되며, 모드가 동작되는 도중에 Stop 버튼을 누르면 동작이 멈춘다.

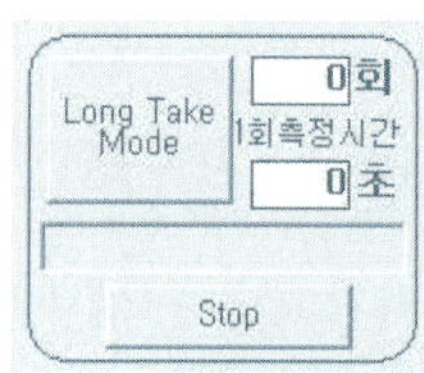

[그림 8-52] Long Take Mode

(3) 기능 버튼의 사용법

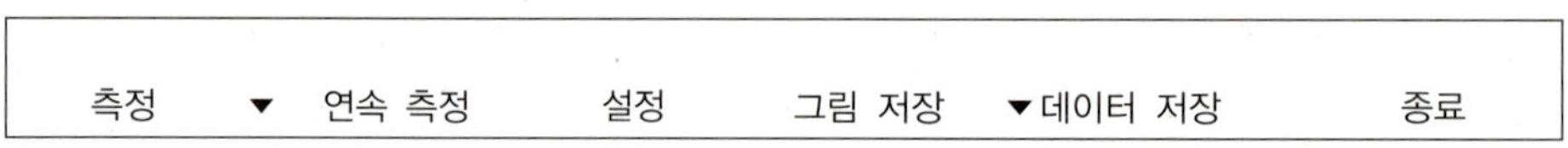

[그림 8-53] 기능 버튼

① 측 정

기본측정을 위한 버튼이다. 측정을 위한 기본 세팅을 마친 후 버튼을 클릭하면 측정이 된다.

② 연속 측정

연속 측정과 멀티 측정 같은 측정조건에 대한 연속 측정과 여러 가지 측정조건을 설정하여 측정하는 멀티 측정시 사용되는 버튼이다.

• 같은 측정조건 연속 측정시

측정을 위한 세팅을 마친 후 '연속 측정' 버튼을 클릭하면 연속적인 측정이 이루어지며, 측정결과는 측정결과 테이블에 저장된다.

• 여러 측정조건 멀티 측정시

설정 버튼의 측정방식에서 '멀티 측정'을 선택 후 측정시는 연속 측정 버튼을 선택하면 된다.

- 측정할 항목의 개수만큼 측정번호를 선택
- 광원 노출시간과 전류원의 크기를 각각 지정
- 기능 버튼의 '설정'에서 '멀티 측정'을 설정
- '연속 측정'을 선택 - 측정 시작

이상의 순서에 의한 멀티 측정결과는 [그림 8-54]와 같다. 멀티 측정결과는 측정결과 테이블에 저장되며, TXT 파일 또는 엑셀 파일로 저장이 가능하다. 측정된 결과들 중 각각의 경우를 선택하여 확인하고 싶을 때에는 필요한 측정번호를 제외한 나머지 번호들을 해제하면 된다.

- 설정 : 연속 측정 모드와 측정 모드, 광도 이득(Gain) 등을 설정하는 부분이다.
- 측정방식 : '단일 측정'과 여러 가지 측정 조건을 설정하여 측정하는 '멀티 측정' 항목으로 나뉘어져 있다.
- 측정조건 : LED를 CIE127 Condition B 규격에 따라 측정시 배럴을 사용하고, 측정

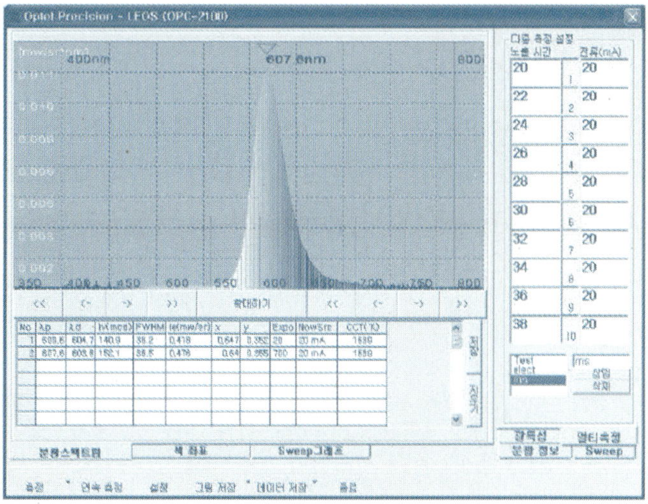

[그림 8-54] 멀티 측정결과

시간의 효율성을 위해 광원 휘도에 따라 고휘도 · 저휘도용 배럴로 나누어진다.

－Gain : 광도 Gain을 위한 수치를 설정하는 곳이다. 제품 설치시 설정되어 있다.

※ 주의 : 사용자가 임의로 변경시 측정값의 정확도를 보증할 수 없으므로 주의가 필요하다(프로그램 재실행시 초기 설정값으로 변환된다).

－오류 메시지 : 측정시 Exposure Time에 따른 측정값의 에러 메시지를 조절할 수 있다.

－평균 표본수 : 측정회수를 입력하여 입력한 수에 따라 평균값을 측정값으로 표현한다.

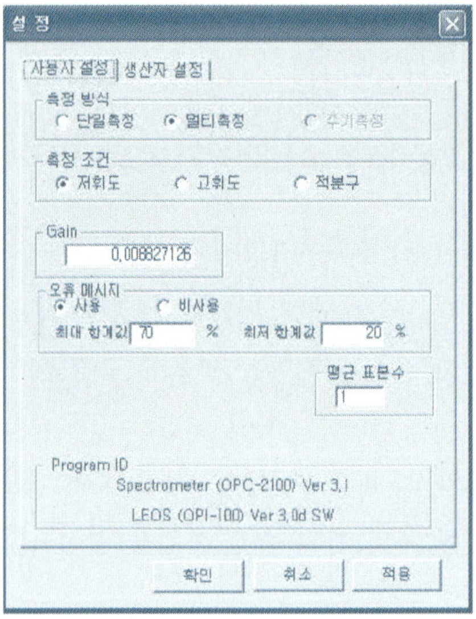

[그림 8-55] 사용자 설정

③ 그림 저장

신호출력 윈도우 화면을 저장하기 위한 버튼이다.

Signal Source : Spectrum, Color Cord는 색좌표, Capture는 측정화면 전체, Sweep는 Sweep 측정 그래프를 저장할 수 있다. 대화상자가 나타나면 그림 파일명을 지정해주고 '저장'을 누르면 그림이 저장된다. 이때 저장되는 파일 포맷이 Windows bitmap(BMP) 타입이다.

스펙트럼
색좌표
화면 캡쳐
스윕 모드

[그림 8-56] 그림 설정

④ 데이터 저장

측정결과 데이터를 저장하거나 불러오기 위한 기능들과 측정결과를 엑셀 파일 포맷으로 저장하기 위한 기능들이 있다(엑셀 저장은 분광 데이터에 대한 저장이다).

⑤ 종 료

프로그램을 종료한다.

(4) 배럴 사용법

일반적인 램프 등의 광원을 측정하기 위해서 측정대상 광원과 본 OPC-2100 분광분석기가 준비되어야 하며, LED를 대상으로 한 측정이라면 [그림 8-57]과 같은 배럴이 필요하다. 이는 LED의 휘도에 따라 저휘도용과 고휘도용으로 나누어진다.

배럴의 기본적인 구조는 다음과 같다.

① 광원의 스펙트럼을 측정하기 위한 광파이버이다.

② LED를 장착하기 위한 어댑터(Adapter)로 LED 타입에 따라 램프 형태의 LED와 Chip 형태(SMD type)의 LED를 장착하기 위한 두 종류의 어댑터가 있다.

[그림 8-57] LED 측정용 배럴

(5) LED 종류별 특성측정 예

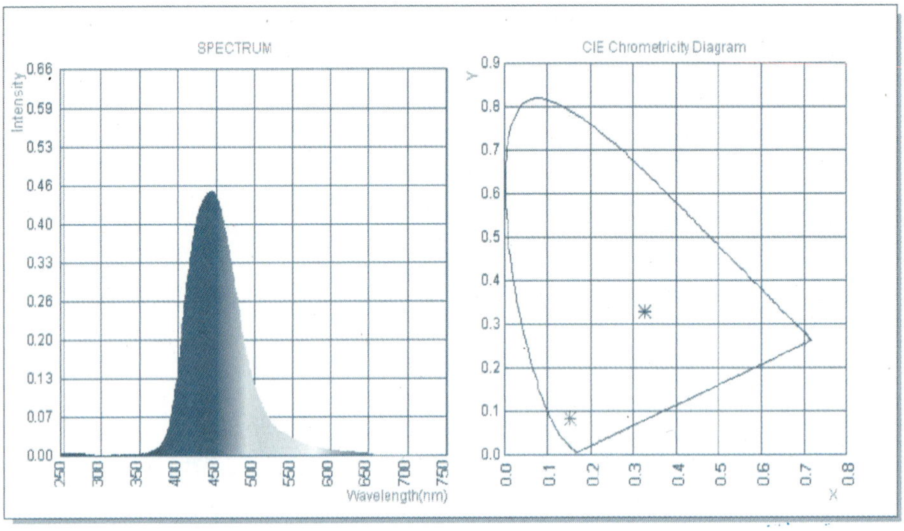

[그림 8-58] Blue LED

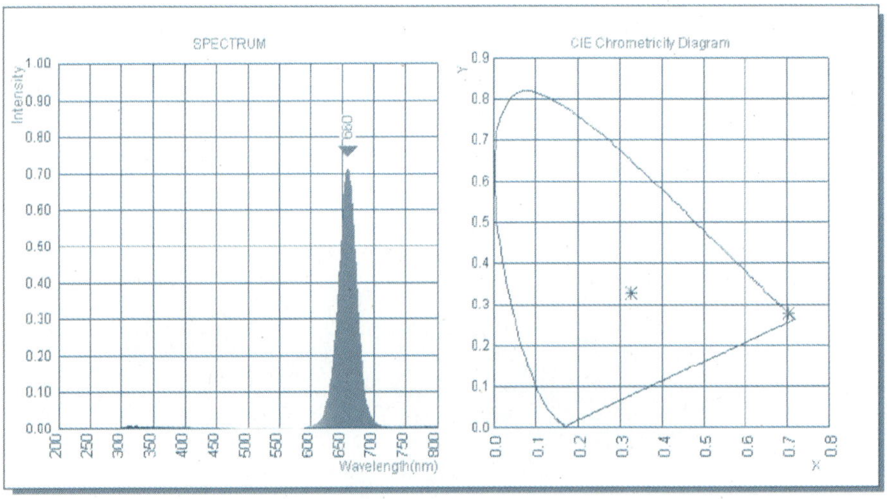

[그림 8-59] Red LED

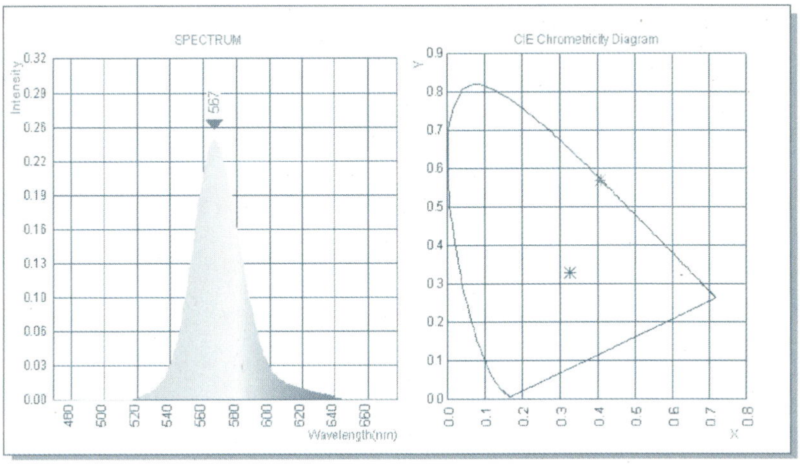

[그림 8-60] Yellow-Green LED

2) 램프형 LED 측정

(1) Red LED 측정

① 스펙트로미터(Spectrometer)를 준비하고 확인한다.

② 측정하고자 하는 LED를 준비한다.

③ 어댑터에 LED를 장착한다.

- 램프형 LED를 측정하기 위해서는 [그림 8-61]과 같이 배럴과 같이 제공되는 어댑터에 LED를 장착한다.

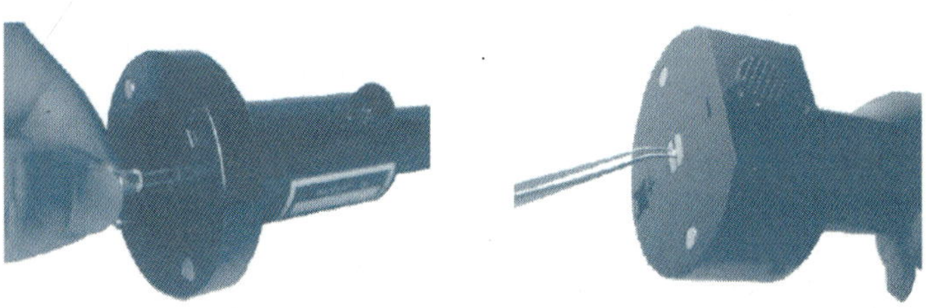

[그림 8-61] 어댑터에 LED를 장착

- 어댑터에 LED를 장착하고, 샘플과 어댑터의 높이를 맞추어 고정 후 다시 배럴에 어댑터를 장착한다.
- 어댑터에 LED을 장착한 후 [그림 8-62]와 같이 어댑터의 옆쪽에 붙어 있는 나사를 돌려 LED의 앞부분과 어댑터의 높이를 맞춘다. 측정하기 위해 배럴에 어댑터를 결합한다.

[그림 8-62] 배럴에 어댑터 장착

④ 측정 : 어댑터 장착 후 LED에 인가될 전류원의 크기를 확인하고 '측정' 버튼을 눌러 측정하면 된다.

⑤ 측정시 노출시간 설정 : 측정단추를 눌러 측정을 시작한다. 측정 후 스펙트럼 그래프가 그리드(Grid)의 2칸 이상으로 나오도록 적당한 노출시간값을 입력한다. 노출시간 설정시 측정 LED의 광도가 높을수록 노출시간 입력값을 작게 하고, 광도가 낮을수록 노출시간에 높은 값을 입력한다.

⑥ 결과 데이터 확인 및 저장 : 측정이 진행되면 LED의 스펙트럼 화면에 표시되면서 측정이 완료된다. 측정결과를 확인하고 그림·파일 저장 버튼을 눌러 데이터를 저장한다.

(2) Blue LED 측정

위의 ①~⑥의 과정을 반복한다.

(3) Yellow-green LED 측정

앞의 ①~⑥의 과정을 반복한다.

5. 실험결과에 대한 토의

6. 실험보고서 작성

7. 정리정돈

CHAPTER 09

소자의 구동회로 실습

실험목표

- LED의 특성을 알고 구동회로를 구성할 수 있다.
- 포토 다이오드의 특성을 알고 구동회로를 구성할 수 있다.
- 포토 트랜지스터의 특성을 알고 구동회로를 구성할 수 있다.
- 포토 커플러의 특성을 알고 구동회로를 구성할 수 있다.
- 하이 파워 LED의 특성을 알고 구동회로를 구성할 수 있다.
- 7-세그먼트 LED의 특성을 알고 구동회로를 구성할 수 있다.

01 LED 구동회로 실습

실습과제명	LED 구동회로			
목　　표	① LED의 특성을 알고 구동회로를 구성한다. ② LED 구동회로를 설계할 수 있다. ③ LED의 각종 특성을 측정하고 적절하게 활용할 수 있다.			
장비 및 공구	소요재료	규격	수량(개)	안전 및 유의사항
• 오실로스코프 • LED 특성측정기 • 브레드보드 • 직류전원장치 • 디지털 조도계 • 디지털 VM • 회로시험기 • 마이크로스코프	LED 적 · 녹 IC TR FET 저항 콘덴서	5φ HV9910 SN7400 C1815 C-MOS 1[kΩ] 0.47[μF]	10 1 1 1 1 3 1	① 장비 사용법을 익혀 부상과 장비 파손에 주의한다. ② 반도체 소자의 핀번호를 바르게 사용하여 손상이 없도록 한다. ③ DC 및 AC 전원을 바르게 연결하여 재료가 파손되지 않도록 한다. ④ 감전 등 안전에 주의한다.

LED를 구동하는 방법은 직류전원을 공급하여 구동하는 방법과 교류전원으로 구동하는 방법, LED를 직렬접속하여 구동하는 방법과 병렬접속하여 구동하는 방법, 트랜지스터에 의한 구동법, TTL IC나 CMOS IC를 이용하여 구동하는 방법, LED 드라이브용 전용 IC를 이용하는 법 등 매우 다양한 방법이 있으며, 필요에 따라 적절한 방법을 선택하여 사용할 수 있다.

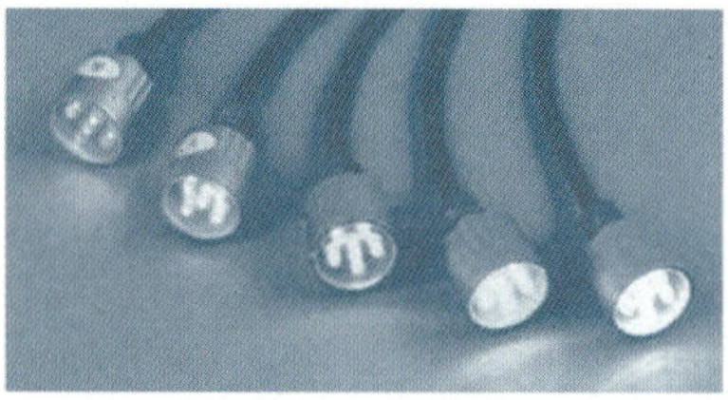

[그림 9-1] 여러 가지 발광색의 LED

1. 직렬 구동과 병렬 구동

개개의 LED에 일정한 전류가 흐르도록 안정화 저항(R)을 넣는다.

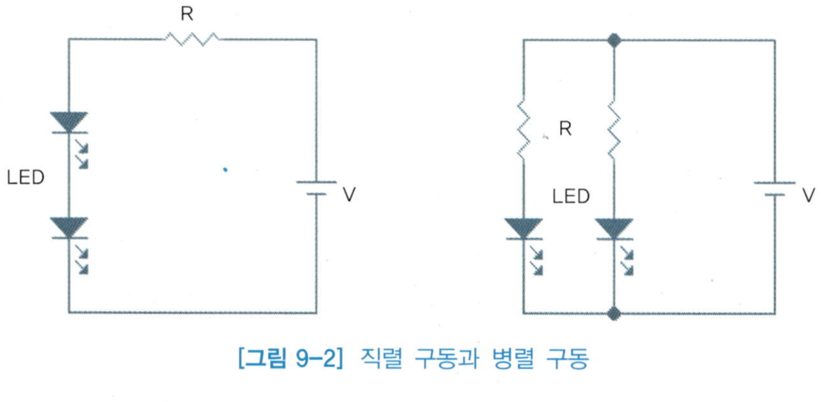

[그림 9-2] 직렬 구동과 병렬 구동

LED의 발광 세기는 전류에 의한다. 이상적으로 밝기를 조절하는 최선의 방법은 LED를 전류원으로 구동하는 것이다. 두번째로 높은 공급전압과 큰 직렬저항을 이용하는 방법이다. 즉, [그림 9-3]과 같은 구동회로에서 LED에 흐르는 전류는 다음 식과 같이 구할 수 있다.

$$I = \frac{V - V_d}{R} \text{ [A]}$$

여기서 V_d는 LED 양단의 전압강하이다.

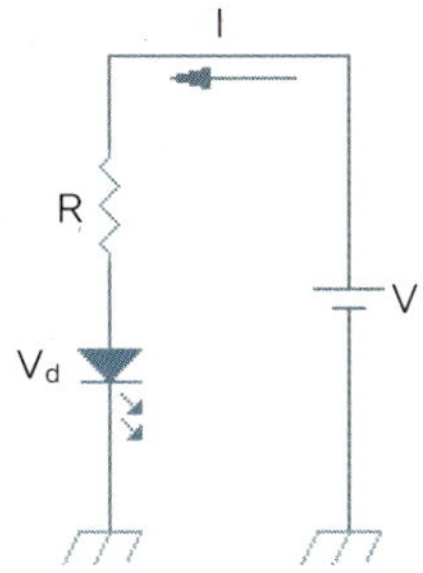

[그림 9-3] LED의 전류

LED 구동회로에서 전원전압이 클수록 LED 양단의 전압강하로 인한 영향을 적게 받으며, 전원전압의 값이 크면 LED 양단의 전압변화를 무시할 수 있다. 예를 들면 TIL222는 약 25[mA]의 전류에 대하여 1.8[V]의 최소 전압강하와 3[V]의 최대 전압강하를 갖는 녹색 LED이다. 20[V] 전원과 750[Ω]의 저항을 갖는 회로에서 이 LED를 구동시키면 전류는 22.7[mA]에서 24.3[mA]까지 변화하므로 모든 TIL222에 대하여 똑같은 밝기로 구동된다. 또 5[V] 전원과 120[Ω]의 저항을 이용하여 설계한다면 전류는 약 16.7[mA]에서 26.7[mA]까지 변화하므로 LED의 밝기는 크게 변화하므로 LED를 일정한 밝기로 구동하려면 가능한 한 높은 전압과 큰 직렬저항을 이용하여야 한다.

2. 교류 구동

[그림 9-4]와 같이 교류전압을 직접 LED 구동전원으로 사용할 경우 LED 역전압의 정격을 넘지 않도록 보호 다이오드(D)를 직렬, 혹은 병렬로 삽입하고 전류제어용 안정화 저항(R)을 넣는다.

CHAPTER 09

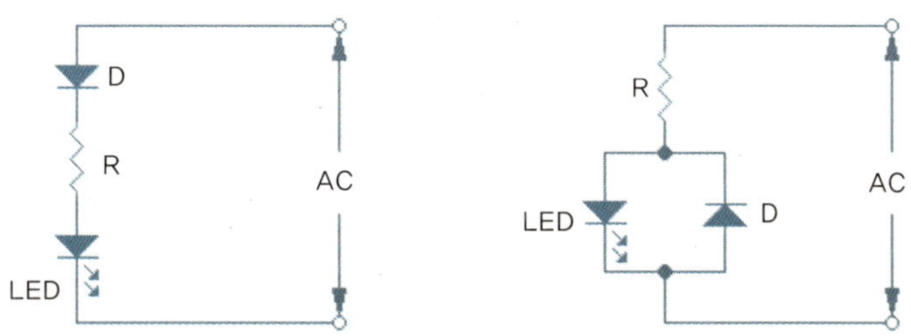

[그림 9-4] 교류 구동

AC 110[V]의 교류전원으로 LED를 구동하고자 할 때는 [그림 9-5]와 같이 보호 다이오드를 병렬로 접속하여 사용하거나 LED를 1개는 순방향, 나머지 1개는 역방향으로 병렬 접속하여 사용한다.

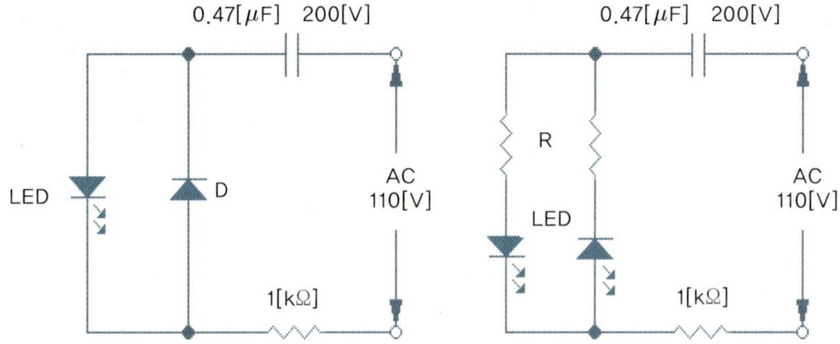

[그림 9-5] AC 110[V] 구동회로

3. 펄스 구동

LED를 구동하는 방식으로 [그림 9-6]의 펄스 구동방식(다이내믹 구동 : Dynamic drive)이 있다. 다이내믹 구동의 장점은 적은 수의 포트(Port)로 많은 LED를 이용한 표시를 제어할 수 있다는 것이다. 이 방식은 사람 눈의 잔상효과를 이용한 것으로 LED의 조합으로 이루어진 매트릭스(Matrix) LED의 구동이나 많은 양의 LED를 구동할 경우 많이 이용하게 된다. 펄스 구동의 경우 LED가 점등하고 있는 시간을 직류 구동의 1/2로 하고, 직류 구동시보다 2배의 펄스전류를 인가하면 시각적으로는 밝기가 동일하게 나타난다.

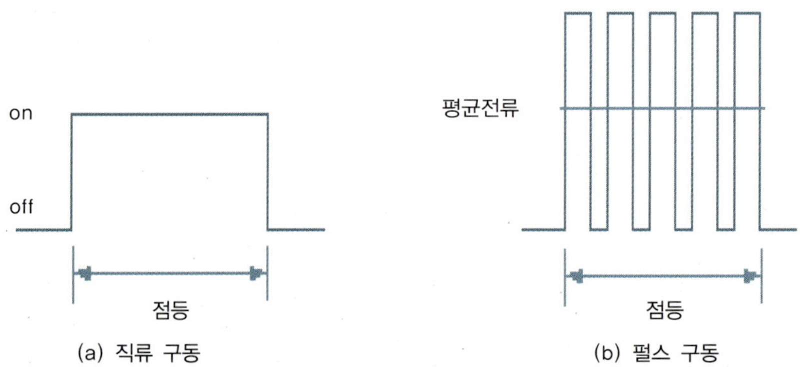

[그림 9-6] 펄스 구동 원리

4. 트랜지스터 구동

LED에 흐르는 전류를 크게 하거나 제어할 목적으로 트랜지스터 구동회로를 사용한다. 이 경우는 [그림 9-7]과 같이 트랜지스터가 on과 off 어느 쪽에서 LED를 점등할 것인지에 따라 풀업(Pull-Up) 회로를 사용할 것인지 풀다운(Pull-Down) 회로를 사용할 것인지 선택하여야 한다.

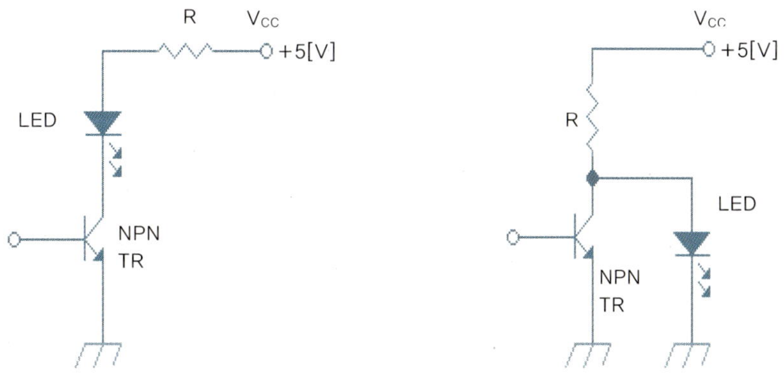

[그림 9-7] 트랜지스터 구동회로

5. TTL IC 구동

[그림 9-8]과 같은 TTL IC에 의한 구동은 L레벨과 H레벨 어느 쪽에서 LED를 점등할 것인지에 따라 트랜지스터 구동회로에서와 같이 풀업(Pull-Up) 회로를 사용할 것인지 풀다운(Pull-Down) 회로를 사용할 것인지 선택하여야 한다.

[그림 9-8] TTL IC 구동

6. CMOS IC 구동

CMOS IC 출력단에 트랜지스터 구동회로를 부가한 회로로서 [그림 9-9]와 같다.

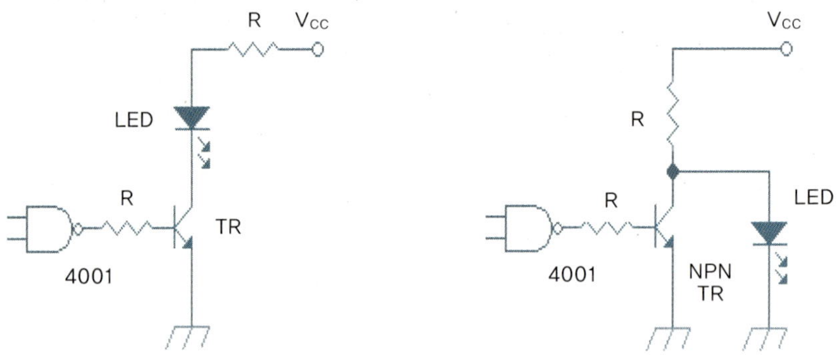

[그림 9-9] CMOS IC 구동

CMOS IC의 출력상태가 H레벨과 L레벨 어느 쪽에서 LED를 점등할 것인지에 따라 출력측에 트랜지스터 구동회로를 선택하여 부가한다.

7. LED 드라이브 전용 IC

최근 LED가 조명, 백라이트, 대체 광원 등 여러 분야에 활용됨으로써 LED를 용도에 맞게 구동할 수 있는 드라이브 전용 IC가 여러 제조사에서 다양하게 개발 보급되고 있다.

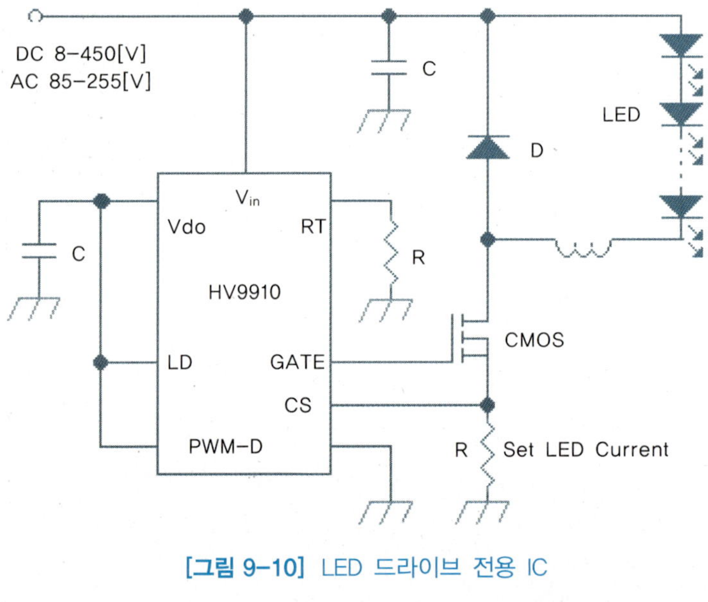

[그림 9-10] LED 드라이브 전용 IC

예를 들면 슈퍼텍스(Supertex)사에서 보급하고 있는 Supertex LED Driver IC의 경우 [그림 9-10]과 같이 HV9910은 고휘도 LED 드라이버로서 사용전원은 직류·교류 겸용으로 DC 8~450[V] 및 AC 85~255[V]로 사용 가능하다. 물론 정전류 구동회로가 내장되고, 특별한 보정 없이 간편하게 사용할 수 있다. 또 Hysteric Boost-Buck LED Driver로서 HV9930, Switch Mode LED Driver로서 HV9921/22가 있다.

8. 실습순서

1) 직류 및 교류 구동회로 실험

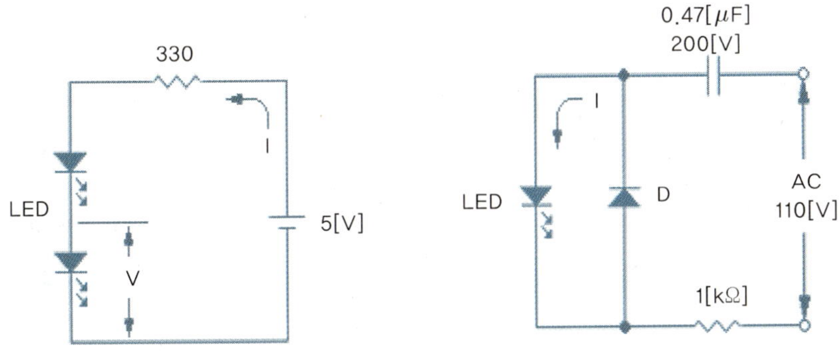

[그림 9-11] LED 구동회로

① [그림 9-11 (a)]와 같이 직류 구동회로를 구성하고, LED 양단에서 강하되는 전압(V) 및 회로의 전류(I)를 측정하여 [표 9-1]에 기록한다.

② [그림 9-11 (b)]와 같이 교류 구동회로를 구성하고, LED 양단에서 강하되는 전압(V) 및 회로의 전류(I)를 측정하여 [표 9-1]에 기록한다.

③ [그림 9-11 (a)]의 직류전원 대신 구동전원으로 함수발생기의 출력을 1[kHz], 5[V_{p-p}]로 하여 공급하고, LED 양단에서 강하되는 전압(V) 및 회로의 전류 (I)를 측정하여 [표 9-1]에 기록한다.

CHAPTER 09

[표 9-1] 구동방식에 따른 전압과 전류

구동방법	전압강하	전 류	
		측정값	계산값
직류 구동	[V]		
교류 구동	[V]		
펄스 구동	[V]		

2) 트랜지스터 구동회로 실험

① [그림 9-7]과 같이 LED가 TR이 on 혹은 off될 때 각각 점등하는 트랜지스터 구동회로를 구성하고, 회로의 전압 및 전류를 측정하여 [표 9-2]에 기록한다.

[표 9-2] 트랜지스터 구동회로의 전압과 전류

구동방법	전 압		LED 전류	
	V_{CE}	LED 양단	측정값	계산값
TR on	[V]	[V]		
TR off	[V]	[V]		

② [그림 9-12]와 같이 비안정 멀티바이브레이터를 이용한 LED 구동회로를 구성하여 LED의 점멸상태를 확인하고, 저항 22[kΩ]과 커패시터 47[μF]을 각각 2[kΩ]과 0.1[μF]으로 교체한 후 Q_1과 Q_2의 컬렉터측 파형을 오실로스코프로 측정하여 색이 다른 필기구로 그린다.

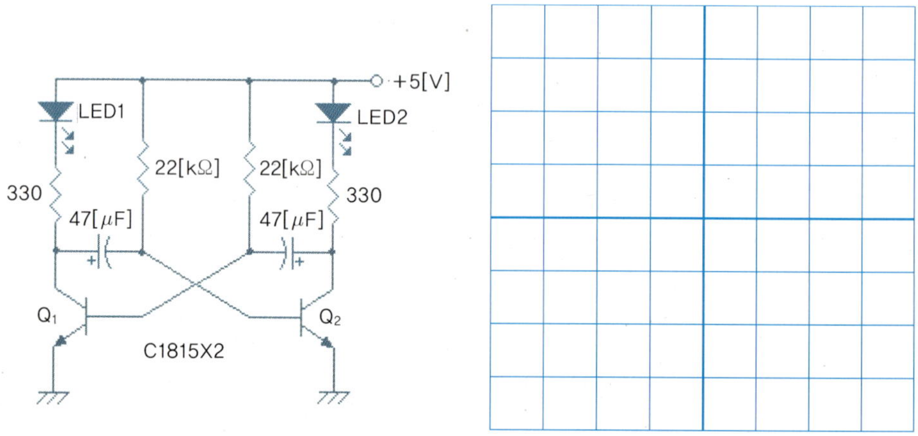

[그림 9-12] 비안정 멀티바이브레이터

3) CMOS IC 구동회로 실험

① [그림 9-9]와 같이 CMOS IC 출력단에 트랜지스터 구동회로를 부가한 회로를 구성하고, 회로의 전압 및 전류를 측정하여 [표 9-3]에 기록한다.

② [그림 9-13]과 같이 타이머 IC회로를 이용한 LED 구동회로를 구성하고 VR을 조정하여 LED의 점멸상태를 육안으로 확인하고, 점멸주기를 가장 빠르게 조정한 후 IC 3번 핀의 파형을 오실로스코프로 측정하여 그래프에 그린다.

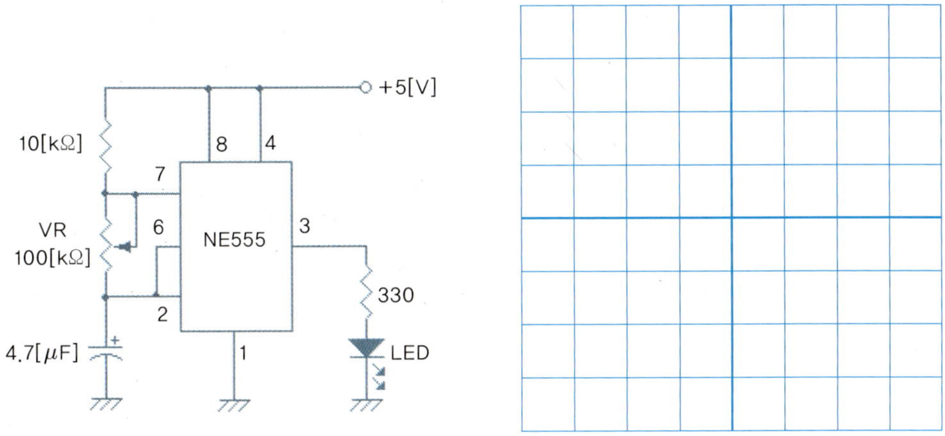

[그림 9-13] 타이머 IC회로

[표 9-3] CMOS IC 구동회로의 전압과 전류

Gate 출력상태	전 압		LED 전류	
	V_{CE}	LED 양단	측정값	계산값
H 레벨	[V]	[V]		
L 레벨	[V]	[V]		

4) LED 드라이브 전용 IC 회로 실험

[그림 9-10]과 같은 전용 IC 구동회로를 구성하고 직류전원과 교류전원을 공급하고, 각각 LED의 휘도와 전압강하 및 LED에 흐르는 전류를 측정하여 [표 9-4]에 기록하고 동작 실험을 한다.

[표 9-4] LED 드라이브 전용 IC 구동회로

구동전원	LED 양단 전압	LED 전류	
		측정값	계산값
직류 8~450[V]	[V]		
교류 85~255[V]	[V]		

9. 실험결과에 대한 토의

10. 실험보고서 작성

11. 정리정돈

02 포토 다이오드 구동회로 실습

실습과제명	포토 다이오드 구동회로			
목 표	① 포토 다이오드의 특성을 알고, 구동회로를 구성한다 ② 포토 다이오드 구동회로를 설계할 수 있다. ③ 포토 다이오드의 특성을 측정하고, 활용할 수 있다.			
장비 및 공구	소요재료	규격	수량(개)	안전 및 유의사항
• 오실로스코프	IC	LF357	1	① 장비 사용법을 익혀 부상과 장비 파손에 주의한다. ② 반도체 소자의 핀번호를 바르게 사용하여 손상이 없도록 한다. ③ DC 및 AC 전원을 바르게 연결하여 재료가 파손되지 않도록 한다. ④ 감전 등 안전에 주의한다.
• LED 특성측정기	TR	C1815	1	
• 브레드보드	FET	2SK19	1	
• 직류전원장치	포토 다이오드	HP-5FR2	1	
• 디지털 조도계		S1446	1	
• 디지털 VM		S1721	1	
• 회로시험기		22[kΩ], 50,	1	
• 마이크로스코프	저항	510,	2	
		3.3[MΩ], 1[MΩ]	1	
	콘덴서	0.1[μF]	2	

[그림 9-14] 포토 다이오드의 외형

포토 다이오드는 자체에 기전력을 가지고 있는 소자이므로 이것을 동작시킬 경우에는 별다른 외부 전원이 필요하지 않기 때문에 전원 없이도 간단히 광검출회로를 구성할 수 있다.

1. 무바이어스 회로

[그림 9-15]는 무바이어스 회로이며, 여기서는 고부하 저항(高負荷 抵抗)회로와 저부하 저항(低負荷 抵抗)회로를 보였다.

고부하 저항회로는 출력전압이 크지만, 응답이 늦다. 반대로 저부하 저항회로는 출력전

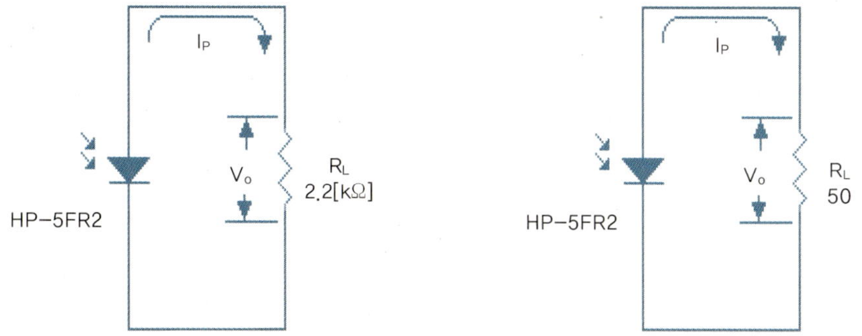

(a) 고부하 저항회로 (b) 저부하 저항회로

[그림 9-15] 무바이어스 회로

압이 적으나 응답이 빠르다. 출력특성은 부하저항이 클수록 [그림 9-16]에서와 같이 출력단자 개방형에 가까워지고, 부하저항이 작으면 출력단자 단락형으로 된다. 그러나 소자 단체이기 때문에 출력신호는 매우 미약하여 증폭회로의 부가가 필요하다.

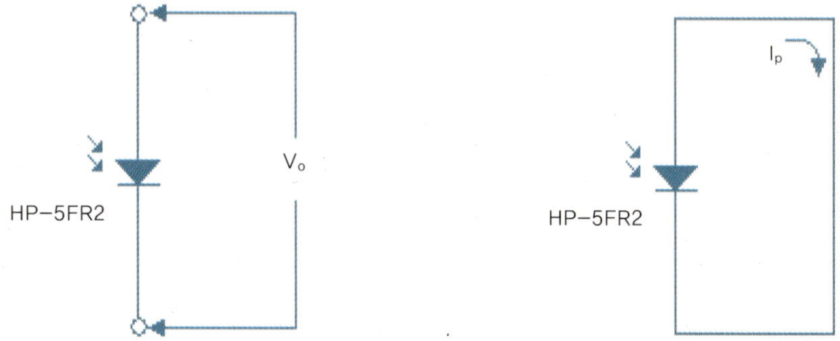

(a) 출력단자 개방형 (b) 출력단자 단락형

[그림 9-16] 출력단자 개방형과 단락형

2. 역바이어스 회로

포토 다이오드에 역바이어스를 걸면 그 응답특성을 몇 배 이상 개선할 수 있다. 이것은 역바이어스에 의한 접합용량의 저하에 의한 것이지만 일반적으로 몇 [V] 정도로 일정한 값을 나타낸다. [그림 9-17]은 역바이어스 회로이다.

역바이어스 회로에서 부하저항이 큰 경우 저부하저항 회로보다는 출력전압이 크고, 응답이 늦지만 무바이어스 회로에 비하면 응답특성이 좋은 편이다. 하지만, 암전류가 많은 단점이 있다. 역바이어스 회로에서 부하저항이 작은 경우 출력전압은 작으나 응답특성이 빠르다.

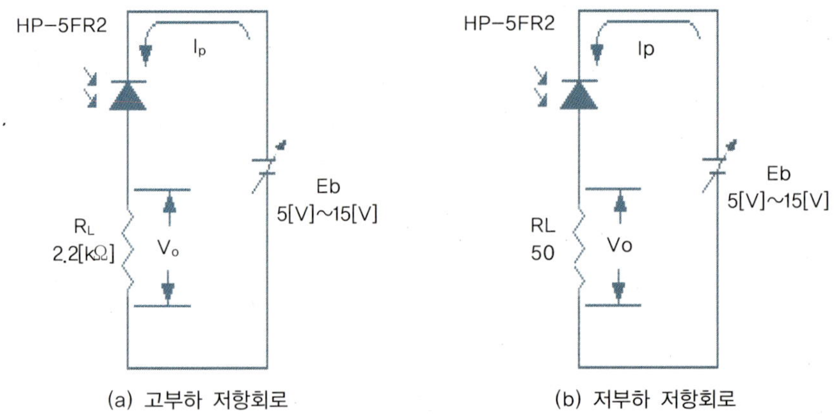

[그림 9-17] 역바이어스 회로

3. 트랜지스터 조합회로

포토 다이오드의 출력전류는 극히 미약하여 소자단체로 사용할 수 없기 때문에 약간의 증폭을 할 필요가 있다. 이것을 실제에 적용한 것이 포토 트랜지스터이다.

여기서는 그 원형으로서 [그림 9-18]과 같은 포토 다이오드와 트랜지스터의 조합회로를 보기로 한다. [그림 9-18]의 회로는 컬렉터 출력 회로형과 이미터 출력 회로형으로서 그 특징은 [표 9-5]와 같다.

[표 9-5] 특성 비교표

구 분	컬렉터 출력회로	이미터 출력회로
용 도	펄스 입사광 회로에 적합	아날로그 회로에 적합
위 상	출력신호와 입사광 신호가 역위상	출력신호와 입사광 신호가 동위상
출 력	출력이 크다.	출력이 작다. R_b에 의해 암전류가 경감된다.

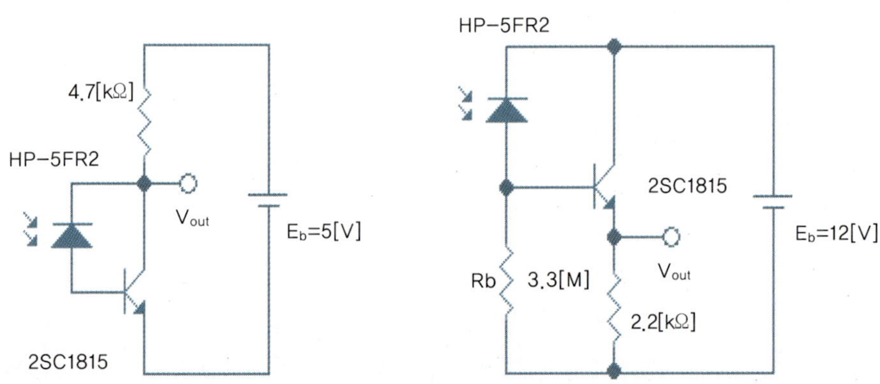

[그림 9-18] 트랜지스터 조합회로

4. OP AMP 조합회로

[그림 9-19]는 미약한 포토 다이오드의 출력을 증폭하기 위하여 OP AMP(연산 증폭기 : Operational Amplifier)를 사용한 회로이다. 여기서는 무바이어스 회로와 역바이어스 방식의 특성을 비교한다.

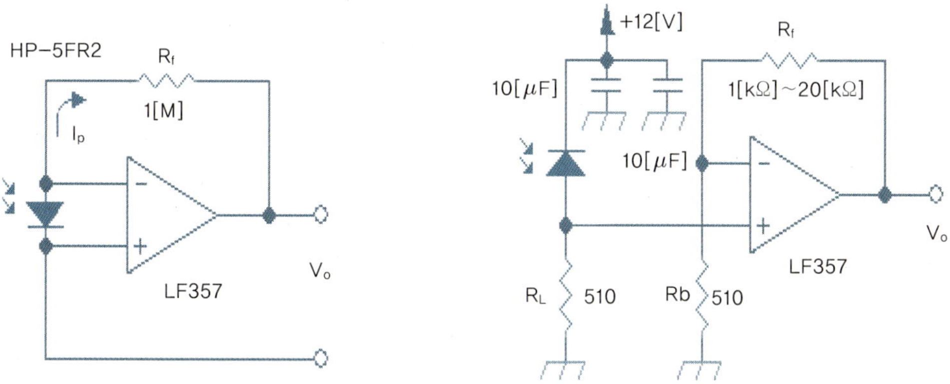

(a) 무바이어스 회로　　(b) 역바이어스 회로

[그림 9-19] OP AMP 조합회로

무바이어스 회로의 특징은 광범위한 입사광을 측정할 수 있다는 점에 있는데, 응답특성은 역바이어스 방법보다 떨어진다. 궤환저항값(R_f)에 따라 출력전압을 조정할 수 있고, 이 저항 대신 로그 다이오드를 사용하면 대수 압축전압을 얻을 수 있다. 또한 동작 레인지가 넓어서 조도계나 측광용으로 사용할 수 있다. 역바이어스 회로는 응답특성이 고속이고, 비반전 출력을 얻는다.

5. 기타 구동회로

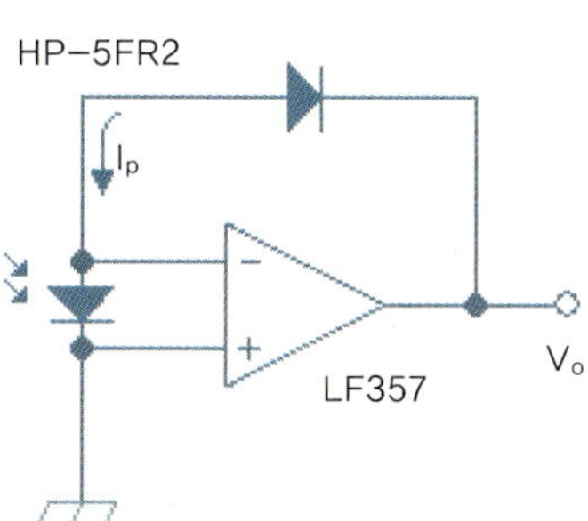

[그림 9-20] 대수 압축회로

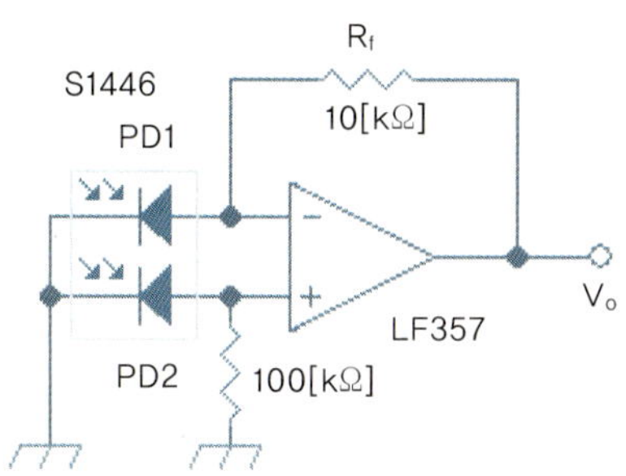

[그림 9-21] 위치 결정회로

대수 압축회로는 아날로그적인 사용법이 일반적이며, 출력전압을 대수 압축할 수 있고, 광대역 측광이 가능하다. 위치 결정회로는 듀얼형(Dual type)의 포토 다이오드를 사용하여 PD1과 PD2의 차분 출력을 낸다. 주로 위치결정 장치의 센서로 사용한다.

FET를 이용한 변조광 회로는 아날로그광에서는 사용할 수 없으며, PIN 다이오드에 역방향 바이어스를 걸기 때문에 응답특성이 고속이고, 저잡음용 교류전용 증폭기이다. 광리모컨 등에 이용된다.

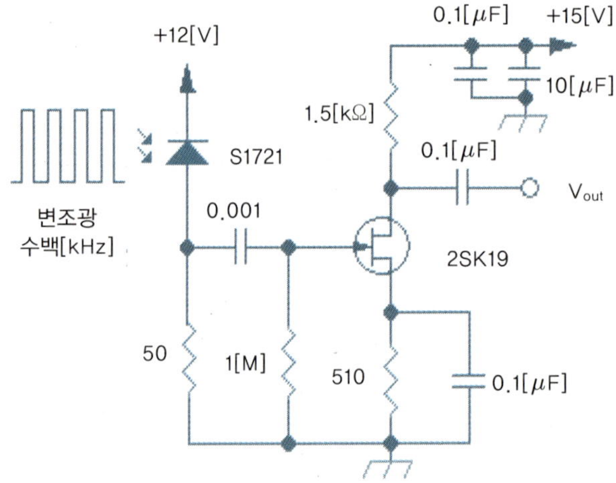

[그림 9-22] FET를 사용한 변조광 회로

6. 실습순서

1) 트랜지스터 조합회로 측정

[그림 9-18]과 같은 포토 다이오드와 트랜지스터의 조합회로를 구성하고, 회로의 전압과 전류를 측정하여 [표 9-6]에 기록한다.

[표 9-6] 트랜지스터의 조합회로의 동작

회로 형식	빛 차단시		빛 조사시	
	PD 전압강하	V_{out}	PD 전압강하	V_{out}
컬렉터 출력형	[V]	[V]	[V]	[V]
이미터 출력형	[V]	[V]	[V]	[V]

2) OP AMP 조합회로 측정

[그림 9-19]와 같이 OP AMP 조합회로를 구성하고, 회로의 전압과 전류를 측정하여 [표 9-7]에 기록한다.

[표 9-7] 트랜지스터의 조합회로의 동작

회로 형식	빛 차단시		빛 조사시	
	PD 전압강하	V_{out}	PD 전압강하	V_{out}
무바이어스 회로	[V]	[V]	[V]	[V]
역바이어스 회로	[V]	[V]	[V]	[V]

3) FET를 이용한 변조광 회로

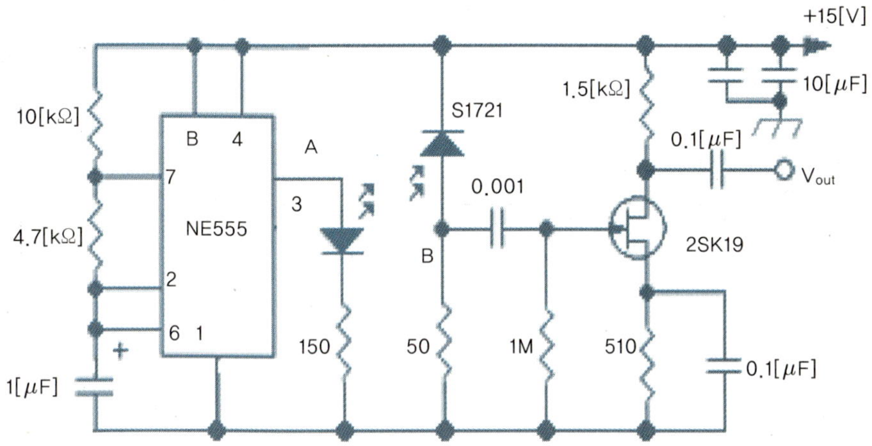

[그림 9-23] FET를 이용한 변조광 회로

① [그림 9-23]의 FET를 이용한 변조광 회로를 구성하고 A점, B점, V_{out}의 파형을 측정하여 [그림 9-24]에 기록한다. 이때 LED는 적색으로 한다.

② A점의 주파수가 400[kHz]가 되도록 발진회로의 발진소자를 조정하고, 주파수를 측정 기록한다.

- 발진주파수 : [kHz]

4) 레이저 검출회로

[그림 9-25]의 레이저(laser) 검출회로를 구성하고, 동작을 확인한다.

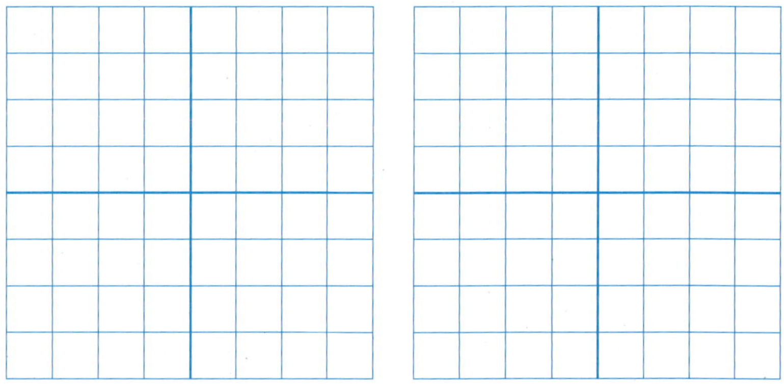

(a) A점 파형　　(b) V_{out} 파형

[그림 9-24] 각부 파형

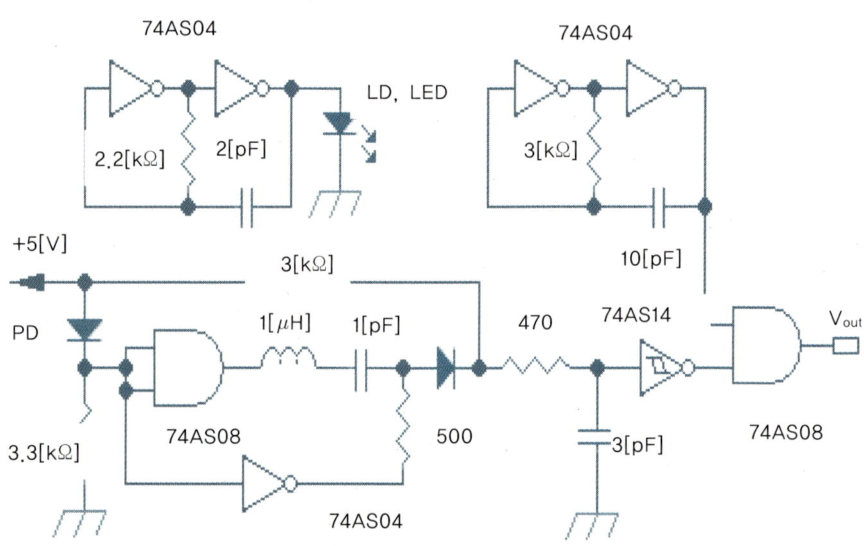

[그림 9-25] 레이저 검출회로

7. 실험결과에 대한 토의

8. 실험보고서 작성

9. 정리정돈

03 포토 트랜지스터 구동회로 실습

실습과제명	포토 트랜지스터 구동회로			
목 표	① 포토 트랜지스터의 특성을 알고, 구동회로를 구성한다 ② 포토 트랜지스터 구동회로를 설계할 수 있다. ③ 포토 트랜지스터의 특성을 측정하고, 활용할 수 있다.			
장비 및 공구	소요재료	규격	수량(개)	안전 및 유의사항
• 오실로스코프 • LED 특성측정기 • 브레드보드 • 직류전원장치 • 디지털 조도계 • 디지털 VM • 회로시험기 • 마이크로스코프	포토 TR TR IC 다이오드 저항 모터	TPS601 TPS606 A1015 TC4069 SN7414 TA75458 1S1588 100[kΩ] 외 DC12[V]	1 1 1 1 1 1 1 6 1	① 장비 사용법을 익혀 부상과 장비 파손에 주의한다. ② 반도체 소자의 핀번호를 바르게 사용하여 손상이 없도록 한다. ③ DC 및 AC 전원을 바르게 연결하여 재료가 파손되지 않도록 한다. ④ 감전 등 안전에 주의한다.

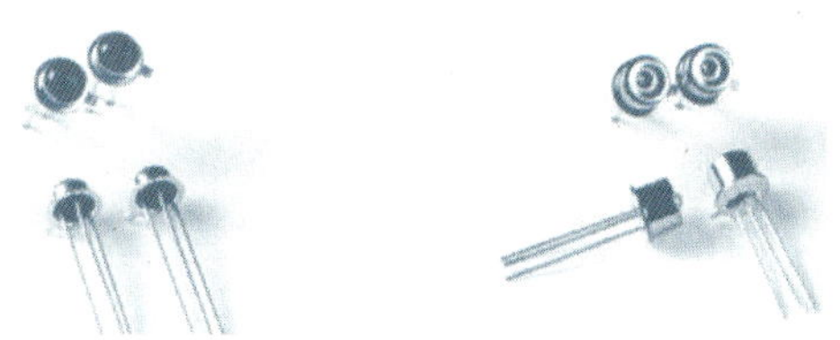

[그림 9-26] 포토 트랜지스터의 외형

1. 포토 트랜지스터의 기본 구동회로

포토 트랜지스터를 효과적으로 사용하기 위한 기본회로는 [그림 9-27]이다.

① [그림 9-27 (a)]는 이미터 출력회로로서 포토 트랜지스터의 이미터측에 부하저항을 접속해서 그 출력을 이미터에서 얻는 방식이다. 이 회로의 특징은 출력신호가 입사광과 같은 위상이라는 것과 다음 단에 NPN 트랜지스터를 접속하기 쉽다는 것과 펄스광 검출에 알맞다는 장점이 있으며, 단점으로는 출력신호가 작다는 점이다.

② [그림 9-27 (b)]는 컬렉터 출력회로로서 포토 트랜지스터의 컬렉터측에 부하저항을 접속해서 그 출력을 컬렉터에서 얻는 방식이다. 이 회로의 특징은 출력신호를 $V_{CE(\mathrm{SAT})}$까지 그 출력전압을 이용할 수 있고, 펄스광 검출에 알맞다는 장점이 있으며, 출력신호가 입사광과 역위상으로 된다.

③ [그림 9-27 (c)]는 암전류(역포화전류) 보상형 회로라고도 불리는데 이것은 베이스 단자가 붙어 있는 포토 트랜지스터에 많이 이용되고 있는 온도보상 회로이다. 이 회로는 온도보상법의 여러 가지 방법 중 브리더 방식의 회로로서 직류 동작점의 열적 안정성이 양호하고, 아날로그광의 측광에 적합하며, 베이스 전류에 의해 역포화 전류를 저감할 수 있는 장점이 있다.

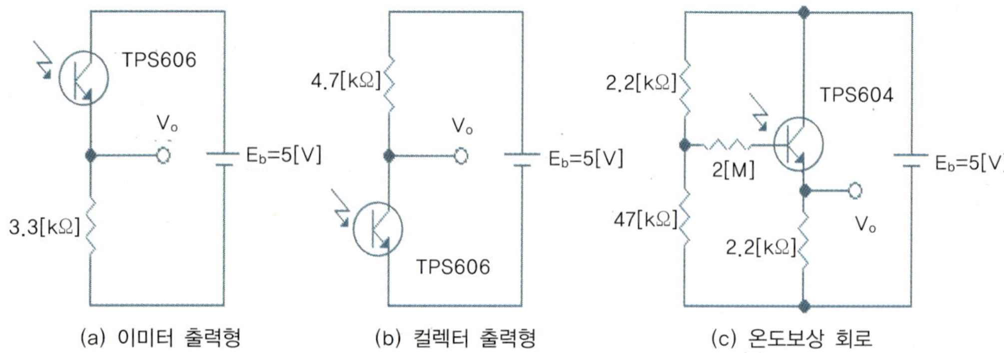

[그림 9-27] 포토 트랜지스터 기본 구동회로

2. 트랜지스터 조합회로

[그림 9-28 (a)]는 포토 트랜지스터에 트랜지스터를 조합한 이미터 출력 형식의 포토 달링턴 회로이다. 여기에서는 포토 트랜지스터의 이미터에 또다른 NPN 트랜지스터를 접속하여 그 이미터에 부하저항을 접속해서 전체를 이미터 폴로워(Emitter follower) 형식으로 하고 있다. 이 회로의 특징은 매우 큰 광전류를 얻을 수 있기 때문에 10[mA] 정도의 소형 릴레이를 직접 구동할 수 있는 장점이 있다. 트랜지스터 광전류 I_{PT}는 외부 트랜지스터에 거의 hf_e배가 된다. 출력전압은 다음과 같다.

$$V_o \simeq I_{\text{PT}}(1+hf_e)R_E$$

[그림 9-28 (b)]는 컬렉터 출력형 포토 달링톤 회로이다. 여기에서는 포토 트랜지스터의 이미터에 또 하나의 NPN 트랜지스터를 추가하고, 그 컬렉터에 부하저항을 접속해서 전체를 컬렉터 폴로워 형식으로 하고 있다. 또 이 회로는 [그림 9-27 (a)]보다 큰 출력전압을 얻을 수 있고, 회로 구성상 입사광과 출력전압의 관계가 반대 위상으로 된다.

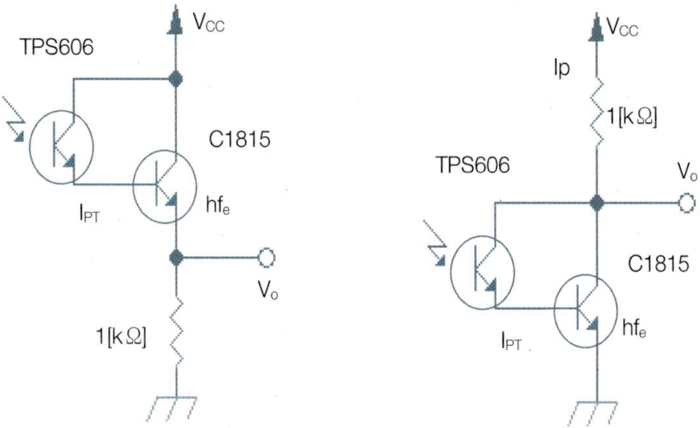

(a) 이미터 출력형　　　　(b) 컬렉터 출력형

[그림 9-28] 포토 달링턴 회로

[그림 9-29 (a)]는 반전(反轉 : Inverted) 포토 달링톤 회로인데, 여기서 포토 트랜지스터의 컬렉터에 또 하나의 PNP 트랜지스터를 조합해 전체를 이미터 폴로워로하고 있다.

[그림 9-30]은 그 발전형인데 여기에서는 그 출력을 PNP 트랜지스터에서 얻고 있다. 더구나 두 회로는 언뜻 보기에는 닮았지만, [그림 9-30]의 회로는 포토 트랜지스터의 이미터를 접지하고 있기 때문에 회로 구성상 [그림 9-29 (a)]보다는 큰 출력전압을 얻을 수 있다.

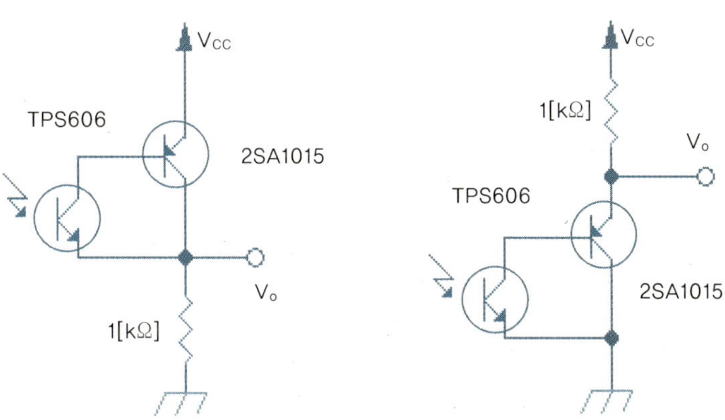

(a) 컬렉터 출력형　　　　(b) 이미터 출력형

[그림 9-29] 반전 증폭회로

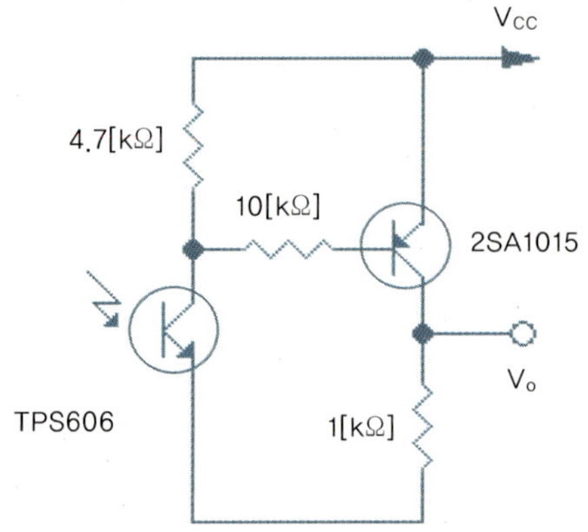

[그림 9-30] 비반전 증폭회로

3. IC 조합회로

포토 트랜지스터는 그 자체가 큰 증폭작용을 지니고 있기는 하지만 IC 등의 액티브 소자를 병용하면 그 성능을 크게 향상시킬 수 있다.

[그림 9-31]은 포토 트랜지스터와 인버터(Inverter) IC의 조합회로이다. 이 회로는 인버터 두 개를 이용하여 슈미트 회로(Schmitt circuit)를 구성한다. 슈미트 회로는 출력전압이 급격히 상승하는 특성(Hysteresis : 히스테리시스 특성 등)을 갖기 때문에 내 잡음성이 뛰어나다. 그래서 슈미트 회로는 디지털 시스템의 인터페이스(Interface)로 주로 이용되고 있다.

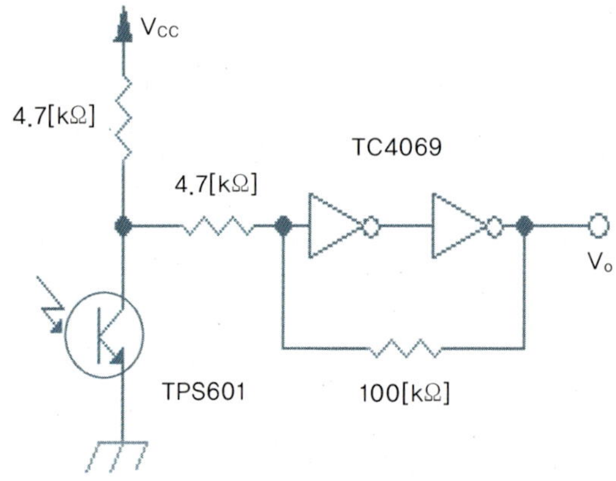

[그림 9-31] 인버터 IC 조합회로

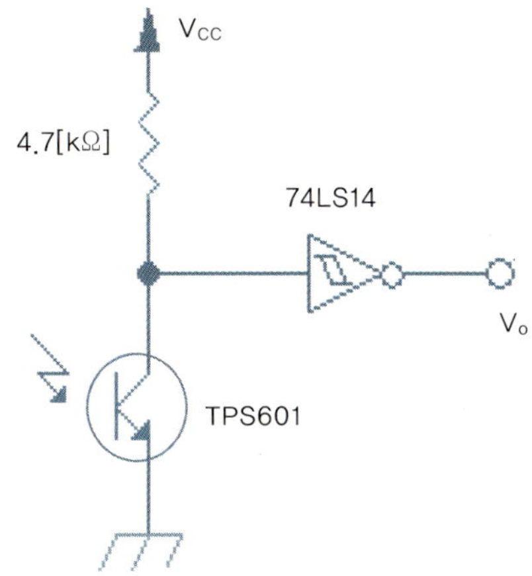

[그림 9-32] 슈미트 트리거 회로

[그림 9-32]의 회로는 슈미트 트리거(Schmitt trigger) IC를 조합한 것으로 [그림 9-31]의 회로를 간략화한 것으로 두 회로를 같은 것으로 취급할 수 있다.

[그림 9-33 (a)]의 회로는 포토 트랜지스터를 포토 다이오드로 이용한 것으로 여기에 OP AMP를 조합한 회로이다. 이 회로의 특징은 선형적(Linear)인 광센싱에 적합하고, 응답특성이 뛰어나다는 것이다. 또 출력전압 V_o는 $V_o = I_o \times R_f$ 의 관계식으로 주어지며, 궤환(歸還) 저항 R_f에 대응한 출력전압을 얻을 수 있다. 즉, 회로 구성상 그 출력은 입사광과 위상이 반대가 된다.

[그림 9-33 (b)]는 포토 트랜지스터와 OP AMP의 조합이다. 여기에서는 이미터의 출력전압을 그대로 OP AMP로 증폭하고 있다. 이 회로의 이득(Gain)은 입력저항 R_b와 궤환저항 R_f의 비로 결정된다.

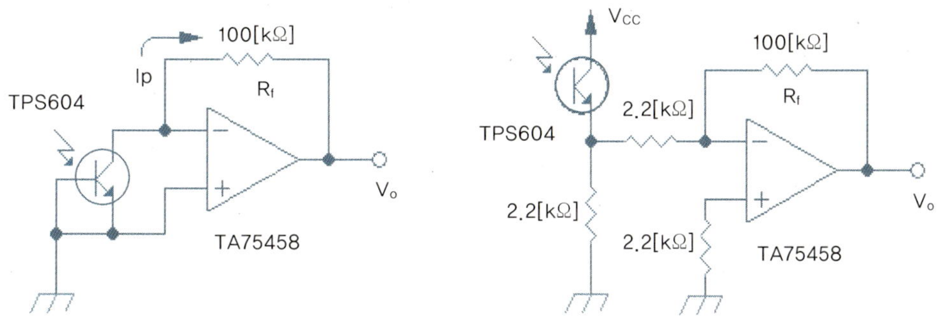

(a) 포토 다이오드로 이용　　(b) OP AMP 반전 증폭회로

[그림 9-33] 포토 트랜지스터와 OP AMP의 조합회로

4. 포토 트랜지스터의 응답특성의 개선

포토 트랜지스터는 부하저항을 크게 하면 그 출력도 증가하지만 응답특성이 현저하게 떨어져 고속동작이 곤란하다. 이를 개선하기 위하여 트랜지스터를 효과적으로 이용하여 그 영향을 경감시킬 수 있다.

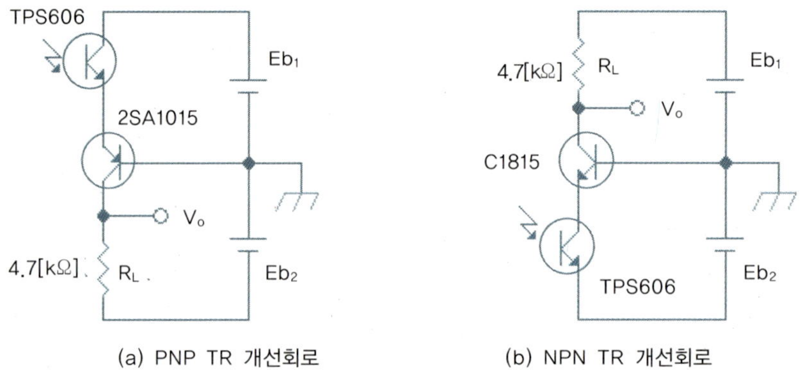

[그림 9-34] 트랜지스터를 사용한 주파수 특성 개선회로

[그림 9-34 (a)]는 외부 트랜지스터로 PNP 트랜지스터를 사용하여 베이스 접지회로를 구성한 것이다. 이것은 일종의 임피던스(Impedance) 변환 기법이며, 이에 의해 부하저항 R_L이 크게 되어도 포토 트랜지스터의 영향을 적게 하고 있다. 또, [그림 9-34 (b)]는 외부 트랜지스터로 NPN형 트랜지스터를 사용하여 앞의 것과 똑같은 베이스 접지회로를 구성하고 있다.

5. 광신호에 의한 스위칭 회로

[그림 9-35]는 off형의 1단 증폭회로의 예이다. 여기에서는 포토 트랜지스터의 컬렉터 측에 다이오드를 통해서 다음 단의 NPN 트랜지스터의 베이스에 입력하고 있다. 이 때문에 회로 동작은 포토 트랜지스터 on으로 다음 단의 NPN 트랜지스터가 off로 된다. 이 회로 구성에서는 포토 다이오드의 광전류가 직접 외부 트랜지스터에 흘러가지 않기 때문에 앞의 달링톤 접속과는 상당히 다른 특성으로 된다. 주요한 용도는 펄스광의 스위칭으로 TTL 레벨의 디지털 회로와 직결할 수 있는 것이다.

[그림 9-36]은 광입력에 의한 DC 모터의 on/off 제어회로이다. 여기에서는 포토 트랜지스터 외에 중간 단의 소신호 증폭용 트랜지스터, 후단(後段)의 NPN 파워 트랜지스터가 각각 설치되어 있다. 이 회로의 동작은 포토 트랜지스터 on으로 모터가 회전한다. 또 이

회로의 예에서는 모터를 구동하고 있으나 2[A] 정도의 부하전류가 되면 어떤 용도에도 사용할 수 있다.

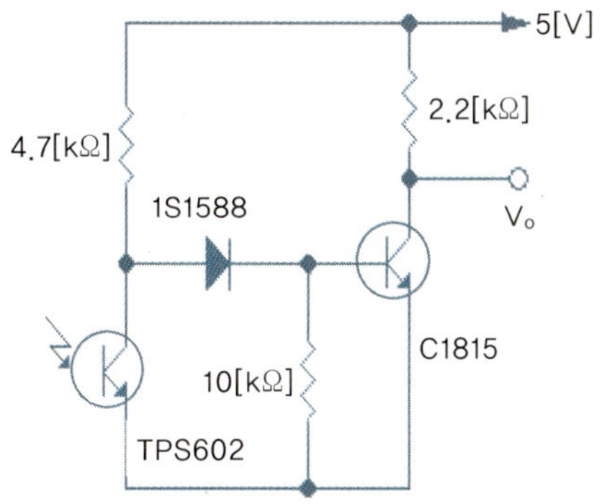

[그림 9-35] off형 1단 증폭회로

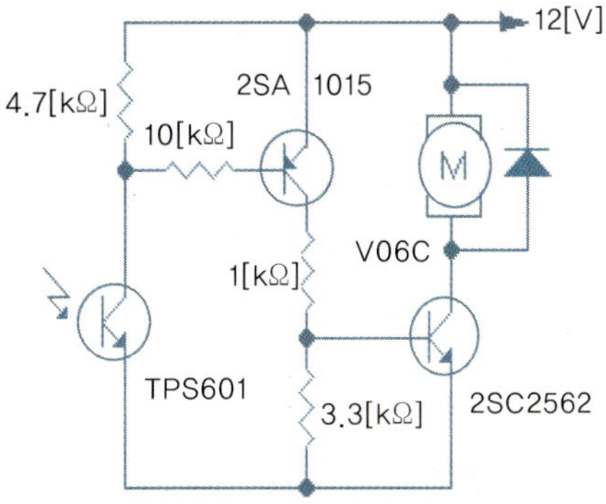

[그림 9-36] 모터의 on-off 회로

6. 실습순서

1) 포토 트랜지스터 구동회로

① [그림 9-27]의 포토 트랜지스터 기본 구동회로를 구성하고, 빛을 조사할 때와 차단할 때의 출력전압을 측정하여 [표 9-8]에 기록한다.

[표 9-8] 기본 구동회로의 출력전압

구동회로	출력전압 V_o	
	빛 차단시	빛 조사시
이미터 출력형	[V]	[V]
컬렉터 출력형	[V]	[V]
온도보상 회로	[V]	[V]

② [그림 9-28 (a)], [그림 9-29 (b)], [그림 9-30]의 구동회로를 구성하고, 빛을 조사할 때와 차단할 때의 출력전압 및 전류를 측정하여 [표 9-9]에 기록한다.

[표 9-9] 달링턴 접속회로의 전압과 전류

달링턴 접속 구동회로	출력전압 V_o		전 류
	빛 차단시	빛 조사시	
이미터 출력형	[V]	[V]	
컬렉터 출력형	[V]	[V]	
비반전 증폭회로	[V]	[V]	

③ [그림 9-33]의 포토 트랜지스터와 OP AMP의 조합회로를 구성하고, 빛을 조사할 때와 차단할 때의 출력전압 및 전류를 측정하여 [표 9-10]에 기록한다.

[표 9-10] OP AMP 조합회로의 출력전압과 전류

달링턴 접속 구동회로	출력전압 V_o		전류 Ip
	빛 차단시	빛 조사시	
포토 다이오드	[V]	[V]	
반전증폭기	[V]	[V]	

2) 모터 구동회로

① [그림 9-36]의 모터 on-off 회로를 구성하고, 빛의 유무에 따라서 모터의 작동상태를 확인한다.

7. 실험결과에 대한 토의

8. 실험보고서 작성

9. 정리정돈

04 포토 커플러 구동회로 실습

실습과제명	포토 커플러 구동회로			
목　　표	① 포토 커플러의 특성을 알고, 구동회로를 구성한다. ② 포토 커플러 구동회로를 설계할 수 있다. ③ 포토 커플러의 특성을 측정하고, 활용할 수 있다.			
장비 및 공구	소요재료	규격	수량(개)	안전 및 유의사항
• 오실로스코프 • LED 특성측정기 • 브레드보드 • 직류전원장치 • 디지털 조도계 • 디지털 VM • 회로시험기 • 마이크로스코프	포토 인터럽터 포토 아이솔레이터 IC LED TR 다이오드 모터 VR 저항	 uA741 5φ 적 2N3055 2N3054 1N914 DC12[V] 5[kΩ] 10[kΩ] 외	1 1 1 1 1 1 1 1 1 10	① 장비 사용법을 익혀 부상과 장비 파손에 주의한다. ② 반도체 소자의 핀번호를 바르게 사용하여 손상이 없도록 한다. ③ DC 및 AC 전원을 바르게 연결하여 재료가 파손되지 않도록 한다. ④ 감전 등 안전에 주의한다.

(a) 포토 인터럽터　　　(b) 포토 아이솔레이터

[그림 9-37] 포토 커플러의 외형

1. 포토 커플러

포토 커플러(Photo coupler)는 발광소자와 수광소자를 조합하여 광을 매체로 신호의 전송을 행하는 소자이다. 포토 커플러의 구조는 발광 다이오드와 포토 트랜지스터(Photo transistor) 등 수광소자를 하나의 패키지에 넣은 것으로 입출력 사이가 전기적으로 절연되어 있기 때문에 전기적인 잡음 제거에 널리 사용된다.

포토 커플러는 그 종류도 여러 가지가 있다. 예를 들면, 회로간 인터페이스(Interface)로 사용되는 포토 커플러(포토 아이솔레이터), 자동화기기 등의 위치 결정에 사용되는 포토 커플러(포토 인터럽터), 그리고 샤프트형 인코더에 사용되는 포토 커플러(포토 인터럽터) 등이 있다.

또, 포토 커플러의 구성요소에 따라 여러 가지 조합이 있고, 이들은 요구 정밀도나 사용목적에 따라 다르게 사용된다. [그림 9-37]은 포토 커플러의 외형이고, [표 9-11]에 포토 인터럽터의 종류와 구성요소를 나타내었다.

[표 9-11] 포토 인터럽터의 분류

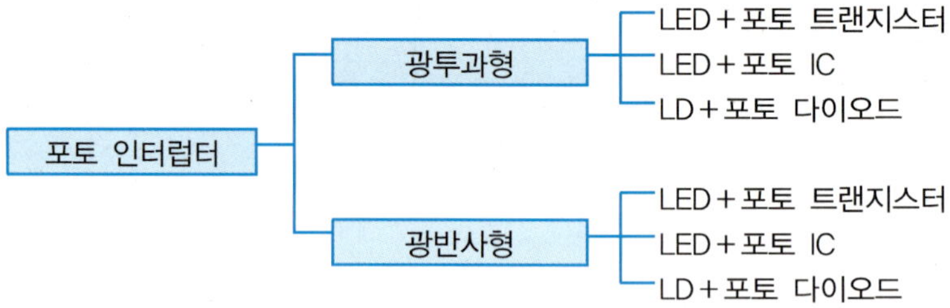

2. 포토 인터럽터

포토 인터럽터(photo interrupter)에는 발광소자와 수광소자를 일정한 간격을 두고 마주보게 하여 하나의 패키지 안에 고정시켜 그 사이의 물체의 유무와 위치를 감지하는 투과형 포토 인터럽터, 그리고 발광소자와 수광소자를 평면상, 또는 어떤 각도를 두어 동일한 방향으로 배치하여 하나의 패키지 안에 고정시켜 발광소자로부터 나온 광을 물체에 반사시켜 그 반사광을 수광소자에서 검출하는 반사형 포토 인터럽터가 있다.

1) 포토 인터럽터 구동회로

(1) 컬렉터 출력형 구동회로

포토 인터럽터를 이용한 회로는 [그림 9-38]과 같이 컬렉터 출력형과 이미터 출력형이

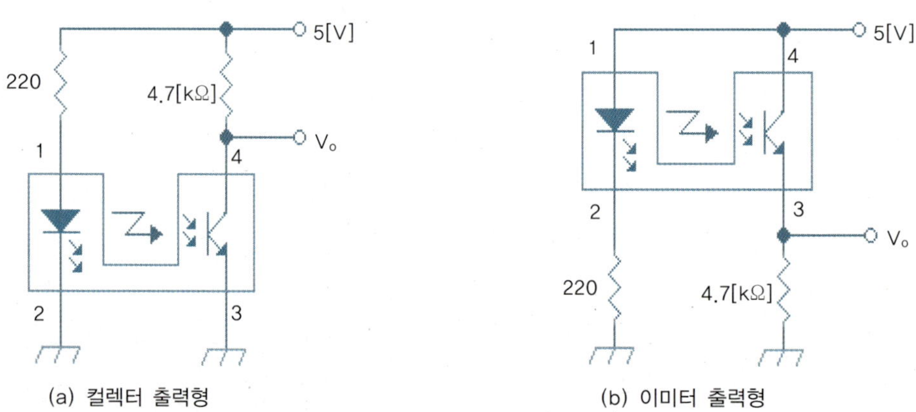

(a) 컬렉터 출력형 (b) 이미터 출력형

[그림 9-38] 포토 인터럽터 구동회로

있는데 회로 구성상 컬렉터 출력형이 출력 레벨에 있어서 뒷단과의 인터페이스가 쉬운 장점이 있으며, 응답특성이 수십 [kHz] 정도까지 미치기 때문에 모터의 회전센서로서 많이 사용되고 있다.

(2) 이미터 출력형 구동회로

이미터 출력형 포토 인터럽터 회로는 성능상으로 컬렉터 출력형 포토 인터럽터 회로와 별 차이는 없지만 회로 구성상 전압 이용률이 다소 저하된다. 그러나 입사광과 출력신호가 동위상이어서 GND를 기준으로 신호출력을 얻어낼 수 있다.

2) 트랜지스터를 이용한 포토 센서회로

[그림 9-39]는 컬렉터 출력 형식의 포토 센서회로에 PNP 트랜지스터를 추가하여 포토 트랜지스터의 출력전압을 증폭한다. 이 회로에서 포토 트랜지스터에 빛이 투과되면 출력단자 V_{out}는 H레벨로 된다. 또한, 이 회로에서는 수십 [mA] 정도의 소형 릴레이를 직접 구성할 수 있기 때문에 이용가치가 높은 회로이다.

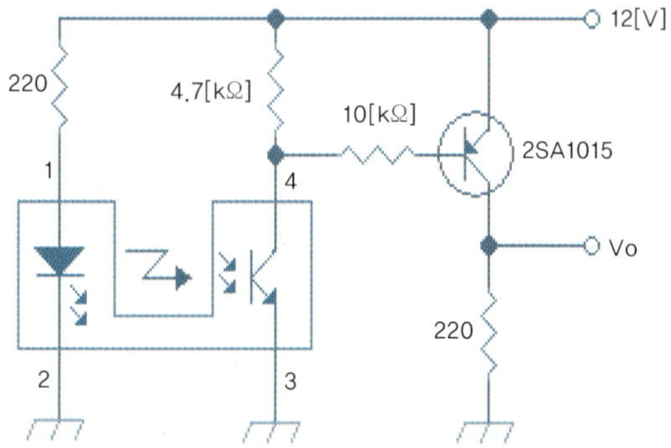

[그림 9-39] 트랜지스터 조합회로

3) 광제어 스위치 회로

[그림 9-40]의 회로에서 포토 인터럽터의 슬릿을 차단하지 않으면 포토 트랜지스터에 빛이 투과되어 IC uA741 2번핀에 +[V]의 전압이 가해져 6번핀에서 −[V]의 전압이 출력되어 트랜지스터 베이스에 가해지면 트랜지스터는 off 상태가 됨으로써 LED는 off 상태가 된다.

또한 포토 인터럽터의 슬릿을 차단하면 포토 트랜지스터에 빛이 차단되어 IC uA741

2번핀에 −[V]의 전압이 가해져 6번핀에서 +[V]의 전압이 출력되어 트랜지스터 베이스에 가해지면 트랜지스터는 on 상태가 됨으로써 LED는 on 상태가 된다. 이 회로는 소형 메커니즘의 브레이크(break) 회로로서 많이 사용된다.

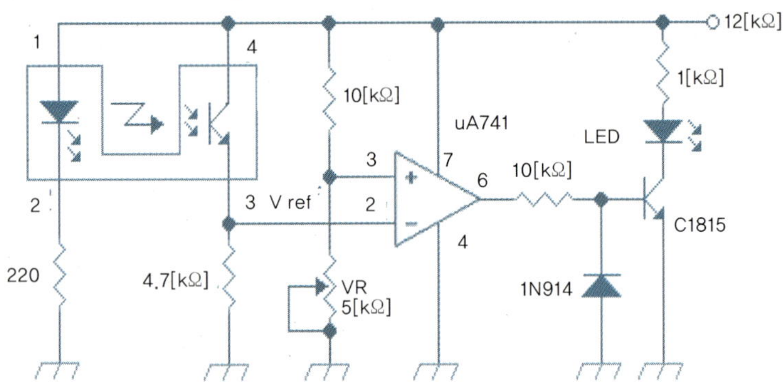

[그림 9-40] 광제어 스위치 회로

IC uA741은 일반적인 OP AMP이지만 여기에서는 비교기로서 사용되고 있으며, 가변저항 50[kΩ]로 기준전압을 맞추고 포토 인터럽터의 동작에 따라 LED가 on/off한다.

① $V_i < V_{ref}$일 때 $V_o = -V_{sat}$(LED off)

② $V_i > V_{ref}$일 때 $V_o = +V_{sat}$(LED on)

3. 포토 아이솔레이터

1) 포토 아이솔레이터의 활용

① 포토 아이솔레이터는 [그림 9-37 (b)]와 같이 포토 커플러와 동일한 구성이나 대체적으로 출력부분이 MOS-FET로 구성되어 있다. 이 MOS-FET에는 내압이 400[V] 이상되는 것도 있고 큰 전류를 제어할 수 있다.

② 시판되고 있는 대부분의 포토 커플러들은 ILED와 포토 트랜지스터를 인접한 리드 프레임의 팔 위에 장착하여 만들어져 있다. 리드 프레임은 나뭇가지 같은 모양의 얇은 도체 판금으로 만들어져 패키지에 박혀 있다. 칩을 지지하는 절연기판은 내부 리드 프레임으로부터 형성되어 있고, 외부 리드 프레임은 DIP의 여러 핀들이 된다.

[표 9-12] 포토 아이솔레이터 분류

- 포토 아이솔레이터
  - LED + 포토 트랜지스터
  - LED + 포토 IC
  - LED + CdS셀

③ 칩들과 해당 리드 프레임 핀들간에 와이어들을 결속한 후 두 칩 주위는 두 칩 사이에서 '광파이프' 또는 광도파관과 같은 역할을 하는 IR(적외선) 투과 수지로 감싸인다. 그런 다음 부품은 불투명의 에폭시 수지로 몰딩되어 DIP 형태가 되며, 리드 프레임의 핀들은 아래로 굽혀진다.

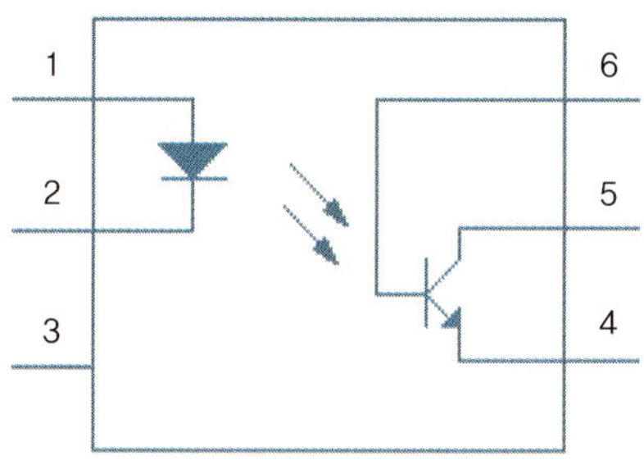

[그림 9-41] 포토 아이솔레이터의 내부 블록도

④ [그림 9-41]은 가장 흔히 쓰이는 단채널 6핀 포토 트랜지스터 포토 커플러 DIP의 핀 도해이다. 이것을 포토 커플러라고 불리는 이유는 적외선 에너지 또는 광양자만이 입력 ILED를 출력 포토 트랜지스터에 연결해주기 때문이다. 이 소자는 포토 아이솔레이터라고도 하는데, 그것은 두 칩간에 전류가 전혀 통할 수 없기 때문이다.

⑤ 방사소자와 감지소자는 전기적으로 분리 및 절연되어 있다. 이 소자는 포토 커플러, 혹은 광양자 연결 절연체라고도 알려져 있다.

⑥ 6핀 DIP에서 포토 트랜지스터의 베이스 단자는 6번핀이지만 보통 그것은 연결되지 않은 상태로 둔다. 또한 3번핀은 아무런 연결도 되어 있지 않은(NC) 단자이다. 베이스인 6번핀과 이미터인 4번핀을 함께 단락시키면 포토 트랜지스터를 포토 다이오드로 바꿀 수 있다. 이것은 4핀 포토 커플러 DIP와 다채널 포토 커플러에서는 불가능하다.

2) 포토 아이솔레이터의 응용

① 신호선로의 잡음을 감소시키는 데 사용된다.

② 두 개의 전위가 서로 다른 결선 회로의 인터페이스(interface)가 되게 한다.

③ 무접점 계전기(솔리드스테이트 릴레이 : SSR)

3) 포토 아이솔레이터의 사용상 주의점

① 절연전압(V_{ISO}) : 소자의 파손됨 없이 입력 및 출력 회로간에 존재할 수 있는 최대 허용가능 AC 전압이다. 포토 트랜지스터 출력 포토 커플러에 대해서는 일반적으로 RMS 500[V]에서 5[kV]의 범위이다.

② V_{CE} : 포토 트랜지스터 출력에 허용되는 최대 DC 전압. 포토 트랜지스터 출력 커플러에 대한 일반적인 값은 30[V]에서 70[V]이다.

③ I_F : ILED에 연속적으로 흐를 수 있는 최대 순방향 DC 전류. 포토 트랜지스터 출력 커플러에 대한 일반적인 값은 40[mA]에서 100[mA]이다.

④ 포토 트랜지스터 출력 커플러에 대한 상승 · 하강 시간은 일반적으로 상승 및 하강 모두 2[ms]에서 5[ms]며 이것에 의해 소자의 대역이 결정된다.

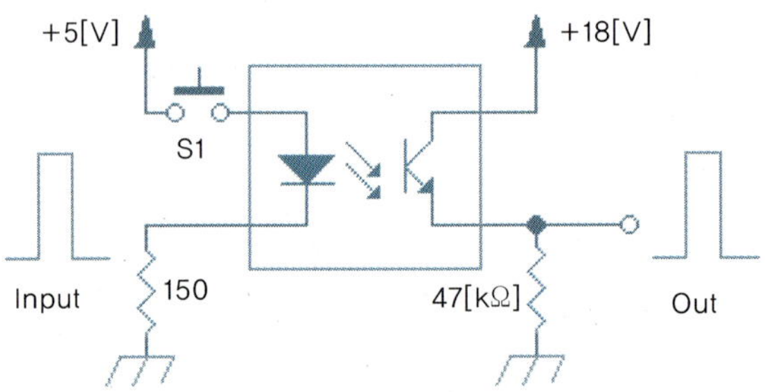

[그림 9-42] 포토 아이솔레이터의 입 · 출력

포토 아이솔레이터는 다양한 전압레벨에서 구동되는 인터페이싱 디지털 회로에 이상적으로 적합하다. 그것은 같은 TTL, ECL, 또는 CMOS 계열의 디지털 IC들을 인터페이싱할 수 있으며, 계열이 다른 디지털 IC들간의 인터페이스도 가능하다. 이 소자는 또한 퍼스널 컴퓨터 등 디지털 시스템의 디지털 출력을 모터, 릴레이, 솔레노이드, 램프 등에 인터페이싱할 수 있다.

4) 각종 포토 아이솔레이터의 비교

[표 9-13] 포토 아이솔레이터의 특성 비교

분류	구 조	수광소자	전류전환율	응답	비 고
1	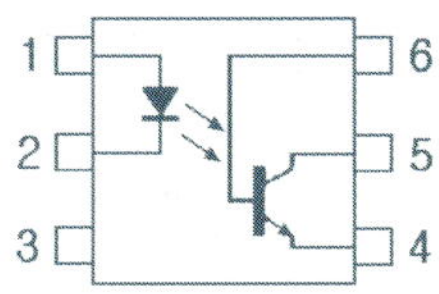	포토 트랜지스터	50~600[%]	중속	
	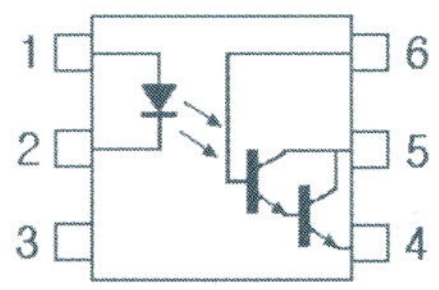	달링턴 포토 트랜지스터	500~5000[%]	저속	$V_{CE(sat)}$ 큼 암전류 큼
2	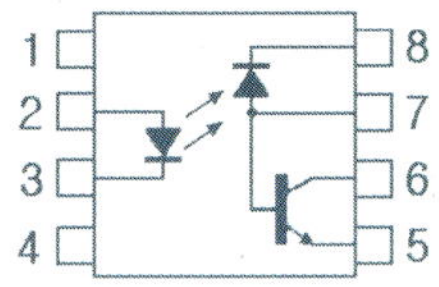	포토 다이오드	10~50[%]	고속	
3	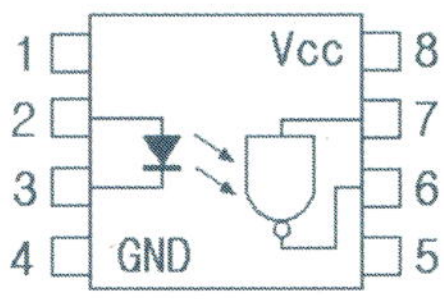	포토 IC	600[%]	고속	

4. 실습순서

1) 출력이 큰 포토 인터럽터 회로 실험

① [그림 9-43]은 컬렉터 출력형식의 포토 인터럽터 회로에 PNP 트랜지스터를 추가하여 포토 트랜지스터의 출력전압을 증폭한 회로이다.

- 회로를 [그림 9-43]과 같이 결선한다.
- 전원을 인가하고, 출력전압 V_{out}를 측정하여 [표 9-14]에 기록한다.
- 슬릿 사이에 종이 등을 이용하여 차단한 후 출력전압 V_{out}를 측정하여 [표 9-14]에 기록한다.
- 전원을 off하고 DVM을 이용하여 출력저항(1[kΩ])에 흐르는 전류를 측정할 수 있도록 회로를 결선한다. 전원을 on한 후 슬릿을 차단했을 때의 전류와 차단하지 않았을 때의 전류를 측정하여 [표 9-14]에 기록한다.

- 출력저항(1[kΩ])과 병렬로 부저와 LED를 연결한 후 슬릿 사이에 종이 등을 이용하여 차단시켜보자. 이때 부저와 LED의 동작을 [표 9-14]에 기록한다.

[표 9-14] 출력이 큰 포토 인터럽터 회로 측정결과

실험과정	측정결과
①	V_{out} = [V]
②	V_{out} = [V]
③	슬릿을 차단했을 때 I = [mA] 슬릿을 차단하지 않았을 때 I = [mA]
④	

- [그림 9-43]의 광제어 스위치 회로를 구성하고, 동작상태를 확인한다.

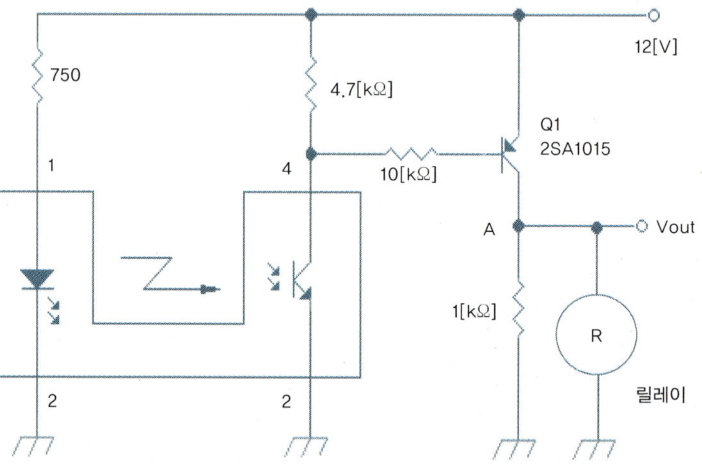

[그림 9-43] 출력이 큰 포토 인터럽터 회로

② [그림 9-44]와 같이 두 개의 인터페이스 회로를 브레드보드에 구성한다.

- 포토 아이솔레이터의 전류제한 저항은 어느 것인가?
- 포토 아이솔레이터 인터페이스를 TTL 게이트의 출력과 접지 사이에 연결하지 않는 이유는 무엇인가?
- 이 회로에서 TTL 출력전류를 측정하시오.

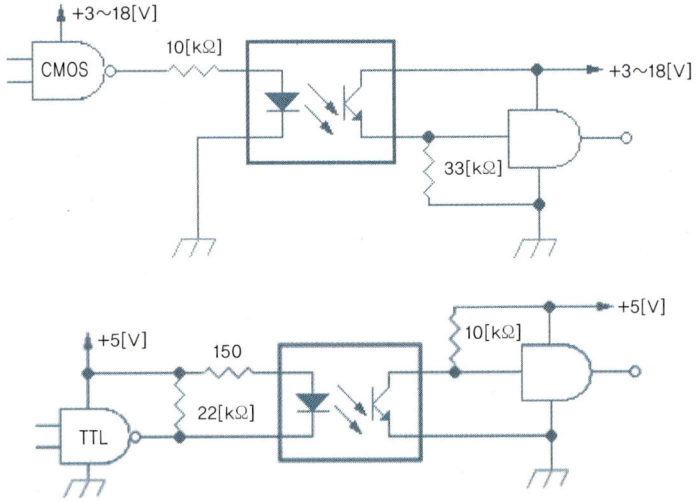

[그림 9-44] 포토 아이솔레이터에 의한 TTL 게이트 인터페이스

- TTL IC의 개방회로 출력전압은 논리 0 상태일 때 몇 [mV]인가 측정하시오.
- 이 회로에서 풀 업(Pull-up) 저항은 어느 것인가? 또 이 저항의 기능과 역할을 설명하시오.
- 이 회로의 첫 번째 게이트 출력 논리상태 0, 1에 대한 출력전압을 측정하시오.

③ [그림 9-45]와 같이 두 CMOS 게이트의 인터페이스 회로를 브레드보드에 구성한다. CMOS IC 출력은 수십 [mA]까지 전류 방출이나 흡수를 모두 쉽게 할 수 있다. 이 IC는 [그림 9-44]와 유사하게 흡수형으로 인터페이스될 수도 있고, [그림 9-45]와 같은 방출형이 될 수 있다. 어느 경우이든지 R_2는 CMOS 로직 0과 1상태를 완전하게 전환시키는 출력전압 변동을 제공할 수 있는 충분한 용량이어야 한다.

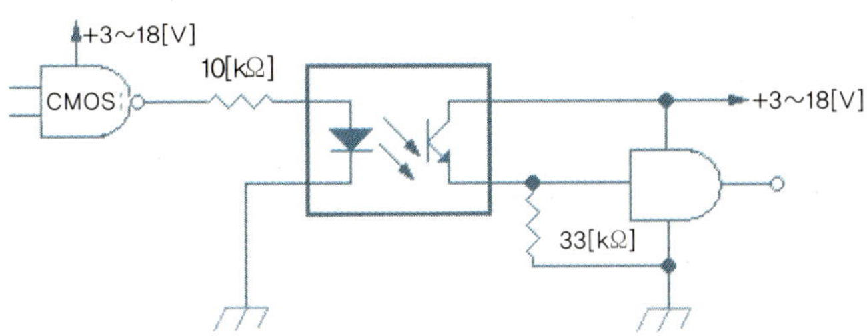

[그림 9-45] CMOS 게이트 인터페이스

- 이 회로에서 CMOS 출력전류를 측정하시오.

- CMOS IC의 개방회로 출력전압은 로직 0 상태일 때 몇 [mV]인지 측정하시오.
- 이 회로의 첫번째 게이트 출력 논리상태 0, 1에 대한 출력전압을 측정하시오.

④ [그림 9-46]은 디지털 출력신호(5[V], 5[mA])를 12[V]/1[A] DC 모터 인터페이스 회로이다. 이 회로를 브레드보드에 구성한다.

- 컴퓨터의 출력이 하이(Hi)일 때 포토 아이솔레이터의 ILED의 입력전류와 포토 트랜지스터의 출력전류를 측정하고, 모터의 동작상태를 [표 9-15]에 기록한다.

[표 9-15] 동작상태표

측정항목	ILED	포토 트랜지스터	DC 모터
측정전류			
동작상태			

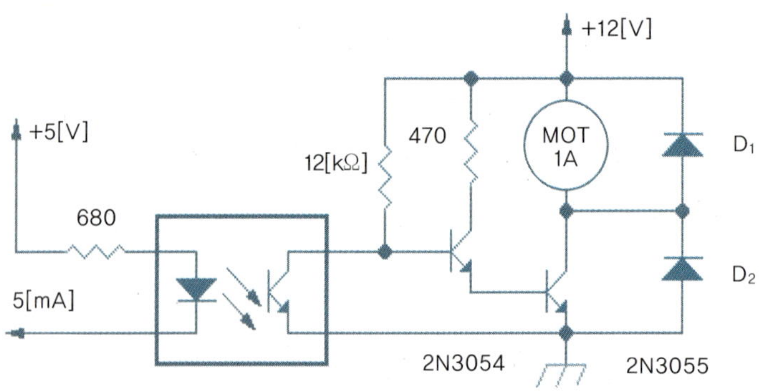

[그림 9-46] 포토 아이솔레이터에 의한 DC 모터 인터페이스

- 컴퓨터의 출력이 로우(Low)일 때 포토 트랜지스터와 모터는 어떤 동작을 하는가?

2) 아날로그 인터페이스 회로 구성 및 측정

포토 아이솔레이터 내부의 ILED를 통해 '고정' 전류를 정하고, 그 전류를 아날로그 신호로 변조함으로써 한 회로로부터 다른 회로로 아날로그 신호를 인터페이스할 수 있다.

[그림 9-47]은 이 방법을 오디오 연결에 응용한 것이다. OP AMP IC 2는 단일이득 전압 폴로워 모드로 연결되어 있다. 포토 아이솔레이터의 ILED는 OP AMP의 네거티브 피드백 루프에 배선되어 R_3에서의 전압(그리고 그에 따라 ILED를 통하는 전류)은 OP AMP의 3번 비반전 입력핀에 가해지는 전압을 정확하게 따라간다. 그 핀은 R_1과 R_2에 의해 전원전압이 반으로 배분된 전압에서 DC 바이어스가 걸린다.

OP AMP는 C_1에 가해지는 오디오 신호에 의해 AC 변조가 된다. ILED의 고정 전류는 R_3에 의해 1 내지 2[mA]로 설정된다.

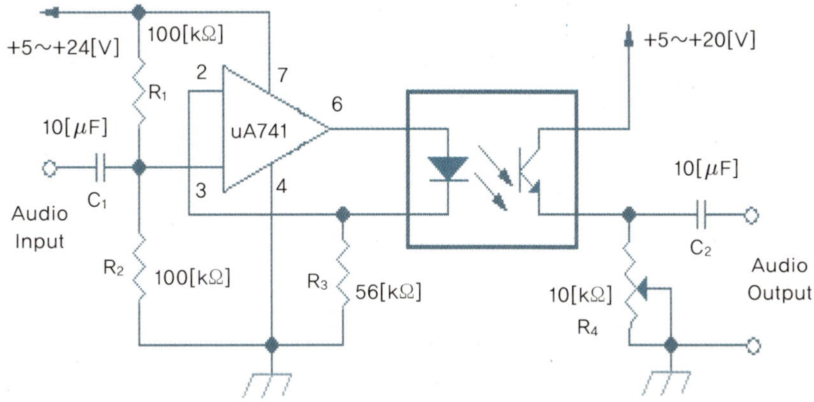

[그림 9-47] 포토 아이솔레이터에 의한 오디오 인터페이스

포토 아이솔레이터의 출력쪽에서는 내부의 트랜지스터에 의해 고정전류가 정해진다. 그 전류는 포텐셔미터 R_4에서 전압을 생성하며, R_4는 그 고정출력이 전원전압의 반과 같아지도록 조정되어야 한다. 오디오 출력신호는 포텐셔미터 R_4에서 나타나며 그것은 C_2에 의해 오디오 신호로서 분리된다.

- [그림 9-47]의 회로를 브레드보드에 구성하고 OP AMP 전원은 DC 12[V], 포토 아이솔레이터 전원은 DC 5[V]를 인가한다.
- 포텐셔미터 R_4를 조정하여 그 양단(R_4)의 전압이 전원전압의 반(2.5[V])이 되도록 한다.
- ILED 입력전류와 포토 아이솔레이터 출력전류([mA])를 측정한다.
- 이 회로의 입력단자(Audio Input)에 함수발진기를 연결하여 10[Vp-p], 1[Hz]~1[kHz]의 주파수를 가하고 주파수를 변화시키면서 R_3 양단과 출력단자(Output)의 파형을 측정하여 [표 9-16]에 기록한다.

[표 9-16] 파형측정표

측정위치	R_3 양단	출력단자(Audio Output)
1[Hz]		
10[Hz]		
100[Hz]		
1[kHz]		

3) 트라이액 인터페이스 회로 구성 및 측정

저전압 제어회로의 출력을 AC 라인으로부터 구동되는 트라이액(TRIAC) 전력제어회로의 입력 인터페이스는 포토 아이솔레이터가 매우 이상적이다.

[그림 9-48]은 그와 같은 회로로서 램프 · 히터 · 모터 또는 기타 부하들에 대한 전력을 제어할 수 있다(이 경우 전원의 한쪽을 접지하는 것이 좋다). [그림 9-48]의 회로에서는 트라이액의 초기 스위치 on 포인트가 60[Hz]의 전압파형과 동기되지 않는 비동기 스위칭을 제공한다.

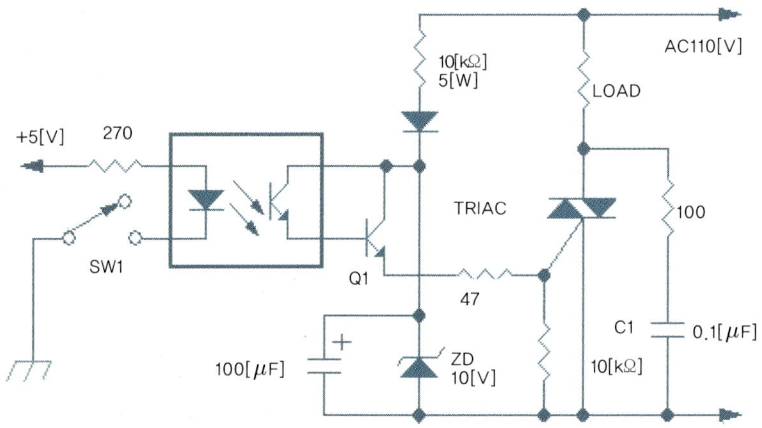

[그림 9-48] 포토 아이솔레이터의 입력을 받는 비동기식 트라이액 전력 스위치

- [그림 9-48]의 회로에서 TR1에 트라이액(ACD3D)을 사용하여 브레드보드에 구성하고, 부하(load)로 100[V]/60[W]용 백열전구를 연결한다.
- 이 회로에서 포토 아이솔레이터의 전원전압은 DC 몇 [V]인가?
- SW1이 개방된 상태에서 포토 아이솔레이터와 Q_1 및 트라이액과 부하의 동작은 어떤 상태인가? [표 9-17]에 기록한다.
- SW1이 단락된 상태에서 포토 아이솔레이터와 Q_1 및 트라이액과 부하의 동작은 어떤 상태인가? [표 9-17]에 기록한다.

[표 9-17] 각부 동작상태표

각부 동작상태	포토 아이솔레이터	Q_1 베이스 전압	트라이액	부 하
SW1 개방		[V]		
SW1 단락		[V]		

[그림 9-49]는 실용의 제어회로로서 포토 아이솔레이터의 입력을 받는 동기식 트라이액 전력 스위치이다. 여기서 트라이액은 부하의 특성에 맞는 품종을 선택해야 한다. 이 회로에는 모토로라가 생산하는 실리콘 집적회로 제로 전압 스위치 CA3059가 포함되어 있다. 이 IC와 포토 트랜지스터 출력 포토 아이솔레이터로 동기식 전력 스위칭을 할 수 있다.

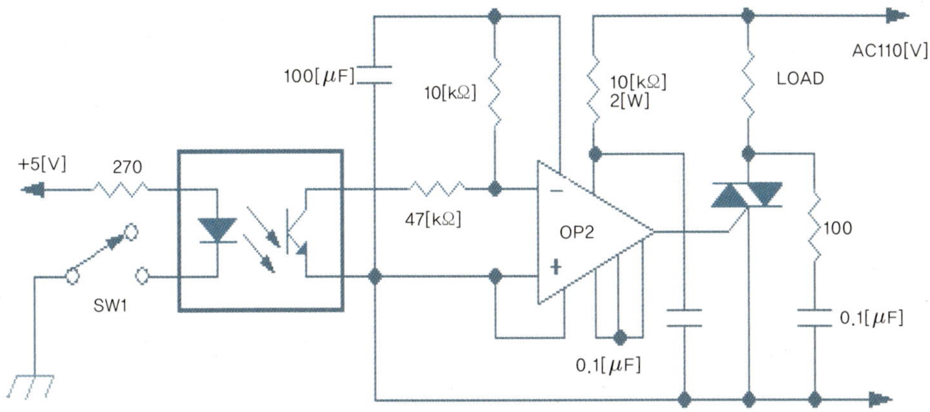

[그림 9-49] 포토 아이솔레이터의 입력을 받는 동기식 트라이액 전력 스위치

게이트 전류는 AC 라인의 순간전압이 수[V]의 제로 크로스오버값 이내가 될 때에만 트라이액에 가해진다. 이 동기식 스위칭 방법은 갑작스런 전력 급증을 일으키지 않으면서(또한 전선들에서의 계속적인 라디오 주파 간섭을 일으키지 않고) 전력부하를 스위치를 on할 수 있다. 이 설계는 여러 공장에서 생산되는 반도체식 릴레이 모듈에 적용되고 있다.

[그림 9-48]의 회로에서 Q_1의 트랜지스터(2N3904) 회로 부분을 [그림 9-49]의 IC2의 0 전위(0 Voltage) 스위치 CA3059 회로 부분으로 교체하여 구성하고, 동작상태를 관찰한다.

4) DC-DC 포토 아이솔레이터 실험

[그림 9-50]의 DC-DC 포토 아이솔레이터 회로를 구성하여서 동작상태를 확인한다. TP1에 DC 0[V]~DC 10[V]의 전압을 공급하면서 TP2의 출력전압을 측정한다.

[표 9-18] TP2의 출력전압의 측정값

Input	0[V]	1[V]	2[V]	3[V]	5[V]	7[V]	10[V]
Output							

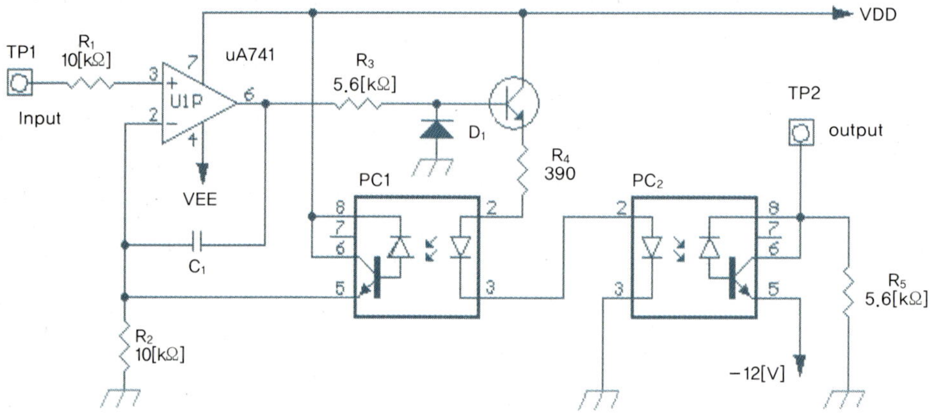

[그림 9-50] DC-DC 포토 아이솔레이터

5. 실험결과에 대한 토의

6. 실험보고서 작성

7. 정리정돈

05 고전력 LED 구동회로 실습

실습과제명	고전력 LED 구동회로			
목 표	① 고전력 LED의 특성을 알고, 구동회로를 구성한다. ② 고전력 LED 구동회로를 설계할 수 있다. ③ 고전력 LED의 특성을 측정하고, 활용할 수 있다.			
장비 및 공구	소요재료	규격	수량(개)	안전 및 유의사항
• 오실로스코프	IC	CD4017	1	① 장비 사용법을 익혀 부상과 장비 파손에 주의한다.
• LED 특성측정기		NE555	1	
• 브레드보드		HV9922	1	② 반도체 소자의 핀번호를 바르게 사용하여 손상이 없도록 한다.
• 직류전원장치	TR	2N3904	4	
• 디지털 조도계	다이오드	1N914	8	③ DC 및 AC 전원을 바르게 연결하여 재료가 파손되지 않도록 한다.
• 디지털 VM		1N4001	5	
• 회로시험기	LED	5φ R, G, B	40	④ 감전 등 안전에 주의한다.
• 마이크로스코프	저항	10[kΩ] 외	4	
	콘덴서	10[μF]	1	
	초크	저주파용	1	

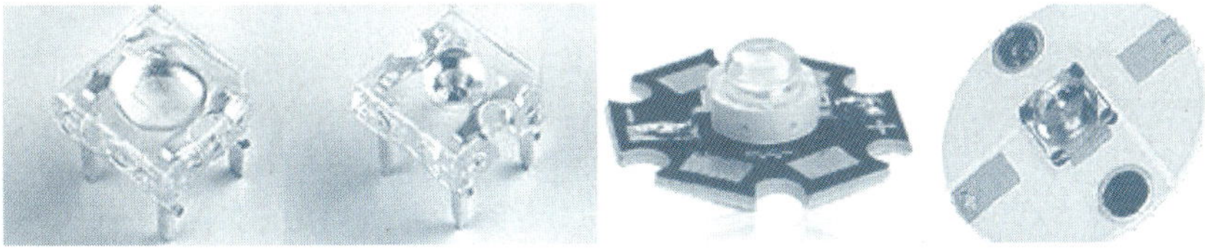

[그림 9-51] 고전력 LED의 외형

1. 고전력 LED

고전력(High power) LED는 소비전력 1[W] 이상, 순방향 직류전류 350[mA], 순방향 펄스전류 1[A] 이상의 초고휘도 LED로서 주로 R, G, W의 색을 발광한다. 고전력 LED의 용도는 주로 카메라 셀 폰(Cell phone), 디지털 카메라, 자동 조명장치, TFT LCD 백라이트, 건물 내외부 조명장치, 인테리어용 조명장치 등이며, 모든 조명장치로 확대되고 있다.

[그림 9-51]에 고전력 LED의 외형을 나타내었다.

2. 저 항

[그림 9-52]와 같은 AC 구동 고휘도 LED 점등회로에서 브리지 정류회로에 AC 120[V]를 가하면 직류전압 170[V] 정도가 출력된다.

LED 1개의 전류용량을 20[mA], 순방향 전압을 3[V]로 하면 25개의 LED 양단 전압강하는 75[V]가 된다. 170에서 75를 빼면 95가 되고 95[V]가 저항 양단에 걸리게 되므로 이때 저항값은 95/0.02=4750, 즉 4.7[kΩ]가 된다. 이 저항에서 소비되는 전력은 $I^2R=1.88$[W]이므로 대략 2[W] 4.7[kΩ] 저항을 사용한다.

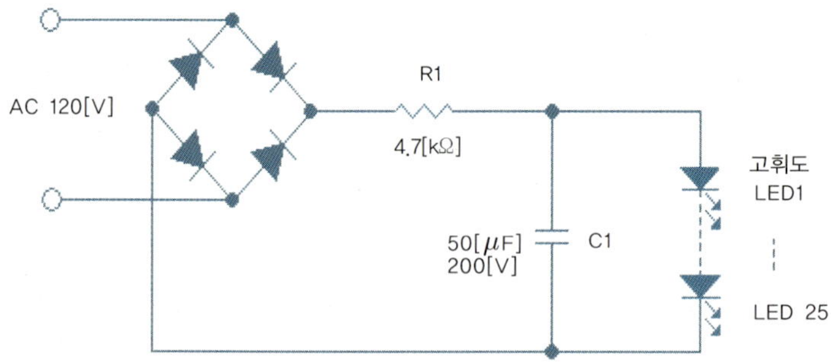

[그림 9-52] AC 구동 고휘도 LED 점등회로

3. IC의 응용분야

[그림 9-53]은 고전력 LED 구동용 IC HV9922/21/을 사용한 구동회로이다. 출력전류는 HV9921가 20[mA], HV9922가 50[mA]이며, 교류 전원전압은 80[V]~264[V], 직류 전원전압은 20[V]~450[V]이다. 이 IC의 응용분야는 LED 사인 및 디스플레이, 산업용 조명, 건축조명, 대체 백열등, 저전력 조명시설 등이다.

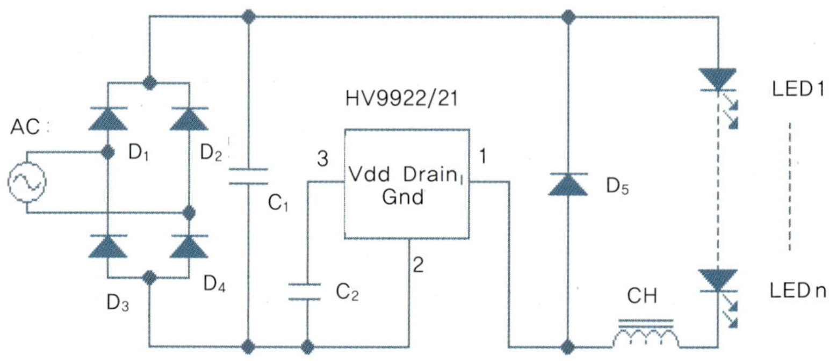

[그림 9-53] 고전력 LED 구동 전용 IC 회로

4. 종 류

시판되고 있는 5W급 파워 LED는 입력 전원전압(Input voltage)이 AC/DC12[V] 600[mA]

용이 있다. [그림 9-54]는 여러 가지 색광의 5W급 파워 LED의 발광상태를 보였다.

[그림 9-54] 5W급 파워 LED의 발광상태

5. Hysterectic Boost-Buck LED Driver IC

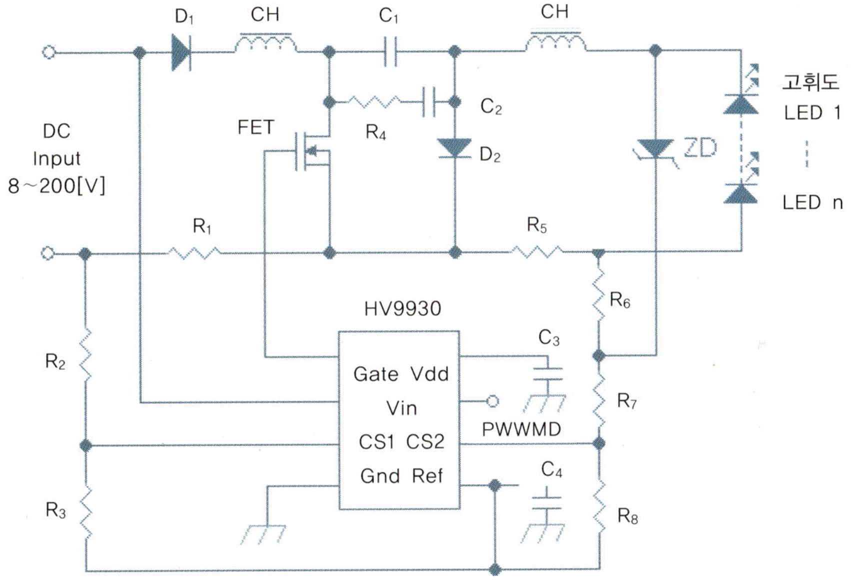

[그림 9-55] 자동차 헤드라이트용 드라이버

Hysterectic Boost-buck LED Driver IC는 [그림 9-55]의 회로와 같이 자동차 헤드라이트(Headlight), 미등(Tail light), 시그널 라이트(Signal light), 돔 라이트(Dome light), RGB 백라이트(Backlight) 등의 용도로 사용할 수 있다.

6. 차세대 광원 LED

기존 광원에 비해 에너지 절감 효과가 뛰어나고, 거의 반영구적으로 사용할 수 있는 차세대 광원인 LED가 서서히 그 빛을 발하고 있다. LED의 한계였던 휘도(밝기) 문제가 최근 크게 개선되면서 응용시장이 산업 전반으로 확산, 본격적인 LED 시대를 예고하고 있다. LED의 강점은 여러 가지가 있지만 특히 에너지 소비량이 기존 백열전구보다 단 10분의 1에 불과하다는 것이 특징이다. 단점이라면 휘도가 다소 떨어진다는 점이다. 그러나 관련기술과 원재료 기술이 급속하게 발전함으로써 휘도 개선이 눈에 띄게 이루어지고 있다.

7. 실습순서

① [그림 9-52]와 같은 고휘도 LED 구동회로를 구성하고 동작을 확인한다. 또 LED 개수를 50개로 조정하였을 때 회로를 설계하고, LED를 고전력 LED 로 교체할 경우 허용전류가 350[mA]이면 회로 요소를 어떻게 해야 하는지 설계하시오.

② [그림 9-53]의 회로와 [그림 9-55]의 회로를 구성하고, 동작을 확인한다.

③ [그림 9-56]과 같은 채널 LED 스펙트럼 회로를 구성하고 동작을 확인한 후 동작내용을 설명한다.

④ [그림 9-57]과 같은 40LED 바이사이클 라이트(Bicycle light) 회로를 구성하고, 동작을 확인한 후 동작내용을 설명한다.

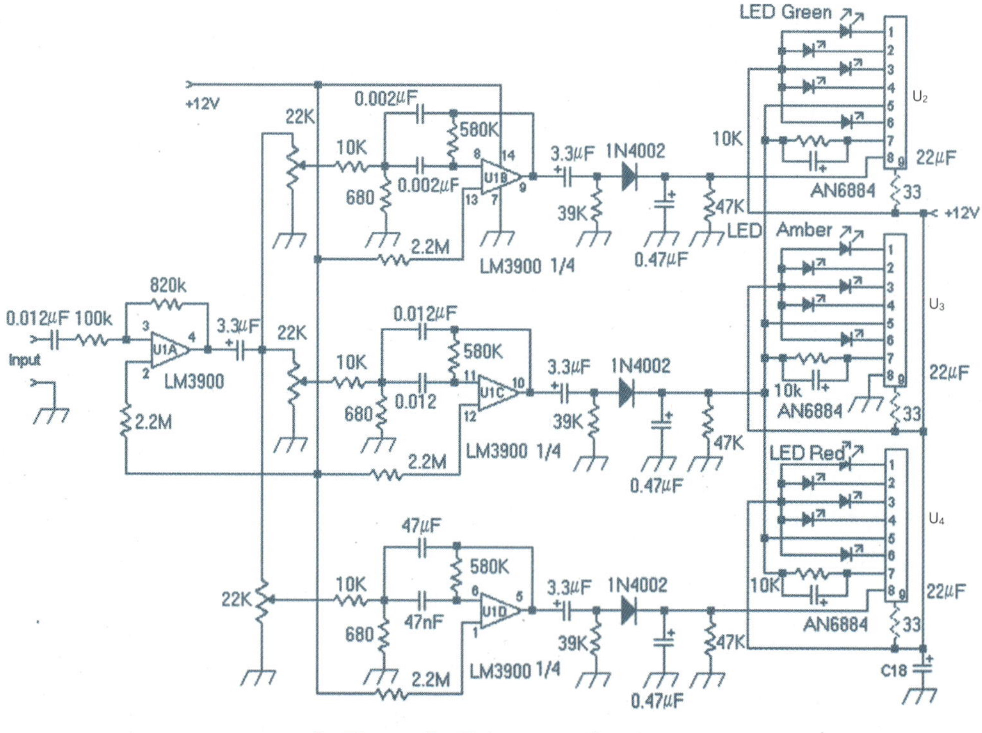

[그림 9-56] 채널 LED 스펙트럼

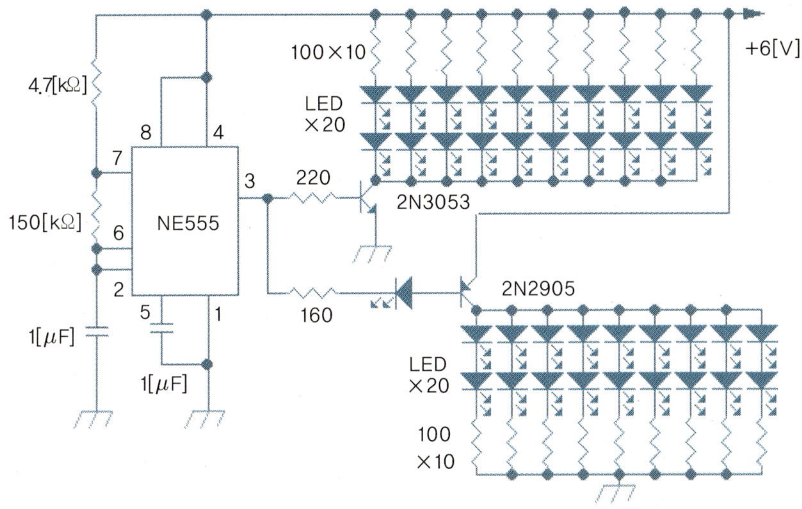

[그림 9-57] 40 LED 바이사이클 라이트

⑤ [그림 9-58]의 LED 트래픽 라이트 컨트롤러(Traffic light controller)를 구성하고, 회로의 동작을 설명한다.

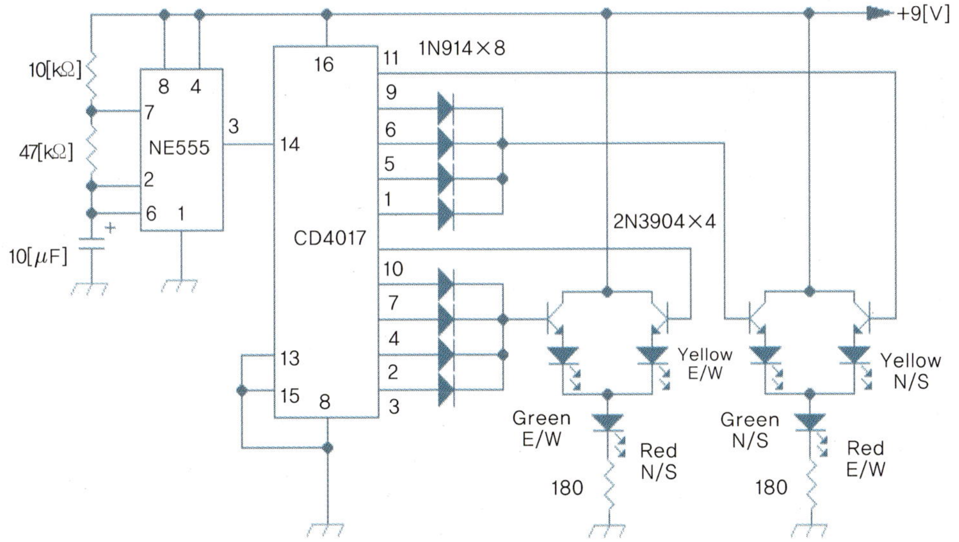

[그림 9-58] LED 트래픽 라이트 컨트롤러

8. 실험결과에 대한 토의

9. 실험보고서 작성

10. 정리정돈

06 7-세그먼트 LED 구동회로 실습

실습과제명	7-세그먼트 LED 구동회로			
목　　표	① 7-세그먼트 LED의 특성을 알고 구동회로를 구성한다. ② 7-세그먼트 LED 구동회로를 설계할 수 있다. ③ 7-세그먼트 LED의 특성을 측정하고 활용할 수 있다.			
장비 및 공구	소요재료	규격	수량(개)	안전 및 유의사항
• 오실로스코프	IC	SN7490	1	① 장비 사용법을 익혀 부상과 장비 파손에 주의한다.
• LED 특성측정기	IC	SN7447	1	② 반도체 소자의 핀번호를 바르게 사용하여 손상이 없도록 한다.
• 브레드보드	IC	MAX232	1	③ DC 및 AC 전원을 바르게 연결하여 재료가 파손되지 않도록 한다.
• 직류전원장치	IC	SCD447	1	④ 감전 등 안전에 주의한다.
• 디지털 조도계	IC	DS1307	1	
• 디지털 VM	IC	8051	1	
• 회로시험기	7SEGMENT	FND500	1	
• 마이크로스코프	X-TAL	32.768[kΩ]	1	
	X-TAL	11[MHz]	1	
	저항	10[kΩ] 외	9	

[그림 9-59] 7-세그먼트 LED 디스플레이의 외형과 구조

LED를 [그림 9-59]와 같이 배열하여 숫자를 표시하게 되는데, 각 세그먼트(a, b, c, d, e, f, g)에 순방향 바이어스를 공급하게 되면 원하는 숫자를 0~9까지 표시할 수 있다.

저휘도용 LED는 1.7~3.3[V]의 전압 레벨에서 동작하며, 응답시간이 나노초(nano second : ns) 정도로 빠르다. 각 세그먼트에는 10~20[mA] 정도의 전류가 흐르도록 전류 제한 저항을 연결하여 사용한다.

1. 공통 캐소드형 LED 디스플레이

[그림 9-60]과 같이 다이오드의 캐소드측을 공통단자로 사용하는 7-세그먼트 LED 디스플레이로 대표적으로 사용하는 것은 FND 500이며, SN7448 디코더·드라이버 출력에

의하여 애노드 단자에 'H'가 인가될 때 해당 LED 세그먼트가 점등된다. 여기서 FND란 Fairchild Numeric Display의 약어로서 페어차일드의 뉴메릭 디스플레이(Numeric display)를 의미한다.

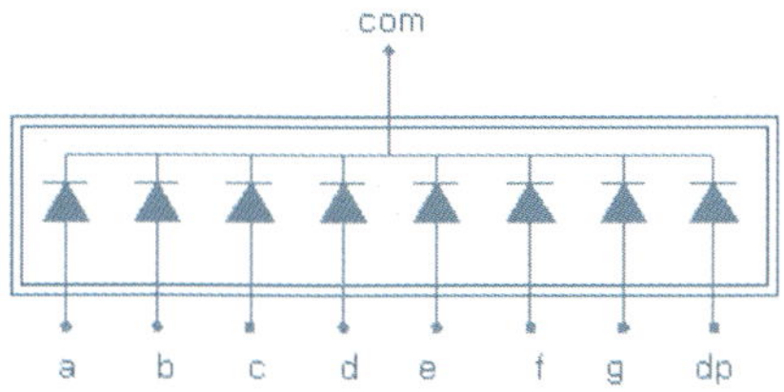

[그림 9-60] 공통 캐소드형

2. 공통 애노드형 LED 디스플레이

[그림 9-61]과 같이 다이오드의 애노드측을 공통 단자로 사용하는 7-세그먼트 LED 디스플레이로 대표적으로 사용하는 것은 FND507이며, SN7447 디코더 · 드라이버 출력에 의하여 캐소드 단자에 'L'이 인가될 때 해당 LED 세그먼트가 점등된다.

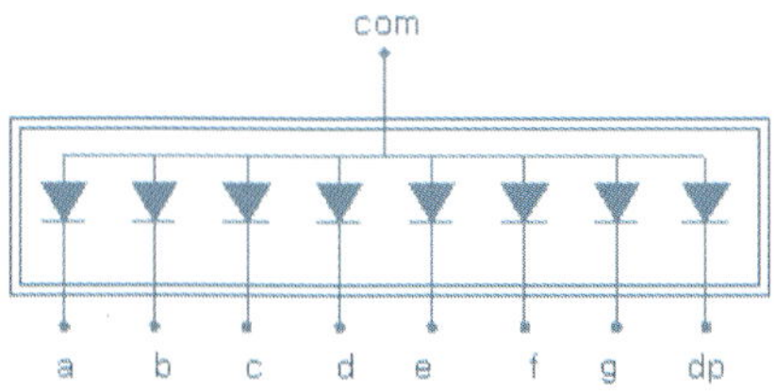

[그림 9-61] 공통 애노드형

[그림 9-62]의 SN7448은 7-세그먼트 디코더 · 드라이브 IC이며, 출력이 'H' 레벨이므로 공통 캐소드형(common-cathode type) 디스플레이(예 FND500)를 사용해야 한다.

디스플레이의 모든 세그먼트를 점등상태라고 하고, BCD 코드 입력상태에 따라 불필요한 세그먼트만을 골라 소등하도록 한다.

① BI/RBO는 블랭킹 입력(BI), 또는 리플 블랭킹 출력(RBO)으로 동작하는 와이어드(Wired) AND 로직(Logic)이다. 0～15의 출력기능을 필요로 하는 경우에는 블랭킹 입력(BI)을 개방하거나 H레벨로 유지하여야 한다. 또 10진 영(0)을 필요로 하지 않는 경우에는 리플 블랭킹 입력(RBI)을 개방하거나 H레벨을 유지하여야 한다.

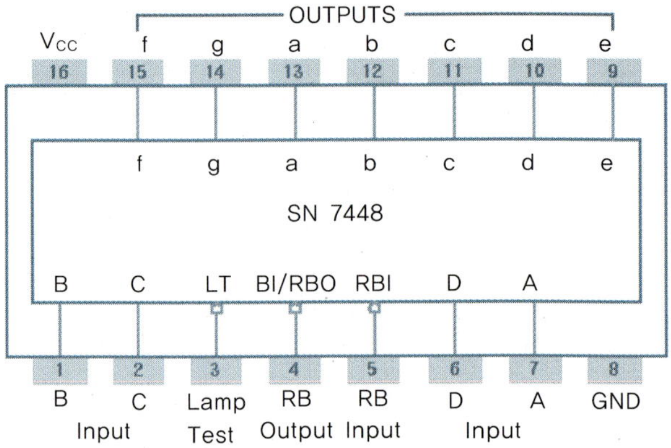

[그림 9-62] SN7448의 핀 접속도

② 블랭킹 입력에 L레벨이 가해졌을 때는(강제 레벨) 다른 조건과는 관계없이 모든 세그먼트의 출력이 L레벨이 된다.

③ 램프 테스트 입력(LT)이 H레벨이고, 리플 블랭킹 입력(RBI)과 입력 A, B, C, D가 L레벨일 때 모든 세그먼트의 출력이 L이 되고, 리플 블랭킹 출력(RBO)은 L레벨이 된다(응답 레벨).

④ 블랭킹 입력, 리플 블랭킹 출력(BI/RBO)이 개방 또는 H레벨로 유지되고 있는 경우 램프 테스트 입력에 L레벨이 가해지면 모든 세그먼트의 출력이 H레벨로 된다. SN74LS48은 10진 디코더 IC로서 LED 7-세그먼트(=FND)를 구동시킨다.

SN74192의 출력(BCD)을 입력받아 7-세그먼트 출력신호를 FND에 공급하여 DIP SW에 의해 설정된 수까지 up/down 카운트 동작을 한다.

SN74LS48은 SN74LS192의 10진 카운터 출력을 입력받아 해당 출력을 H레벨로 하는 10진 디코더 회로의 역할을 한다. 저항 330[Ω]은 전류를 제한하여 FND를 보호한다.

여기서 저항 330[Ω]은 모든 LED 세그먼트에 공통으로 연결되어 있기 때문에 '1'의 숫자를 표시할 경우 LED b, c 세그먼트에만 전류가 흐르고, '8'의 숫자를 표시할 경우 모든 LED 세그먼트에 전류가 흐르므로 FND의 각 LED 세그먼트에 흐르는 전류가 차이가 있다. 이로 인해 숫자에 따라서 그 밝기가 달라지는 결점이 있다.

[표 9-19] SN74LS48의 10진 디코더와 FND500의 표시 관계

펄스 수	SN74LS48 입력 D	C	B	A	SN74LS48 출력 a	b	c	d	e	f	g	FND500 표시
0	L	L	L	L	H	H	H	H	H	H	L	0
1	L	L	L	H	L	H	H	L	L	L	L	1
2	L	L	H	L	H	H	L	H	H	L	H	2
3	L	L	H	H	H	H	H	H	L	L	H	3
4	L	H	L	L	L	H	H	L	L	H	H	4
5	L	H	L	H	H	L	H	H	L	H	H	5
6	L	H	H	L	L	L	H	H	H	H	H	6
7	L	H	H	H	H	H	H	L	L	L	L	7
8	H	L	L	L	H	H	H	H	H	H	H	8
9	H	L	L	H	H	H	H	L	L	H	H	9

3. 실습순서

① [그림 9-63]과 같이 다이오드 매트릭스 회로를 이용한 7-세그먼트 LED 구동회로를 구성하여 SW 조작에 따라 해당 숫자가 7-세그먼트 LED에 표시되는지 확인한다.

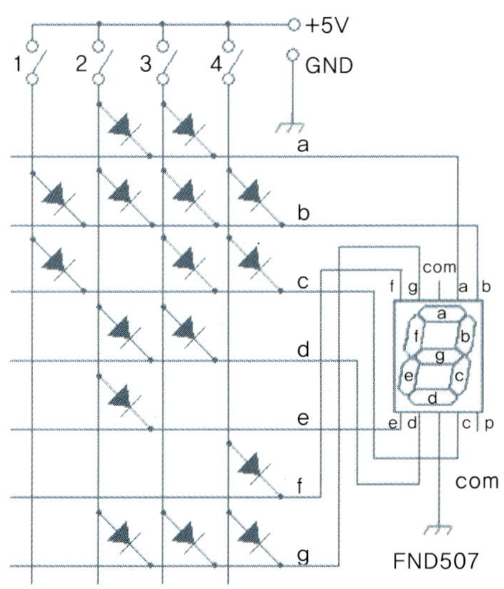

[그림 9-63] 다이오드 매트릭스 회로

② [그림 9-64]의 7-세그먼트 구동회로의 BCD 입력 스위치를 변화시켜 7-세그먼트에 표시되는 숫자를 [표 9-20]에 기입한다.

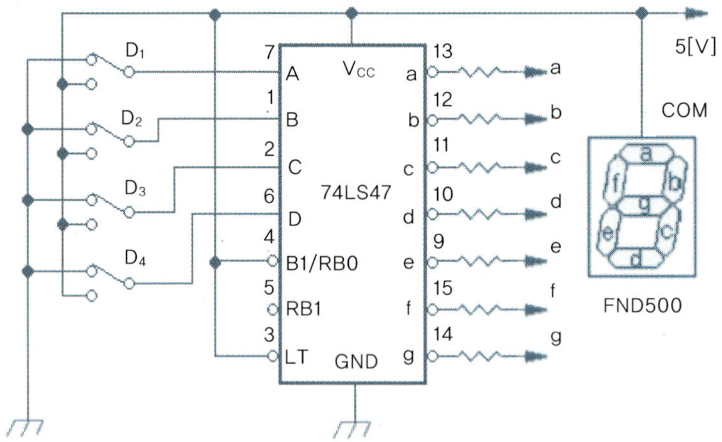

[그림 9-64] 7-세그먼트 구동회로

[표 9-20] 7-세그먼트 디코더 결과표

7-세그먼트 숫자	BCD DCBA	제어입력 $\overline{gfedcba}$	7-세그먼트 숫자	BCD DCBA	제어입력 $\overline{gfedcba}$	7-세그먼트 숫자
0	0000	1000000		0101	0010010	
1	0001		6	0110		6
	0010	0100100	7	0111	1111000	7
3	0011	0110000		1000	0000000	
4	0100		9	1001	0011000	9

③ [그림 9-64]의 7-세그먼트 구동회로의 BCD 입력 스위치를 변화시켜 7-세그먼트에 표시되는 숫자에 따른 7447의 출력 $\overline{gfedcba}$의 논리값을 [표 9-20]에 기입한다.

④ [그림 9-65]의 10진 카운터 회로를 구성하고, 7-세그먼트 동작을 확인한다.

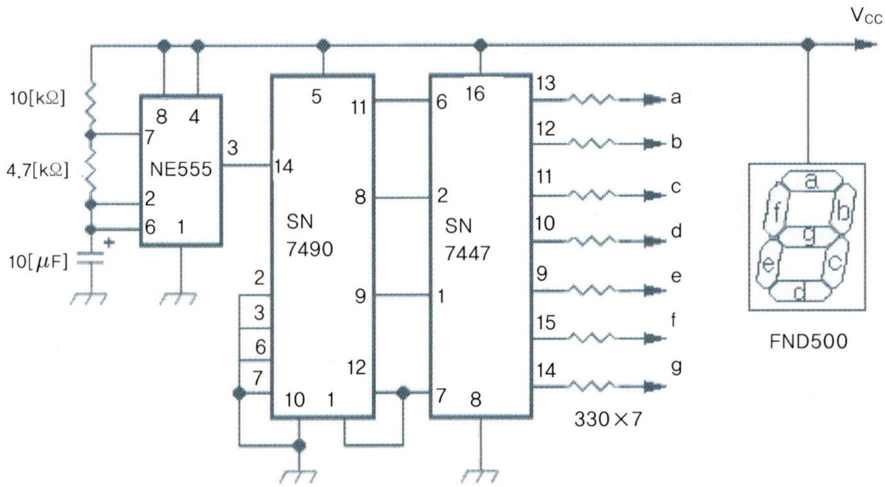

[그림 9-65] MOD-10 카운터

4. 실험결과에 대한 토의

5. 실험보고서 작성

6. 정리정돈

CHAPTER

10

LED 구동 드라이브 회로 실습

실험목표

- OP AMP를 이용한 LED 드라이브 회로를 구성할 수 있다.
- LED를 이용한 플래시라이트를 구성할 수 있다.
- 스위치 모드 드라이브 회로를 구성할 수 있다.

01 OP AMP를 이용한 LED 레벨 지시회로 실습

실습과제명	OP AMP를 이용한 LED 레벨 지시회로			
목 표	① OP AMP를 이용한 LED 드라이브 회로를 구성할 수 있다. ② LED 레벨 지시회로의 동작을 설명할 수 있다.			
장비 및 공구	소요재료	규격	수량(개)	안전 및 유의사항
• 디지털 VM	IC	LM311	5	① 장비 사용법을 익혀 부상과 장비 파손에 주의한다.
• 전류계	LED	SA5311	5	② 소자의 핀번호를 바르게 사용하여 손상이 없도록 한다.
• 브레드보드	저항	1[kΩ]	5	③ DC 및 AC 전원을 바르게 연결하여 재료가 파손되지 않도록 한다.
• 직류전원장치	저항	220	5	
	저항	10[kΩ]	1	
	저항	100[kΩ]	1	
	가변저항	50[kΩ]	1	
	다이오드	1N914	5	

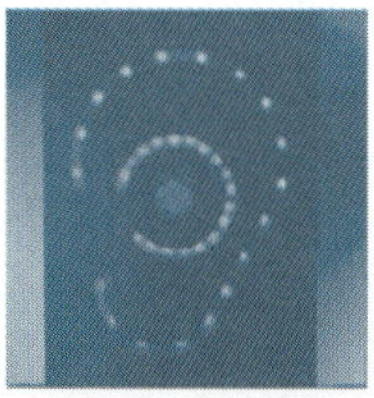

[그림 10-1] LED 레벨 지시기

1. 비교기

비교기(Comparator)란 두 개의 입력신호의 크기를 비교하고 두 입력의 대소에 따라 하나의 출력을 얻어내는 회로로서 일명 레벨 검출기(Level detector)라 하며, 신호검출기, 레벨 비교기, 펄스폭 변조(PWM), 슈미트 트리거 회로에 주로 사용된다.

대표적인 IC는 LM311, LM339이다.

2. 비교기의 원리

비교기의 원리는 [그림 10-2]와 같이 V_1과 V_2 중 어느 쪽이 큰가를 판정한 다음 증폭하여 출력시키는 기능을 가지고 있다.

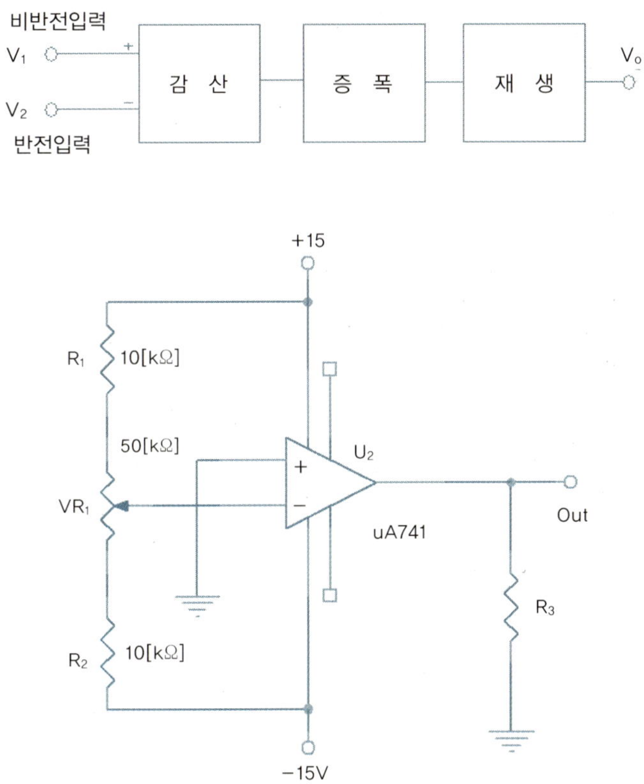

[그림 10-2] 비교기의 원리

출력전압(V_o)은 비반전입력(V_1) 신호가 반전입력 신호(V_2)보다 조금만 더 크더라도 '+'의 전원전압에 도달하며 비반전 입력(V_1) 신호가 반전입력 신호(V_2)보다 조금이라도

적으면 '−'의 전원전압에 도달한다. 즉,

$$V_1 < V_2 = V_2,\ V_1 > V_2 = V_1$$

가 출력된다.

3. 비교기의 정궤환

입력신호에 잡음이 포함될 경우에는 잡음의 영향으로 원치 않은 위치에서 출력이 반전되어 희망하는 비교기로서의 동작을 기대할 수 없기 때문에 출력의 일부를 비반전 입력단자로 되돌리는 정궤환(Positive feedback)을 실시하면 이러한 잡음의 영향을 제거할 수 있다.

[그림 10-3]은 비교기의 정궤환 회로이다. 비반전 단자에 정궤환한 전압이 인가되고 반전단자에 입력신호가 인가되는 반전형 영전위 비교기로 입력신호의 극성에 따라 출력전압은 +포화전압, 또는 −포화전압이 나타나게 되며, 이 포화전압이 저항 R_n과 R에 의해 입력으로 귀환된다.

만일 $V_i < 0$일 때 출력은 +포화($+V_{\rm sat}$)이 되므로 이때 비반전 입력단자로의 궤환전압의 극성도 +이므로 이 전압을 상측 경계전압(Upper threshold voltage : $V_{\rm UT}$)라 하며, 반대로 $V_i > 0$일 때 출력은 −포화전압($-V_{\rm sat}$)이고, 이때의 궤환전압이 −이므로 이 전압을 하측 경계전압(Lower threshold voltage : $V_{\rm LT}$)이라 한다. 따라서 $V_{\rm UT}$와 $V_{\rm LT}$를 계산하면

$$V_{\rm UT} = \frac{R}{R_n + R} \times (+V_{\rm sat}),\ V_{\rm LT} = \frac{R}{R_n + R} \times (-V_{\rm sat})$$

이 된다.

따라서 $V_i < 0$일 때의 출력이 $+V_{\rm sat}$, 궤환전압이 $V_{\rm UT}$이므로 출력이 $-V_{\rm sat}$으로 반전되기 위해서는 입력신호(V_i)의 크기가 $V_{\rm UT}$ 이상이어야 하며, $V_i > 0$일 때의 출력은 $-V_{\rm sat}$, 궤환전압이 $V_{\rm LT}$이므로 출력이 $+V_{\rm sat}$으로 반전되기 위해서는 입력신호(V_i)의 크기가 $V_{\rm LT}$ 이하이어야 한다. 따라서 $V_{\rm UT}$와 $V_{\rm LT}$ 사이의 신호변화는 출력에 영향을 미치지 못하기 때문에 잡음의 크기가 ($V_{\rm UT} - V_{\rm LT}$)보다 적을 때는 잡음의 영향이 제거된다.

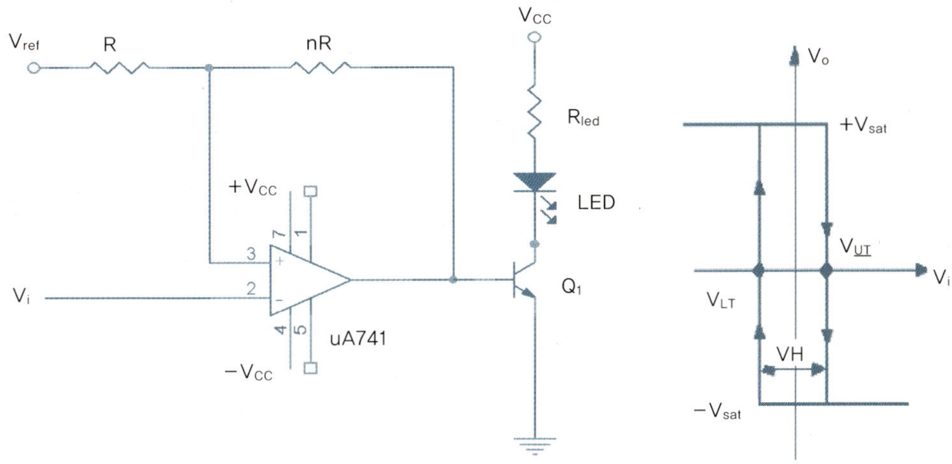

[그림 10-3] 비교기의 정궤환

4. 슈미트 트리거 회로

입력신호(정현파 · 삼각파 · 톱니파 등)를 구형파 출력으로 변환시키는 회로를 슈미트 트리거(Schmitt trigger) 회로라 하며, 전달특성이 일반적으로 비교기와 일치한다.

그러나 비교기와의 차이점은 비교기에 사용되는 저항의 비가 큰데 반하여 슈미트 트리거에 사용되는 저항은 거의 비슷하다는 점이다. 또한, 저항비가 크지 않을 경우에 비반전형 슈미트 트리거를 이용하면 희망하는 전압에서 출력이 반전되지 않는 이유 때문에 비반전형은 잘 사용되지 않는다.

[그림 10-4]는 슈미트 트리거 회로로서 전단이 전압 폴로워이므로 비반전 입력전압은

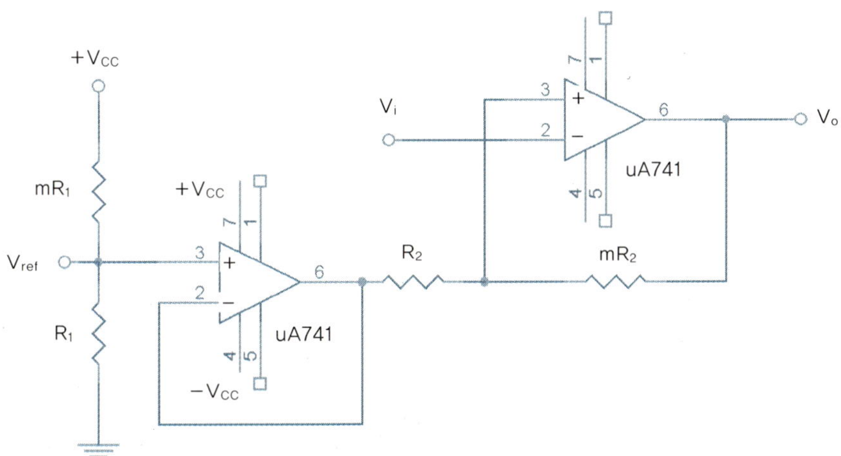

[그림 10-4] 슈미트 트리거 회로

V_{ref}와 같다. 입력전압 V_i가 V_{ref}보다 작으면 출력 $V_o = +V_{sat}$이 되고, V_i가 V_{ref}보다 작으면 출력 $V_o = -V_{sat}$가 된다.

5. 실습순서

1) 비반전 비교기

$$V_i < V_{ref} \text{ 일 때 } V_o = -V_{sat}$$

$$V_i > V_{ref} \text{ 일 때 } V_o = +V_{sat}$$

위 조건에서와 같이 V_i가 V_{ref}보다 작으면 출력 $V_o = -V_{sat}$이 되어 LED가 off 상태, V_i가 V_{ref}보다 크면 출력 $V_o = +V_{sat}$ LED가 on 상태가 된다.

① 회로를 [그림 10-5]와 같이 결선한다.

② 전원을 연결할 때 가변저항의 저항값에 따라 LED가 on 또는 off된다. 만일 LED가 on이면 가변저항을 LED가 off가 될 때까지 조절한다.

③ 오실로스코프를 사용하여 OP AMP의 핀 2의 전압을 측정하여 [표 10-1]에 기록한다.

④ 오실로스코프를 uA741 OP AMP의 핀 3에 연결한 후 가변저항을 LED가 on될 때까지 변화시키고, 그 전압(V_i)을 측정하여 [표 10-1]에 기록한다.

⑤ V_{ref}와 V_i의 값을 비교하여 [표 10-1]에 기록한다.

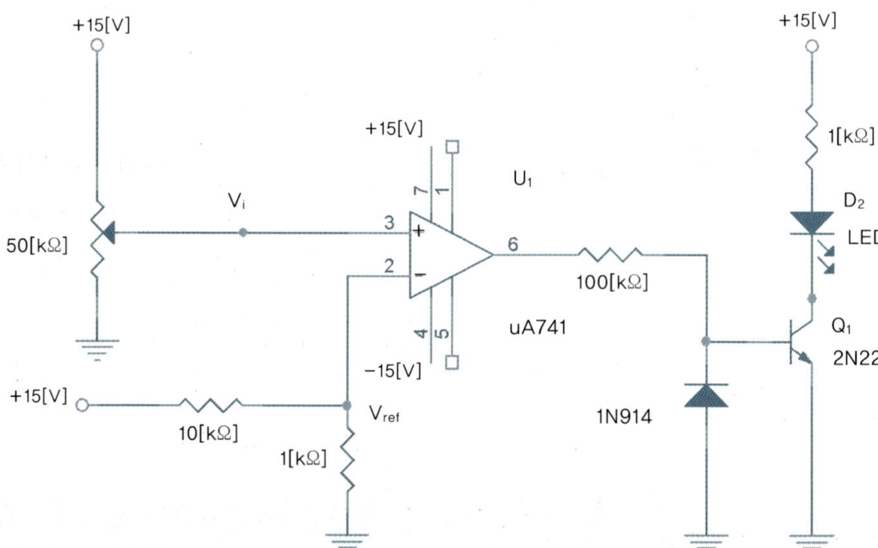

[그림 10-5] 비반전 비교기

[표 10-1] V_{ref}와 V_i의 비교

V_{ref}	V_i(LED on)	V_{ref}와 V_i의 비교
[V]	[V]	

⑤ 전원을 제거하고 [표 10-2]에 따라 V_{ref} 저항 10[kΩ]을 변화시켜 실험 ③과 ④의 과정을 반복하여 비반전 비교기의 동작을 확인한다.

[표 10-2] V_{ref} 저항 변화에 따른 V_{ref}와 V_i의 비교

V_{ref} 저항[kΩ]	V_{ref}	V_i(LED on)
1	[V]	[V]
2	[V]	[V]
6.8	[V]	[V]

2) LED 레벨 지시회로 동작 확인

① 회로를 [그림 10-6]과 같이 결선한다.

② 가변저항 VR1을 조절하여 E점의 전압이 5[V]가 되도록 조절한다.

③ OP AMP A1, A2, A3, A4, A5의 입력전압 A점, B점, C점, D점, E점의 전압을 측정하여 [표 10-3]에 기록한다.

[표 10-3] 각 OP AMP의 입력전압

OP AMP	A점	B점	C점	D점	E점
전압([V])					

④ 가변저항 VR1을 조절하여 E점의 전압이 6[V]가 되도록 조절한다.

⑤ OP AMP A1, A2, A3, A4, A5의 입력전압 A점, B점, C점, D점, E점의 전압을 측정하여 [표 10-4]에 기록한다.

[표 10-4] 각 OP AMP의 입력전압

OP AMP	A점	B점	C점	D점	E점
전압([V])					

⑥ 가변저항 VR1을 조절하여 E점의 전압이 5[V]가 되도록 조절한다.

⑦ 기준전압(V_i)을 [표 10-5]와 같이 변화시키면서 LED의 점등상태를 기록한다.

[표 10-5] LED 점등결과

입력전압(V_i)	LED 1	LED 2	LED 3	LED 4	LED 5
1[V]					
1.5[V]					
2[V]					
2.5[V]					
3[V]					
3.5[V]					
4[V]					
4.5[V]					
5[V]					
6[V]					
7[V]					
8[V]					

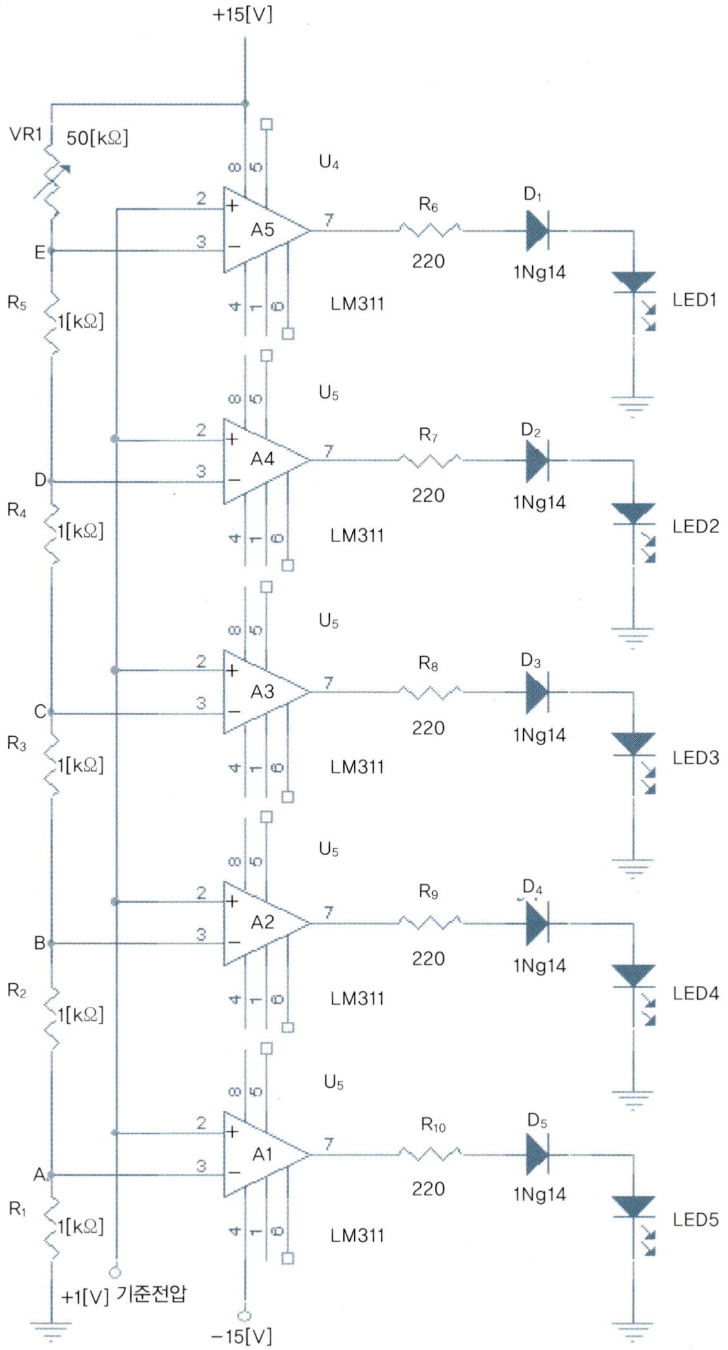

[그림 10-6] LED 레벨 지시회로

02 LED 플래시라이트 드라이버 회로 실습

실습과제명	LED 플래시라이트 드라이브 회로			
목 표	① LED를 이용한 플래시라이트를 구성할 수 있다. ② LED의 다양하게 응용할 수 있다.			
장비 및 공구	소요재료	규격	수량(개)	안전 및 유의사항
• 디지털 VM • 브레드보드 • 직류전원장치	TR	A1015	1	① 장비 사용법을 익혀 장비 파손에 주의한다. ② 소자의 핀번호를 바르게 사용하여 손상이 없도록 한다. ③ DC 및 AC 전원을 바르게 연결하여 재료가 파손되지 않도록 한다.
	TR	C1815	1	
	LED	White LED	1	
	저항	3.5[kΩ]	1	
	저항	10[kΩ]	1	
	콘덴서	680[pF]	1	
	코일	100[μH]	1	
	스위치	2C2P	1	

[그림 10-7] LED 플래시라이트 외형

1. LED 광원

기존 광원에 비해 에너지 절감 효과가 뛰어나고 거의 반영구적으로 사용할 수 있는 차세대 광원 LED가 서서히 그 빛을 발하고 있다. LED의 한계였던 휘도(밝기) 문제가 최근 크게 개선되면서 응용시장이 산업 전반으로 확산, 본격적인 LED 시대를 예고하고 있다.

LED는 초창기에는 낮은 휘도와 색깔의 한계가 있었으나 현재 새로운 LED 원재료와 진보된 생산기술로 백색을 포함한 가시광선 영역의 모든 색깔의 고휘도 LED가 생산되고 있으며, 이러한 고휘도 · 고효율, 그리고 다양한 색깔의 LED는 이미 선진국 및 국내에서 대형 전광판, 비상구등, 교통신호등, 승용차와 트럭의 각종 표시등에 응용되고 있어 향후 우리가 일상생활에서 접하는 기존 광원을 결국은 대체할 것으로 전망하고 있다.

2. 파장에 따른 LED의 종류

LED에서 방출하는 빛의 색깔은 반도체 칩 구성원소의 배합에 따라 파장을 만들며, 이러한 파장이 빛의 색깔을 결정짓는다. 현재 고휘도 LED에 주로 사용하는 Aluminium Gallium Indium Phosphide(AlGaInP) 칩에서는 Red부터 Amber(황색)까지, Indium Gallium Nitride(InGaN) 칩에서는 Blue와 Green, 그리고 Blue 칩에 Phosphor 기술을 접목하여 White LED를 가능하게 한다.

[그림 10-8]은 가시광선 스펙트럼으로 각각의 색깔에 해당하는 파장을 보여주고 있는데 Red에 가까울수록 긴 파장을, 보라에 가까울수록 짧은 파장을 나타내며, 파장이 짧을수록 좀더 많은 에너지가 필요하다.

[표 10-6] 색깔에 해당하는 파장

Color	파장[nm]	Color	파장[nm]
Violet	400~430	Amber(황)	590~595
Blue	430~480	Orange	600~615
Green	490~530	Orange-Red	620~640
Yellow	550~580	Red	645~700

[그림 10-8] 가시광선 스펙트럼

3. LED 광원의 특징

단파장의 발광 다이오드는 환경친화적이고 안전한 '새로운 고체소자 조명광원'으로서 21세기를 향하여 그 실용화가 기대되며 그 특징은 다음과 같다.

① 광변환효율이 높기 때문에 소비전력이 매우 적다(전구의 1/5, 형광등의 1/2).

② 작은 광원이기 때문에 소형화 · 박형화 · 경량화를 할 수 있다.

③ 수명이 반영구적이다.

④ 열적 방전적 발광이 아니기 때문에 예열시간이 불필요하며 점등 · 소등 속도가 매우 빠르다(100만 배).

⑤ 점등회로 · 구동장치 등의 기구를 간이로 할 수 있어 부속품이 적게 든다.

⑥ 가스, 필라멘트(Filament)가 없기 때문에 충격에 강하고 안전하다.

⑦ 안정적인 직류 점등방식을 위한 소비전력이 적고 고(高)반복, 펄스(Pulse) 동작이 가능하고, 또한 시신경의 피로를 적게 느끼게 한다.

⑧ 인텔리전트(Intelligent) 조명광원이다.

⑨ 반영구적으로 사용하기 때문에 쓰레기를 발생시키지 않는다.

⑩ 형광등과 같은 수은, 방전용 가스를 사용하지 않기 때문에 환경친화적인 조명광원이다.

4. 실습순서

1) LED 플래시라이트 회로 동작확인

① 회로를 [그림 10-9]와 같이 결선한다.

② R_2는 전류흐름을 결정하는 저항으로 LED가 1개일 때 3.5[kΩ], LED가 2개일 때 3[kΩ], LED가 3개일 때 2[kΩ], LED가 4개일 때 1[kΩ]을 사용한다.

③ 전원을 3[V](1.5[V] 2개)를 사용할 경우에는 R_3의 저항은 100[Ω] 이하로 한다.

④ R_1과 C_1은 발진주파수를 결정하므로 R_1값을 변화시킨다.

⑤ 주파수 카운터, 또는 오실로스코프를 출력단에 연결한 후 주파수를 측정하여 [표 10-7]에 기록한다.

⑥ 주파수 변화에 따른 LED 점멸속도를 확인한다.

[표 10-7] 측정표

저항값	1[kΩ]	2[kΩ]	5[kΩ]	10[kΩ]	15[kΩ]
주파수					

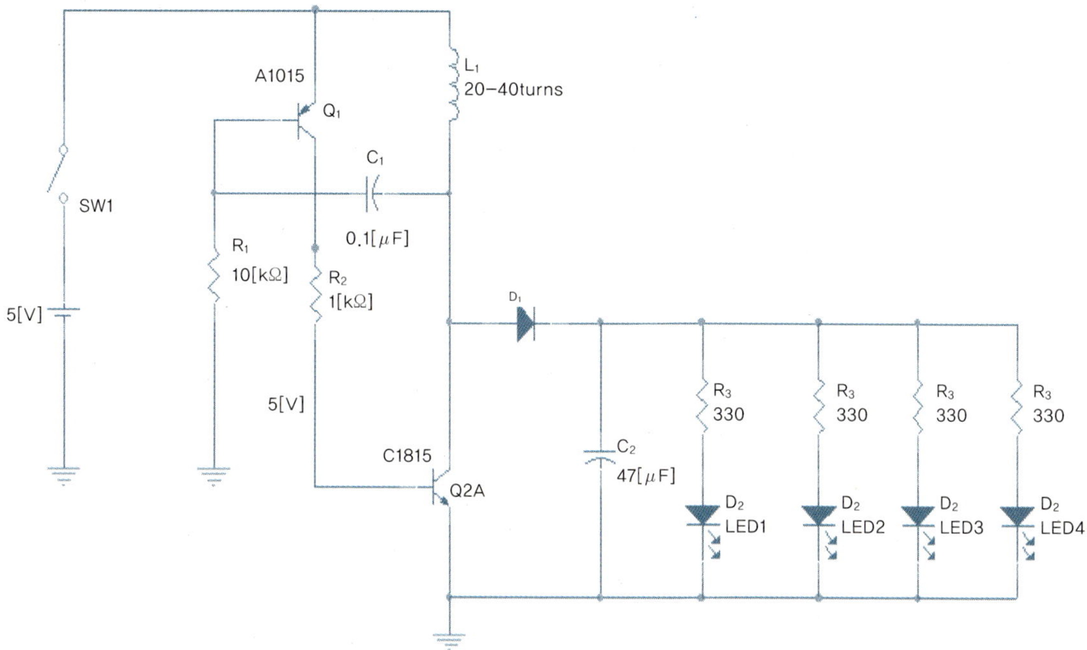

[그림 10-9] LED 플래시라이트 회로

2) LED 플래시라이트 회로

① [그림 10-10]은 휴대용 랜턴 회로로 알맞은 케이스(Case)를 선정하여 제작이 가능하다.

② $C1$과 $R1$에 의해 발진하여 LED가 점멸하는 회로이다.

③ 사용전원은 1.5[V] 건전지 2개를 사용하여 휴대하기가 간편하다.

④ [그림 10-11]은 케이스에 들어갈 수 있는 기판의 모형이다.

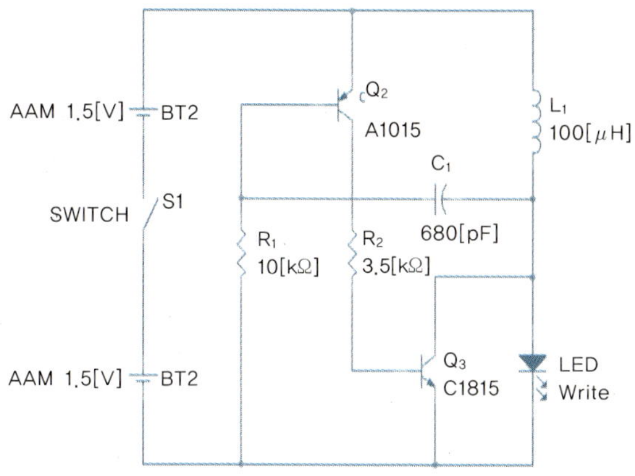

[그림 10-10] 플래시라이트 I 회로

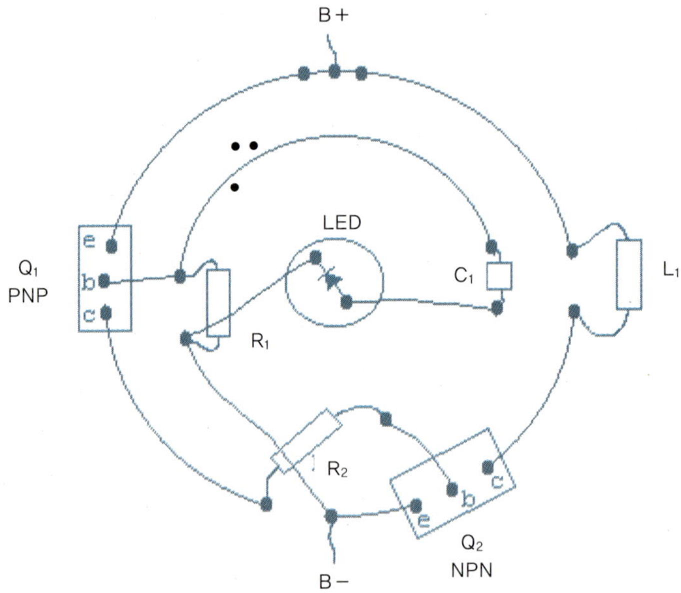

[그림 10-11] 패턴도

3) LED 플래시라이트 II 회로

[그림 10-12] 회로는 [그림 10-11]과 같은 종류의 플래시라이트(Flashlight) 회로로서 Ni-Cd 전지 1개를 사용할 경우에는 Blue LED를, 2개를 사용할 경우에는 Write LED를 구동할 수 있는 회로이다. 이 회로는 오픈 루프(Open-loop), 불연속, 플라이 백 부스트 컨버터(Fly back boost converter) 회로로 구성되었다.

SW1을 통해 전원이 가해지면 L_1을 통해 LED에 가해져서 LED가 on되고, 이때 Q_2는 off되어 LED가 플라이 백(Fly back)되는 동안 L_1에 저장된 에너지가 소비되어 LED가 off되는 원리를 이용한 플래시라이트이다. Q_1은 증폭기, Q_2는 R_4, R_5 그리고 R_2를 통해 피드백되어 공급되는 인버팅 구동회로로서 반전과 비반전의 두 현상이 지속적으로 발생하게 한다.

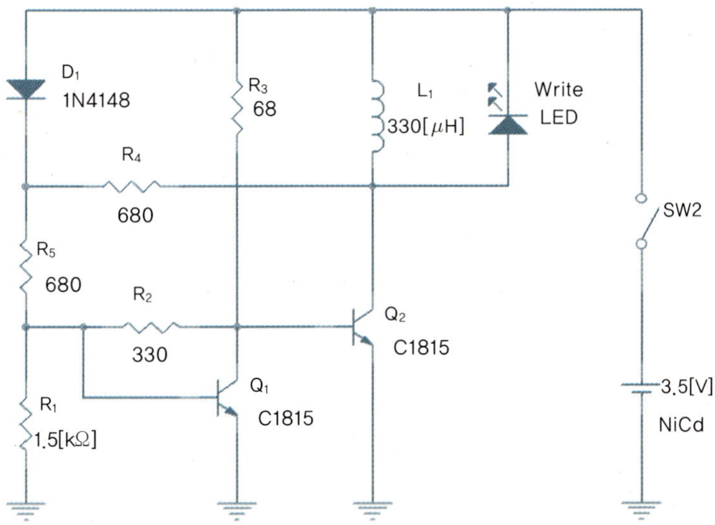

[그림 10-12] 플래시라이트 II 회로

03 스위치 모드 드라이브 회로 실습

실습과제명	스위치 모드 드라이브 회로			
목　　표	① 스위치 모드 드라이브 회로를 구성할 수 있다. ② 다양한 LED를 단일전원으로 구동할 수 있다.			
장비 및 공구	소요재료	규격	수량(개)	안전 및 유의사항
• 디지털 VM • 조도계 • 브레드보드 • 직류전원장치	IC	MAX1698	5	① 장비 사용법을 익혀 부상과 장비 파손에 주의한다. ② 소자의 핀번호를 바르게 사용하여 손상이 없도록 한다. ③ DC 및 AC 전원을 바르게 연결하여 재료가 파손되지 않도록 한다.
	LED	백색	3	
	LED	적색	3	
	LED	녹색	3	
	LED	황색	3	
	FET	FDN337	1	
	TR	C1815	4	
	C(전해)	10[μF]	1	
	저항	220	5	
	가변저항	500[kΩ]	1	
	다이오드	1N914	1	
	제너 다이오드	24[V]	1	

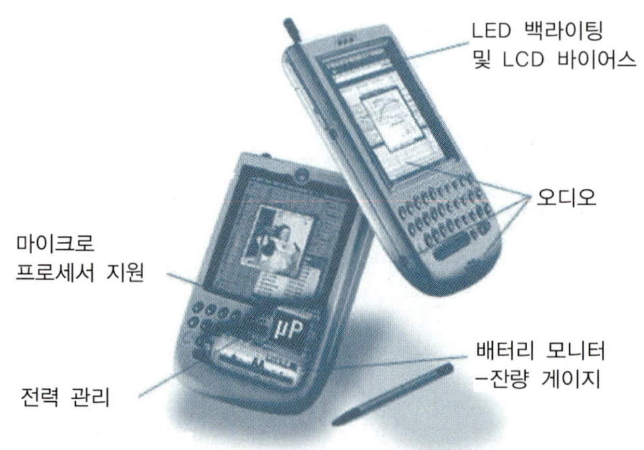

[그림 10-13] LED 레벨 지시기

1. LED 전류 구동 IC(MAX1698)

휴대기기에서는 발광색이 다른 여러 개의 LED를 장착하고 있다. 사용하는 LED의 개수는 발광색에 따라 다르다. 예를 들면, 디스플레이 백라이트에는 백색 LED, 키패드의 조명에는 녹색 LED, 전원 관련의 표시에는 적색 LED를 사용한다.

이러한 LED군을 구동하려면 일반적으로 적색과 녹색의 표준 LED용과 순방향 전압이 높은 백색 LED용의 2가지 전원전압이 필요하게 된다. 또한 키패드나 인디케이터의 용도에서는 전류제한 저항이 필요하다. 이러한 특성이 다른 LED군을 단일전원으로 구동할 수 있는 전류 레귤레이터 IC가 MAX1698이다.

1) 전기적 특성

[표 10-8] 전기적 특성

Parameter	Symbol	Conditions		MIN	TYP	MAX	Units
Supply Voltage	Vcc			2.7		5.5	[V]
Quiescent Supply Current	Icc	VFB=0.3[V]			260	500	[μA]
Undervoltage Lockout		Rising edge		2.25	2.4	2.56	[V]
Undervoltage Hysteresis					80		[mV]
FB Regulation Voltage	VFB	ADJ=REF		285	300	315	[mV]
		VADJ=100[mV]		18	24	30	
CS Trip Current		FB=GND	MAX1698A	2.0	2.4	2.8	[A]
			MAX1698	0.8	1.5	2.5	
CD Input Current	ICS					0.8	ARMS
Minimum Off Time	tOFF(MIN)	FB=GND, ADJ=REF		0.8	1.0	1.2	[μs]
Maximum On Time	tON(MAX)	FB=GND, ADJ=REF, CD=GND		10	15	20	[μs]
ADJ Start Threshold				30	50	70	[mV]
ADJ Input Range	VADJ			0.03		REF	[V]
FB Input Bias Current	IFB	VFB=300[mV]		−15		15	[nA]
ADJ Input Bias Current	IADJ	ADJ=REF		−50		50	[nA]
Shutdown Supply Current		SHDN=GND			0.01	1	[μA]
REF Output Voltage	VREF	IREF=0		1.20	1.25	1.30	[V]
REF Load Regulation	ΔVREF	IREF=0 to 150[μA]			−2	−25	[mV]
REF Short-Circuit Current		REF=GND			0.45	1	[mA]
REF Power-Supply Rejection Ratio	PSRR	Vcc=2.7[V] to 5.5[V]			+0.3	+2	[mV/V]
EXT Driver Sink/Source Surrent		Vcc=5[V], EXT=2[V]			0.2		[A]
EXT Driver On-Resistance		Vcc=5[V]				8	[Ω]

Parameter	Symbol	Conditions	MIN	TYP	MAX	Units
SHDN Input High Voltage	VIH	Vcc=2.7V to 5.5V	2			[V]
SHDN Input Low Voltage	VIL	Vcc=2.7V to 5.5V			0.8	[V]
SHDN Input Bias Current	ISHDN	Vcc=2.7V to 5.5V	−1		1	[μA]

2) 핀 배열(구성)

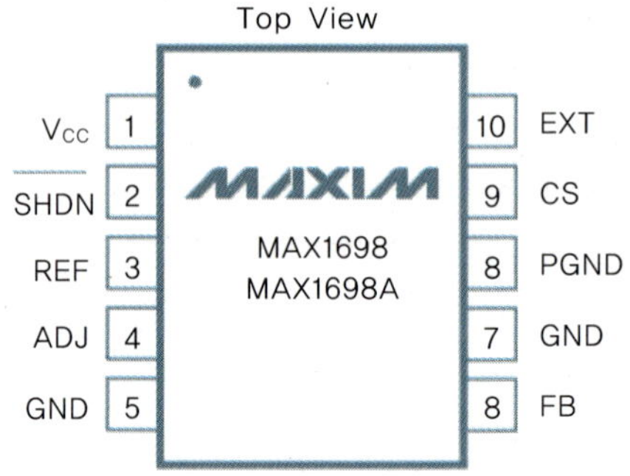

[그림 10-14] 핀 배열

3) 핀 기능

[표 10-9] 핀 기능

핀	번 호	기 능
1	VCC	IC Supply Voltage Input, Input Range는 2.7[V]부터 5.5[V]
2	SHDN	Active-Low Shutdown Input(일반적으로 VCC에 연결 사용)
3	REF	1.25[V] Reference Output
4	ADJ	Adjust Input
5, 7	GND	Ground
6	FB	Feedback Input
8	PGND	Power Ground
9	CS	FET Current-Sense Input
10	EXT	Gate Drive

4) 블록 다이어그램

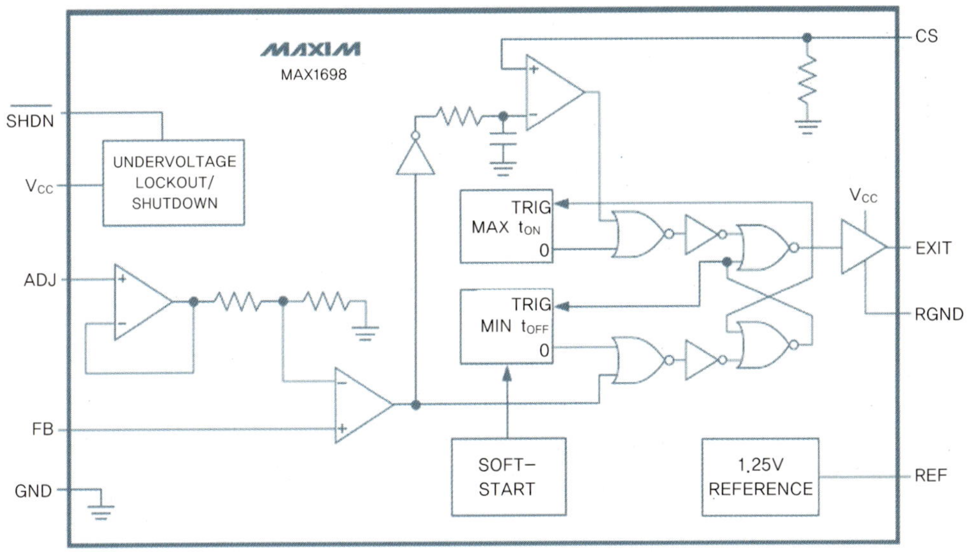

[그림 10-15] 블록도

5) 대표적인 사용 회로

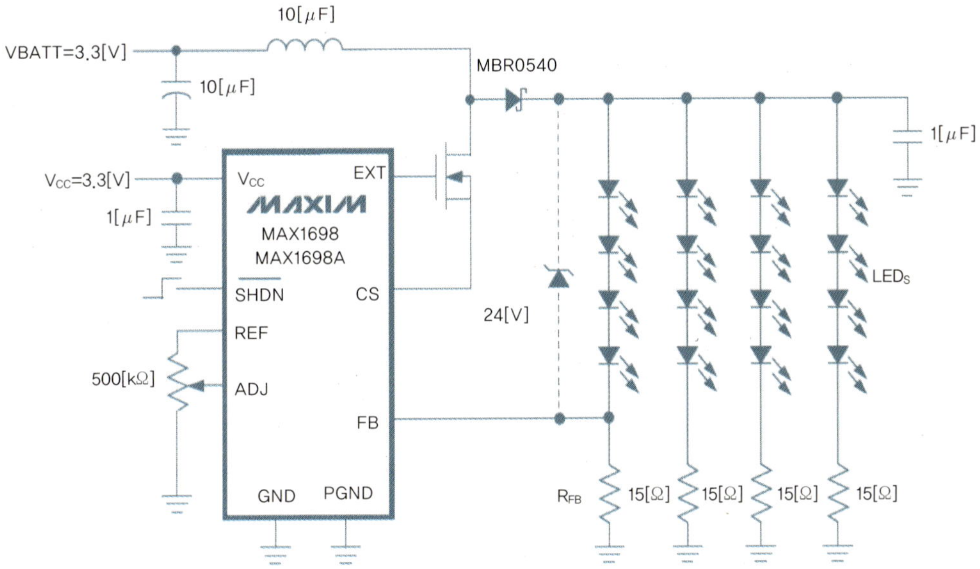

[그림 10-16] 응용회로의 예

2. 고전력 LED 구동을 위한 컨버터

평면 패널 컴퓨터 및 TV 모니터, 프로젝션, 도로표지, 휴대조명, 자동차 내・외부 제동

표시등 등의 광원으로 고전력 LED의 사용이 급격히 늘어나고 있다. 이들 응용의 입력전압 및 LED 전압 조합이 응용만큼이나 다양하므로 단일 드라이브 장치로 모든 응용의 요구를 충족하는 것은 불가능하다. 그렇지만 벅, 부스트, 벅-부스트, SPEIC 등의 모든 LED 드라이버는 입력 및 출력 전압에 관계없이 일정한 LED 전류를 안정화하여야 한다. 고전력의 일정한 LED 전류를 위하여 개발된 단일 스위칭 레귤레이터가 있다.

LT3477은 고전력 LED를 정전류로 구동할 수 있는 고전력 LED 전용 드라이버 IC이다. 또한 전류 모드 3[A] DC/DC 스텝업 컨버터로 듀얼 레일투레일 전류검출 증폭기 및 내부 3[A], 42[V] 스위치를 통합하였다. 전통적인 전압 피드백 루프와 2개의 고유전류 피드백 루프를 결합하여 정전류 및 정전압 소스로 동작한다. 또한 부동 레일투레일 전류검출 증폭기가 다양한 방법으로 접지 레퍼런스 및 부동 LED 솔루션을 가능하게 할 뿐만 아니라 추가적으로 과도전류, 또는 단락회로 방지기능을 제공한다.

전류검출 전압은 100[mV]이며 I_{ADJ1} 및 I_{ADJ2} 핀을 이용하여 조절할 수 있다. 또한 LED의 일반적인 활용에서 스위칭 주파수는 외부저항을 이용하여 200[kHz]~3.5[MHz]로 프로그래밍할 수 있다. 패키지는 20핀(4[mm]×4[mm]) QFN 및 20핀 TSSOP의 두 가지 열향상 패키지가 가능하다.

1) 부스트 드라이버

LT3477의 내부 접지 레퍼런스 3[A] NPN 전력 스위치는 부스트 응용에 가장 많이 이용된다. [그림 10-17]은 개방 LED 보호 및 330[mA] 일정 LED 전류기능의 5[V] 대 4개 1W LED 부스트 컨버터이다. 전류검출 증폭기 및 0.3[Ω] 검출저항을 이용하여 정전류가 안정화된다. 피드백 전압 증폭기는 LED가 회로에서 제거될 경우 과전압 방지용으로만 이용된다. 4개 LED의 포워드 전압은 12[V]~16[V]이다. 입력전압 범위는 2.5[V](LT3477의 최소 입력전압)에서 LED의 포워드 전압 미만까지이다. 피크 스위치 전류가 3[A] 미만이면 LT3477이 더 많은 LED를 구동할 수 있다.

2) 벅 드라이버

LED는 정전류 소스로 가장 잘 구동되지만 다른 시스템 부하와 달리 접지 레퍼런스가 필요하지 않다. 그러므로 부동전류 검출증폭기를 통합한 LT3477을 낮은 LED 리플전류의 벅 LED 드라이버로 변환할 수 있다.

[그림 10-18]은 32V입력전압 벅 컨버터가 1[A] LED 스트링을 구동하는 것이다.

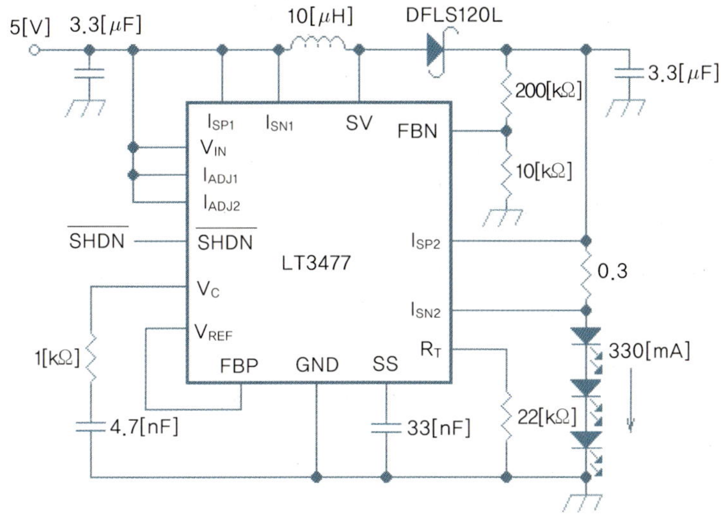

[그림 10-17] 개방 LED 보호기능의 330[mA] 부스트 LED 드라이버

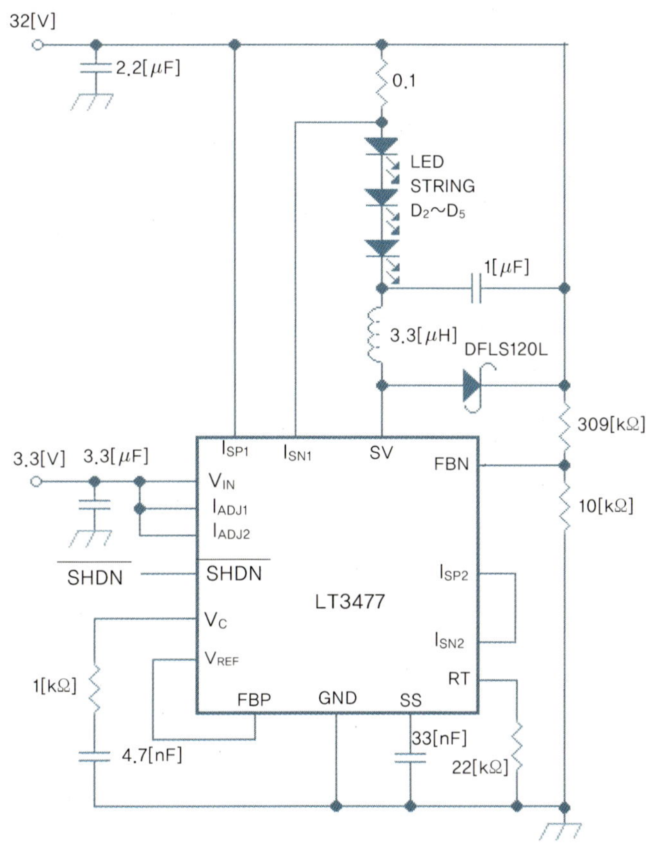

[그림 10-18] 1A 벅 LED 드라이버

LED는 검출저항을 통해 입력 소스에 연결되고, 일반적인 출력 쇼트키 캐치(Catch) 다이오드는 V_{in}에 연결되어 부스트 IC를 모놀리딕 벅 LED 드라이버로 변환한다. 여기서도 피드백 전압증폭기는 과전압 방지용으로만 이용되며, 42[V] 스위치의 손상을 방지한다.

벅 모드일 때는 V_{in} 핀을 3.3[V] 또는 5[V] 소스에 연결해서 최대효율을 얻을 수 있으며, 이를 25[V]의 절대 최대정격 이하로 유지하기만 하면 된다. 밝기 제어 I_{ADJ} 핀은 벅 모드일 때 부스트 모드와 동일하게 동작하며, LED 전류를 일정하게 감소시킨다.

3) 벅-부스트 드라이버

부동전류 검출증폭기는 LED 스트링을 가능하게 하고, 직렬 검출저항을 회로의 어느 지점에나 연결할 수 있으므로 배터리 범위가 LED의 포워드 전압 범위 이상이거나 이하이면 LT3477을 벅-부스트 컨버터로 변환할 수 있다.

LED 스트링이 접지가 아니라 V_{in}으로 궤환하도록 부스트 LED 드라이버 응용을 변경함으로써 스텝업 / 스텝다운(Step-up/Step-down) 기능이 제공된다. [그림 10-19]는 벅-부스트 LED 드라이버 회로이다.

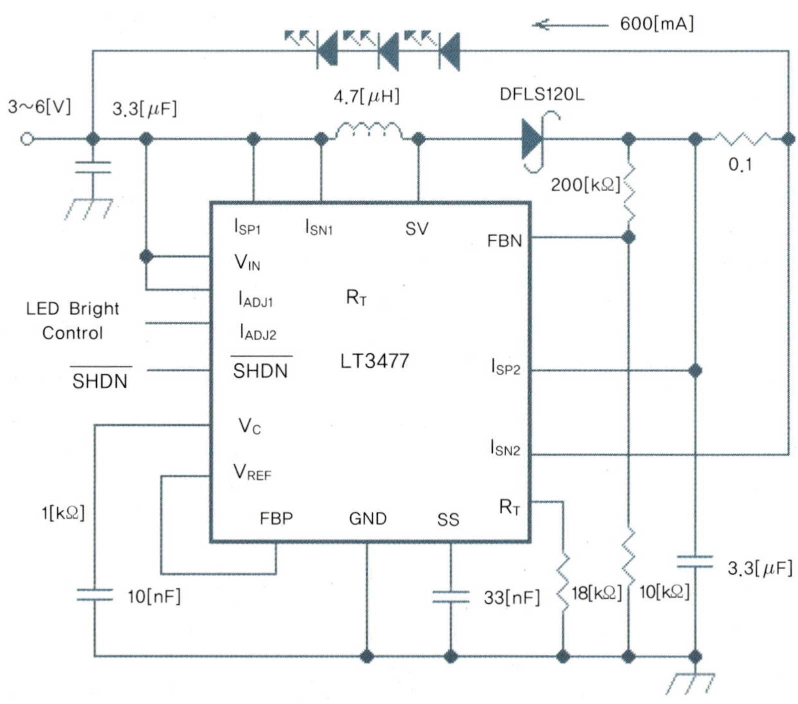

[그림 10-19] 벅-부스트 LED 드라이버

3. 실습순서

1) 3색 LED를 단일전원으로 구동하는 회로 동작 확인

[그림 10-20]은 4종류의 LED군을 구동하는 회로로 순방향 전압이 다른 LED에 대해서 TR $Q_1 \sim Q_4$로 구성한 전류 미러회로를 사용하여 부하의 밸런스를 확보한다. 또한 공통 조정점(IC1의 ADJ 단자)에 의해 휘도를 조정할 수 있다.

TR $Q_2 \sim Q_4$는 다이오드에 접속된 TR Q_1에 흐르는 전류를 미러링(Mirroring)한다. 다만 Q_1의 전류를 결정하는 LED군($D_3 \sim D_5$)의 구동전압은 그 이외 LED군의 구동전압과 동일하든지, 혹은 높일 필요가 있다. 그 이유는 구동전압이 낮으면 그 이외의 LED군에서 전압의 여유도가 낮아져 정상적으로 동작하지 않기 때문이다.

따라서 같은 특성의 TR로 구성한 전류 미러회로를 실현하면 종류나 접속수에 의존하지 않고 모든 LED에 동일한 전류를 공급할 수 있다.

$$\text{트랜지스터 } P_{max} = (V_{out} - 300[\text{mV}] - V_{\le ds}) \times I_{\le d\,max}$$

$$\text{검출저항 } R_2 = \frac{300[\text{mV}]}{I_{\le d\,max}}$$

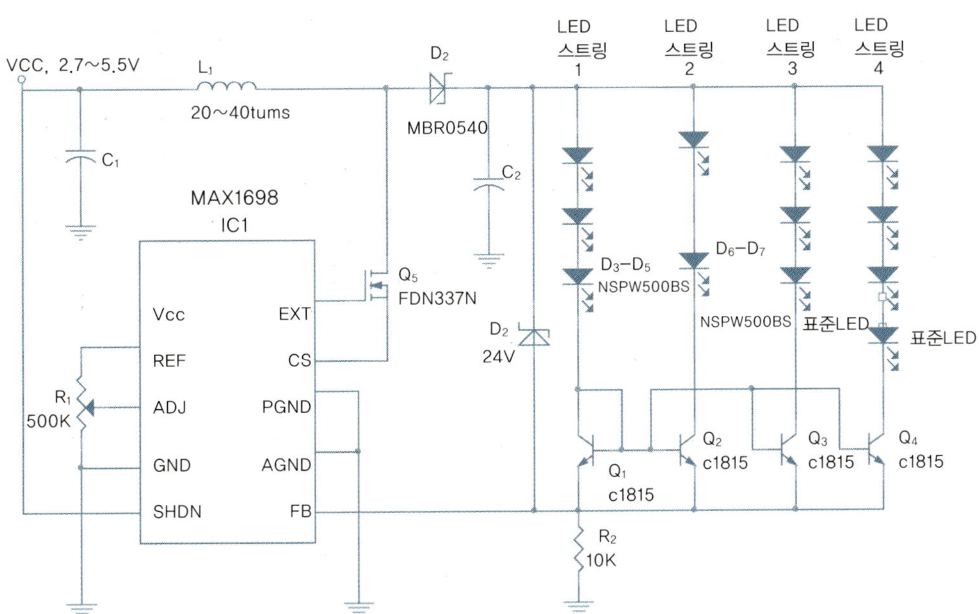

[그림 10-20] 4종류 LED 구동 회로

① 회로를 [그림 10-20]과 같이 결선한다.

② 가변저항 $R1$을 [표 10-10]과 같이 가변한다.

③ 디지털 멀티미터를 이용하여 각각의 LED군의 전압을 측정하여 [표 10-10]에 기록한다.

④ 가변저항 $R1$을 조절하여 각 LED군의 휘도가 일정한 곳은 몇 [kΩ] 지점인가?

⑤ $Q5$의 역할에 대하여 설명하시오.

[표 10-10] 각 LED군의 전압측정 결과

가변저항($R1$)	LED 스트링1	LED 스트링2	LED 스트링3	LED 스트링4	LED 스트링5
10[kΩ]					
20[kΩ]					
40[kΩ]					
60[kΩ]					
70[kΩ]					
80[kΩ]					
90[kΩ]					
100[kΩ]					

04 LED 표시회로 드라이브 회로 실습

실습과제명	LED 표시소자 드라이브 회로			
목　　표	① LED 표시소자의 동작 원리를 및 활용법을 알 수 있다. ② 여러가지 표시소자를 조립함으로써 응용력을 높인다.			
장비 및 공구	소요재료	규격	수량(개)	안전 및 유의사항
• 디지털 VM • 전류계 • 브레드보드 • 직류전원장치 • 주파수 카운터	TTL IC	7400	1	① 공급전원은 +5[V] ±10%가 유지되도록 한다. ② DC 및 AC 전원을 바르게 연결하여 재료가 파손되지 않도록 한다. ③ IC 취급시는 정전기 유도가 되지 않도록 유의한다. ④ LED 표시소자의 핀번호를 바르게 사용하여 손상이 없도록 한다.
	TTL IC	7404	2	
	TTL IC	7408	1	
	TTL IC	7485	2	
	TTL IC	7490	1	
	TTL IC	7492	1	
	TTL IC	74160	2	
	TTL IC	7419	2	
	TTL IC	74154	1	
	TTL IC	7107	1	
	LED 표시기	FND 507	2	
	다이오드	1N914	5	
	토글 스위치	SPST	5	
	버튼 스위치	푸시형	2	
	디지털 스위치	2단(4P×2)	1	

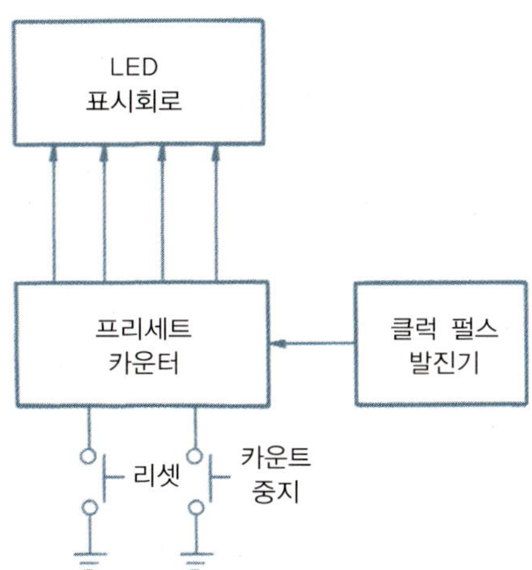

[그림 10-21] 디지털 스톱 워치의 구성도

[그림 10-21]에서와 같이 디지털 스톱 워치는 클럭 펄스 발진기에 의해 카운팅이 되지만, 리셋 스위치로 0000에서부터 시작되며 카운트 중지 스위치를 누름에 의해 누른 순간

의 시간이 표시된다. 먼저 사용한 74190의 데이터 입력을 100001으로 설정해놓고 로드(load) 스위치를 1에서 0으로 할 때 리셋(reset)이 이루어질 수 있으며, 인에이블 단자를 0에서 1로 놓으면 카운팅을 중지시킬 수 있다.

만약 IC 74160을 사용하는 경우 CLR 단자를 1에서 0으로 놓으면 리셋이 되고, 인에이블 단자(P 또는 T)를 1에서 0으로 놓으면 카운트가 중지된다. 또한 [그림 10-22]는 디지털 타이머 회로로서 프리세트 카운터로 카운팅을 하고, 그 출력을 컴퍼레이터의 사전에 설정된 입력과 비교하여 서로 일치할 때 발생하는 제어신호를 인에이블 단자에 연결시켜 카운팅을 자동적으로 중지시킨다.

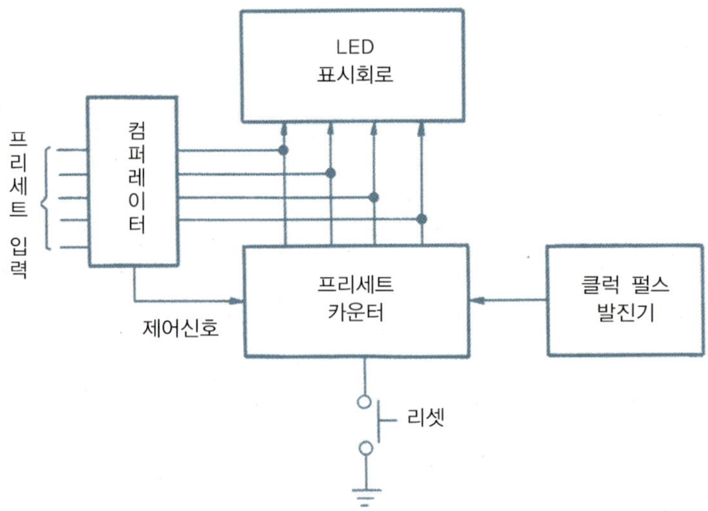

[그림 10-22] 디지털 타이머의 구성도

1. 실습순서

1) 9초 디지털 스톱 워치 회로 조립 실습(A)

① [그림 10-23]과 같이 결선한다.

② 1[Hz]의 클럭 펄스 입력을 가하고, LED 표시로 카운팅 상태를 확인한다.

LED 표시상태 :

③ 리셋 버튼 스위치(SW1)를 누른다. 이때 LED 표시상태를 관찰한다.

LED 표시상태 :

④ 9초 미만의 임의의 시간에서 카운트 중지 스위치(SW2)를 누른다.

⑤ 데이터 입력단자(9, 10, 1, 15번)를 1001로 놓는다.

⑥ Up/Down 단자(5번)를 1로 놓는다.

⑦ 1[Hz]의 클럭 펄스 입력을 가하고 LED 표시로 카운팅 상태를 확인한다.

LED 표시상태 :

⑧ 리셋 버튼 스위치(SW1)를 누른다. 이때 LED 표시상태를 관찰한다.

LED 표시상태 :

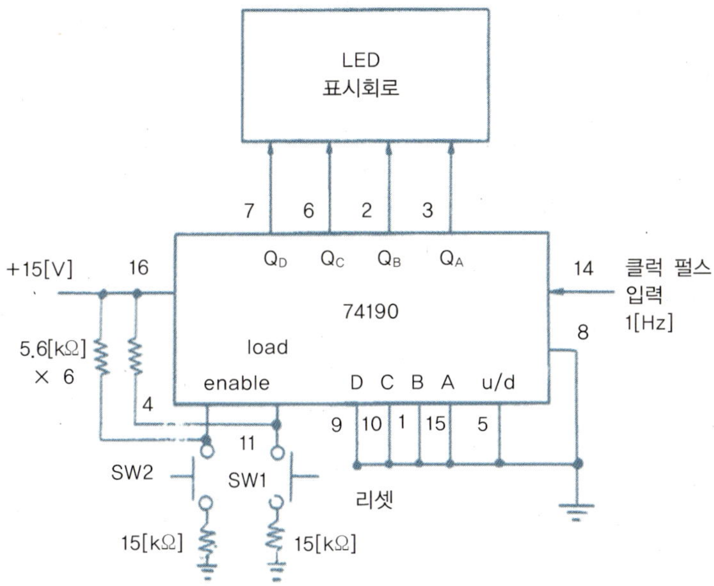

[그림 10-23] 9초 디지털 스톱 워치 회로(A)

2) 9초 디지털 스톱 워치 회로 조립 실습(B)

① [그림 10-24]와 같이 회로를 구성한다.

② 1[Hz]의 클럭 펄스 입력을 가하고, LED 표시로 카운팅 상태를 확인한다.

LED 표시상태 :

③ 리셋 버튼 스위치(SW1)를 누른다. 이때 LED 표시상태를 관찰한다.

LED 표시상태 :

④ 9초 미만의 임의의 시간에서 카운트 중지 스위치(SW2)를 누른다.

⑤ 데이터 입력단자(9, 10, 1, 15번)를 1001로 놓는다.

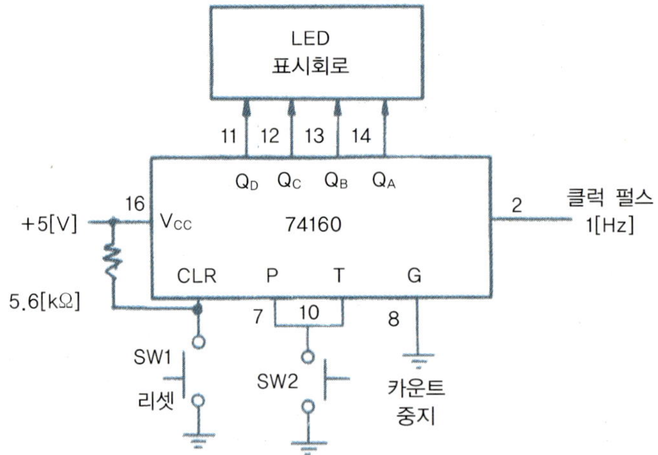

[그림 10-24] 9초 디지털 스톱 워치 회로(B)

3) 99초 디지털 스톱 워치 회로 조립 실습

① [그림 10-25]와 같이 99초 디지털 스톱 워치 회로를 조립한다.

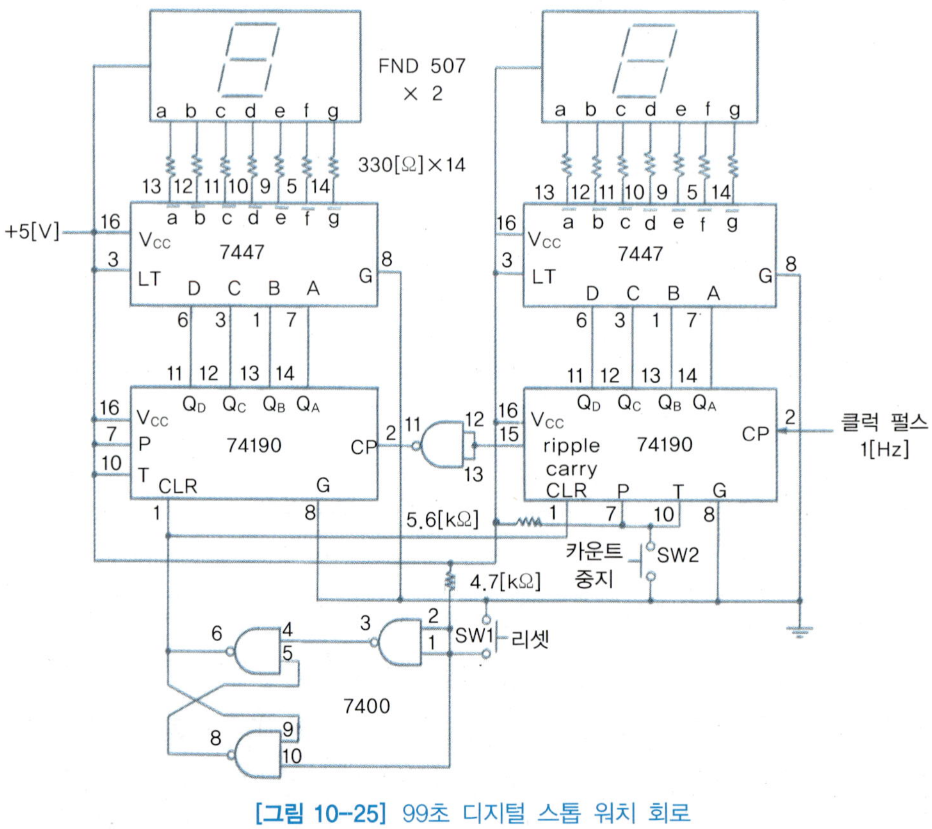

[그림 10-25] 99초 디지털 스톱 워치 회로

② 안정화된 직류전원(+5[V], 0.5[A])과 1[Hz]의 클럭 펄스 입력을 가한다.

③ 리셋 스위치를 누른다.

④ 99초 미만의 임의의 시간에서 카운트 중지 스위치를 누른다.

LED 표시상태 :

4) 9초 디지털 타이머 회로 조립 실습(A)

① [그림 10-26]과 같이 프리셋 10진 카운터 74190과 컴퍼레이터 7485를 이용한 9초 타이머 회로를 구성한다.

② 전원(+5[V], 0.3[A])을 공급하고, 1[Hz]의 클럭 펄스를 가한다.

③ 스타트 스위치를 누르기 전에 9초 미만의 시간을 프리셋 입력에 의해 설정한다.

④ 스타트 스위치를 누르고 설정된 시간에 자동으로 카운팅이 중지하는가를 확인한다.

LED 표시상태 :

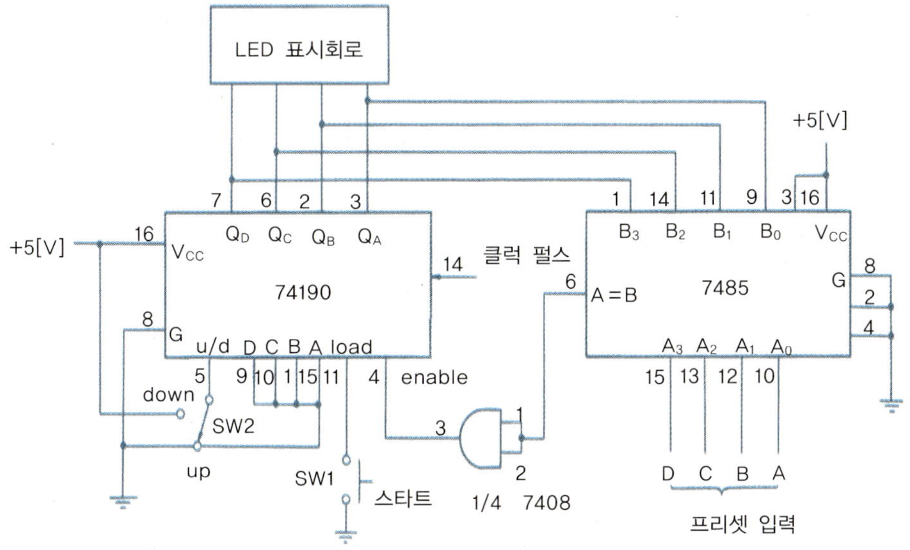

[그림 10-26] 9초 디지털 타이머 회로(A)

5) 9초 디지털 타이머 회로 조립 실습(B)

① [그림 10-27]과 같이 프리셋 10진 카운터 74160과 컴퍼레이터 7485를 이용한 9초 타이머 회로를 구성한다.

② 전원(+5[V], 0.3[A])을 공급하고 1[Hz]의 클럭 펄스를 가한다.

③ 스타트 스위치를 누르기 전에 9초 미만의 시간을 프리셋 입력에 의해 설정한다.

④ 스타트 스위치를 누르고 설정된 시간에 자동으로 카운팅이 중지하는가를 확인한다.

LED 표시상태 :

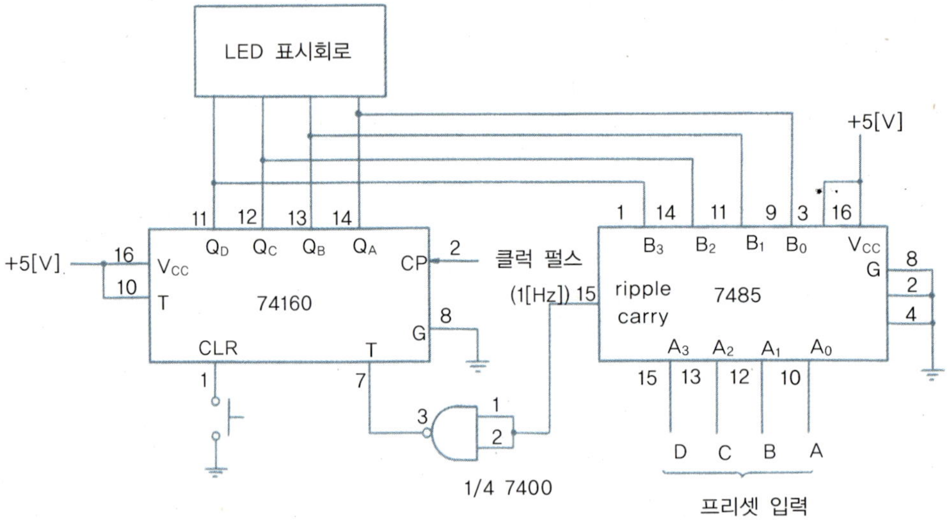

[그림 10-27] 9초 디지털 타이머 회로(B)

6) 59분 디지털 타이머 회로 조립 실습

① [그림 10-28]과 같은 59분 디지털 타이머 회로를 조립한다.

② 전원(+5[V], 1[A])을 공급하고, 10[Hz]의 클럭 펄스 입력을 가한다(실제는 1[Hz]의 클럭 펄스를 가해야 하지만 편의상 시간 단축을 위해 10[Hz]를 가한다).

③ 디지털 스위치를 사용하여 시간을 프리세트한다(예 30분).

④ 스타트 스위치를 누른 뒤 정해진 시간이 지나서 타이머가 동작되는지를 확인한다(실제는 30분이지만 편의상 10[Hz]를 가했으므로 3분 후에 동작해야 한다).

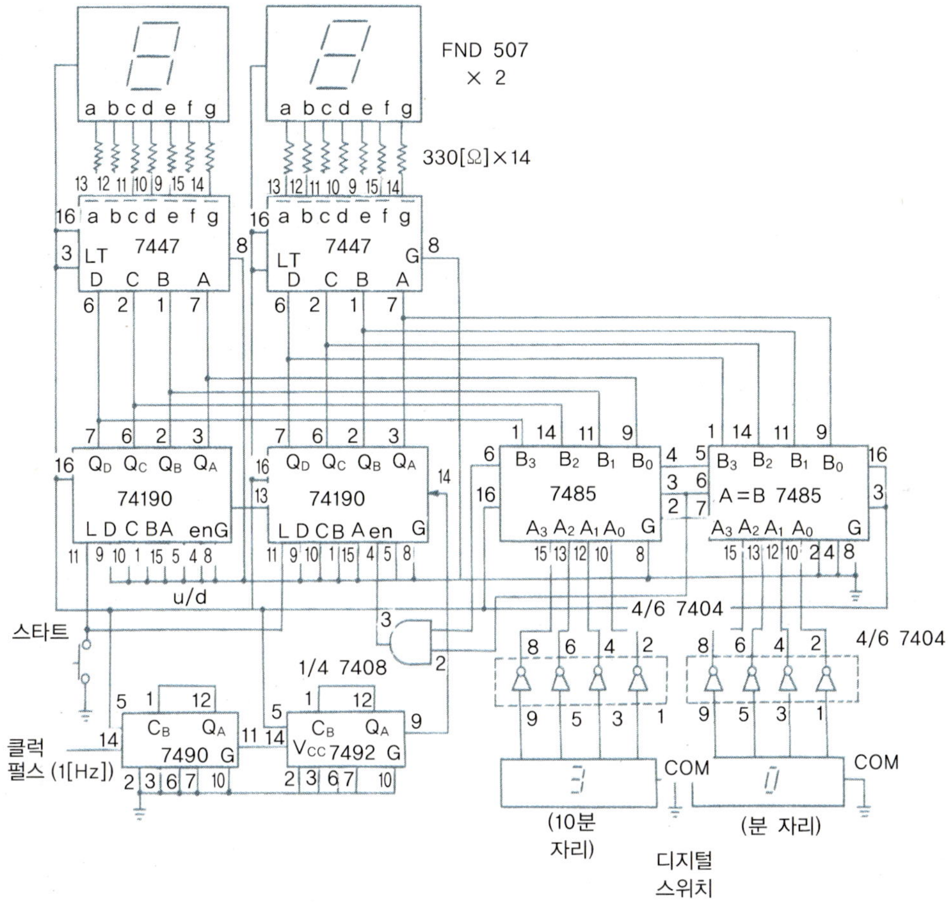

[그림 10-28] 59분 디지털 타이머 회로

7) 디지털 볼트미터 회로 조립 실습

① [그림 10-29]와 같이 A/D 컨버터 IC 7107을 사용하여 디지털 볼트미터 회로를 구성한다.

② 19[V] 미만의 임의의 측정전압을 입력단자에 연결한다.

③ 가변저항(470[Ω])을 조정하여 입력에 연결된 표준 디지털 볼트미터의 지시값과 구성한 회로의 지시값이 일치되도록 한다.

④ 다시 임의의 전압을 입력에 가하고 두 지시값을 관측한다.

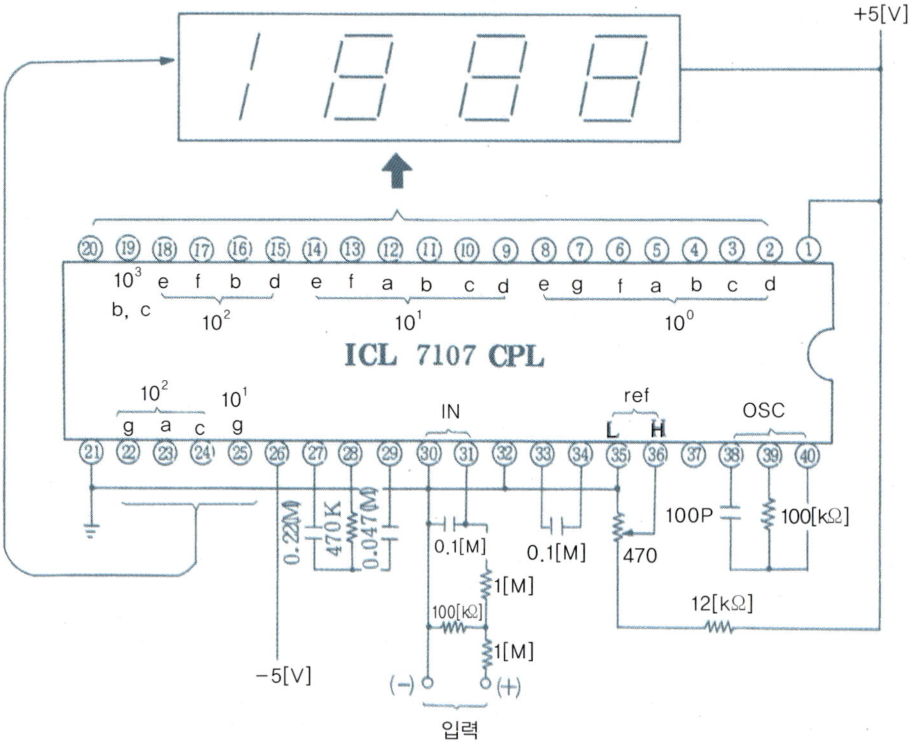

[그림 10-29] 디지털 볼트미터 회로

8) 반도체 메모리 동작실험

① [그림 10-30]과 같은 회로를 구성한다.

② 어드레스 스위치 SW1∽SW4와 데이터 입력 스위치 SW5∽SW8을 개폐하여 [표 10-11]에 주어진 어드레스를 설정하고, 데이터를 입력시킨다. 단, 스위치가 열린 때가 0, 닫힌 때가 1이다.

③ 기입 스위치 SW9를 닫았다가 열어놓는다(1 → 0 → 1). 이때 데이터는 기입된다.

④ [표 10-11]에 주어진 어드레스에 대한 데이터의 기입이 모두 끝나고 나면 SW를 열어놓은 상태에서 각 어드레스에 대한 출력의 상태를 관측한다. 단 LED 램프는 꺼질 때 '1' 켜질 때 '0'으로 본다.

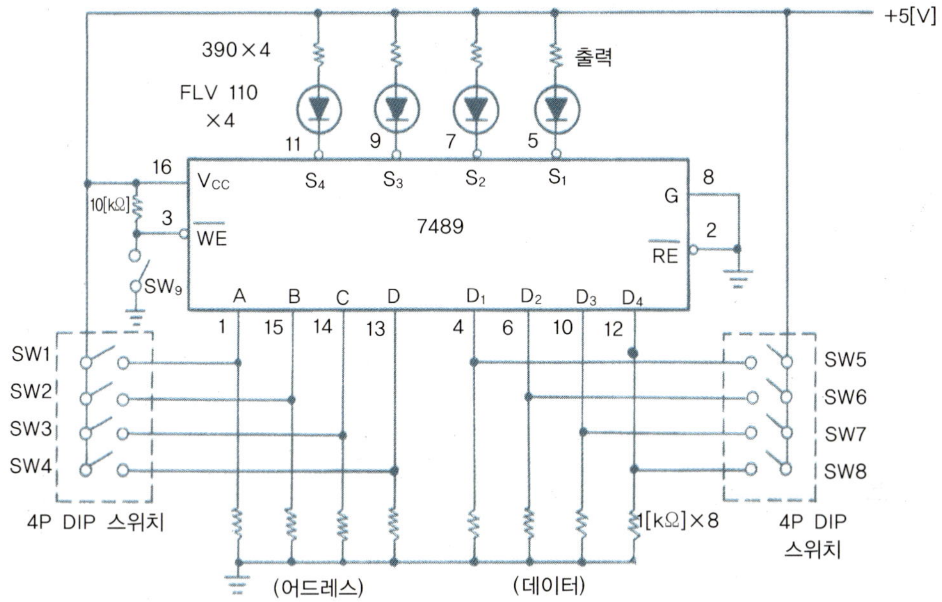

[그림 10-30] 16×4비트 RAM 회로

[표 10-11] 16×4 비트 RAM 동작상태

어드레스 입력				데이터 입력				데이터 입력			
D	C	B	A	D4	D3	D2	D1	S4	S3	S2	S1
0	0	0	0	1	1	1	1				
0	0	0	1	1	1	1	0				
0	0	1	0	1	1	0	1				
0	0	1	1	1	1	0	0				
0	1	0	0	1	0	1	1				
0	1	0	1	1	0	1	0				
0	1	1	0	1	0	0	1				
0	1	1	1	1	0	0	0				
1	0	0	0	0	1	1	1				
1	0	0	1	0	1	1	0				
1	0	1	0	0	1	0	1				
1	0	1	1	0	1	0	0				
1	1	0	0	0	0	1	1				
1	1	0	1	0	0	1	0				
1	1	1	0	0	0	0	1				
1	1	1	1	0	0	0	0				

CHAPTER 11

LED 응용회로 구성 및 실습

실험목표

- LED 응용회로를 구성하고 측정할 수 있다.
- 교통신호등의 특성을 알고 제어회로를 구성할 수 있다.
- 각종 LED 응용회로를 설계할 수 있다.
- 각종 LED 응용회로를 적절하게 활용할 수 있다.

01 LED 응용회로 실습

<table>
<tr><td>실습과제명</td><td colspan="4">LED 응용회로</td></tr>
<tr><td>목 표</td><td colspan="4">① LED 응용회로를 구성하고 측정할 수 있다.
② LED 응용회로를 설계할 수 있다.
③ LED를 응용회로에 적절하게 활용할 수 있다.</td></tr>
<tr><td>장비 및 공구</td><td>소요재료</td><td>규격</td><td>수량(개)</td><td>안전 및 유의사항</td></tr>
<tr><td>• 오실로스코프
• 광특성 측정기
• 브레드보드
• 직류전원장치
• 디지털 조도계
• 디지털 전압계
• 마이크로스코프</td><td>IC

X-TAL
LED
저항
콘덴서</td><td>PIC16C84
SN7404
SN74154
SN7447
LM3900
AN6884
10[MHz]
적 · 녹 · 청
10[kΩ] 외
22[μF] 외</td><td>1
2
1
3
1
3
24
1
21
14</td><td>① 장비 사용법을 익혀 부상과 장비 파손에 주의한다.
② 반도체 소자의 핀번호를 바르게 사용하여 손상이 없도록 한다.
③ DC 및 AC 전원을 바르게 연결하여 재료가 파손되지 않도록 한다.
④ 감전 등 안전에 주의한다.</td></tr>
</table>

순방향 바이어스된 다이오드에서 자유전자(Free electron)는 접합부를 통하여 정공(holes) 속으로 떨어진다. 전자가 높은 에너지에서 낮은 에너지 준위(energy level)로 떨어질 때 에너지가 방출된다. 보통의 다이오드에서는 에너지가 열의 형태로 방출된다.

그러나 LED에서는 에너지가 빛으로 방출된다. LED는 낮은 전압, 긴 수명, 빠른 점멸 스위칭 속도 등의 장점이 있으므로 많은 응용에서 전구를 대체하고 있다.

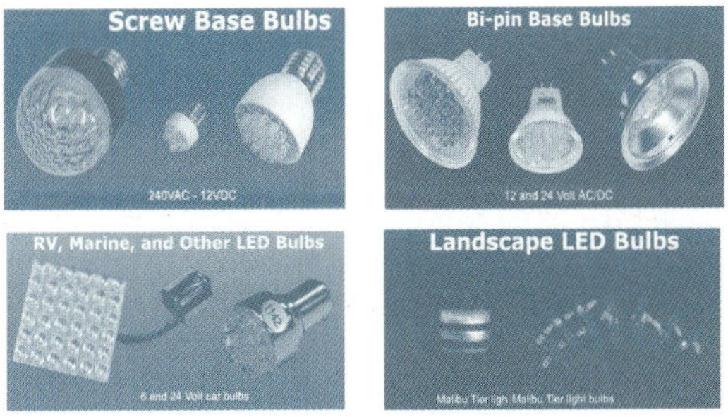

[그림 11-1] 조명용 LED 램프

보통의 다이오드는 빛을 통과시키지 않는 물질인 실리콘(Silicon)으로 만들어지지만 LED는 다른 재료로 만들어진다. 갈륨(Gallium), 비소(Arsenic), 인(Phosphorus) 같은 원소를 사용하여 제작되는 LED는 적색 · 녹색 · 황색 · 오렌지색 · 적외선(Infrared) 등의 빛을 발생시킬 수 있다. 가시광선 영역의 LED는 계측기나 계산기 등에 쓰이며, 적외선 LED는 도난경보 등 보이지 않는 발광(發光)이 필요한 경우의 응용에 쓰인다.

LED를 구동하는 방식은 직류 점등회로와 같은 스태틱(Static) 구동방식과 다이내믹(Dynamic) 구동방식(펄스 구동)이 있다. 다이내믹 구동의 장점은 적은 수의 포트로 많은 LED를 이용한 표시를 제어할 수 있다는 것이다. 이 방식은 사람 눈의 잔상현상을 이용한 것으로 LED의 조합으로 이루어진 매트릭스(Matrix) LED의 구동이나 많은 양의 LED를 구동할 경우 다이내믹 구동을 많이 이용하게 된다.

다이내믹 구동의 경우 LED가 점등하고 있는 시간을 직류 점등의 1/2로 하고, 직류 점등시보다 2배의 펄스 전류를 인가하면 시각적으로는 밝기가 동일하게 나타난다.

1. 용도별 발광 다이오드

발광 다이오드(LED)는 용도별로 조명용, 디스플레이 패널, 포토 커플러 및 복사기 등의 용도로 나눌 수 있다.

1) 조명용

최근 백색광 발광 다이오드 등을 이용한 조명으로는 액정 디스플레이(LCD)의 백라이팅을 위한 용도가 대표적이다.

백라이트용 백색 발광 다이오드가 과도한 전류에 의해 손실을 입는 것을 방지하고 전력손실을 줄이는 장치[1998-000270(일본)], 불규칙적인 휘도를 갖는 많은 점광원을 줄이고 평탄한 빛을 방사하게 하여 비용과 소비전력을 줄이는 것[1998-196894(일본)], 3색 발광 다이오드에 흐르는 전류를 통제하여 더 나은 화질을 실현하는 휴대전화기 용도의 장치[1999-012320(일본)] 등의 특허들이 소개되었다.

그밖에 발광 다이오드 광원과 렌즈의 배열[3100576(일본)]과 회로기판에 발광 다이오드 배열로 혼합도와 발광도를 개선시킨 특허들[1999-045178(일본)]이 소개되었다.

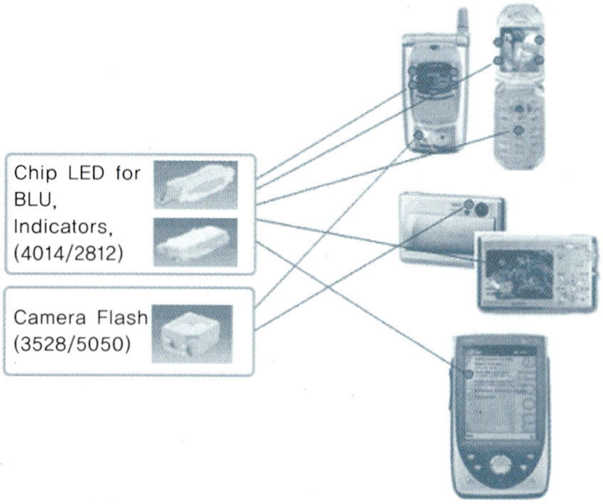

[그림 11-2] 백라이트

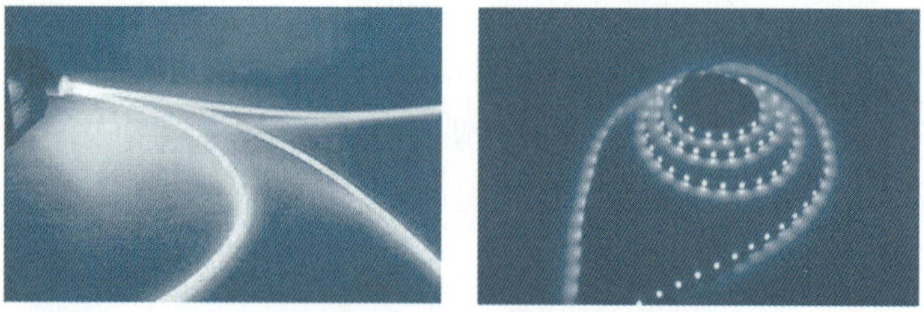

[그림 11-3] 경관 조명용 광섬유 및 LED 띠

2) 디스플레이 패널

발광 다이오드 구조를 변경시키거나, 발광 다이오드들 사이의 배열을 효율적으로 조절하여 선명한 화질과 고휘도를 얻은 특허들[특102539(한국), 3025315(일본), 2801800(일본), 3059828(일본), 2917816(일본), 특134863(한국)]이 소개되었으며, 간단한 회로를 이용하여 발광 다이오드 휘도의 불균일성을 해결한 특허[2917816(일본)]도 있다.

초기 고효율 청색 발광 다이오드 구현이 어려웠던 시기에는 다른 형태의 청색 램프를 사용하기도 하였는데, 디스플레이 패널을 제작하기 위하여 적색 및 녹색은 반도체 발광 다이오드로 하되 청색은 형광램프 또는 유기 발광 다이오드를 사용한 특허들이 출원되었다.

그 예로, 적색과 녹색은 반도체 발광 다이오드를 사용하고 청색은 형광램프를 사용한 천연색 디스플레이[1868254(일본)]가 (청색 발광 다이오드 제작이 어려웠던) 1989년에 소개되었으며, 1995년에는 적색과 녹색은 반도체 발광 다이오드를 사용하고 청색은 유기 발광 다이오드를 사용한 총천연색 발광 다이오드 디스플레이에 관한 특허[5,583,349(미국)]가 소개되었다.

3) 포토 커플러와 복사기용

복수의 광커플러 쌍들을 소형으로 패키징하기 위하여 검침부와 발광 다이오드 발광부를 잇는 축이 인쇄회로 기판의 수직축과 일정한 각도를 갖게 한 특허[5,677,245(미국)]가 소개되었다. 광프린터나 복사기의 헤드에 사용되는 발광 다이오드 어레이(Array)의 제조 공정에서 Zn 확산을 사용하여 발광 패턴의 균일성을 개선한 것[1998-274365(일본)], 발광 다이오드 어레이를 이용한 자기 주사형 발광 다이오드와 사이리스터(Thyrister)를 적절히 이용하여 고품위・고속・고해상도로 감광체에 노광하는 기술[1998-337983(일본)], GaN계 발광 다이오드 소자의 발광층 적층구조의 단면에서 나오는 빛을 적절한 광학계와 결합하여 광효율을 저하시키지 않고 높은 해상도의 화상을 기록하는 장치[1999-117609(일본)] 등이 소개되었다.

2. 실습순서

1) 전후 자동 점멸기

전후 자동 점멸기(Back & Forth flasher)를 구성하고 동작을 확인한다.

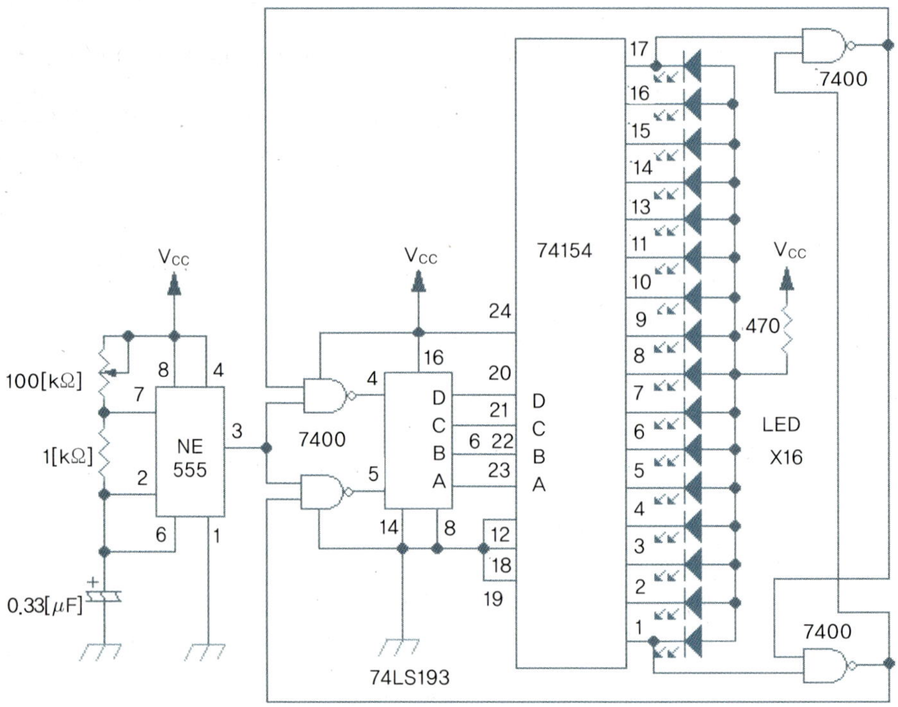

[그림 11-4] 전후 자동 점멸기 회로

2) 사인보드(Signboard)

회로를 구성하고 제어 프로그램을 작성하여 동작을 확인한다.

(1) 회로도

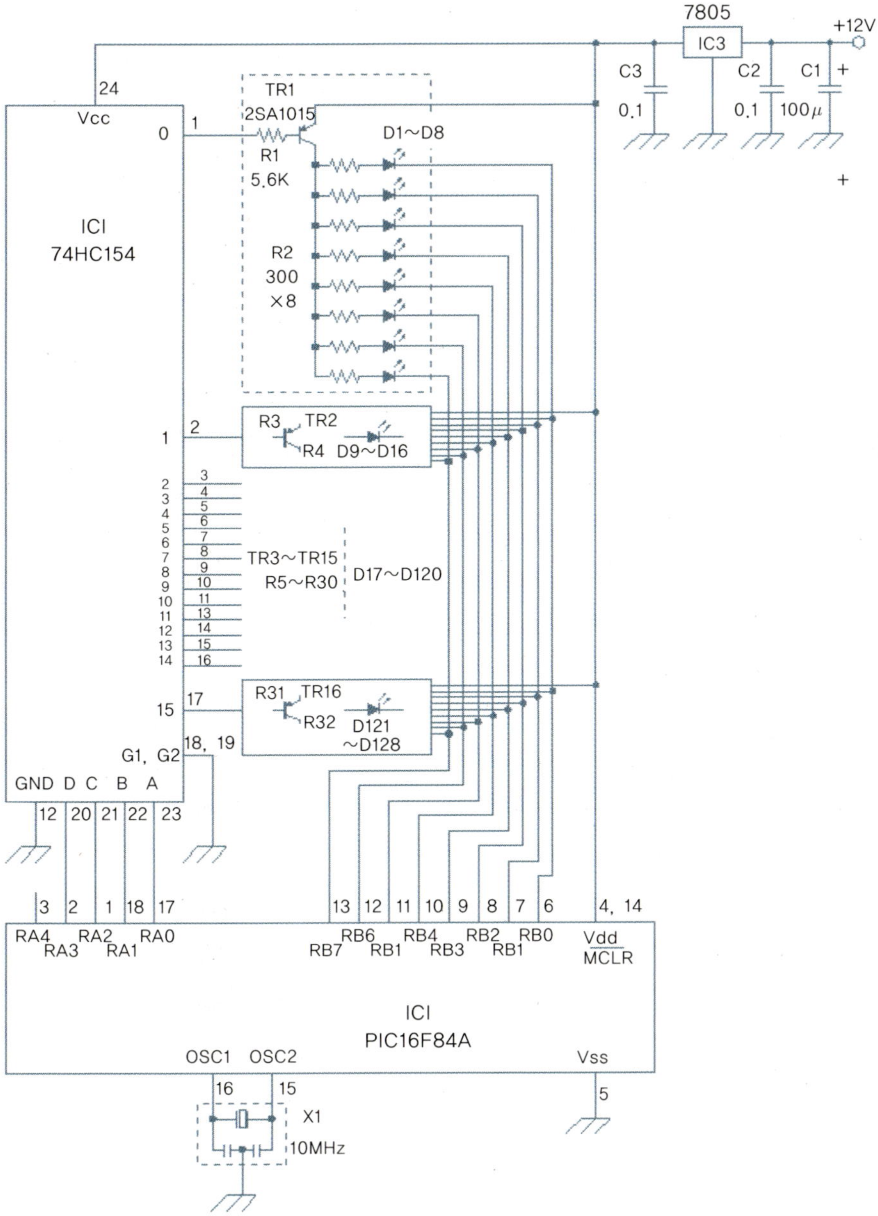

[그림 11-5] 사인보드 회로

(2) 순서도

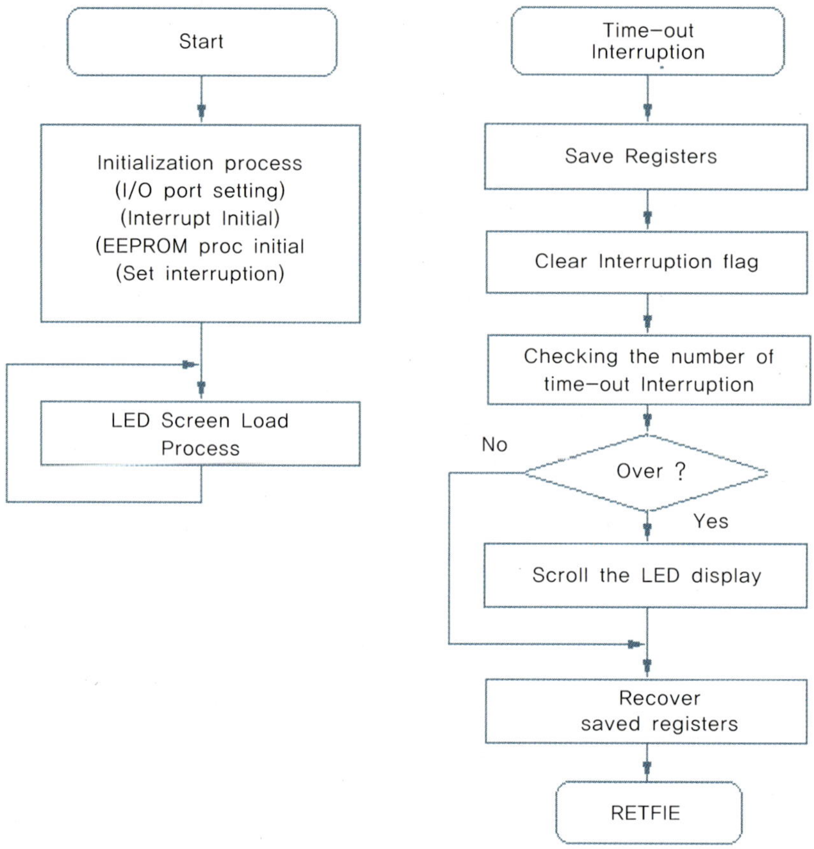

[그림 11-6] 사인보드 동작 순서도

(3) PIC 프로그램

```
;*************************************************************
;
; The signboard control processing
;
; Author : 아무개
;*************************************************************

        list   p=pic16f84a
        include   p16f84a.inc
        __config _hs_osc & _wdt_off & _pwrte_on & _cp_off

;***************   Label Definition   ********************
lpcnt           equu       0c          ;Screen loop counter adr
```

```
scrnidx     equ     0d      ;Screen data index adr
w_save      equ     0e      ;W register save adr
s_save      equ     0f      ;STATUS reg save adr
scrnhd      equ     10      ;Screen table head adr
tm_cnt      equ     20      ;Time adjust counter adr
e_adr       equ     21      ;EEPROM data adr
e_check     equ     22      ;EEPROM end check cnt adr
s_loop      equ     23      ;Screen data loop cnt adr
s_index     equ     24      ;Screen table index adr
s_work      equ     25      ;Screen data work area

;************************
;*    Time adjust *
;************************
;This data decides a scroll speed. Basic rate is 26msec.
tm_adj      equ     0c      ;Time adjust(26msec x 12)


;************************
;* EEPROM data size *
;************************
;If the data size is 30 bytes, then simply set d'30'.
e_size  equ  d'32'    ;EEPROM data size

;***************  EEPROM Data Definition  ***************
 org   h'2100'
 de b'11111111'
 de b'11111111'
 de b'11100111'
 de b'11000011'
 de b'10000001'
 de b'10000001'
 de b'11000011'
 de b'11100111'
 de b'11111111'
 de b'11111111'
 de b'01111110'
 de b'00000000'
 de b'01111110'
 de b'11111111'
 de b'11110111'
 de b'00000111'
 de b'11110111'
 de b'00000111'
 de b'11111111'
```

```
de b' 00000111'
de b' 01110111'
de b' 00000111'
de b' 11111111'
de b' 00000111'
de b' 01111111'
de b' 00000111'
de b' 11111111'
de b' 00000111'
de b' 01010111'
de b' 01000111'
de b' 11111111'
de b' 11111111'

;****************  Program Start  ***********************
org        0        ;Reset Vector
goto       init
org        4        ;Interrupt Vector
goto       int

;****************  Initial Process  *********************
org  5
init bsf  status,rp0 ;Change to Bank1
clrf trisa ;Set PORTA to Output mode
clrf trisb     ;Set PORTB to Output mode
movlw h' 07'            ;TOCS=0,PSA=0,PS2/1/0=111
movwf option_reg        ;Set timer condition
bcf  status,rp0         ;Change to Bank0
movlw h' 00'            ;Set timer value
movwf tmr0  ;TMR0=0 (255 counts)
movlw tm_adj            ;Set time adjust value
movwf tm_cnt            ;Save time adjust
clrf  e_adr  ;Clear EEPROM data adr
movlw e_size            ;Set EEPROM data size
movwf e_check           ;Save EEPROM end check
movlw h' a0'            ;GIE=1,TOIE=1
movwf intcon            ;Interruption enable

;**************  Screen Load Process  *******************
screen  bsf  intcon,gie ;Interrupt enable
movlw d' 16'            ;Set loop count
movwf lpcnt             ;Save loop count
movlw h' 0f'            ;Set screen index
movwf scrnidx           ;Save index
bcf  intcon,gie         ;Interrupt disable
```

```
scrnlp movlw h' ff'       ;Set LED off data
  movwf portb             ;Output Data
  movf  scrnidx,w         ;Set Position
  movwf porta             ;Output Position
  movlw scrnhd            ;Set Table head address
  addwf scrnidx,w         ;Head + Index
  movwf fsr    ;Set Table address
  movf  indf,w            ;Read Data
  movwf portb             ;Output Data
  decf  scrnidx,f         ;Index - 1
  decfsz  lpcnt,f         ;Loop end ?
  goto  scrnlp            ;No. Next line
  goto  screen            ;Yes. Next screen

;************  Begin Interruption Process  **************
int   movwf w_save        ;Save W register
  movf  status,w                ;Read STATUS reg
  movwf s_save                  ;Save STATUS reg
  btfsc intcon,t0if             ;Time out interruption ?
  goto  timer_int               ;Jump to Timer process
  goto  init              ;Reset(Illegal interrupt)

;************  END of Interruption Process **************
int_end movf  s_save,w  ;Read saved STATUS reg
  movwf status                  ;Recover STATUS reg
  swapf w_save,f                ;Read saved W register
  swapf w_save,w                ;Recover W register
  retfie

;***********  Time-out interruption Process  ************
timer_int
  bcf   intcon,t0if             ;Clear timer int flag
  movlw h' 00'                  ;Set timer value
  movwf tmr0              ;TMR0=0 (255 counts)
  decfsz  tm_cnt,f              ;Time over ?
  goto  int_end                 ;No. Retry
  movlw tm_adj                  ;Set time adjust value
  movwf tm_cnt                  ;Save time adjust

;************  Screen data shift Process  ***************
  movlw d' 15 '                 ;Set loop count
  movwf s_loop                  ;Save loop count
  movlw scrnhd                  ;Set screen head adr
  movwf s_index                 ;Set screen adr
loop  incf  s_index,w     ;Inclement index
```

```
movwf fsr                ;Set read addres
movf   indf,w                     ;Read data
movwf s_work                      ;Save data
movf   s_index,w                  ;Read index
movwf fsr                ;Set write address
movf   s_work,w                   ;Recover data
movwf indf               ;Write data
incf   s_index,f                  ;Inclement index
decfsz  s_loop,f                  ;All shifted ?
goto   loop              ;No. Continue.

;**************  New data write Process  ****************
movf   s_index,w                  ;Read index
movwf fsr                ;Set write address
movf   e_adr,w                    ;Read EEPROM address
movwf eeadr                       ;Set EEPROM address
bsf    status,rp0                 ;Change to Bank1
bsf    eecon1,rd                  ;Start EEPROM reading
bcf    status,rp0                 ;Change to Bank0
movf   eedata,w                   ;Read EEPROM data
movwf indf               ;Write new data
incf   e_adr,f                    ;Inclement data address
decfsz  e_check,f                 ;End of EEPROM data ?
goto   int_end                    ;No. Return
clrf   e_adr             ;Clear EEPROM data adr
movlw e_size                      ;Set EEPROM data size
movwf e_check                     ;Save EEPROM end check
goto   int_end                    ;Return

;**********************************************************
;     END of signboard control processing
;**********************************************************

end
```

3. 실험결과에 대한 토의

4. 실험보고서 작성

5. 정리정돈

02 교통신호등 제어회로 실습

실습과제명	교통신호등 제어회로			
목 표	① 교통신호등의 특성을 알고, 제어회로를 구성할 수 있다. ② 교통신호등 제어회로를 설계할 수 있다. ③ 교통신호등용 램프를 적절하게 활용할 수 있다.			
장비 및 공구	소요재료	규격	수량(개)	안전 및 유의사항
• 오실로스코프 • LED 특성측정기 • 브레드보드 • 직류전원장치 • 디지털 조도계 • 디지털 VM • 회로시험기 • 마이크로스코프	IC X-TAL LED 저항 콘덴서 기판	마이컴 8051 4[MHz] 고휘도 (R, G, Y) 470 외 10[μF] 외 55×40	1 1 16 16 3 3	① 장비 사용법을 익혀 부상과 장비 파손에 주의한다. ② 반도체 소자의 핀번호를 바르게 사용하여 손상이 없도록 한다. ③ DC 및 AC 전원을 바르게 연결하여 재료가 파손되지 않도록 한다. ④ 감전 등 안전에 주의한다.

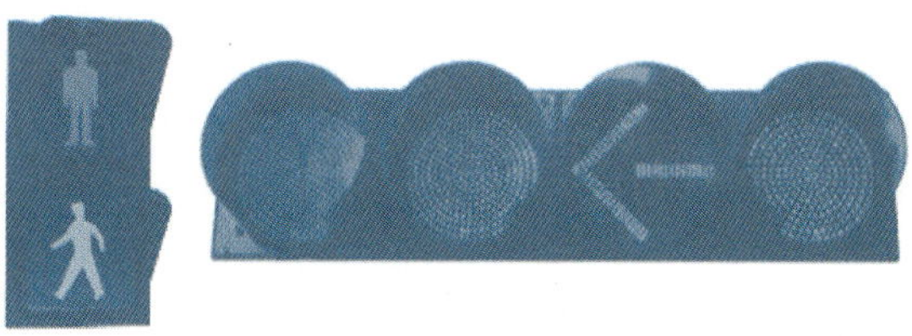

[그림 11-7] 교통신호등의 예

1. LED 교통신호등 규격

1) 목 적

본 규격서는 합리적이고 경제적인 LED 교통신호등의 규격을 제정함으로써 제품의 기술 및 향상을 도모하고, 제품 표준화를 통한 일관성과 안전성을 기하여 유지 및 보수시 편의를 도모하고자 한다.

2) 적용범위

직경 300[mm]와 200[mm] 차량용 LED 신호등 모듈에 대한 최소 성능요건을 목적으로 하며, 도로교통법 제4조에 규정된 교통신호등에 적용한다.

3) 규격서 명칭

본 규격서의 명칭은 기존신호등 대체용 LED 교통신호등 규격서(안)라 한다.

4) 일반사항

① 본 규격서에 적용되는 규격 및 사양 등은 특별한 지정이 있는 경우를 제외하고 최신판을 사용하여야 한다.

② 본 규격서에 규정이 없는 사항은 도로교통법, 도로교통법 시행규칙 및 교통안전시설 실무편람을 적용한다.

③ 본 규격서에서 정의되는 교통신호등의 종류에는 크게 차량등과 보행자등이 있으며 다음과 같다.

[표 11-1] 교통신호등의 종류

종 류		렌즈의 부분
차량등	2색등	적색, 녹색
	3색등	적색, 황색, 녹색
	4색등	적색, 황색, 녹색화살표, 녹색
	가변등	적색×표, 녹색화살표
	경보등	황색
보행자등	2색등	적색, 사람 정지모양 녹색, 사람 보행모양

2. 신호등의 구조적 요건

1) 개 요

LED 교통신호등 모듈 설계기준은 유지보수를 위한 최소 요건을 규정한 것으로서 변화를 요구하는 어떠한 구성요소도 광학적 성능에 영향을 미치지 않고, 쉽게 적용되도록 설계하여야 한다.

신호등두는 KS 규격제품을 사용하여야 하며, 8.4항에서 규정된 충격시험 · 진동시험 · 온도시험을 충족시키는 데 적절하여야 한다.

신호등을 종류별로 만드는 방식은 도로교통법 시행규칙 제5조 별표 4에 의하고, 부품은 [표 11-2]와 같다.

[표 11-2] 신호등을 종류별로 만드는 방식

부 품			비 고
외 함	함 체		
	문		
	챙		
	배면판		보행등 제외
광학장치	렌즈		화살표, ×표, 사람모양 포함
	LED 모듈	기판(PCB)	기판의 바탕색은 흑색
		구동회로	
	소켓		
	단자판 및 배선		

※ PCB(Printed Circuit Board) : 회로설계를 통한 LED 소자의 배열판을 말함.

2) 신호등두

광학적 구성요소를 포함하는 신호등두는 설치(구성요소의 교체 포함) 후 규격 및 공급자에 의해 정의되는 내구연한 기간 동안 광학적 기계적 요건이 보증되도록 설계되어야 한다. 신호등두의 설치는 여러 가지 형식으로 이루어지며, 일반적으로 지주형식과 현수선(Wire)을 포함하는 지주형식으로 분류될 수 있다. 어떠한 형식으로 설치되든간에 지주 설계시 고려되는 풍하중을 견딜 수 있도록 하여야 한다.

전기 및 전자 설비가 지주 안에 수용되는 경우에는 특별한 외함에 의하거나 또는 지주 및 신호등두 조립품에 의하거나 어느 한쪽에 의하여 필요한 보호를 제공하는 구조로 되어야 한다. 신호등두는 신호등의 종류에 따라 신호등의 면을 수직, 또는 수평으로 장치할 수 있도록 하여야 하고, 배면판을 부착할 수 있고, 방수・방진(防塵) 장치가 되어 있어야 한다.

문은 기존 전구식 신호등의 모듈 교환 등 광학장치의 내부를 수리할 때 쉽게 조작할 수 있도록 종형은 좌에서 우로, 횡형은 아래서 위로 개폐할 수 있는 장치로 되어야 한다.

챙은 신호등의 면에 따라 수직, 또는 수평으로 부착할 수 있어야 한다. 함체 및 챙을 플라스틱 재료로 성형할 경우 폴리카보네이트(KSM 3153) 혹은 동등 이상의 특성을 가진 내후성이 우수한 성형수지 재료를, 또 상기 이외의 재료를 사용할 경우는 방수처리를 한 후 소부도장 또는 동등 이상의 도장을 하여야 한다.

배면판은 신호등의 종류에 따라 결합하되 무광 흑색판에 둘레는 표면처리하고 표면이 벗겨지거나 변색이 되어서는 안된다. 함체・문 및 챙은 각각 단일제품으로 사출된 구조이어야 하며 함체・문・챙 등에는 제작회사 상호를 표시한다.

3. 신호등의 광학장치

렌즈는 신호등의 종류에 따라 직경 200[mm], 300[mm] 원형으로 하되 적색·황색·녹색으로 구분된 착색렌즈를 사용하여야 한다. 렌즈는 균질의 우량한 유리, 또는 수지계의 재료(KSM3153)를 사용하고, 신호등 광출력 성능에 영향을 주는 거품 모양의 결점·긁힘·뒤틀림·얼룩, 그 외의 결점이 없는 것이어야 한다.

LED 인쇄기판은 외함 내측에 설치할 수 있는 구조라야 한다. 배선은 단심 비닐코드로 하고, 단자판과 LED 신호등 모듈에 연결시키되 외함 문을 열었을 때 지장이 없도록 되어 있어야 한다. 렌즈 등의 광학장치에는 제작회사 상호를 표시한다.

4. 성 능

1) 렌 즈

본 규격서에서는 교통신호등에 사용되는 적색·황색·녹색의 색상을 취급하며, 렌즈의 규격은 200[mm] 신호등에 대하여는 210[mm], 300[mm] 신호등에 대하여는 300[mm] 규격을 사용하여야 하며 렌즈의 두께의 최소한 6.5[mm] 이상이어야 한다.

LED 교통신호등 모듈은 다음과 같은 일반적인 특성을 포함하여야 한다.

① 대체용 LED 신호등 모듈은 기존 착색렌즈를 사용하거나 대체할 수 있어야 한다.

② 렌즈는 엷은 색을 넣거나 투명한 필름을 사용하여야 하며, 점등과 소등시 색상 대비를 증가시키는 특성을 지닌 재질을 사용하여 제작할 수 있다. 엷은 색을 넣거나 점등·소등의 대비를 증가시키는 재질을 사용하는 것은 광도와 색도에 영향을 주지 않는 방향으로 하고, 렌즈 표면에 걸쳐 균일하게 되도록 하여야 한다.

③ 폴리머 렌즈를 사용할 경우에는 표면 코팅이나 화학적 표면처리에 의하여 표면 마모가 되지 않도록 하여야 한다.

2) 색 도

색상은 색채계의 광량에 의하여 알맞게 명기한다. 신호등 색상의 경우 목적에 따른 알맞은 세 가지의 광량은 색상의 색도를 규정하는 2개의 숫자, 즉 채도와 렌즈 재질의 빛 전달을 규정짓는 하나의 숫자로 이루어진다.

일반적으로 두 관찰자가 직접 관찰을 할 경우라도 발광기능과 색도시각의 차이 때문에 같은 숫자를 얻을 수는 없기 때문에 가상의 평균적인 표준 관찰자에 의하여 그런 숫자들로 표현하는 것이 바람직하다. 이와 같은 평균적인 관찰자는 국제조명위원회(CIE)의

1931년 캠브리지 회의에서 채택된 결의에 의해서 정의된다. 국제조명위원회에서 규정한 표준 관찰자에 의하여 표현하는 색상의 색도는 X, Y, Z의 합은 항상 동일하기 때문에 색도는 단지 X, Y를 주어짐으로써 알맞게 정해진다.

(1) 색도좌표의 한계값

교통신호등 모듈의 측정된 색도좌표는 국제조명위원회가 정한 색도좌표계 요건에 따르되 500[nm]와 650[nm] 사이에 있어야 한다. 측정된 색도 좌표는 교통안전시설 실무편람에서 정한 [표 11-3]과 같은 한계값 안에 포함되어야 한다.

[표 11-3] 색도 범위 및 좌표

렌즈색	제한구역	좌 표		
		위치	x	y
적색	황색	가 나	0.655 0.665	0.335 0.335
	적색	다 라	0.700 0.710	0.290 0.290
황색	녹색	마 바	0.555 0.612	0.435 0.440
	백색	마 사	0.555 0.612	0.435 0.382
	적색	사 아	0.612 0.618	0.382 0.382
녹색	황색	자 차	0.009 0.284	0.720 0.520
	백색	차 타	0.284 0.184	0.520 0.359
	청색	카 타	0.028 0.183	0.385 0.359

(2) 렌즈의 상대시감 투과율

LED 교통신호등 전면의 렌즈는 선택적으로 착색된 렌즈, 또는 무색투명렌즈를 사용하여야 하나, 착색렌즈를 사용할 경우 관찰자의 시감에 따라 광도가 달리 느껴질 수 있으므로 렌즈 색상별 시감률을 다음과 같이 규정한다.

[표 11-4] 렌즈 색상별 시감률

렌즈 색상	상대시감 투과율
적색	0.095
황색	0.440
녹색	0.190

3) 광 도

① 상온(25℃)에서 LED 교통신호등 모듈의 최소 광도는 [표 11-5]로 규정한다.

② LED 신호등이 작동온도 범위(−33℃~74℃) 내에서 작동될 때 광도값은 10% 이상의 변화를 가져서는 안 된다.

③ 보증기간 동안 LED 교통신호등 모듈이 유지해야 할 최소 유지광도는 [표 11-5]에 나타난 값보다 작아서는 안 된다.

④ LED 신호등 모듈 제작자는 보증기간 동안 통제되고 독립된 실험에서 최소 광도값의 순응 여부를 시험하는 과정이 가능하도록 해야 한다. 대안으로 제작자는 LED 교통신호등 모듈의 광도를 현장 측정할 수 있는 이동가능한 광도를 유지해야 한다.

⑤ 차량신호등의 광도는 착색렌즈로 전방 10[m] 거리에서 [표 11-5]의 수치 이상이 되어야 한다.

[표 11-5] LED 신호등 최소 유지광도 기준(안)(직경 300[mm])

(단위 : [cd])

하향수직각	좌우향 수평각					
	2.5°	7.5°	12.5°	17.5°	22.5°	27.5°
2.5°	339	251	141	77	–	–
7.5°	226	202	145	89	38	18
12.5°	50	48	44	34	22	16
17.5°	22	22	22	22	20	16

⑥ 화살표 및 가변신호등의 휘도는 전기 4항의 측정방법으로 [표 11-6]의 값 이상이어야 하고, 5,085[cd/m^2] 이하이어야 하며, 측정값은 6 : 1비율을 초과되면 안 된다.

[표 11-6] 화살표 및 가변신호등의 휘도 분포

(단위 : [cd/m^2])

하향수직각	좌우향 수평각	
	0°	15°
0°	2,260	678
−15°	678	678

※ 보행자신호등의 최소 광도기준은 3,750[cd/m^2] 이상이며, 최대와 최소의 광대광 대비는 4 : 1이어야 한다.

5. 실습순서

1) 신호등 설계조건

① 신호등의 켜지는 순서는 녹색, ←은 동시에 다음에는 황색, 다음에는 적색이 점등되게 하시오.

[표 11-7] 신호등의 켜지는 순서

	구 분	횡으로부터 배열(좌)
	4색등화	
	3색등화	
	2색등화	

② 교차로의 차량 진행 방향은

① → ② → ③ → ④ → ① ……

③ 신호등의 켜져 있는 시간은 다음과 같다.

- 녹색, ← : 5초간
- 황색 : 1초간
- 적색 : 대기시간 동안 계속

④ 진행신호등 이외의 신호등은 적색신호만 점등되어 있어야 한다.

⑤ 83C51의 출력은 P0, P1을 사용한다.

- 신호등 ①은 P0.0-P0.3
- 신호등 ②는 P0.4-P0.7
- 신호등 ③은 P1.0-P1.3
- 신호등 ④는 P1.4-P1.

⑥ 신호등의 색깔은 녹색, ←, 황색, 적색의 순으로 균등하게 배치한다.

2) 신호등 제어회로 설계

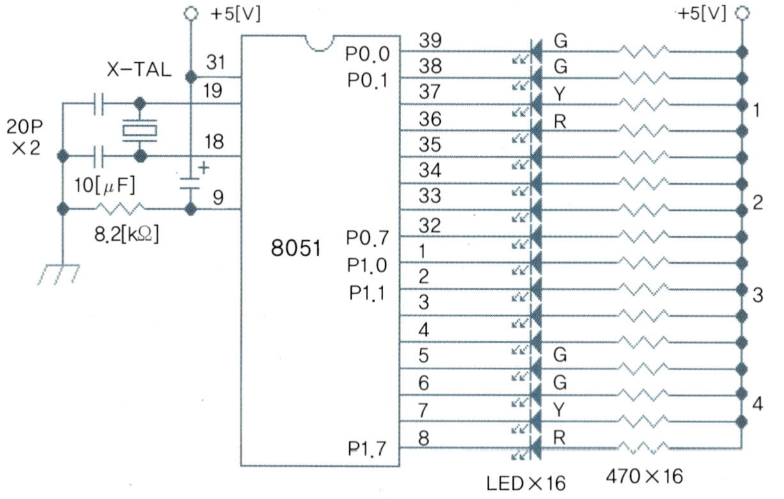

[그림 11-8] 신호등 제어회로

3) 교차로 신호등 제어회로 제어 코드표

[표 11-8] 교차로 신호등 제어회로 제어 코드표

차량 방향	포트	7	6	5	4	3	2	1	0	시간	
		적색	황색	←	녹색	적색	황색	←	녹색		
1 직, 좌	P0									5	
	P1										
1 황색	P0									1	
	P1										
2 직, 좌	P0									5	
	P1										
2 황색	P0									1	
	P1										
3 직, 좌	P0									5	
	P1										
3 황색	P0									1	
	P1										
4 직, 좌	P0									5	
	P1										
4 황색	P0									1	
	P1										

4) LED 점등 프로그램 작성

① LED 점등 프로그램

```
        ORG 0H
        MOV SP, #40H
        ; ①번 신호등의 진행방향
ST :    MOV A, #0111 1100B
        MOV P0, A
        MOV A, #0111 0111B
        MOV P1, A
        CALL DELAY 1

        MOV A, #0111 1011B
        MOV P0, A
        MOV A, #0111 0111B
        MOV P1, A
        ; ②번 신호등의 진행방향
        CALL DELAY 2
        MOV A, #1100 0111B
        MOV P0, A
        MOV A, #0111 0111B
        MOV P1, A
        CALL DELAY 1
        MOV A, #1011 0111B
        MOV P0, A
        MOV A, #0111 0111B
        MOV P1, A
        CALL DELAY 2
        ; ③번 신호등의 진행방향
        MOV A, #0111 0111B
        MOV P0, A
        MOV A, #0111 1100B
        MOV P1, A
        CALL DELAY 1
        MOV A, #0111 0111B
        MOV P0, A
        MOV A, #0111 1011B
        MOV P1, A
        CALL DELAY 2
        ; ④번 신호등의 진행방향
        MOV A, #0111 0111B
        MOV P0, A
        MOV A, #1100 0111B
        MOV P1, A
        CALL DELAY 1
        MOV A, #0111 0111B
        MOV P0, A
        MOV A, #1011 0111B
        MOV P1, A
        CALL DELAY 2
        ;
        JMP ST
```

```
              ; 지연 서브루틴 5초
DELAY1 :      MOV R1, #50
LP1 :         MOV R2, #200
LP2 :         MOV R3, #249
              DJNZ R3, $
              DJNZ R2, LP2
              DJNZ R1, LP1
              RET
              ; 지연 서브루틴 1초
DELAY2 :      MOV R1, #10
LP3  :        MOV R2, #200
LP4  :        MOV R3, #249
              DJNZ R3, $
              DJNZ R2, LP4
              DJNZ R1, LP1
              RET
              ;
              END
```

② 프로그램이 완성되면 SIGNXXX.ASM으로 저장한다. 여기서 SIGNXXX는 임의의 파일명이다.

③ C : \8051>A51 SIGNXXX.ASM [ENTER]

④ C : \8051>OHS51 SIGNXXX.OBJ [ENTER]

⑤ 3, 4D의 과정으로 어셈블한다.

⑥ P0.0 - P0.3의 핀에 연결된 신호등이 녹색, 황색, 적색의 순으로 연결되었을 때 직진과 좌회전 신호등을 켜기 위한 코드는?

⑦ 89C51의 핀 번호 1-8번과 32-39번이 각각 어떤 포트 레지스터에 연결되어 있는가?

⑧ P0 포트에 ① 신호등은 P0.0-P0.3에, ② 신호등은 P0.4-P0.7에 연결되어 있고, 신호등이 녹색, ←, 적색의 순서로 연결되었다. ② 신호등이 직진과 좌회전 신호등이 켜지게 프로그램을 2줄로 쓰시오.

6. 실험결과에 대한 토의

7. 실험보고서 작성

8. 정리정돈

03 도트 매트릭스 LED 회로 실습

실습과제명	도트 매트릭스 LED 회로			
목　　표	① LED 응용회로를 구성하고, 측정할 수 있다. ② LED 응용회로를 설계할 수 있다. ③ LED를 응용회로에 적절하게 활용할 수 있다.			
장비 및 공구	소요재료	규격	수량(개)	안전 및 유의사항
• 오실로스코프	IC	PIC16C84	1	① 장비 사용법을 익혀 부상과 장비 파손에 주의한다.
• 광특성 측정기		SN7404	2	② 반도체 소자의 핀번호를 바르게 사용하여 손상이 없도록 한다.
• 브레드보드		SN74154	1	③ DC 및 AC 전원을 바르게 연결하여 재료가 파손되지 않도록 한다.
• 직류전원장치		SN7447	3	④ 감전 등 안전에 주의한다.
• 디지털 조도계		LM3900	1	
• 디지털 전압계		AN6884	3	
• 마이크로스코프	X-TAL	10[MHz]	24	
	LED	적, 녹, 청	1	
	저항	10[kΩ] 외	21	
	콘덴서	22[μF] 외	14	

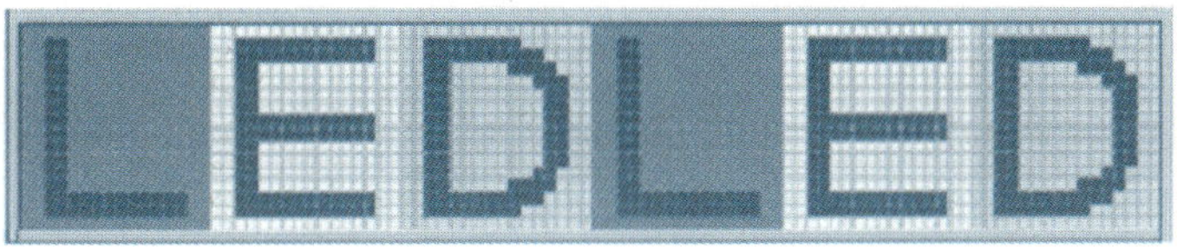

[그림 11-9] 도트 매트릭스 LED 전광판

매트릭스 LED란 LED를 [그림 11-9]와 같이 매트릭스(행렬)의 형태로 나열한 것으로 대표적으로 5×7, 8×8, 16×16 등의 매트릭스로 이루어진 것과 컬러 수에 따라 싱글(Single, 단색) 또는 멀티(Multi, 다색)라고 불리고 있다. 이러한 LED를 사용한 디스플레이 장치는 고휘도에 수명이 길다는 장점이 있다. 매트릭스 LED를 구동시키는 방법에는 스태틱 구동(Static drive)과 다이내믹 구동(Dynamic drive)의 2가지 방법이 있다.

① 스태틱 구동의 경우는 시프트 레지스터의 비트를 LED 갯수만큼 준비하고, 여기에 데이터를 보내어 점등하는 방식으로 한 번에 모든 LED를 on/off 한다.

② 다이내믹 드라이브는 매트릭스 LED를 1행씩 스캔하면서 LED를 on/off하는 방식으로 CRT의 표시방법과 동일한 방법으로 구동하게 되는 것이다.

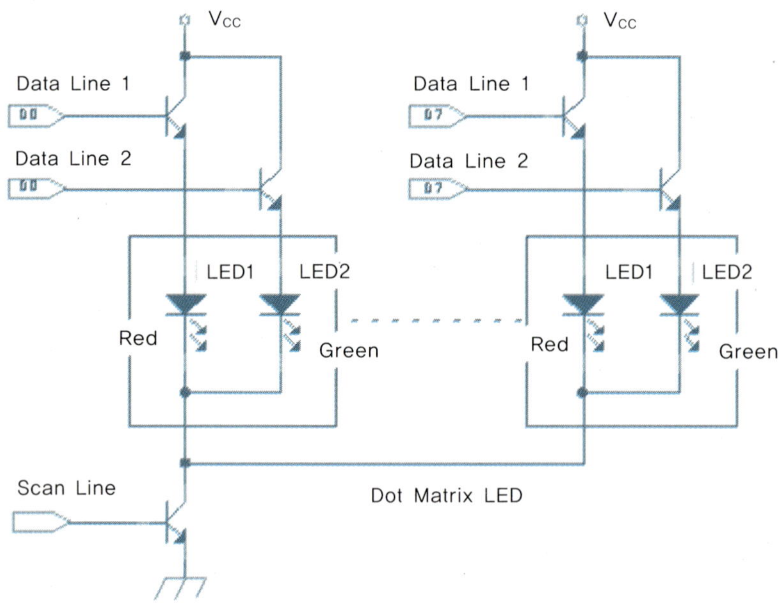

[그림 11-10] 매트릭스 LED의 동작원리

[그림 11-10]의 예와 같이 스캔 라인과 데이터 라인으로 구성되어 스캔 라인에 의해 각 행, 또는 열을 1행씩 스캔하면서 데이터 라인에 의해 동기된 데이터를 출력하는 방식이다. 만약 데이터 라인 1과 스캔 라인이 on인 경우 적색의 LED가 점등하게 되고, 데이터 라인 2와 스캔 라인이 on인 경우는 녹색의 LED가 점등하게 된다. 그리고 두 개의 데이터 라인과 스캔 라인이 모두 on인 경우는 적색과 녹색이 모두 점등하게 되어 두 개의 색이 합쳐진 오렌지색에 가까운 LED 출력이 나타나게 된다.

다이내믹 드라이브 방식은 스태틱 드라이브에 비해 휘도가 낮고, 스캔 주파수가 낮은 경우에 깜박거림이 일어난다는 점에서는 다소 떨어진다고 할 수 있으나 구동회로가 간단하기 때문에 저가격으로 대화면의 구성에 적합하다.

1. 실습순서

LED는 일반 전자기기의 표시등이나 숫자 표시에 사용됨으로써 우리생활과 친숙해졌다. 초창기에는 낮은 휘도와 색깔의 한계가 있었으나 현재 새로운 LED 원재료와 진보된 생산기술로 백색을 포함한 가시광선 영역의 모든 색깔의 고휘도 LED가 생산되고 있다. 이러한 고휘도 · 고효율 그리고 다양한 색깔의 LED는 이미 선진국 및 국내에서 대형 전광판, 비상구등, 교통신호등, 승용차 · 트럭 등의 각종 표시등에 응용되고 있다.

결국 기존 광원을 대체하게 될 것이다. LED는 작고, 가볍고, 내구성이 크며, 긴 수명은 향후 한층 더 광범위한 영역에서 응용될 것이다. 여기에서는 도트 매트릭스(Dot matrix) LED, 3채널 LED 스펙트럼, 디지털 레이더 스피도미터(Digital radar speedometer), 사인보드(Signboard) EMD 등의 과제를 제시하였다.

1) 도트 매트릭스

5×7 도트 매트릭스 LED가 PIC16F84에 연결되어 있을 때 위로부터 한 라인씩 점등한다.

(1) 순서도

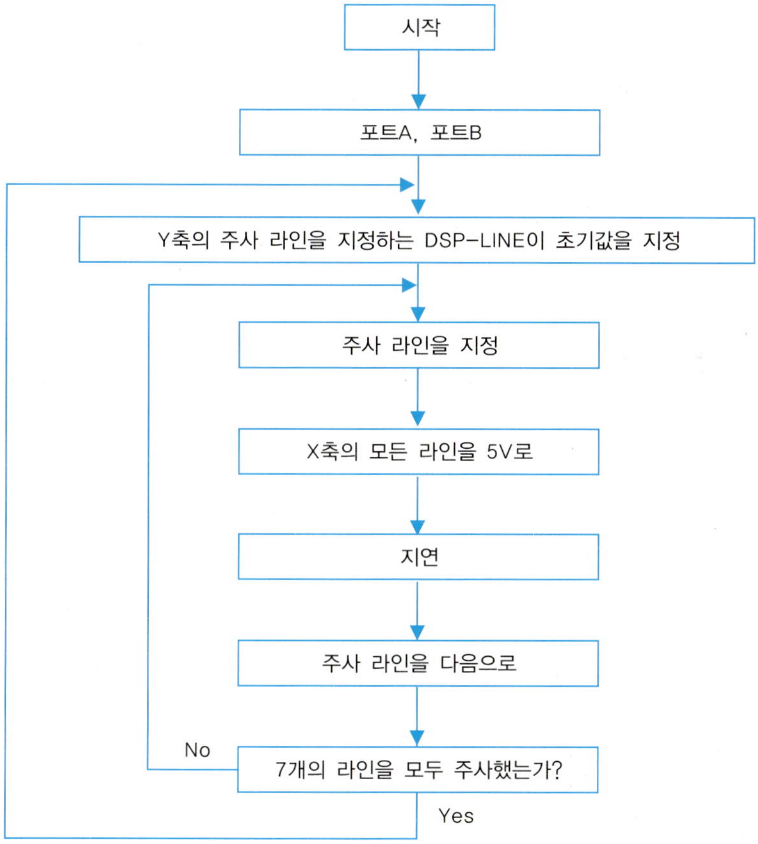

[그림 11-11] 도트매트릭스 구성 순서도

(2) 5×7 매트릭스 LED와 PIC 구동회로

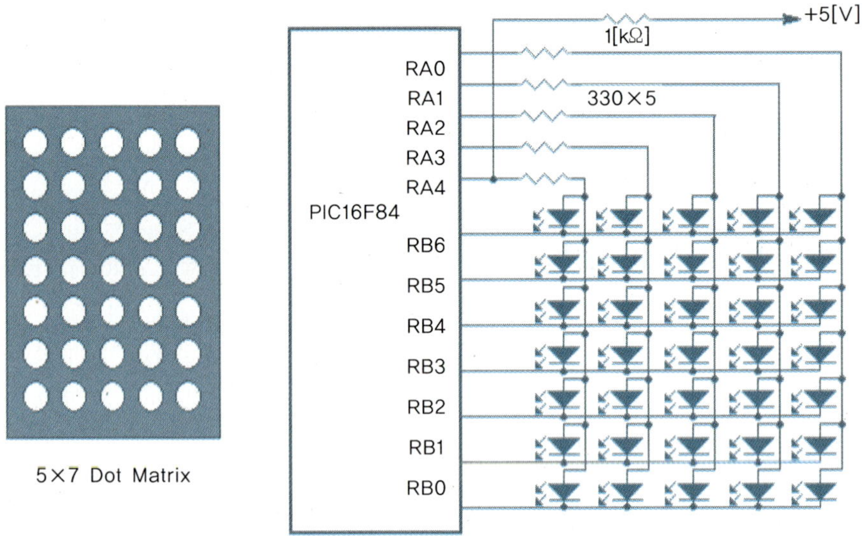

[그림 11-12] 5×7 매트릭스 LED와 PIC 구동회로

(3) PIC 프로그램

```
        ORG     0

        BSF     STATUS,RP0
        CLRW
        MOVWF   TRISA
        MOVWF   TRISB
        BCF     STATUS,RP0
START
        MOVLW   B '10111111'
        MOVWF   DSP_LINE
LOOP    MOVF    DSP_LINE,W
        MOVWF   PORTB
        MOVLF   B'11111111'
        MOVWF   PORTA
        CALL    DELAY
        BSF     STATUS,CF
        RRF     DSP_LINE
        BTFSC   STATUS,CF
        GOTO    LOOP
        GOTO    START
        ;
        ;       SUBROUTINE
        ;
DELAY   CLRF    DLY_CNT1
```

```
LP1     CLRF     DLY_CNT2
LP2     CLRF     DLY_CNT2
        GOTO     LP2
        DECFSZ   DLY_CNT1
        GOTO     LP1
        RETURN
        END
```

2) 단일 문자의 표시

5×7 도트 매트릭스 LED에 A자를 표시한다.

(1) 순서도

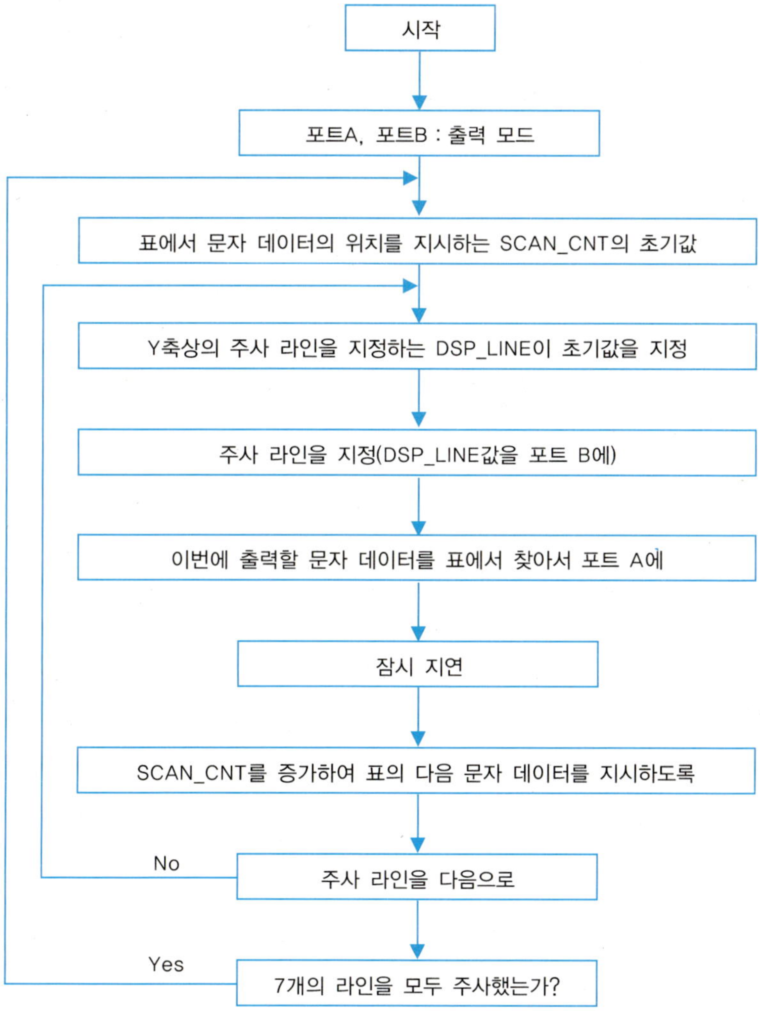

[그림 11-13] 단일문자 구동 순서도

(2) PIC 프로그램

```
        ORG             0

        BSF             STATUS,RP0
        CLRW
        MOVWF   TRISA
        MOVWF   TRISB
        BCF             STATUS,RP0

START
        CLRW
        MOVWF   SCAN_CNT
        MOVLW   B'10111111'
        MOVWF   DSP_LINE

LOOP    MOVF            DSP_LINE,W
        MOVWF   PORTB

        MOVF            SCAN_CNT,W
        CALL            GET_DATA
        MOVWF   PORTA

        CALL            DELAY

        INCF            SCAN_CNT

        BSF             STATUS,CF
        RRF             DSP_LINE
        BTFSC           STATUS,CF
        GOTO            LOOP
        GOTO            START
        ;
        ;       SUBROUTINE
        ;
DELAY   CLRF            DLY_CNT
LP1     DECFSZ  DLY_CNT
        GOTO            LP1
        RETURN

GET_DATA
        ADDWF           PC,1
        RETLW           B'00000100'
        RETLW           B'00001010'
```

```
RETLW    B' 00010001'
RETLW    B' 00010001'
RETLW    B' 00011111'
RETLW    B' 00010001'
RETLW    B' 00010001'

END
```

2. 실험결과에 대한 토의

3. 실험보고서 작성

4. 정리정돈

04 광파이버 디스플레이 회로 실습

실습과제명	광파이버 디스플레이 회로			
목 표	① 광파이버 디스플레이 회로의 구조 및 원리를 안다. ② 광파이버 디스플레이 회로를 설계할 수 있다. ③ 광파이버 디스플레이 회로를 적절하게 응용할 수 있다.			
장비 및 공구	소요재료	규격	수량(개)	안전 및 유의사항
• 디지털 VM • Am meter • 브레드보드 • 직류전원장치 • 광섬유 연마기 • 광섬유용 공구 • 마이크로스코프 • 오실로스코프	이미지 파이버 플라스틱 파이버 렌즈 포토 TR IC TR 램프 및 반사경 컬러필터 모터 저항 콘덴서 차단기 환풍기	BP-E25 125 +50 MFOD72 CD4011 C1815 외 20W 6컬러 감속 220[kΩ] 외 0.01[μF] 220[V]3[A] 12.5[mm]	1 1km 2 1 2 3 1 1 1 7 1 1 1	① 장비 사용법을 익혀 부상과 장비 파손에 주의한다. ② 반도체 소자의 핀번호를 바르게 사용하여 손상이 없도록 한다. ③ DC 및 AC 전원을 바르게 연결하여 재료가 파손되지 않도록 한다. ④ 감전 등 안전에 주의한다. ⑤ 화재예방 등 안전장치를 확인한다.

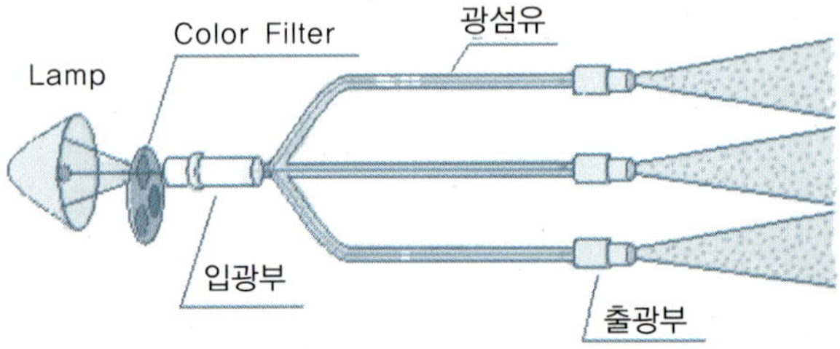

[그림 11-14] 광파이버와 디스플레이 구성도

광파이버를 이용한 화상 직접 전송방식으로 광파이버 스코프가 있다. 광파이버 스코프는 가늘어서 잘 구부러지므로 인체의 내부를 직접 관찰하는 위 카메라로서 사용되며, 의료분야를 중심으로 발전하였다. 저손실 석영 파이버의 제조기술을 응용하여 빛의 전송로로서 이미지 광파이버가 개발되어 수십 미터의 직접 화상전송이 가능해졌다.

1. 파이버 스코프의 구조

파이버 스코프의 기본 구성은 [그림 11-15]와 같이 대물렌즈계, 전송부, 접안렌즈계로 이루어진다. 광파이버를 이용하여 화상을 직접 전송하는 장치이다.

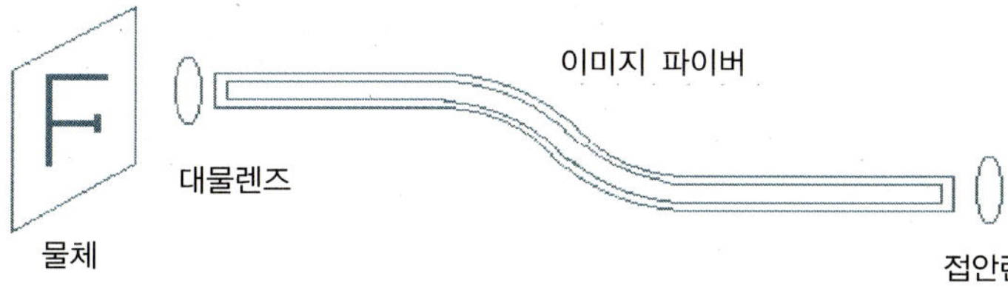

[그림 11-15] 이미지 파이버를 이용한 광파이버 스코프

1) 대물렌즈계

관찰물의 상을 이미지 파이버의 단면에 결상시키는 것인데 관찰물의 크기, 관찰물과의 거리(d) 등에 따라서 초점거리(f), 시야각(θ)이 설정된다. f에 비해서 d가 비교적 짧은 경우나 d가 긴 범위에 걸쳐서 변화하는 경우에는 핀트 조정기구가 설치되지만 일반적으로 고정 초점방식이 많이 사용된다.

이밖에 사용목적에 따라서는 관찰방향(직시, 측시, 측시 회전), 조명방향을 변화할 수 있도록 또 내열성, 송기 송수기구나 선단 퍼징 등의 기능이 설치된다.

2) 전송부

[그림 11-16]과 같이 수천에서 수만 개의 파이버 묶음으로 되어 입사단면에 맺은 상은 이 파이버 묶음으로 된 화소로 분해되어 하나하나의 파이버가 각 화소의 밝기와 색의 정보를 출사단면에 전송해 화상을 형성한다.

상을 정확히 전송하기 위해 각 파이버는 양단면에서 동일 위치가 되도록 나열된다. 용도에 따라서는 외경, 가요성, 내열성, 수밀성, 기계적 강도 등 여러 가지 사양의 것이 제조되고 있다.

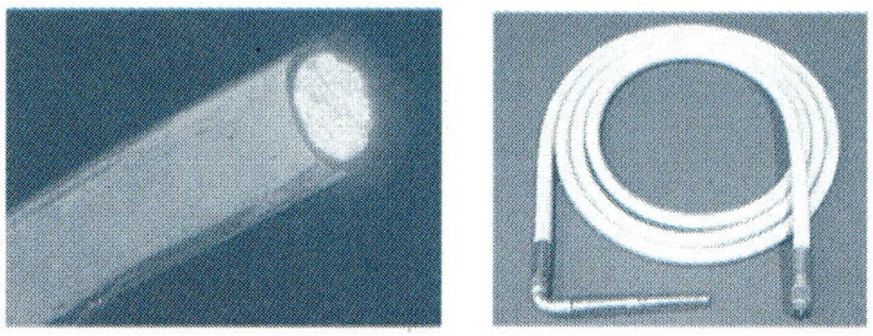

[그림 11-16] 이미지 파이버의 구성

3) 접안렌즈계

이미지 파이버로 전송된 상을 다른 광학계에 보내는 역할을 하여 눈으로 직접 관찰하는 외에 카메라나 TV카메라 등에 접속해서 사용한다. 어느 경우에도 이미지 파이버 단면의 작은 상을 확대하여 투영하기 때문에 상이 어두워지므로 대물렌즈계, 접안렌즈계 모

두를 광파이버의 수광각(개구수)에 맞춘 광손실이 작은 광학계를 사용해야 한다.

2. 이미지 광파이버의 특성

1) 밝 기

이미지 파이버 시스템의 밝기는 이미지 파이버 자체의 밝기 및 렌즈계의 밝기, 즉 투과율과 F수(렌즈의 구경비의 역수 : f/D)로 결정되지만 일반적으로 석영 파이버는 NA(개구수)가 렌즈계의 NA(＝$F/2$)보다 작아서 거의 광파이버 자체의 밝기만으로 결정된다.

이미지 파이버에 사용되는 광파이버로는 코어와 클래드부의 굴절률차를 크게 할 수 있는 Ge 도프 실리카 코어가 있고, 수광각 약 30°, 파장 0.6[μm]로 전송손실이 약 0.05[dB/m]인 것이 있다.

2) 화질 분해능

이미지 파이버의 화질 분해능은 원리적으로 화소수, 화소의 크기, 배열의 양부, 화소 결합이나 누광(漏光)에 의한 스며들기 및 렌즈계의 분해능 등에 따라서 결정된다.

그러나 실제는 이미지 파이버 자체의 화소수에 따른 해상도가 전송화상의 화질을 거의 결정한다.

3) 기계적 강도

이미지 파이버는 필요한 가요성을 가지면서 동시에 인장·굽힘에 대해서도 충분한 기계적 강도를 필요로 한다. 광파이버의 피복보강으로서 수지와 금속의 편조(編組)를 하거나 하여 허용 최소 굽힘 반지름 75～150[mm], 강도 400～500[kg/mm^2]인 것이 있다.

4) 내열성

석영 파이버 자체는 600℃ 이상인 고온에서도 충분히 사용할 수 있지만 가요성을 주기 위한 코팅제가 내열성을 결정한다. 일반적으로 피복제에 폴리염화비닐(PVC)을 사용하면 최고 80℃까지, 또 불소 수지를 사용하면 180℃까지 견딘다.

5) 내방사선성

Ge 도프 실리카 코어에 의한 고 NA화소 파이버는 감마선 집적선량 104RAD로 약 1.5[dB/m]의 전송손실이 증가한다.

6) 기타 특성

용도에 따라서는 수밀성, 내수압성, 기밀성, 내기압성, 전기 절연성, 내전압성, 무유도성, 내약품성 등이 요구될 경우도 있다.

3. 실습순서

1) 실험회로 구성

이미지 파이버를 이용하여 [그림 11-17]의 회로를 브레드보드에 구성하고 동작시킨다.

① 광커넥터를 사용한 광통신 실험과제에서 커넥터 대신 이미지 파이버를 사용하여 실험한다.

② 이미지 파이버 양 선단에 대물렌즈와 접안렌즈를 부착하여 광파이버 스코프를 제작한다.

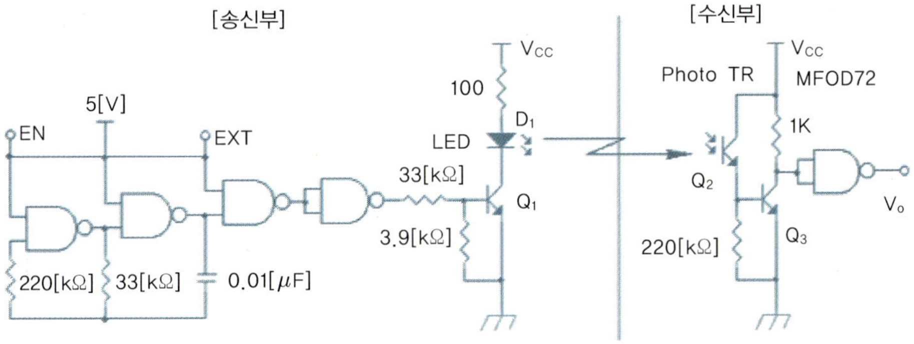

[그림 11-17] 이미지 파이버 실험회로

2) 광파이버 디스플레이 제작

① 주로 플라스틱 광파이버를 번들(Bundle) 상으로 광파이버 소선을 규칙적으로 나열하여 문자나 도형을 디스플레이하거나 불규칙적으로 묶어서 빛의 방사만을 하는 용도로 사용된다.

② 작업순서

- 디스플레이하고자 하는 도형 설계
  - 도형을 구조물의 표시판 패널의 크기를 감안하여 도안한다.
- 구조물을 제작
  - 디스플레이하고자 하는 표시판 패널의 규격을 감안하여 구조물의 크기를 정한 후 구조물의 형태·크기 등을 고려하여 설계한다.

－구조물을 제작한다.

- 표시판 패널 제작

  －표시판의 전면에 도형을 그린다.

  －그려진 도형을 색을 입히고 마무리한다.

  －도형의 윤곽선을 따라 사용할 광파이버 외경에 맞도록 2[mm] 간격으로 핸드드릴을 사용하여 구멍을 뚫는다.

- 광파이버 번들 제작

  －구조물의 각 부품 설치 위치를 감안하여 광파이버를 충분한 길이로 절단한다.

  －광파이버의 한쪽 선단을 함께 묶어 광원 부분의 광파이버 번들을 만든다.

  －광파이버 번들의 다른 한쪽 광섬유를 표시판 뒷면에서 구멍에 삽입하여 빠지지 않도록 본딩하여 고정한다.

  －표시판 부분의 광섬유는 도형의 위치에 따라 몇 개로 구분하여 다발을 따로 묶어준다.

- 부품조립 및 설치

  －구조물의 각 부품위치에 해당 부품을 고정하여 설치한다.

  －[그림 11-18]과 같이 각 부품에 전원 및 모터, 광원, 변조판, 광파이버 번들을 고정하여 설치한다.

  －광파이버 번들이 고정된 표시판을 구조물 전면에 부착하여 고정시킨다.

- 안전장치의 설치

  －전원의 단선·단락을 예방하기 위한 자동 전류차단기를 설치한다.

  －광원의 과열로 인한 화재를 방지하기 위한 환기장치를 설치한다.

- 동작시험

  －각 부품의 조립상태를 확인한 후 전원을 공급하고 동작시험을 한다.

  －[그림 11-19]와 같이 고휘도 LED(R, G, B, Y) 구동링 카운터를 제작하여 광원, 변조판, 모터 부분으로 대체하여 동작시킨다.

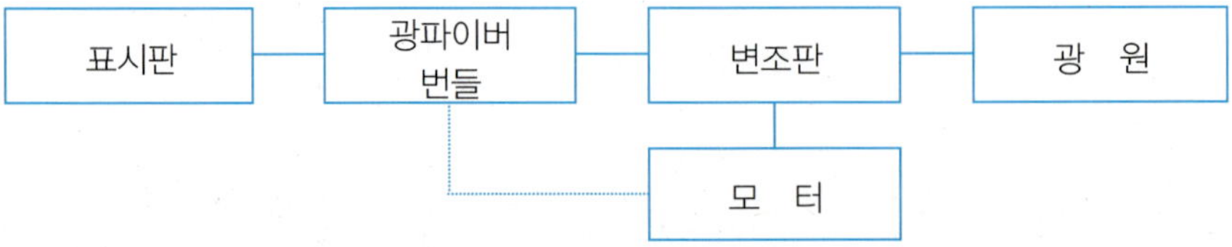

[그림 11-18] 광파이버 디스플레이 블록도 1

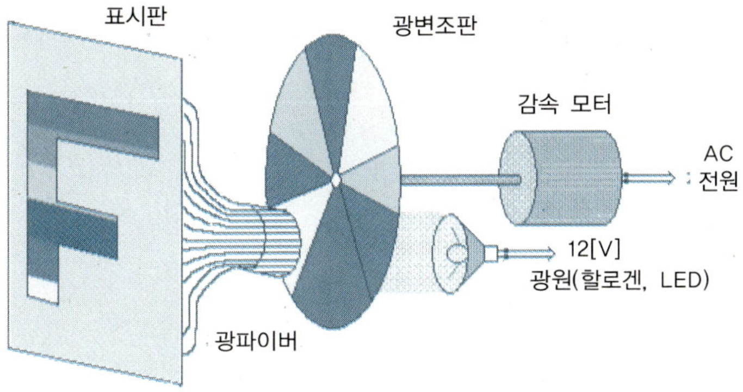

[그림 11-19] 광섬유 디스플레이의 구조

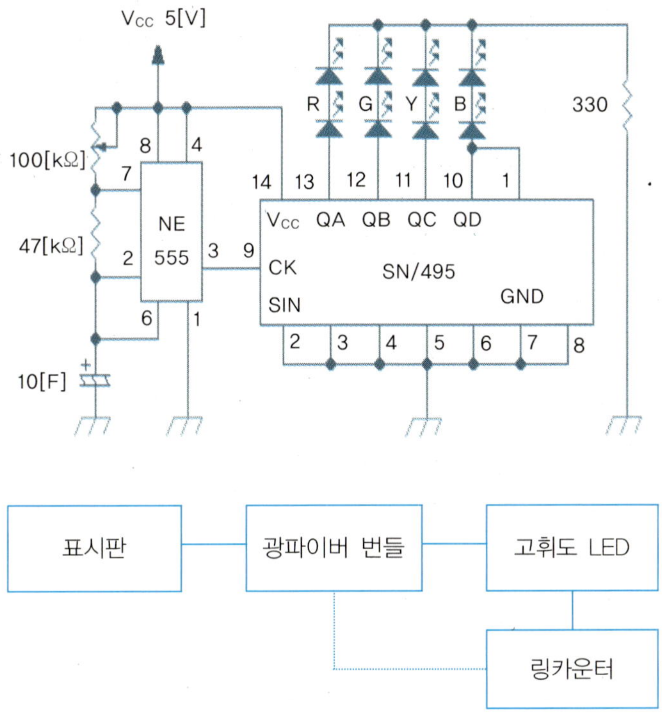

[그림 11-20] 광파이버 디스플레이 회로도 및 블록도 2

4. 실험결과에 대한 토의

5. 실험보고서 작성

6. 정리정돈

참고문헌

[1] www.ledsmagazine.com

[2] www.compoundsemiconductor.net

[3] www.giikoea.co.kr/korean/fd25322_lighting_fixtures_toc.html

[4] 전자부품연구원, 유망전자기기 부품 현황.

[5] Strategies Unlimited, High-Brightness LED Market Review and Forecast 2003.

[6] Todd Graves, "Next Generation Lighting Industry Alliance," Feburary. 2005.

[7] US Department of Energy, "2005 PROJECT PORTFOLIO: SOLID STATE LIGHTING", January 2005.

[8] 디지털타임즈, www.dt.co.kr

[9] 전자신문, www.etnews.co.kr

[10] http://www.itfind.or.kr

[11] Fuji chimera Research Institute, "2003 光産業予側便覽," 2003. 9. 5.

[12] 전자부품연구원 전자정보센터, "일본의 광산업 현황," 2003. 7.

[13] 김대희, 광산업의 현황 및 전망, KETI 주간전자정보, 2003. 7. 29.

[14] 富士キメラ總硏, 2003有望電子部品材料調査總覽, 2003. 1.

[15] 富士キメラ總硏, 2004有望電子部品材料調査總覽, 2004. 1.

[16] 반도체 조명을 위한 고휘도 LED 기술, 홍창희.

[17] 2004 有望電子部品材料, 富士キメラ總硏, 2004.

[18] KETI 기술기획실, LED 기술로드맵, 기획리포트, 전자정보센터, 2004.

[19] 전자부품연구원, 광통신 PON과 LD 관련 기술 및 시장의 최근 국내동향.

[20] 전자부품연구원, LED 동향, 2004. 9.

[21] 한국정보통신기술협회, http://www.tta.or.kr/

[22] Strategies Unlimited 2003.

[22] Strategies in Light 2003.

[23] H.Okagawa, Y.Yuich, T.Tsunekawa, Mitsubish Cable Technical Report; 98, 92(2001).

[24] Nikei Electronics: 7, 69 (2004).

[25] 광주 지역 광기반 융합산업 기술로드맵, 2008.12.

[26] 일본광산업기술진흥협회(OITDA), http://www.oitda.or.jp

[27] http://www.castrade.co.jp/product/hm_cvmp01.html

[28] LED Magazine, LED medical treatments approved by FDA, 10 Jan 2005.

[29] http://ucables.com/faucet-shower-light-c6980

[30] "LED 조명용 금속도광판 개발", 전자신문, 2009. 6. 1.

[31] http://www.samsang.com/sec/consumer.

[32] http://www.autonix.co.kr/

[33] 홍성창, LED의 농업적 이용기술개발, 농경과 원예, 2009.3, pp.50-53.

[34] LED.IT.News
[35] 광산업진흥회 광산업체 현황보고서, 2007.
[36] http://www.lumileds.com
[37] SIL Proceeding 2008, Strategies Unlimited.
[38] Strategies Unlimited, Report OM-44, 2008.10.
[39] 한국과학기술정보연구원, “2005 미래유망 사업화아이템 이슈분석(LED),” 2005. 11. p32.
[40] Deutsch Bank Research, company data (매일경제 산업/기술 세미나, “BLU의 기술/시장 분석,” 2004. 10. 재인용.
[41] LG 경제연구원, “LG 주간경제 산업정보,” 2004. 12. 8. p.30.
[42] Yonemura Naomi, “Substrate technology for power LED”, Monthly ‘Display’, 2007.2.
[43] 이영국, “LED 기판재료의 연구개발 동향”, 월간 세라믹스 Vol.19, 통권 222호, 2006.11 pp.68-71.
[44] http://www.ece.ucsb,edu/OTC/SSTR02/Faculty Talks PDE/Fini talk.pdf
[45] yuzo Furukawa, Hiroo Yonezu and Akihiro Wakahara, “Monolithic integration of light-emitting decices and silicon transustors”, 10 November 2007, SPIE Newsroom. DOI:10.1117/2/1200711/ 0914.
[46] Minf Pan and Jeff Nause, “Zinc oxide enables new solid-state lighting sources”, 19 October 2006, SPIE Newsroom. DOI:10.1117/2/1200609.0386.
[47] Tadashi Nezu, “Shimei semiconductor develops blue LES on Si substrate at ‘1/2 cost of sapphire product”, Nov. 10, 2006, Tech-on, Nikkei Business Publications, Inc.
[48] H. Y. Yeo, S. I. Jung, I. Yun, J. I. Lee, I. K. Han and S. M. Cho, “The optical characteristics of epitaxial and vertical overgrowth of GaN on stripe-patterned Si substrate”, J. Kor. Phys. Soc., 50(3), 2007, pp.771-775.
[49] D. Wang, Y. Dikme, S. Jia, K. J. Chen, K. M> Lau, P. van Gemmern, Y. C. Lin, H. Kalisch, R. H. Jansen and M. Heuken, “Characterization of GaN grown on patterned Si(111) substrates”, J. Crtst. Growth 272, 2004, pp.489-495.
[50] 민한식 · 송재진 공저, ≪PIC 마이크로 컨트롤러≫, 복두.
[51] 이종락 역, ≪광센서와 그 사용법≫, 세화.
[52] 김창민, ≪도파 및 집적광학≫, Ohm사.
[53] 편집부역, ≪옵토일렉트로닉스 활용≫, 기전연구사.
[54] 김병태, ≪레이저 공학≫, 상학당.
[55] 박문수, ≪기초광학기기실험≫, 상학당.
[56] 김동식, ≪전자회로≫, 생능출판사.
[57] 김상진 · 김제홍 · 차인수 공저, ≪전력전자제어회로≫, 북스힐.
[58] 윤현민 · 이형기 공저, ≪반도체 공학≫, 학문사.
[59] 변승준 · 강창수 · 이영종 공저, ≪물리전자공학≫, 복두.
[60] 박문수 · 정종욱 공저, ≪센서회로 실험실습≫, 상학당.
[61] Tandy Corporation, Integrated Circuit Applications.
[62] Arturas Zukauskas, Michael S Shur, Remis Gaska, Introduction To Solid-State Lighting, John Wiley & SonS.
[63] (주)Displaybank “LED BLU 산업동향” 2008. 7월.
[64] 김종원 · 강태규 · 정명애 “가시광통신 표준 및 기술동향” 주간기술동향 제1400호.
[65] 강태규 · 김태완 · 정명애 · 손승원 “LED 조명과 가시광 무선통신의 융합기술동향 분석” 전자통신동향 분석, 제28권 제6호 2008.10. pp.82-89.
[66] 한국광기술원 “LED 제작공정” pp.1-7.

저자 약력

남 상 엽

- 공학박사
- 삼성종합기술원 정보시스템연구소 근무
- 모토로라 반도체통신(주) 기술연구소 근무
- (현) 국제대학 IT계열 교수

박 문 수

- 공학박사
- (현) 한국폴리텍V대학 광전자과 교수
- (현) 광응용기술연구소장

강 정 규

- 공학석사(서울산업대)
- 서울시 및 전국장애인 기능경기대회 공업전자기기 심사위원
- 교육부 전문대학 재정지원사업 평가위원
- (현) 휘경공업고등학교 전자과 근무

LED 기술 및 응용

2011년 9월 10일 1판 2쇄 발행

저 자 남상엽 · 박문수 · 강정규
발행인 남 승 우

발행처 도서출판 상尙 학學 당堂

서울시 동작구 사당로9가길 6(사당동 220-43)
TEL : 02) 595-1692~4
FAX : 02) 595-1394
E-mail : namdoo6@unitel.co.kr
신고 : 2-155호 (1968. 11. 29)

정가 23,000원

ISBN 978-89-93383-67-6 93560

〈디자인〉 편집 곽은옥 / 표지 토틀컴